煤炭职业教育“十四五”规划教材
高等职业教育“新形态”一体化教材
“双高计划”建设——煤矿开采技术专业群教材改革项目

智能煤矿机械装备应用

主　编　王亚娟　薛国华
副主编　王月宏　骞　杉　王　飞
张玉良　高健铭　张　鹏
李　悬

中国矿业大学出版社
·徐州·

内 容 提 要

本书采用“项目-任务”模式编写，共分为四个模块：模块一智能煤矿采掘设备，主要讲述了采煤机、液压支架、掘进机的结构、原理、操作、维护等内容；模块二智能煤矿运输提升设备，主要讲述了刮板输送机、带式输送机、矿用无轨运输车辆以及多绳摩擦提升设备的原理、结构、使用维护及智能控制系统；模块三智能煤矿排水通风设备，主要讲述了排水设备、通风设备、压气设备的原理、结构、性能、调节、操作与维护、故障处理等内容；模块四智能煤矿矿用机器人，主要讲述了矿用机器人的种类以及巡检机器人、搬运机器人、智能掘进机器人、综采工作面巡检机器人的功能、特点、效益分析等相关知识。

本书可以作为高等职业院校、职业本科院校机电一体化、智能控制技术等专业的教学用书，也可以用作现场技术人员的参考用书。

图书在版编目(CIP)数据

智能煤矿机械装备应用 / 王亚娟，薛国华主编. —
徐州：中国矿业大学出版社，2021.12
ISBN 978-7-5646-5064-3

Ⅰ. ①智… Ⅱ. ①王… ②薛… Ⅲ. ①煤矿机械—智能制造系统—装备 Ⅳ. ①TD4

中国版本图书馆 CIP 数据核字(2021)第 129704 号

书　　名 智能煤矿机械装备应用
主　　编 王亚娟　薛国华
责任编辑 何晓明　何　戈
出版发行 中国矿业大学出版社有限责任公司
（江苏省徐州市解放南路　邮编 221008）
营销热线 (0516)83885370　83884103
出版服务 (0516)83995789　83884920
网　　址 http://www.cumtp.com　**E-mail**:cumtpvip@cumtp.com
印　　刷 苏州市古得堡数码印刷有限公司
开　　本 787 mm×1092 mm　1/16　**印张** 21　**字数** 524 千字
版次印次 2021 年 12 月第 1 版　2021 年 12 月第 1 次印刷
定　　价 49.00 元

前　言

随着智能化开采技术的出现，煤矿开采的效率明显提升，解决了煤矿开采过程中存在的一些难题。智能、安全、高效、绿色的智能化开采理念，是我国煤炭行业发展的主要目标。本书主要体现了在信息化与工业化深度融合基础上煤炭开采技术发生的深刻变革，智能化开采构建煤矿创新发展、安全发展、可持续发展的全新技术体系，引领世界煤炭技术发展的时代潮流，同时带来煤矿生产方式、组织方式、管理方式的深刻变革。另外，由于现代科技和工业快速发展，物联网、云计算、大数据、人工智能等高新科技成果为智能采矿提供了理论支持和技术保证，可以实现对煤矿生产阶段进行有效的控制、有效识别煤矿开采过程中潜在的故障、有效降低安全生产事故、降低资源消耗，进而实现经济效益的增长与安全生产双重目标。智能煤矿机械装备是具有感知能力、记忆能力、学习能力、决策能力的液压支架、采煤机、刮板输送机等装备，也是智能化开采的载体，还以自动化控制系统为核心、以可视化远程监控为手段实现综采工作面采煤全过程"无人跟机作业、有人安全巡视"的安全高效开采技术，在智能化煤矿建设及实施过程中具有极其重要的作用。

陕西能源职业技术学院是国家"双高"建设院校，教材建设是重要的建设项目之一。黄陵矿业集团有限责任公司一号煤矿是国家首批智能化示范煤矿。两家单位联合编写的这本立体化教材顺应了学校发展和行业发展的需要。

本书基于专业核心技能课程、任务驱动教学、工学结合、理实一体等理念，采取学校与企业联合建设的模式，以理念创新为先导，以学习方式和教育模式创新为核心，形成能够促进学生主动、有效学习的立体化教材，同时能够体现信息技术发展的最新成果，促进教学方式变革和人才培养模式创新，引领启发式教学、参与式学习、自主学习、探究学习和合作学习，实现信息技术与纸质教材的有机结合。

本书由陕西能源职业技术学院王亚娟、黄陵矿业集团有限责任公司一号煤矿薛国华任主编，由陕西能源职业技术学院王月宏、骞杉及黄陵矿业集团有限责任公司一号煤矿王飞、张玉良、高健铭、张鹏、李悬任副主编。本书采用"项目-任务"模式编写，共分为四个模块：模块一由薛国华、王亚娟、王飞编写，模块二由王月宏、张玉良编写，模块三由骞杉、王亚娟、李悬编写，模块四由薛国华、高健铭、张鹏编写。全书由王亚娟和薛国华统稿、定稿，由华北科技学院智能化无人开采研究所所长、煤矿机械化自动化关键技术研发平台主任张科学老师主审。本书的微课均由陕西能源职业技术学院采掘设备课程团队、运输提升课程团队以及流体机械课程团队合力拍摄而成，整个拍摄制作过程耗时两年之久，倾注了各位老师的辛勤汗水，在此一并表示感谢。为顺应国家对"立德树人"及"育人先育德"的要求，书中在每个模块的开始部分都加入了"思政案例"，将思政育人深度融入专业课程教学当中。

由于水平有限，书中难免有疏漏和不足之处，恳请广大读者批评指正。

编　者

2021 年 6 月

目 录

模块一 智能煤矿采掘设备

模块二 智能煤矿运输提升设备

模块三 智能煤矿排水通风设备

模块四 智能煤矿矿用机器人

模块一　智能煤矿采掘设备

本模块主要介绍了智能煤矿采掘的核心设备——采煤机、液压支架和掘进机，以黄陵矿业集团有限责任公司一号煤矿（以下简称黄陵矿业一号煤矿）为背景，主要围绕着采煤机、液压支架以及掘进机的组成、结构、操作、维护、修理等内容详细展开，通过介绍采掘关键设备旨在让学生掌握设备的原理、结构、操作与维护等方面的相关知识。

思政案例

项目一　采　煤　机

任务一　采煤机工作参数

采煤机的基本工作参数包括生产率、采高、截深、截割速度、牵引速度、装机功率和牵引力等。

微课资源

一、生产率

1. 理论生产率

理论生产率又称最大生产率，是指在给定条件下以最大参数运行的生产率，采煤机的理论生产率计算公式为：

$$Q_1 = 60H_{max}Bv_q\rho \tag{1-1-1}$$

式中　H_{max}——工作面最大采高，m；

B——截深，m；

v_q——采煤机截煤时的最大牵引速度，m/min；

ρ——煤的实体密度，一般取 1.35 t/m^3。

2. 实际生产率

实际生产率是采煤机在实际生产过程中的生产率。实际生产率小于理论生产率，它还与配套的液压支架、刮板输送机等设备有关，其计算公式为：

$$Q = k_1k_2Q_1 \tag{1-1-2}$$

式中　k_1——采煤机辅助工作时间折算系数，一般取 0.5～0.7；

k_2——停机时间折算系数，一般取 0.6～0.65；

其他符号意义同前。

二、采高

采煤机的实际开采高度称为采高。分层开采厚煤层、顶煤冒落或有底煤残留时，煤层厚度就大于采高；反之，薄煤层因截割顶板或底板，采高有可能大于煤层厚度。考虑煤层厚度的变化、顶板下沉和浮煤等因素会使工作面高度降低，因此煤层(或分层)厚度不宜超过采煤机最大采高的 90%，不宜小于采煤机最小采高的 110%。

双滚筒采煤机的采高范围主要取决于滚筒的直径，但也与采煤机的机身高度、摇臂长度及其摆动角度范围等有关。对于双滚筒采煤机，其最大采高一般不超过滚筒直径的 2 倍。

三、截深

采煤机截割机构每次截入煤体的深度称为截深。它决定工作面每次推进的步距、采煤机装机功率和生产率，也是支护设备配套的一个重要参数。

截深与煤层厚度、煤质软硬、顶板岩性及支架移架步距有关。薄煤层由于工作条件困难，采煤机牵引速度受到限制，宜用较大的截深(可达 0.8～1.0 m)；反之，厚煤层由于受输送机能力和顶板易冒顶、片帮等条件的限制，宜用较小的截深。

采煤机截深应与支护设备的推移步距相适应，以便于顶板控制。当用液压支架支护时，要求采煤机截深略小于液压支架的移架步距(考虑片帮影响)，保证采煤机每采完一个截深后液压支架可以推进一个步距。

采煤机的理论截深是采煤机的最大截深，等于采煤机滚筒的宽度。

四、截割速度

采煤机滚筒上截齿齿尖的圆周切线速度称为截割速度。截割速度取决于截割部传动比、滚筒直径和滚筒转速，对采煤机的功率消耗、装煤效果、煤的块度和煤尘大小等有直接影响。为减少滚筒截割时产生的细煤和粉尘，增加大块煤，应降低滚筒转速。滚筒转速对滚筒截割和装载过程的影响都比较大，但对粉尘生成和截齿使用寿命影响更大的是截割速度。截割速度的计算公式为：

$$v=\frac{\pi Dn}{60} \tag{1-1-3}$$

式中 v——截割速度，m/s；

D——滚筒直径，m；

n——滚筒转速，r/min。

五、牵引速度

采煤机截煤时的运行速度称为牵引速度。采煤机截煤时牵引速度越高，单位时间内的产煤量越大，但电机的负荷和牵引力也相应增大。为了使牵引速度与电机负荷相适应，牵引速度应能随截割阻力的变化而变化。当截割阻力变小时应加快牵引速度，以获得较大的切屑厚度，增加产量和增大煤的块度；当截割阻力变大时，则应降低牵引速度，以减小切屑厚度，防止电机过载，保证机器正常工作。为此，牵引速度应采用无级调速，至少是多级调速，并且能随截割阻力的变化自动调速。

六、牵引力

牵引力是牵引部的另一个重要参数，是由外载荷决定的。影响采煤机牵引力的因素很多，如煤质、采高、牵引速度、工作面倾角、机器自重、导向机构的结构和摩擦系数等。

牵引力与牵引速度的关系为：

$$T=C+kv_q \tag{1-1-4}$$

式中 C——牵引阻力的不变分量，取决于采煤机质量、倾角、摩擦系数以及由结构所引起的附加阻力状况；

k——系数，取决于煤质及压张程度。

v_q——牵引速度。

七、装机功率

采煤机机身上所有电机的功率总和称为装机功率。采煤机装机功率越大，越能截割坚硬的煤层，生产能力也越高。滚筒采煤机总装机功率 P 包括截割消耗功率 P_j、牵引消耗功率 P_q、辅助泵站等消耗功率 P_f，计算公式为：

$$P = P_j + P_q + P_f \tag{1-1-5}$$

1660 型采煤机是西安煤机生产的国有自主机型，其主要技术参数见表 1-1-1。

表 1-1-1　1660 型采煤机主要技术参数

型号	MG1660-WD
截割高度/m	1.8～3.92
适用倾角/(°)	≤25
煤质硬度	硬或中硬
机面高度/mm	1 400
过煤高度/mm	632
摇臂摆动中心距/mm	8 500
设备供电电压/V	3 300
总装机功率 /kW	2×620+2×120+2×30+120=1 660
滚筒转速/(r/min)	37.7
滚筒直径 /mm	1 800
截深 /mm	865
采高/mm	3 920
下切量 /mm	260
截割线速度/(m/s)	3.55
摇臂结构	直摇臂、左右通用、分腔润滑
摇臂长度/mm	2 774
摇臂摆角/(°)	64.82
上/下摆角/(°)	40.15/24.67
截割功率与供电电压	2×620 kW，3 300 V
牵引与调速形式	销轨式，交流变频调速
操纵方式	中部手控、两端电控、无线遥控
牵引功率与供电电压	2×120 kW，690 V
牵引速度/(m/min)	13.98/27.97
牵引力/kN	873/535
泵电机功率与供电电压	30 kW，690V
泵工作压力	23 MPa(最高压力 25 MPa)
泵理论排量	33 mL/r
灭尘方式	内、外喷雾
冷却方式	各电机、变压器箱、变频器箱、摇臂、调高泵箱分别冷却
冷却进水压力/MPa	3.0(内部通过减压阀控制压力)
冷却额定流量 /(L/min)	280

表 1-1-1(续)

型号	MG1660-WD
供水管型号	DN32
配套主电缆	MCPT-1.9/3.3(外径 ϕ67～ϕ77 mm)
拖缆方式	自动拖缆
配套输送机	SGZ1000/2×855
主机质量/t	约 78

任务二　采煤机的组成、主要部件及结构

一、采煤机的组成

如图 1-1-1 所示，MG620/1660-WD 型电牵引采煤机主要由截割机构、牵引机构、拖缆装置、滚筒等组成。采煤机的左、右牵引部分别与电控部左、右的端面对接，左、右行走箱分别固定在左、右牵引部的箱体上。

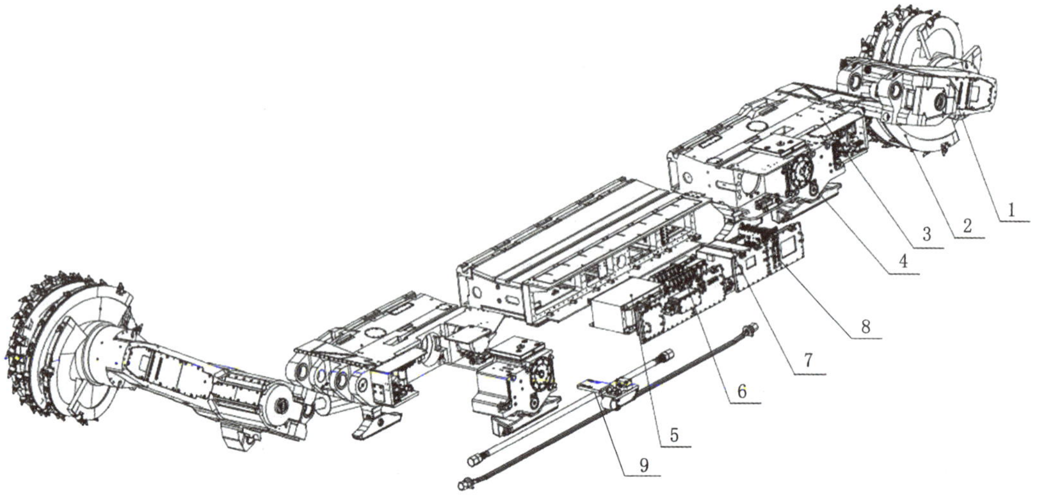

1—摇臂；2—滚筒；3—牵引机构；4—行走箱；5—电控箱；6—高压开关箱；7—变频器箱；8—牵引变压器箱；9—拖缆装置。

图 1-1-1　采煤机的组成

该机为大功率多电机横轴抽屉式结构，电控系统为机载式交流变频调速，总装机功率为 1 660 kW。

二、采煤机的主要部件

采煤机由采空区侧的两个导向滑靴和煤壁侧的两个平滑靴分别支承在工作面刮板输送机销轨和铲煤板上。当行走机构的驱动轮转动时，驱动齿轨轮转动，齿轨轮与销轨啮合，采煤机便沿输送机正向或反向牵引移动，滚筒旋转进行落煤和装煤，沿工作面截割一刀即进尺一个截深。

采煤机由左、右牵引部及电控箱三段组成主机身，该三段主要采用液压拉杆连接，无底托架，机身两端铰接左、右摇臂并通过左、右连接架与调高液压缸铰接。两个行走箱左、右对称布置在牵引部的采空区侧，由两台 120 kW 电机分别经左、右牵引部减速箱驱动实现双向牵引。采用销轨式牵引系统，导向滑靴和齿轨轮中心重合骑在输送机销轨上，可保证采煤机不掉道，同时保证齿轨轮和销轨柱销有良好的啮合性能。

调高系统元件从采空区侧装入左、右牵引部的一段框架内。摇臂采用直臂结构形式，摇臂输出端采用 500 mm×500 mm 的方形出轴与滚筒连接。选用 ϕ1 800 mm 直径的滚筒，滚筒叶片和端盘上装有截齿，滚筒旋转时靠截齿落煤，再通过螺旋叶片将煤输送到工作面刮板输送机上。

1. 牵引机构

MG620/1660-WD 型电牵引采煤机牵引机构由左、右牵引部和左、右行走箱组成，位于机身的左、右两端，是采煤机行走的动力传动机构。左、右两个牵引部内各有一台用于采煤机牵引的 120 kW 交流电机，其动力通过三级直齿轮和一级行星齿轮减速传至驱动轮，驱动轮通过一级直齿轮驱动齿轨轮，使采煤机沿工作面移动，如图 1-1-2 所示。

微课资源

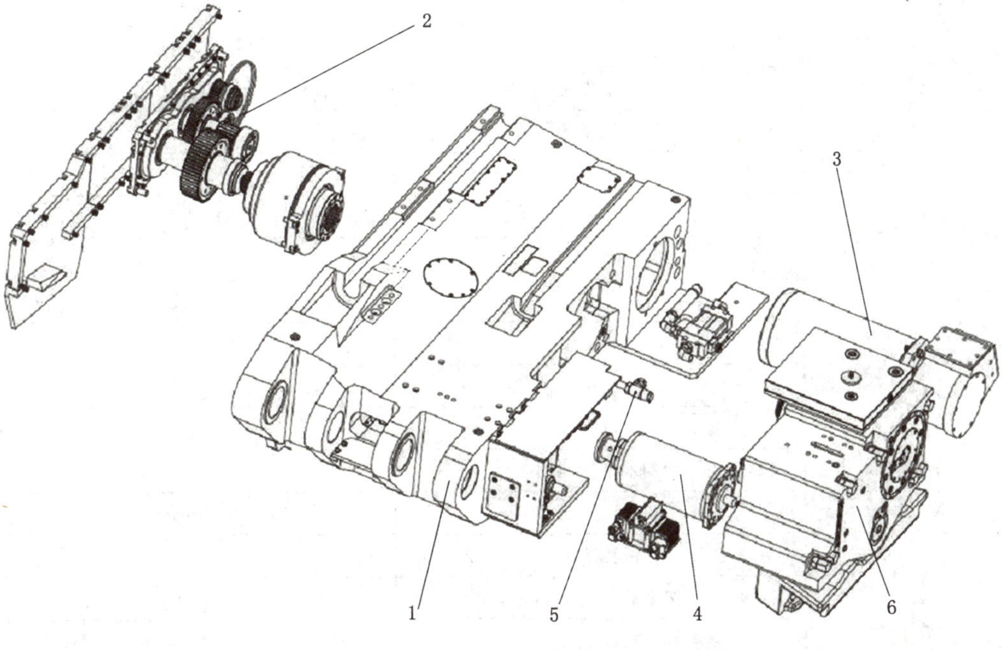

1—牵引箱体；2—牵引部齿轮传动系统；3—牵引电机；4—调高电机；5—冷却喷雾系统；6—行走箱。

图 1-1-2 牵引机构

在行走箱中设置了一级齿轮减速，并设有编码器，用于对采煤机在工作面的位置定位。采煤机的截割摇臂是靠铸在牵引箱上的连接耳来支撑的。牵引部壳体与行走箱壳体靠液压螺杆来连接。

(1) 牵引部技术参数

牵引部技术参数见表 1-1-2。

表 1-1-2 牵引部技术参数

牵引电机	型号	YBVF-120B
	功率	120 kW
	频率	50 Hz
	转速	1 475 r/min
	电压	690 V
	电流	125 A
	冷却水流量(最小)	30 L/min
	工作压力(最大)	30 bar
电磁制动闸	静止扭矩	1 000 N·m
	动态扭矩	920 N·m
	额定电压	AC110 V
	额定电流	1.5 A
	速度(最大)	3 000 r/min
编码器	供电电源	DC10～30 V
	负载电流	100 mA
	单圈精度	12 bit
	多圈精度	16 bit
泵电机	型号	YBRB-30A
	功率	30 kW
	频率	50 Hz
	转速	1 456 r/min
	电压	690 V
	电流	32 A
	冷却水流量(最小)	13.3 L/min
	最大工作压力	30 bar
齿轮泵	每转排量	33 mL/r
	工作流量(1 470 r/min)	45 L/min
	转速	1 470 r/min
	额定压力	275 bar

(2) 牵引部齿轮传动系统

图 1-1-3 所示为牵引部齿轮传动系统，由牵引电机、扭矩轴、输出轴以及传动齿轮组成。牵引部传动系统参数见表 1-1-3。

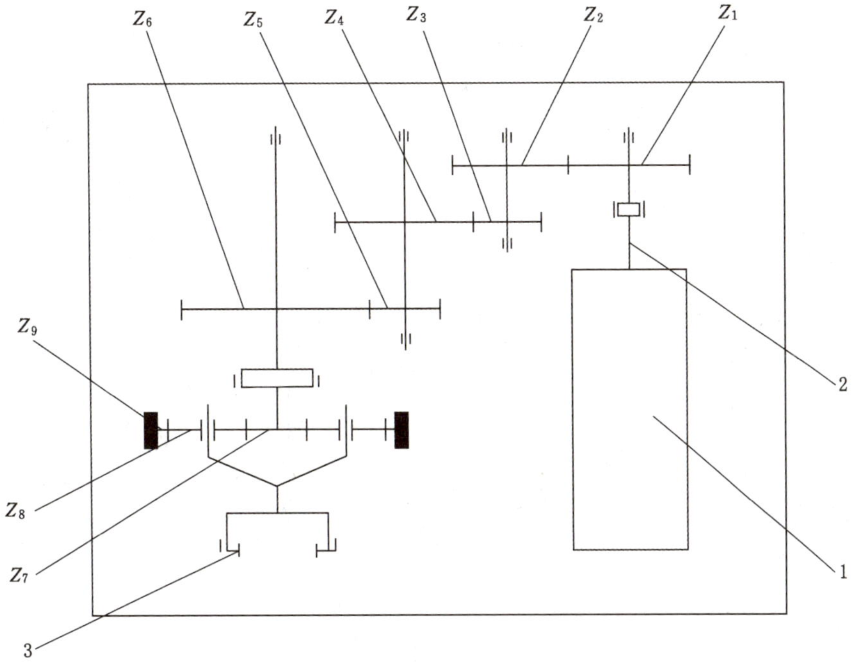

1—牵引电机；2—扭矩轴；3—输出轴；Z_1～Z_9—齿轮。

图 1-1-3　牵引部齿轮传动系统

表 1-1-3　牵引部传动系统参数

名称	齿数	模数	$i=80.36$
			转速/(r/min)
Z_1	28	4	1 475
Z_2	50	4	826
Z_3	19	4.5	826
Z_4	63	4.5	249.1
Z_5	21	6	249.1
Z_6	57	6	91.78
Z_7	20	5	91.78
Z_8	29	5	63.3
Z_9	80	5	0

(3) 行走箱中的齿轮传动系统

图 1-1-4 所示为行走箱中的齿轮。

行走箱传动系统参数见表 1-1-4。

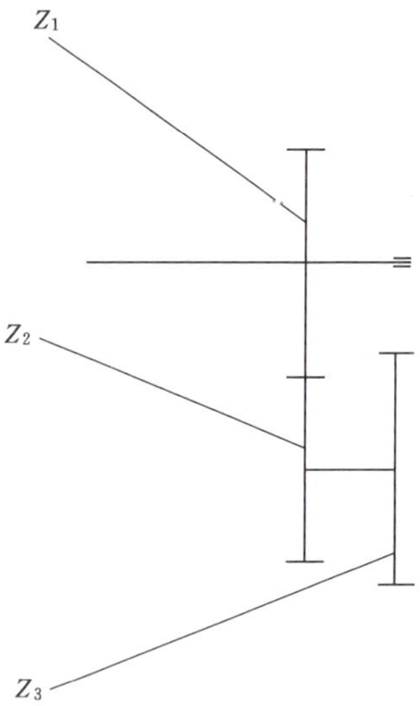

图 1-1-4　行走箱中的齿轮传动系统

表 1-1-4　行走箱传动系统参数

名称	齿数	模数	i=1.923
			转速/(r/min)
Z_1	13	20	18.3
Z_2	25	20	9.516
Z_3	10	48	9.516

(4) 牵引部支撑腿和滑靴

工作面侧的滑靴通过轴固定在支撑腿上,并将轴和端盖由螺栓和垫圈连接,通过销子实现定位,支撑腿安装在牵引箱上,锥轴和锥套用六角螺栓和螺母固定在牵引箱上。图 1-1-5 所示为牵引部齿轮传动系统。

(5) 导向滑靴和平滑靴

导向滑靴的磨损是不可避免的正常现象,应注意根据采煤机使用情况及时检测导向滑靴的磨损量。导向滑靴上、下承重面之间的距离为 118 mm,上、下承重面允许的最大磨损量为单面 4.5 mm(双面 9 mm)。左、右导向面之间的间距为 196 mm,左、右导向面允许的最大磨损量为单面 3.5 mm(双面 7 mm)。图 1-1-6(a)所示为导向滑靴耐磨层,图 1-1-6(b)所示为平滑靴耐磨层。

如果导向滑靴磨损量达到或超过允许值,应予以更换,或将导向滑靴拆下,通过堆焊和再加工达到规定尺寸,保证齿轨轮和销排之间的正常啮合。

(6) 行走箱

如图 1-1-7 所示,采煤机机身左、右两侧各有一个电牵引部,分别装在电控箱的左、右两端,其接合面处装有两个圆键销,以承受由截割阻力和行走产生的扭矩,用高强度螺栓紧固

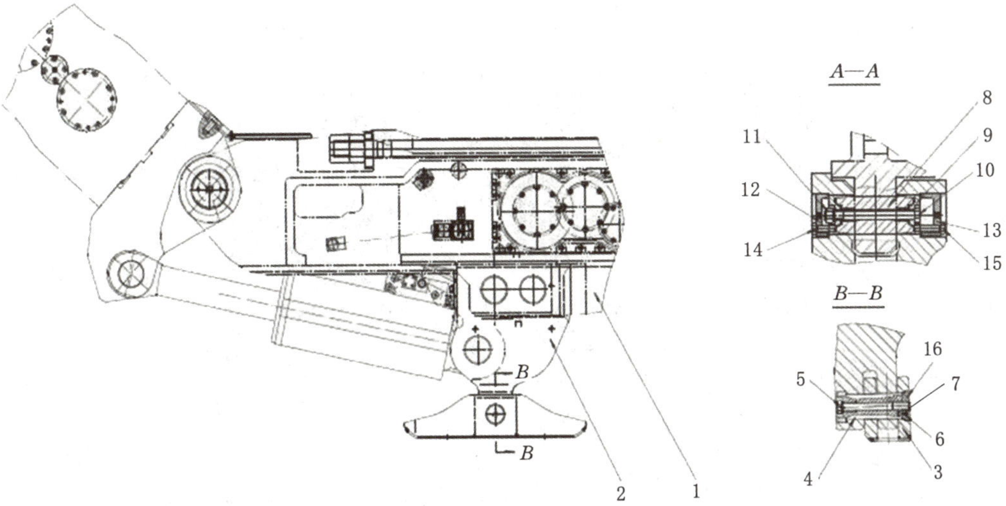

1—牵引机构;2—支撑腿;3—平滑靴;4—销轴;5,10,14,15—螺栓;6—销;7—垫圈;8—锥轴;9—锥套;11—螺母;12,13—护板;16—端盖。

图 1-1-5　牵引部齿轮传动系统

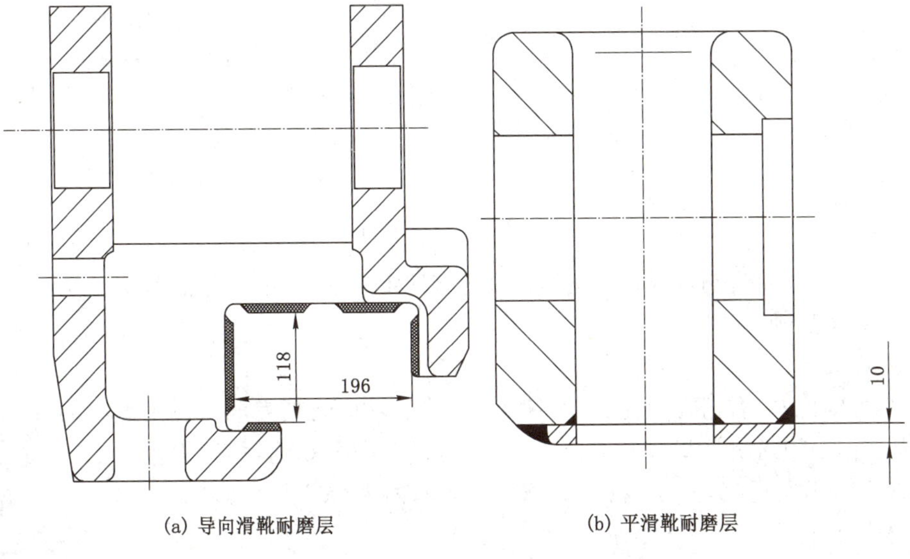

(a) 导向滑靴耐磨层　(b) 平滑靴耐磨层

图 1-1-6　耐磨层

连接,这三部分构成了机器的主体。

外端下部用销轴与摇臂连接板铰接相连,在外端上部分别与机器两端的截割部调高液压缸相铰接。牵引部箱体由钢板焊接加工制成,此箱体不但作为牵引减速箱的箱体,而且作为机器的左、右主机架,箱体两侧由平滑靴和导向滑靴支撑,跨骑在刮板输送槽上。

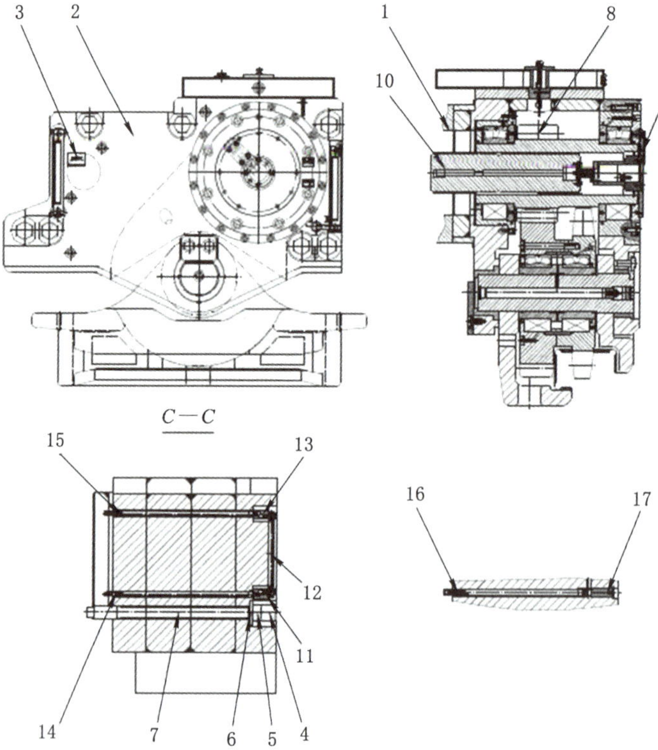

1—牵引机构；2—行走箱；3—定位销；4—螺帽；5—螺母；6—垫圈；7—螺柱；8—驱动齿轮；
9—编码器组件；10—花键轴；11、12—液压油显示；13、14、15—液压油管；
16—齿轮油显示；17—齿轮油管。

图 1-1-7 行走箱

采煤机采用无链牵引方式，通过牵引部中的链轮与位于刮板输送机槽帮上的销排相啮合进行传动，销排轨道与刮板输送机用销轴连接固定不动，在牵引链轮旋转的作用下采煤机沿工作面方向运动。

2. 截割机构

截割机构由左、右摇臂及左、右滚筒组成，其主要功能是完成采煤工作面的落煤，向工作面输送机装煤和喷雾降尘。左、右摇臂完全相同，摇臂内横向安装一台 620 kW 截割电机，其动力通过两级直齿轮和两级行星齿轮减速传给出轴法兰驱动滚筒旋转，如图 1-1-8 所示。

微课资源

摇臂减速箱设有离合装置、冷却润滑装置、喷雾降尘装置等。

冷却水通过摇臂内上、下位置冷却管冷却油液，并通过行星减速器的中心水管冷却行星减速箱，而后从滚筒上喷出降尘。

扭矩轴不仅是一个柔性连接零件，而且是截割电机与摇臂齿轮之间的离合器，扭矩轴上设有预先断裂点，是一个易损件。摇臂与连接架通过液压螺杆连接。

摇臂技术参数见表 1-1-5。

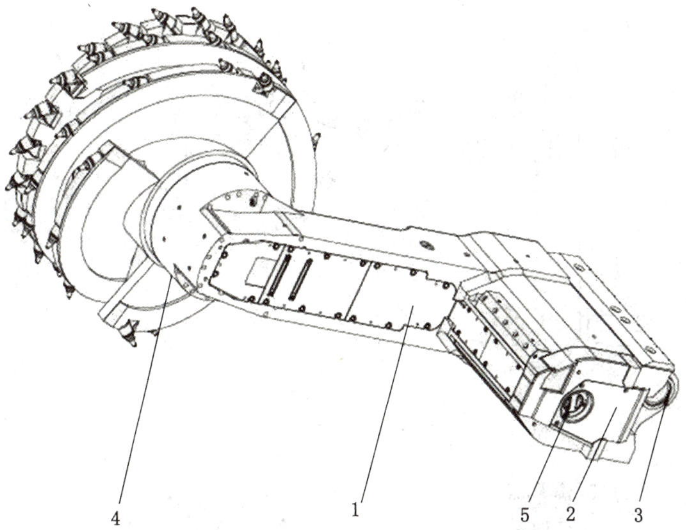

1—摇臂；2—截割电机；3—连接架；4—滚筒；5—离合器。

图 1-1-8　截割机构

表 1-1-5　摇臂技术参数

截割电机	型号	YBC-620G
	功率	620 kW
	频率	50 Hz
	转速	1 485 r/min
	电压	3 300 kV
	电流	132 A
	冷却水流量(最小)	≥2.7 m³/h
	冷却水压力	≤3 MPa
	质量	2 000 kg
摇臂	摇臂长度	2 774 mm
	行星头直径	865 mm
	减速比	i=39.36
	质量(不包括电机)	8 250 kg
滚筒	滚筒直径	1 800 mm
	滚筒转速	37.7 r/min

(1) 左侧截割单元

左侧截割单元如图 1-1-9 所示。

(2) 截割部减速箱

采煤机的每个截割部都由独立的电机驱动，电机直接安装在摇臂壳体内的安装孔中。调高时，电机与摇臂一体升降，实现整体调高。采煤机截割电机采用隔爆型水冷式三相交流

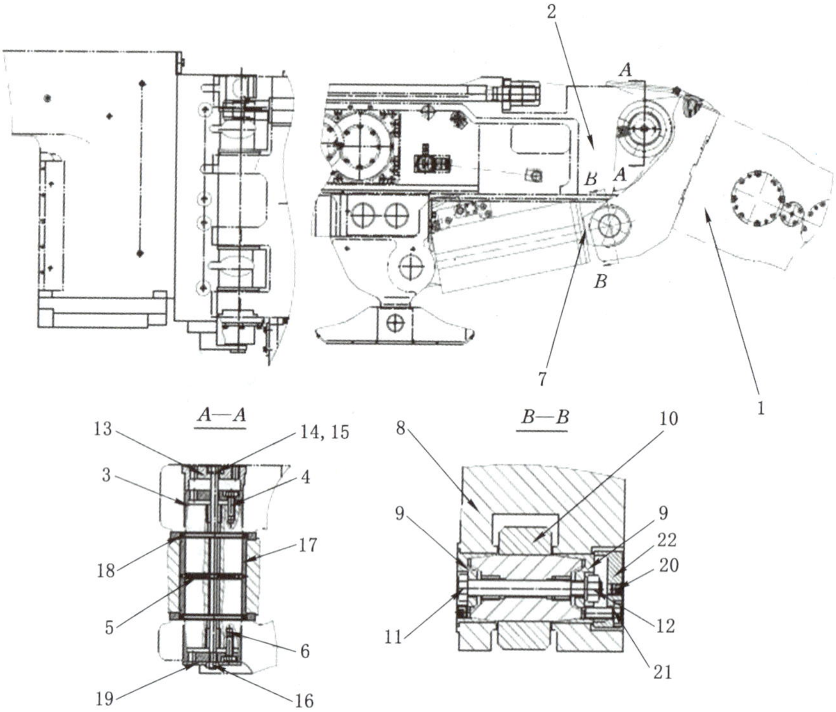

1—截割单元;2—牵引部;3,9—锥套;4,11—六角螺栓;5,10—锥轴;6,20—螺钉;7—调高液压缸活塞杆;8—拖架;12,16—螺母;13—端盖;14,21—螺栓;15—垫圈;17—套;18—油封;19,22—盖板。

图 1-1-9 左侧的截割单元

异步电机。电机的输出轴都采用了扭矩轴(又称剪切轴)装置,如图 1-1-10 所示。当负载超过其极限时,会从断裂点断裂,起到机械过载保护的作用,从而保护了截割电机。扭矩轴装配图如图 1-1-11 所示。

图 1-1-10 采煤机扭矩轴

(3) 摇臂齿轮传动系统

图 1-1-12 所示为摇臂齿轮传动系统,其由滚筒、齿轮传动系统、扭矩轴、截割电机等组成。

摇臂齿轮参数见表 1-1-6。

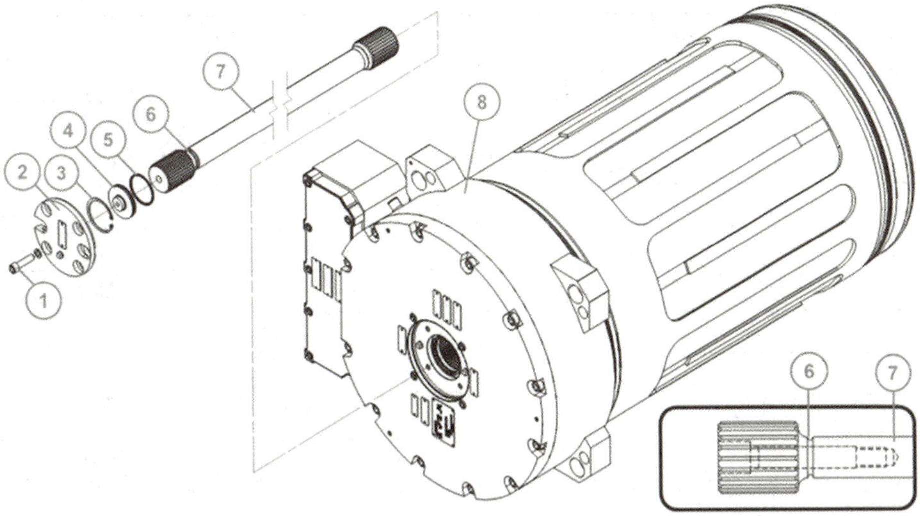

1—螺钉；2—盖板；3—扭矩轴堵盖卡环；4—扭矩轴堵盖；5—扭矩轴堵盖 O 形圈；
6—卸载槽；7—扭矩轴；8—截割电机。

图 1-1-11　采煤机截割电机扭矩轴装配图

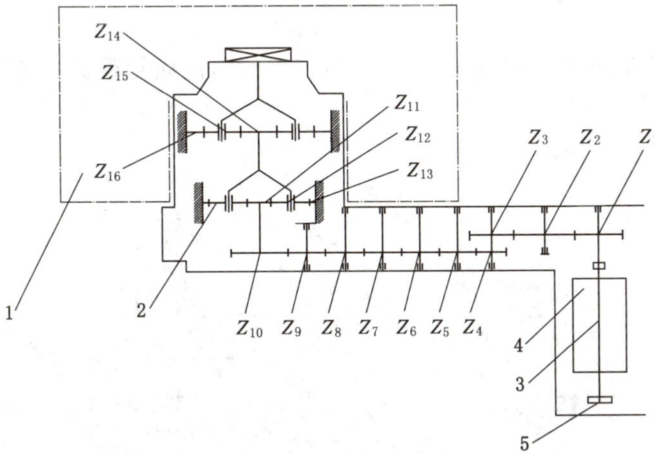

1—滚筒；2—齿轮传动系统；3—扭矩轴；4—截割电机；5—离合器；Z_1～Z_{16}—齿轮。

图 1-1-12　摇臂齿轮传动系统

表 1-1-6　摇臂齿轮参数

齿轮	齿数	模数/mm	转速/(r/min)
Z_1	21	9,0	1 485
Z_2	26	9,0	1 199.423
Z_3	29	9,0	1 075.345
Z_4	20	9,0	1 075.345

表 1-1-6(续)

齿轮	齿数	模数/mm	转速/(r/min)
Z_5	29	9,0	741.617
Z_6	28	9,0	768.10
Z_7	29	9,0	741.617
Z_8	29	9,0	741.617
Z_9	28	9,0	768.10
Z_{10}	30	9,0	716.893
Z_{11}	26	6,0	716.893
Z_{12}	31	6,0	464.134
Z_{13}	88	6,0	0
Z_{14}	24	8	163.45
Z_{15}	28	8	107.769
Z_{16}	80	8	0

(4) 截割滚筒

图 1-1-13 所示为采煤机截割滚筒示意图。

螺旋滚筒是目前采煤机使用最广泛的截割机构,这种工作机构简单、工作可靠,但煤尘较多。

双滚筒采煤机左、右配备两个完全对称的截割滚筒,滚筒轮毂上焊接有螺旋叶片,采用 2～4 头螺旋滚筒结构。

微课资源

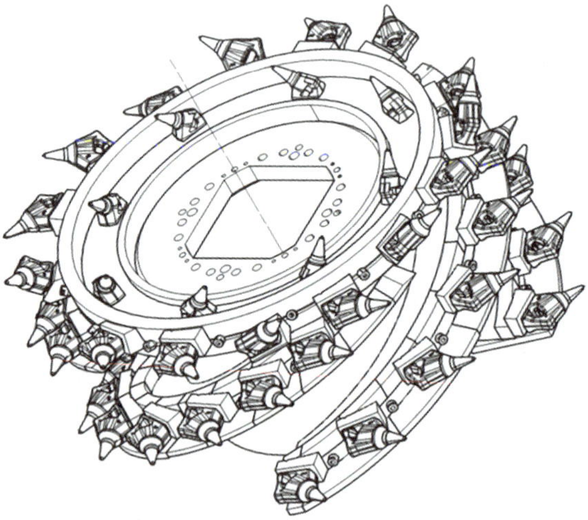

图 1-1-13 采煤机截割滚筒示意图

在螺旋叶片、端盘上装有镐形截齿,镐形截齿的刀体镶有硬质合金头,截齿采用等截距排列、一线二齿的棋盘式结构;在叶片上和端盘上的齿座前端还装有内喷雾用的喷嘴;轮毂与摇臂齿轮箱输出轴连接在一起。

滚筒转动时截齿截割剥落煤体，通过螺旋叶片将截割下的煤旋至刮板输送机上。

为延长螺旋叶片的使用寿命，在其出煤口处采用耐磨材料喷焊处理，大多数采煤机采用焊接滚筒，一般用 20～30 mm 厚的 45Mn 或 16Mn 钢板锻压成螺旋叶片，再和齿座、轮毂、筒毂等焊接而成。

截割滚筒承担截煤和装煤任务，是采煤机截割部的主要部件之一。一个完善的截煤滚筒应满足以下要求：

① 能适应不同的煤层和复杂地质条件。

② 能充分利用煤壁的压装效应，降低能耗，提高块煤率，减少煤尘。

③ 能装煤和自开切口。

④ 载荷均匀分布，机械效率高。

⑤ 结构简单、工作可靠，拆装、维修方便。

3. 机身连接机构

采煤机机身连接主要由平滑靴及其支撑腿、液压拉杆、高强度螺栓、高强度螺母、调高液压缸和铰接摇臂的左、右连接架以及各部位连接零件等组成，如图 1-1-14 所示。机身由三段组成，三段机身连接以液压拉杆连接为主，在四条液压拉杆和多组高强度螺柱、螺母的预紧力作用下，将采煤机三段机身连为一个刚性整体。

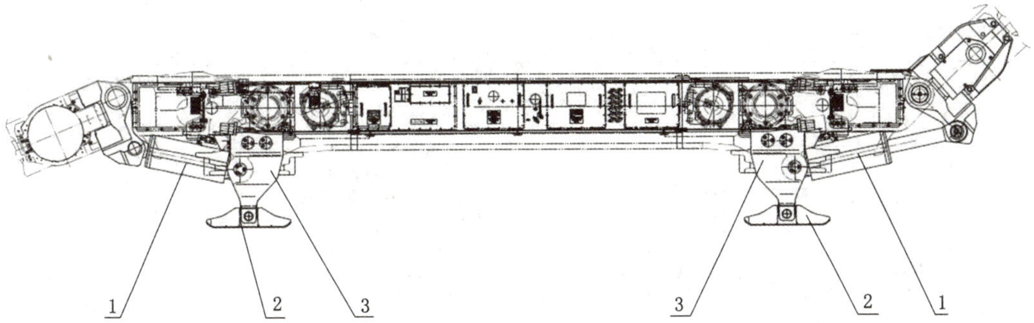

1—液压缸；2—滑靴；3—支撑架。

图 1-1-14　机身连接

在液压拉杆两端分别安装高强度螺母，其中一端再安装液压拉紧装置，液压拉紧装置在高压手动泵超高压油的作用下，使液压拉杆拉长一定尺寸，接近其材料的弹性极限，这时在高强度螺母和机壳紧固端面之间产生一个间隙，拧紧高强度螺母，消除间隙，再卸去液压拉紧装置预紧力，去掉拉紧装置，此时液压拉杆不能回缩，达到预期的紧固和防松目的。

(1) 液压缸

支撑腿的调高液压缸连接口轴孔与调高液压缸的轴孔对接，用于连接支撑腿和调高液压缸。六角螺栓和螺母把轴和锥形轴套连在一起。用于保护轴固定的挡板用六角螺栓固定。液压缸和阀门的液压管在液压连接板上安装。液压缸结构如图 1-1-15 所示。

液压缸主要技术参数见表 1-1-7。

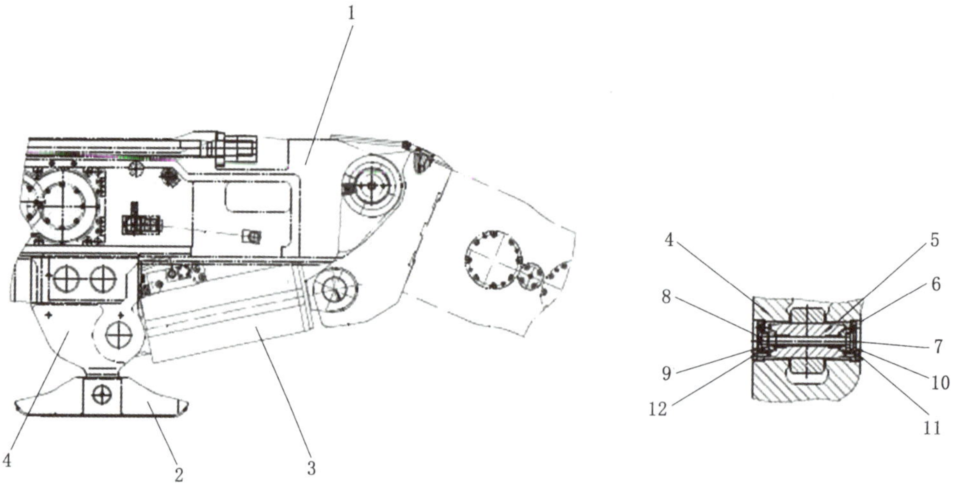

1—牵引机构；2—平滑靴；3—调高液压缸；4—支撑腿；5—锥轴；6—锥套；7、11、12—螺栓；8—螺母；9、10—护板。

图 1-1-15 液压缸

表 1-1-7 液压缸主要技术参数

型号	C0N0570010A
行程	600 mm
额定压力	250 bar
液压缸外径	350 mm
液压缸缸径	270 mm
活塞杆杆径	140 mm
液压缸安装距离	1 150 mm

(2) 液压拉杆

液压拉杆安装位置如图 1-1-16 所示。

4. 喷雾系统

采煤机的各个电机、齿轮箱传动装置、电气控制箱、变压器等部件工作时，都会产生大量的热量。通过冷却器和水进行热交换，由水将其热量带走，保证它们正常而有效地工作。

微课资源

液压系统的相对运动引起的摩擦等损失都将产生大量的热量，会使泄漏量增大，通过冷却将油温控制在正常的范围内，不但可以保证液压系统的运行正常，而且也提高了液压元件的使用寿命。

喷雾降尘可以抑制煤尘飞扬，避免滚筒截割火花引起的煤尘爆炸以及改善工作条件。喷雾降尘是用喷嘴将压力水高度扩散并雾化，形成粉尘源与外界隔离的水幕，雾化水能拦截飞扬的粉尘而实现降尘，并有冲淡瓦斯、冷却截齿、湿润煤层和防止产生截割火花等作用。

内喷雾喷嘴离截齿近，可对着截齿直接喷射，将煤尘消灭在刚刚生成还没有扩散的阶段，因此降尘效果好；而外喷雾的喷嘴离截齿远，粉尘容易扩散，因此降尘效果差。内喷雾用

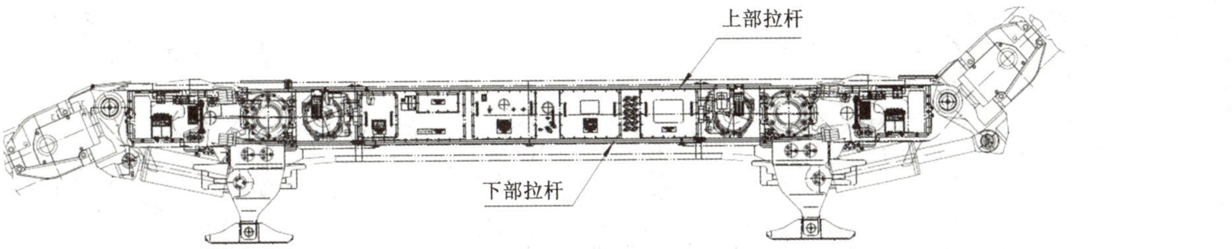

(a) 采空区侧

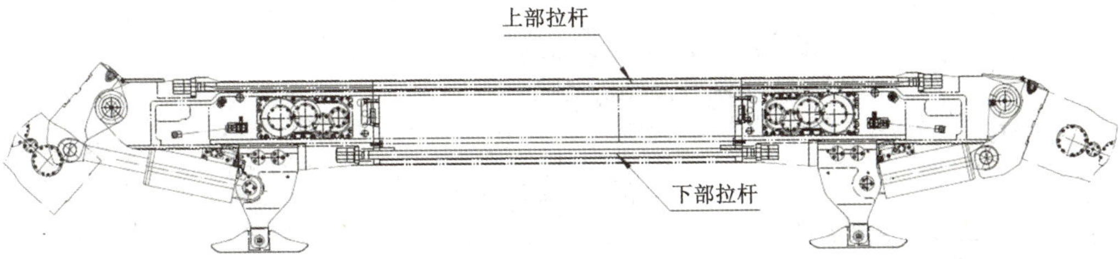

(b) 煤壁侧

图 1-1-16　液压拉杆安装位置

水一般经齿轮箱冷却后供给，外喷雾则经电机冷却后供给。

采煤机喷雾系统主要用于工作面内、外喷雾降尘，同时还为采煤机上各个电机、电控箱、各齿轮箱以及液压系统提供冷却水。

必须检测到喷雾系统正确的流量和压力后再启动截割电机。如果没有水流从喷嘴中流出，则不能操作采煤机的任何电机。如果没有足够的循环冷却水通过电机，电机将很快发热，会大大降低电机使用寿命。因此采煤机在启动或操作前，保证机器充足的供水是十分必要的。

采煤机喷雾系统如图 1-1-17 所示。

5. 润滑系统

采煤机润滑系统如图 1-1-18 所示。

采煤机润滑的主要目的是防止磨损和减少热积累。当两个零件在一定压力下接触产生相对运动时，其接触表面间就会摩擦生热、机械动力消耗增加而使油温升高，从而使机器丧失原有的精密度，甚至因散热不良而使摩擦副烧坏。通常在运动副中加入润滑剂就可以减少这些危害，因此，润滑是保证采煤机运动副正常工作及寿命的重要因素之一。

(1) 润滑的主要作用

润滑的主要作用有：① 减小摩擦和磨损。运动副间油膜的存在，使得摩擦系数降低，减小了摩擦阻力，从而减少了机械的磨损。② 散热作用。当有润滑油时，润滑油流经热源，把热量带走，并散布到散热面较大的箱体上，以利散热。③ 缓冲作用。运动副间的油膜有缓冲和吸振作用。④ 润滑还可起防尘、清洁及防锈蚀等作用。正确使用润滑油对于采煤机的正常运转、延长使用寿命具有重要意义。为保证采煤机可靠工作，要求采煤机各油箱必须有适量的油液。

(2) 润滑方式

采煤机左、右摇臂齿轮减速箱及左、右牵引部齿轮减速箱采用润滑油飞溅润滑。一部分

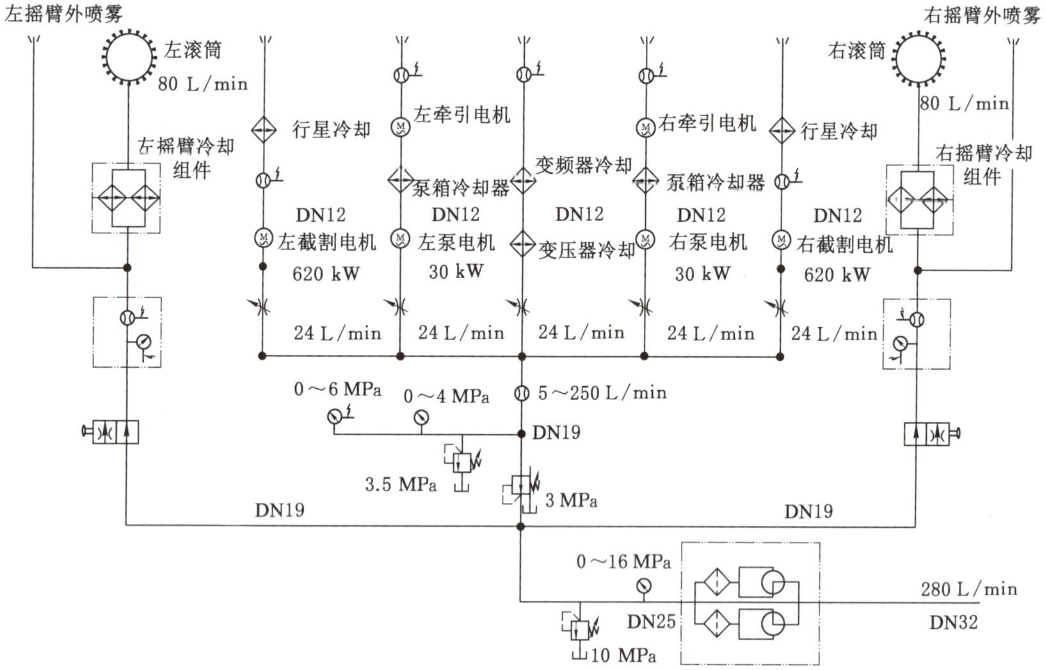

图 1-1-17　喷雾系统

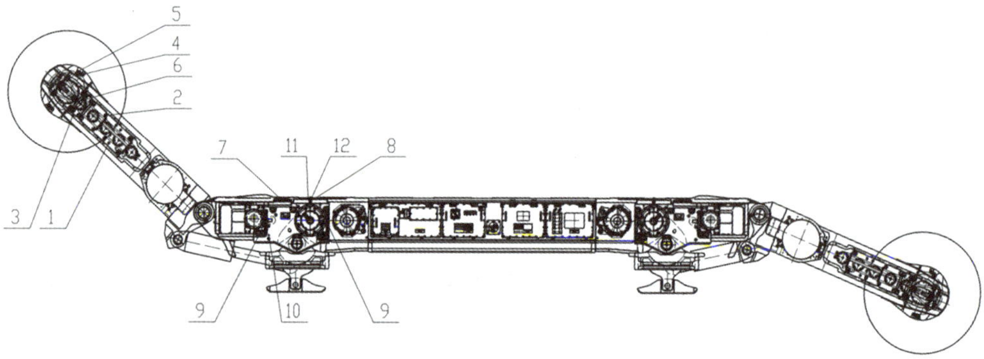

1—摇臂加油塞；2—摇臂透气塞；3—摇臂泄油口；4—行星头加油孔；5—行星头透气塞；6—行星头油位显示；7—牵引部加油塞；8—牵引部透气塞；9—牵引部油位标尺；10—牵引部泄油口；11—行走箱油盒加油孔；12—行走箱油盒透气塞。

图 1-1-18　润滑系统

传动零件浸在油箱内，靠旋转运动副的离心力将润滑油甩到其他零件上，起到润滑的作用。同时，润滑油还被甩到箱壁上，以利于散热。

采煤机在截割过程中，摇臂机壳温度可高达 100 ℃以上，因此摇臂齿轮箱的润滑十分必要。

截割部摇臂齿轮箱传动零件的润滑比较特殊。前滚筒割顶煤时，润滑油集中在摇臂后端，浸泡在油箱中的高速轻载齿轮将润滑油搅得过于剧烈，而摇臂前端的低速重载齿轮得不到良好的润滑；后滚筒割底煤时，润滑油集中在摇臂前端，后端同样润滑不良。因此，采煤机工作一段时间后应停止牵引，将前摇臂下降、后摇臂上升，以便使摇臂和行星头内的齿轮及轴承得到润滑，保证采煤机正常割煤。

微课资源

采煤机各铰接销、截割电机和牵引块中间惰轮及行走链轮均采用润滑脂润滑，逐点润滑与分散润滑相结合。通常情况下，润滑油用于高速、高温条件，润滑脂用于低速、高压条件。

飞溅润滑的优点是：润滑强度高，工作零件散热快，不需要润滑设备，对润滑油的杂质和黏度降低不敏感。

集中润滑是把油管连接到润滑点上，而油管的注油嘴则适当集中，这样可以弥补逐点润滑的不足，但要每班检查软管及接头是否有漏油、扭结、磨损或松动现象。

6. 调高系统

(1) 系统原理

系统原理如图 1-1-19 所示。

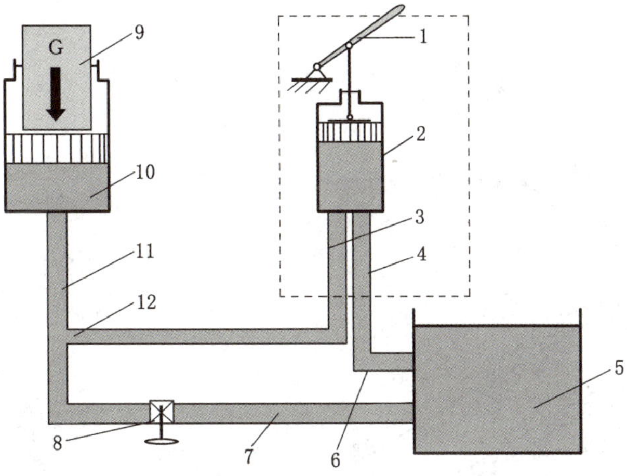

1—手柄；2—液压泵；3—排油单向阀；4—吸油单向阀；5—油箱；6，7，11，12—油管；8—截止阀；9—重物；10—液压缸。

图 1-1-19　调高系统原理示意图

(2) 系统组成

采煤机调高系统由液压泵电机、双联齿轮泵、整体式油箱、溢流阀、高压过滤器、电液控制阀组、压力表、双液控单向阀（也称互锁阀）、液压缸等组成。

电液控制阀组是由电磁换向阀和液控换向阀组成的。电磁阀是先导阀，控制液控阀的换向，液控换向阀是主阀。

采煤机液压系统具有升起、保持、降下摇臂，升起、保持、降下破碎装置，升起、降下顶护板，齿轮箱润滑，采煤机机身调斜，液压系统补油等作用。

7. 电气控制系统

MG1660-WD 型电牵引采煤机电气部分是该采煤机的一个重要组成部分。该部分结构主要由电控箱 C0N0565 组成，系统核心控制器采用可编程控制器（PLC）、全中文平板液晶

(15 寸彩显)显示以及采用直接转矩(DTC)变频调速技术和现场总线传输技术,来共同控制 2 台 620 kW 的截割电机、2 台 120 kW 的牵引电机以及 2 台 30 kW 的泵电机运行。采煤机控制和保护性能完善可靠,操作简单方便。

电气系统采用"一拖一"方式,即由 2 台变频器分别拖动 2 台牵引电机,提高了系统的控制精度,确保牵引同步。在采煤机中采用现场总线传输技术,对采煤机进行控制和数据传输,减少布线,易于维护和检修。

(1) 电控箱外部结构

电控箱外部结构如图 1-1-20 所示。

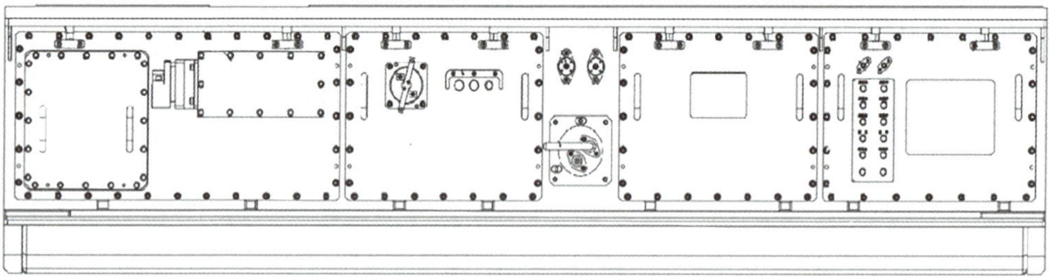

(a) 主视图

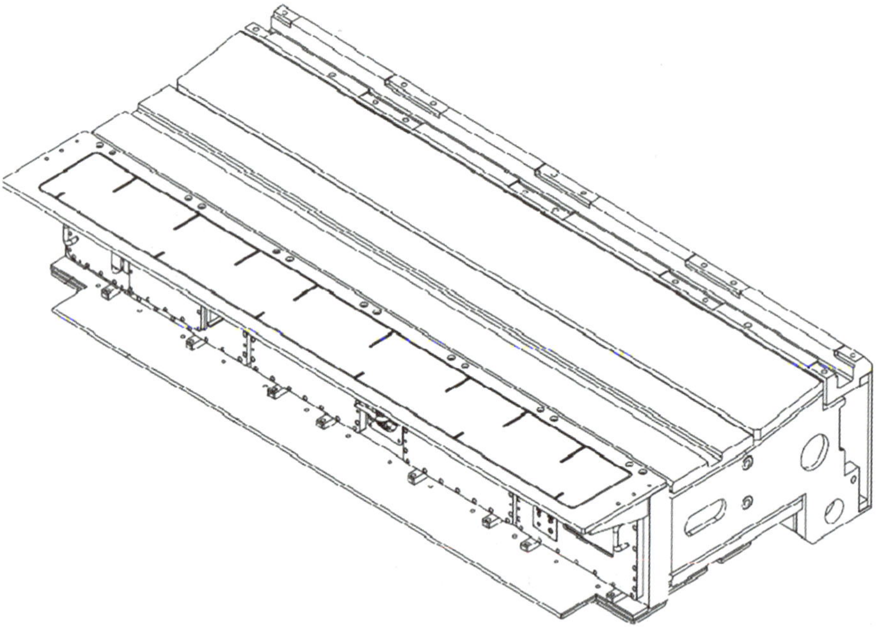

(b) 俯视图

图 1-1-20 电控箱外部结构

(2) 电控箱内部结构

电控箱内部结构如图 1-1-21 所示。

(3) 电控箱内部组件

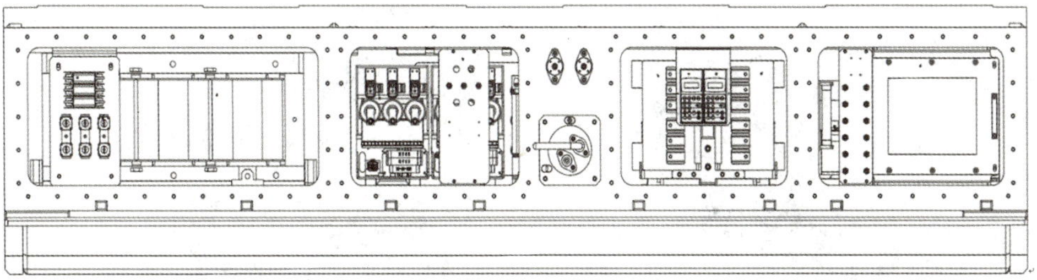

(a) 主视图

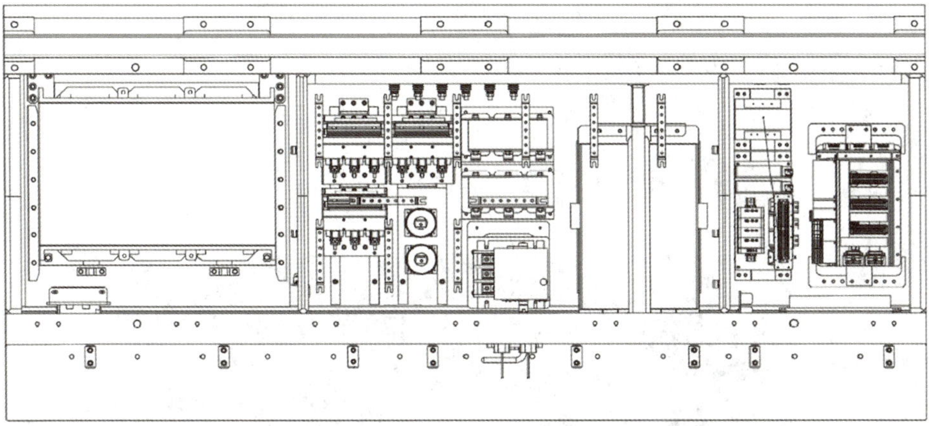

(b) 俯视图

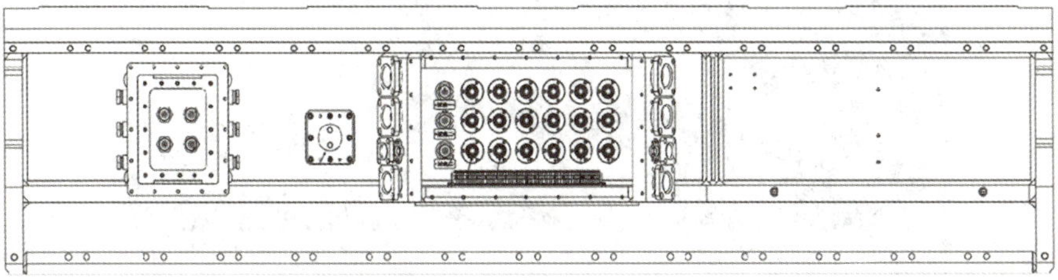

(c) 后视图

图 1-1-21　电控箱内部结构

① 接触器组件

该电控系统安装有 3 个接触器组件，分别用于控制左、右截割电机和牵引变压器的启动、停止、绝缘检测以及三相电流的采集、传输等。该模块控制电压为 AC220 V，安装有独立的 DC24 V 电源，电流信号采集采用 CAN 总线与控制系统进行通信，如图 1-1-22 所示。

② 变频器组件

该电控系统安装有两个变频器组件，分别用于控制左、右牵引电机，实现“一拖一”控制，两个变频器采用光纤连接，实现主、从通信。变频器组件的主控接口采用 CAN 总线与控制器通信，实现变频器总线控制和数据采集，如图 1-1-23 所示。

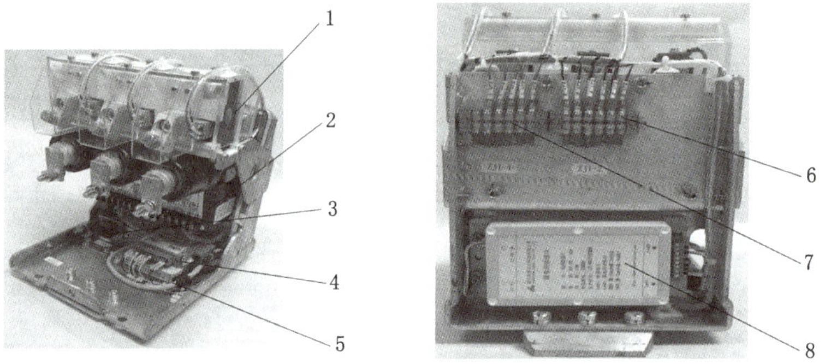

(a) 45°视角图　　(b) 后视图

1—电流变送器；2—接触器；3—接触器组件插座；4—电流采集模块；
5—接触器组件电源；6、7—端子；8—绝缘检测模块。

图 1-1-22　接触器组件

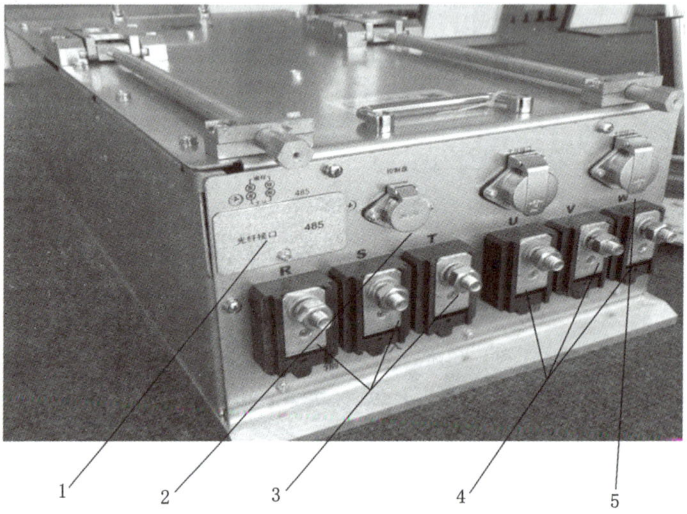

1—光纤接口；2—控制盘接口；3—进线口；4—出线口；5—主控接口。

图 1-1-23　变频器组件

③ 电源组件

电源组件安装有 5 个非本安电源、5 个本安电源、2 个语音模块、1 个内置瓦斯断电仪以及 3 个 23 芯快速插头。5 个非本安电源分别用于为左、右隔爆接线盒以及显示屏等供电；5 个本安电源分别用于为左、右本安接线盒，遥控接收模块，红外发射器以及 2 个语音模块供电，如图 1-1-24 所示。

(4) 电气控制

先导控制和闭溜回路各自仅有一部分安装在采煤机中，用户必须把采煤机先导回路和闭溜回路通过采煤机进线电缆中的控制芯线与匹配的组合开关相连接。

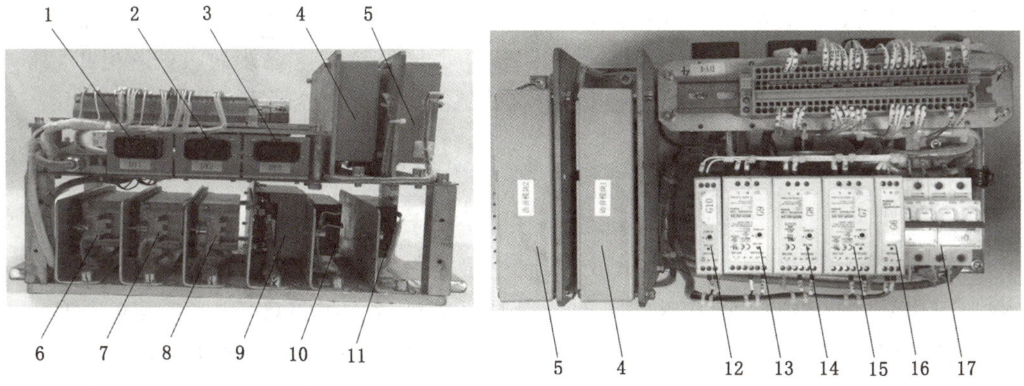

1—快速插头 DY1；2—快速插头 DY2；3—快速插头 DY3；4、5—语音报警模块；
6—本安电源（左本安接线盒）；7—本安电源（右本安接线盒）；8—本安电源（红外发射器）；
9—内置瓦斯断电模块；10、11—本安电源（语音模块 1）；12—DC24 V 电源 1（G10）；13—DC24 V 电源 2（G9）；
14—DC24 V 电源 3（G8）；15—DC24 V 电源 4（G7）；16—DC24 V 电源 5（G6）；17—空气断路器。

图 1-1-24　电源组件

① 先导回路

先导回路经前盖板接线腔 X.1-1 端子接入，在先导回路上串联 1S1 总启按钮、1S2 急停按钮、拉线开关、QS1 开关触点、瓦斯断电仪常闭节点，经过二极管接地。在 1S1 总启按钮上并联自保节点。X.1-4 端子为预留的巷道集控远程启动采煤机接线端子。如图 1-1-25 所示。

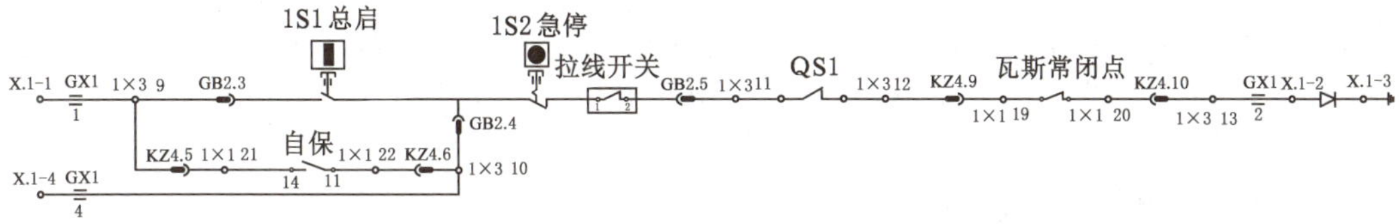

图 1-1-25　先导回路

② 闭溜回路

闭溜回路通过采煤机主进线电缆中的控制芯线与输送机控制回路串联。1S3 闭溜按钮是闭锁按钮，按下后，输送机停止工作，只控制停机不控制启动，如图 1-1-26 所示。

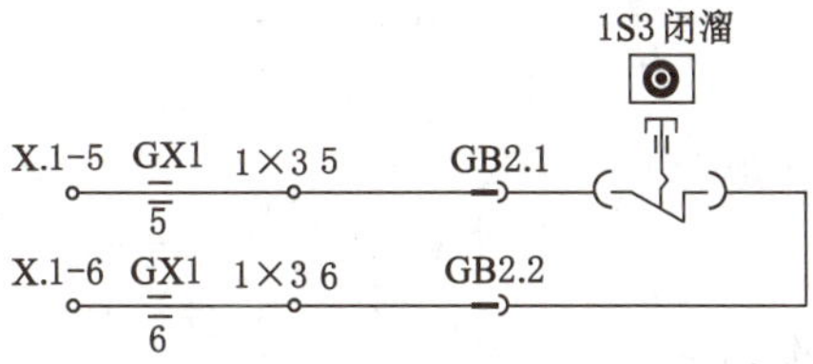

图 1-1-26　闭溜回路

③ 动力回路

采煤机动力回路进线电压为交流 3 300 V。当高压隔离开关在断开位置时，隔离动力回路进线电源。当高压隔离开关闭合后，采煤机动力回路进线电源接通。截割电机和破碎电机的电压为 3 300 V，接触器分别控制左、右截割电机及控制变压器的电源。

任务三 采煤工艺

滚筒式采煤机是综合机械化采煤工作面的主要设备，在工作面生产中完成落煤和装煤两道工序。采煤机通过螺旋滚筒上的截齿对煤壁进行截割落煤，利用螺旋叶片的轴向推力将从煤壁截割下的煤旋至下部的刮板输送机上，并通过刮板输送机运出工作面。一般情况下，双滚筒采煤机工作时，两个滚筒需要相对或相背旋转（即一个滚筒顺时针旋转，另外一个逆时针旋转）。前滚筒割顶煤，后滚筒割底煤，因此双滚筒采煤机沿着工作面运行一次可以进一刀，返回时又可以进一刀，即采煤机往返一次进两刀，这种采煤方法称为双向采煤法。

为了使滚筒落下的煤能旋至刮板输送机上，滚筒螺旋叶片的螺旋旋向必须与滚筒旋转方向相适应。顺时针旋转（人站在采空区一侧看）的滚筒，螺旋叶片方向必须右旋；逆时针旋转滚筒的螺旋叶片必须左旋，即左转左旋、右转右旋。

当采煤机沿着工作面双向采煤时，每截割完工作面全长后，工作面就向前推进一个截深的距离。在采煤机重新开始截割下一刀之前，首先要使滚筒切入煤壁，推进一个截深，这一过程称为进刀。

微课资源

综采工作面两端巷道的断面大，刮板输送机的机头和结尾一般可伸进巷道。当采煤机截割到工作面端头时，其滚筒可截割至巷道，因此不需要人工开缺口，因而采煤机在进刀过程中能自开缺口，其开缺口的方法有端部斜切法、中部斜切法、半刀法和正切进刀法（此方法已经很少有用，本书不做介绍）。

一、中部斜切进刀法

采煤机中部斜切进刀法截割工序如下：

（1）升起前滚筒→降下后滚筒→快速运行至工作面中部，如图 1-1-27(a)所示。

（2）采煤机运行至工作面回风巷准备开始采煤行程→推移刮板输送机，如图 1-1-27(b)所示。

（3）移动支架→升起前滚筒→降下后滚筒→快速运行至工作面中部，如图 1-1-27(c)所示。

（4）采煤机运行截割至工作面运输巷，如图 1-1-27(d)所示。

二、端部斜切进刀法

（1）采煤机运行至巷道一端开始截煤，如图 1-1-28(a)所示。

（2）升起前滚筒→降下后滚筒→开始推移刮板输送机→在距巷道大约 20 m 处开始移动支架，如图 1-1-28(b)所示。

（3）采煤开始运行截煤，直至牵引到巷道的另一端，如图 1-1-28(c)所示。

（4）升起前滚筒→降下后滚筒→移动输送机→移动支架→采煤机反向牵引截煤至巷道另一端，如图 1-1-28 (d)所示。

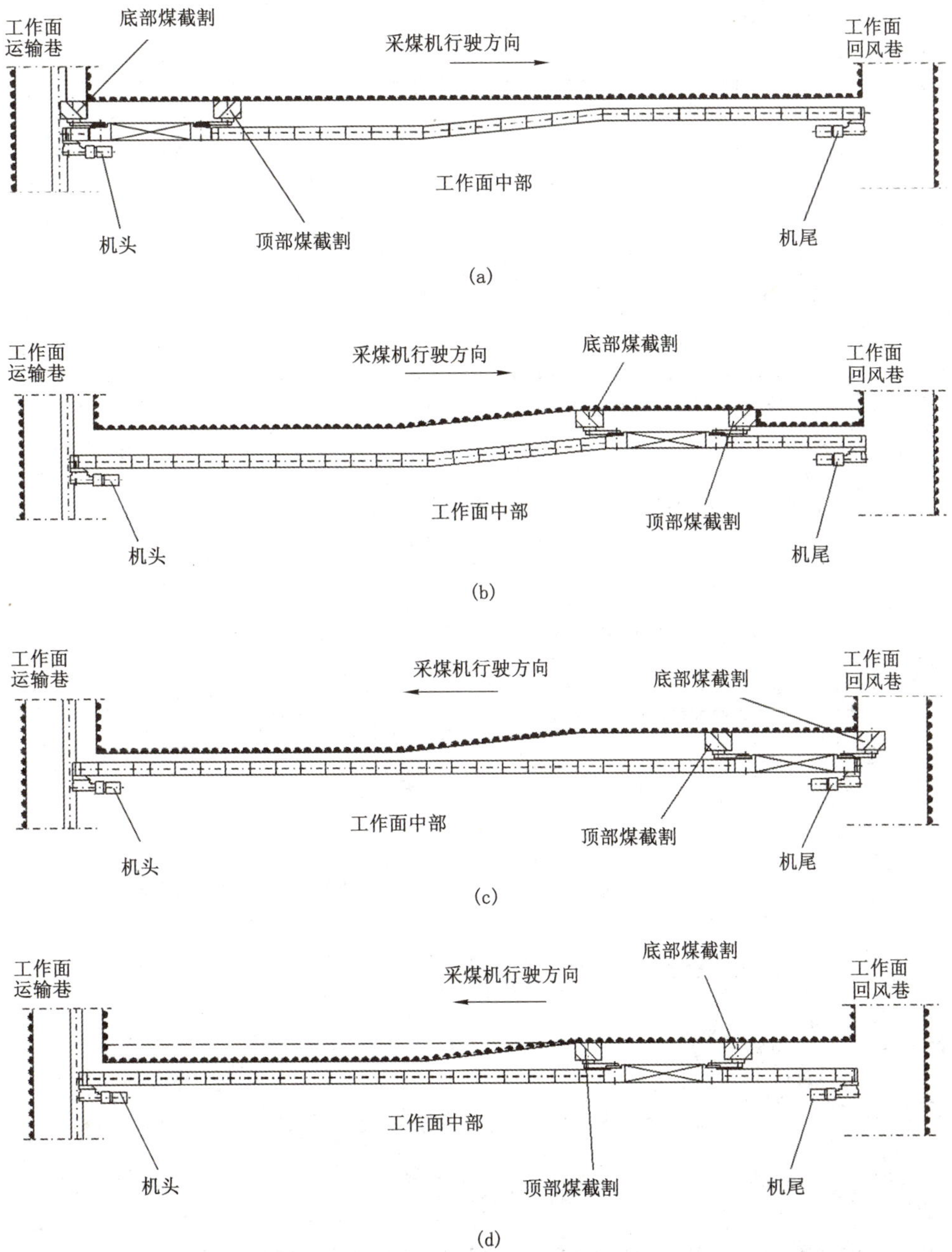

图 1-1-27 中部斜切进刀法

(5) 升起前滚筒→降下后滚筒→采煤牵引截煤直至另一侧巷道，如图 1-1-28(e)所示。

三、半刀法

半刀法的采煤机无须按照斜切式进刀方式的环形截割路线移动，一个采煤行程即完成一个完整的移动步距，如图 1-1-29 所示。

采用半刀法的前提是刮板输送机在不移动整个步距的情况下也能被推直。

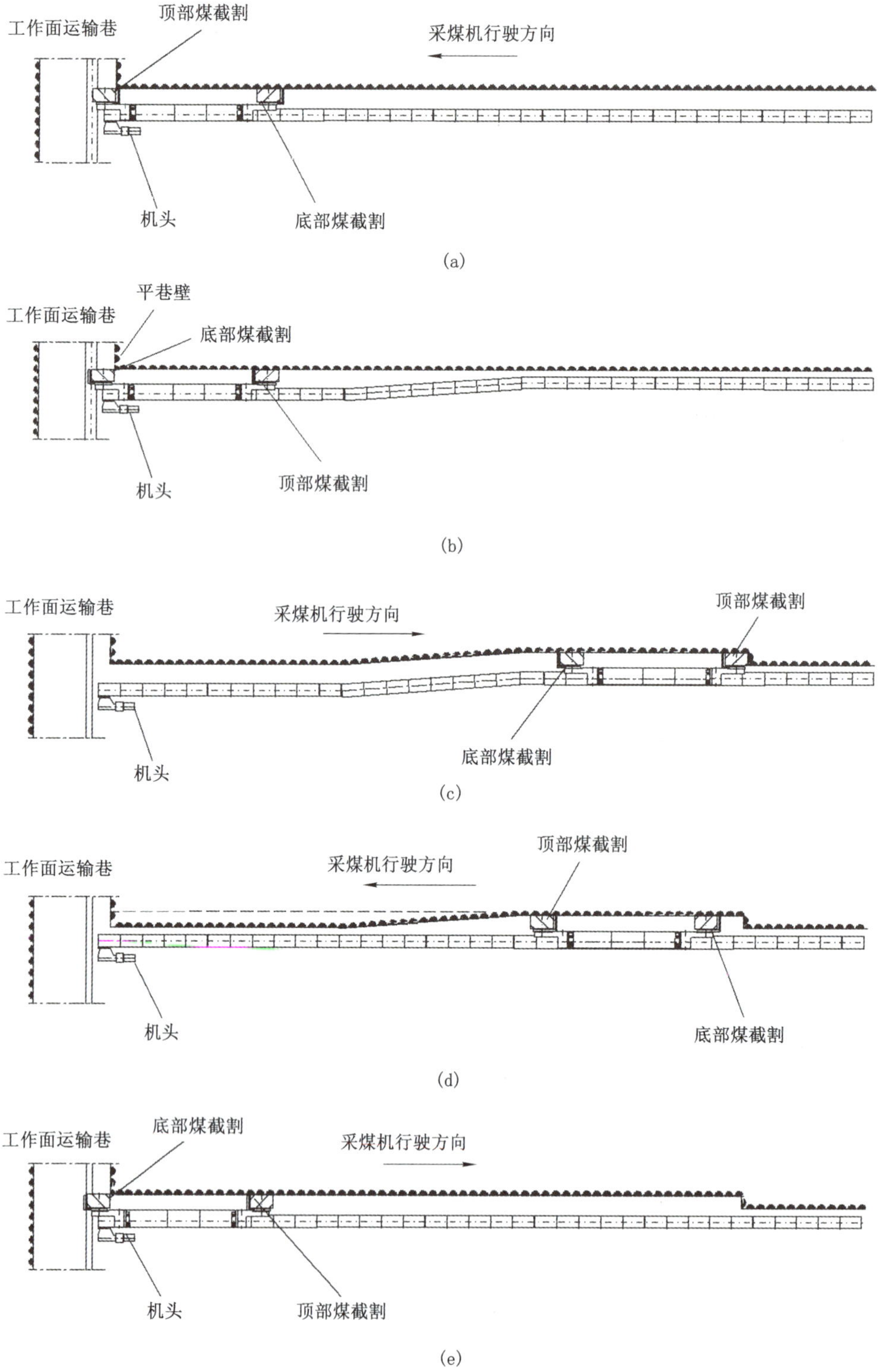

图 1-1-28　端部斜切进刀法

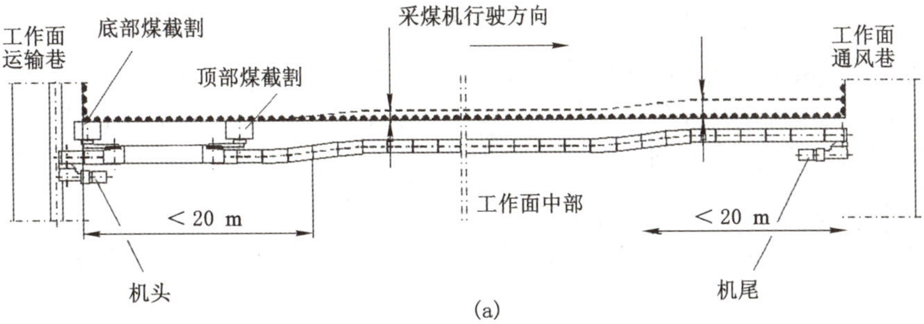

(a)

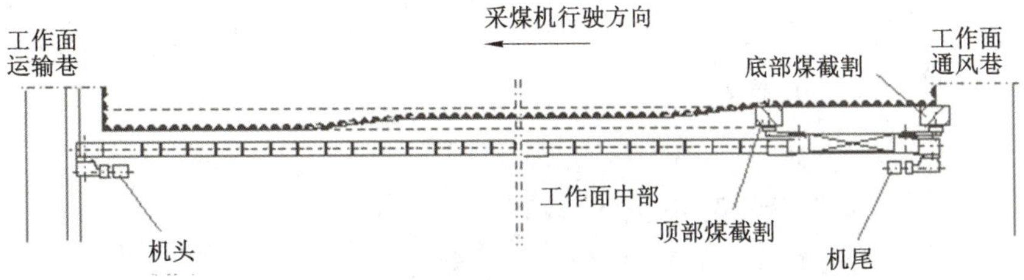

(b)

图 1-1-29　半刀法

任务四　采煤机的操作及注意事项

一、采煤机的操作

1. 开机前检查

在确保人员、设备、环境安全的情况下方可开机，并做如下检查：

(1) 主电缆和磁力启动器连接是否完好。

(2) 隔离开关手把是否置于“ON”位。

(3) 启动采煤机，使它处于运行状态。

(4) 观察中文显示窗内工作参数、工作状态及各种信息的显示是否正确。

(5) 操作左、右摇臂升降按钮，观察摇臂动作是否正常。

(6) 按下电控箱上的“左牵”或“右牵”按钮，观察中文液晶显示和变频器显示窗中的状态及采煤机的实际工作状态。

(7) 分别脱开牵引电机所驱动牵引部的齿式离合器，让两牵引电机进行单牵引。

(8) 分别按下电控箱上的“左截启”“右截启”“破碎启”按钮，观察中文液晶显示左、右截割及破碎电机的运行状况。

(9) 按下“总停”按钮，采煤机应整机断电。

2. 操作

(1) 将隔离开关手把置于“ON”位置。

(2) 按下启动按钮，采煤机得到 3 300 V 电源，泵电机运行。

（3）按一下“左截启”按钮，蜂鸣器报警 5 s，左截割电机启动。

（4）按一下“右截启”按钮，右截割电机启动。

（5）按一下“破碎启”按钮，破碎电机启动。

（6）按一下“左牵”或“右牵”按钮，变频器工作，机器按所选定的方向牵引，且按住按钮的时间越长牵引速度越大，时间越短牵引速度越小。

（7）当采煤机正在左牵引时，如果需要减速则按下“右牵”按钮，则采煤机减速，减速的多少由按住按钮的时间长短来决定；如果一直按住“右牵”按钮，则采煤机速度会降至零。

3. 自动化控制

在采煤机送电后，按住设置按钮 10 s 可以进入采煤机基本参数设置界面，如图 1-1-30 所示。按“左牵”或“右牵”可以在各个设置项目之间切换，按“退出”键退出采煤机基本参数设置界面。

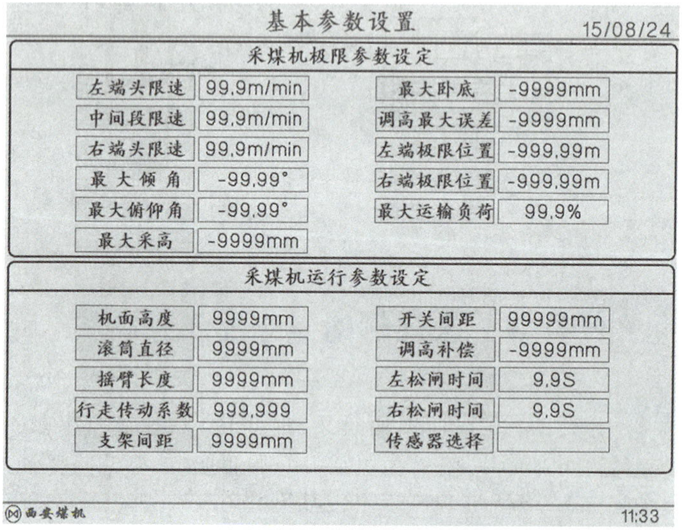

图 1-1-30 基本参数设置界面

（1）基本参数设置

选定要设定的项目后，通过操作“上升”或“下降”按钮将该项目调整到需要的设定内容。

（2）极限参数设置

① 左端头限速：从采煤机在左端头极限位置开始到左端斜切距离内采煤机运行最大速度。

② 中间段限速：在左、右端头以外的中间区域采煤机运行最大速度。

③ 右端头限速：从采煤机在右端头极限位置开始到右端斜切距离内采煤机运行最大速度。

④ 最大倾角：工作面最大倾角。

⑤ 最大仰俯角：工作面最大仰俯角。

⑥ 最大采高：采煤机最大采煤高度。

⑦ 最大卧底：采煤机最大卧底值。
⑧ 调高最大误差：采煤机调高最大允许误差。
⑨ 左端极限位置：采煤机行驶最左端极限位置。
⑩ 右端极限位置：采煤机行驶最右端极限位置。
⑪ 最大输送机负荷：三机联动时，输送机最大负荷。

(3) 运行参数设定

① 机面高度：采煤机配套高度。
② 滚筒直径：采煤机目前应用滚筒直径。
③ 摇臂长度：摇臂回转中心至摇臂行星头中心距离。
④ 行走传动系数：采煤机编码器安装位置到齿轨轮的传动系数。
⑤ 支架间距：相邻支架距离。
⑥ 开关间距：预留功能。
⑦ 调高补偿：斜切进刀时，摇臂的调高补偿值。
⑧ 左松闸时间：采煤机左行松闸时间。
⑨ 右松闸时间：采煤机右行松闸时间。
⑩ 传感器选择：根据安装的传感器可以在编码器、液压缸位移传感器之间选择。

(4) 自动化参数设置

进入设置界面(图 1-1-31)后，可以通过翻页键在设置项目之间进行切换。通过操作“左牵”或“右牵”按钮，可以切换光标至需要设置的选项，选定的项目光标整体闪烁。选定要设定的项目后，通过操作“上升”或“下降”按钮将该项目调整到需要的设定内容。

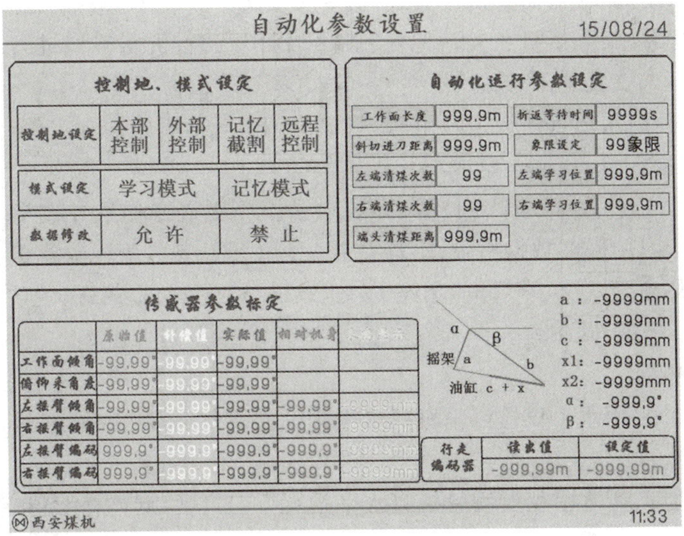

图 1-1-31　自动化参数设置界面

(5) 控制地、模式设定

选定控制地、模式设定后，通过操作“左牵”或“右牵”按钮，可以切换光标至需要设置的项目，选定的项目光标整体闪烁。选定要设定的项目后，通过操作“上升”或“下降”按钮将该项目调整到需要的设定内容。

控制地设定：

① 当不使用远程控制和记忆截割功能或在学习状态时选择本地控制。

② 当同时使用远程控制和记忆截割功能时选择外部控制。

③ 当仅使用记忆截割功能时选择记忆截割模式。

④ 当仅使用远程干预功能时选择远程干预模式。

模式设定：

① 在控制地设定为本地控制、模式设定为学习模式时，采煤机处于学习状态，记录运行数据，形成示范刀数据，为记忆截割提供依据。

② 其他情况选择记忆模式。

数据修改：

① 在学习过程中，需要用当前学习数据覆盖原记录数据时，选择“允许”，否则选择“禁止”。

② 在记忆截割运行过程中需要用人工干预数据修正记忆截割数据（示范刀数据）时选择“允许”，否则选择“禁止”。

自动化运行参数设定：

① 工作面长度：综采工作面采煤机行走的最大距离。

② 斜切进刀距离：工作面端头到斜切进刀位置的距离。

③ 左端清煤次数：左端头需要清浮煤循环次数。

④ 右端清煤次数：右端头需要清浮煤循环次数。

⑤ 端头清煤距离：端头需要清浮煤距离。

⑥ 折返等待时间：采煤机在自动记忆割煤过程中机头、机尾斜切进刀以及清浮煤时换向等待时间，达到与支架的最佳配合。

⑦ 象限设定：当需要重新设定象限时，将数值调整到能设定的预定值，然后按“牵停”按钮 3 s，该项数值框闪烁，说明设定成功。

⑧ 左端学习位置：左端头学习位置的设定，是仅当因误操作后导致学习的左端头位置错误时操作；而学习的采高数据有效，不需重新学习，只需将左端头位置重新设定即可。设定时，将数值调整到合适值，然后按“牵停”按钮 10 s，该项数值框闪烁，说明设定成功。

⑨ 右端学习位置：同左端。

传感器参数标定：

① 工作面倾角：用水平仪器测量机身水平平行方向角度，调整补偿值，使得实际值接近测量值。

② 俯仰采角度：用水平仪器测量机身水平垂直方向角度，调整补偿值，使得实际值接近测量值。

③ 左摇臂倾角：用水平仪器测量左摇臂相对水平面倾角，调整补偿值，使得实际值接近测量值（右摇臂倾角校正类似）。

④ 左摇臂编码器：用水平仪器测量左摇臂相对水平面倾角（或测量滚筒上沿相对输送机地面高度），调整补偿值，使得实际值接近测量值（右摇臂编码器校正类似）。

⑤ 行走编码器：测量采煤机左接近开关相对工作面左端头感应磁钢实际距离，将设定

位置值修改为实际测量值，按住“牵停”按钮，然后按“复位”按钮即可设置成功。

⑥ 液压缸位移参数设定中 a、b、c、x_1、x_2、α、β 均为采煤机调高系统特征参数，采煤机定型后该参数基本固定不变，一般情况下不需要修改。

4. 特殊设定(预留)

图 1-1-32 所示为特殊设定(预留)。

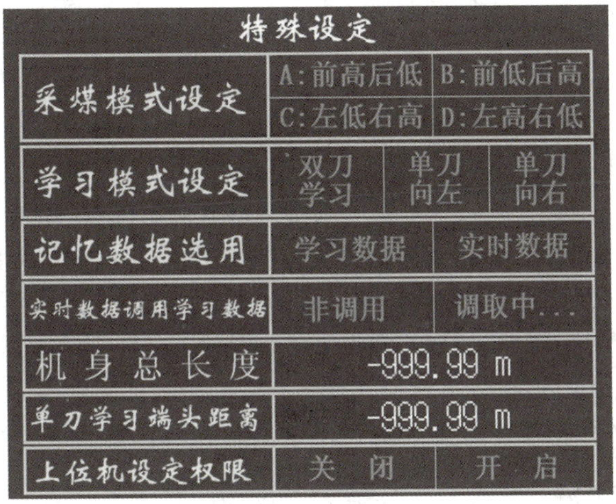

图 1-1-32　特殊设定

(1) 采煤模式设定

该模式设定分为四种模式：① 前高后低；② 前低后高；③ 左低右高；④ 左高右低。若采煤时需要前滚筒割顶煤、后滚筒割底煤，则选 A 模式，即前高后低；同理，若前滚筒割底煤、后滚筒割顶煤，则选 B 模式，即前低后高；左边滚筒割底煤、右边滚筒割顶煤，则选 C 模式，即左低右高；左边滚筒割顶煤、右边滚筒割底煤，则选 D 模式，即左高右低。

(2) 学习模式设定

“双刀学习”为传统学习模式，即学习过程中需要学习两刀煤一个来回。该学习模式耗时较多，比较烦琐，但学习数据精准、记忆割煤效果较好。

“单刀向左”“单刀向右”为新型学习模式，即学习过程中只需采一刀煤即可。该学习模式简单快捷、耗时少，但由于只学习一个方向，所以数据在起伏段可能存在偏差，必要时需要人工干预。

5. 远程监控

采煤机通过采煤机动力电缆，采用 CAN 总线方式与巷道监控设备(或第三方集控设备)进行双向数据交换，使得监控设备能够实时监测到采煤机运行数据。

6. 记忆截割自动化运行

(1) 参数设置

对自动化采煤机进行极限参数、运行参数设置和对传感器进行标定。

(2) 学习

① 对采煤机进行以下参数设定后退出参数设置：控制地设定为本地控制；模式设定为

学习模式；在线修改设定为允许。

② 采煤机操作人员操作采煤机进行人工采煤，完成一个工作循环后停止运行。

(3) 记忆截割采煤

① 对采煤机进行以下参数设定后退出参数设置：控制地设定为记忆截割或外部控制；模式设定为记忆模式；在线修改设定为禁止。

② 启动记忆截割。根据采煤机目前位置选择合适运行象限后，同时按下“破升”和“破降”按钮退出本地控制。若控制地设定为记忆截割，同时按下“上升”和“下降”按钮 3 s 启动记忆截割。若控制地设定为外部控制，由集控中心操作“启动记忆截割”控件 3 s 启动记忆截割。

(4) 人工干预

采煤机在记忆截割采煤过程中，如果遇到特殊或紧急情况，监控人员可以对采煤机实施人工本地干预或远程干预(控制地设置必须为外部控制)，本地干预结束后按“破降”按钮退出干预。远程干预结束后由集控中心操作“退出远程干预”控件退出干预。

二、采煤机在运行过程中的注意事项

(1) 先供水后开机，先停机后关水。

(2) 采煤机启动时，应按启动按钮 3～5 s，待启动后，观察显示屏的电压、电流、温度等信息一切正常后，按照显示屏上的提示操作采煤机正常割煤。

(3) 按牵引按钮时，根据需要选择“左牵”或“右牵”，初次启动时采煤机自动加速到 0.8 m/min左右，待采煤机启动后根据需要调整牵引速度，一般情况下采煤速度控制在 7 m/min 以内。初采期间、过断层或夹矸多时，煤机运行速度不大于 2 m/min，以防止振动过大造成机械或电子器件的损坏。

(4) 需要改变牵引方向时，应先将牵引速度降到“0”附近，按“牵停”按钮，再反向牵引，同时观察显示屏的电压、电流、温度等信息是否正常，如正常，再调整运行速度。

(5) 采煤机停机后，严禁立即开机，必须经过不低于 5 min 的等待，然后才能重新开动采煤机(等待变频器显示屏黑屏后)，以保证变频器得到充分时间的放电。严禁多次连续启停采煤机，防止损坏变频器充电单元。

(6) 未遇意外情况，在停机时不允许使用“紧急停车措施”。

(7) 随时注意滚筒位置，防止割顶梁或铲煤板。

(8) 随时注意电缆运动状态，防止电缆和水管挤压、蹩劲和跳槽等事故的发生。

(9) 注意观察油压、油温及机器的运转情况，如有异常，应立即停机检查。

(10) 经常观察油位、油温及声响，如有异常情况，应立即停车检查并及时排除故障。

(11) 较长时间停机或下班时必须断开隔离开关，把离合器手把脱开，并关闭水阀开关。反冲洗过滤器组件置于关闭位置。

任务五　采煤机的维护及故障处理

一、采煤机的维护

1. 日检

(1) 检查主电缆是否有损坏，确保无明显破损。

(2) 检查牵引电缆是否有损坏,确保无明显破损。

(3) 检查电控箱盖板上的按钮,确保可靠通断。

(4) 检查采煤机上是否有大量积煤,有则清除掉。

(5) 检查端头站引线,确保无明显破损。

(6) 检查冷却水是否畅通、压力是否正常,确保冷却系统正常。

(7) 检查两边遥控器、端头站与机身按钮,确保各指令可靠执行。

(8) 观察机组上中文显示屏数据并做记录,观察数据变化规律。

2. 周检

(1) 检查电控箱各箱体内是否潮湿。若潮湿,一定要放入干燥剂并观察干燥剂变化,以及时更换,进行干燥处理。

(2) 检查电控箱隔爆面是否有锈迹,电控箱盖板密封条是否完好。

(3) 检查电控箱各箱体内接线、插头、器件固定是否牢靠。

(4) 检查电控箱内高压保险、低压保险及保险座接触是否牢靠。

(5) 检查电控箱各箱体内线头绝缘胶布是否老化。

(6) 检查电控箱各箱体内接线是否牢靠,确保控制线与高压线之间的间隙。

(7) 检查左、右截割电机,破碎电机,左、右牵引电机,泵电机接线腔是否潮湿。若潮湿,一定要放入干燥剂并观察干燥剂变化,以及时更换,进行干燥处理。

(8) 检查左、右截割电机,破碎电机,左、右牵引电机,泵电机接线是否牢靠,确保温度控制线与高压线之间的间隙。

(9) 清理瓦斯探头,确保其正常工作。

(10) 检查各个冷却水道,保持畅通。

3. 月检

(1) 检查牵引、截割、破碎、泵电机接线腔是否潮湿,应保持干燥。

(2) 检查电控箱盖板、电机、电缆密封圈是否松动、老化。

(3) 检查牵引电机、截割电机、破碎电机、泵电机接线腔接线情况,确保接线良好。

(4) 用 2 500 V 兆欧表对截割电机、破碎电机进行绝缘测试,用 1 000 V 兆欧表对牵引电机进行绝缘测试,阻值应大于 3 MΩ。此时一定要注意与变频器断开,否则会导致变频器损坏。

(5) 检查绝缘材料有没有变质和破坏,必要时更换。

(6) 检查遥控器电池电量是否耗尽。

4. 其他注意事项

(1) 所有电控箱体应开盖检查是否有潮湿、腐蚀断线现象,如果出现上述情况,先通风除湿、更换断裂的线路,同时检查接线端子、接插头等是否有松动情况,确保其可靠通断。

(2) 检查主回路(包括隔离开关、接触器、接线柱、牵引变压器等)以及各绝缘器件的绝缘情况是否良好,发现异常应及时修复或更换。

(3) 检查完毕后采煤机投入运行前应先通电 2 h,然后进行 0.5 h 空载试验,检查各部件是否运转正常,检查电控箱按钮、端头站、遥控器是否能够正常操作。

二、采煤机常见故障及处理方法

1. 摇臂常见故障及处理方法

摇臂常见故障及处理方法见表 1-1-8。

表 1-1-8 摇臂常见故障及处理方法

故障现象	故障分析及排除方法
电机腔有油且大	电机齿轮轴后的骨架油封容易漏油(320 号极压齿轮油),此油漏出后应该流到下方的溢油口,但是由于机身下输送机过煤常将此溢油眼堵塞,严重的情况下此油可进入截割电机。 处理方法一:将电机拆掉更换密封,更换新油封时可将旧油封垫在新油封上,敲击旧油封同时将新油封安装到位,这样安装不会损坏新油封。 处理方法二:将电机齿轮轴从煤墙处拆掉,然后将轴承处的套拆掉即可更换油封。但是一些小的机型采煤机还得将惰轮轴拆掉后然后才能够更换,在安装惰轮轴时注意两轴承中间的距离环,因为由于自重,这个距离环在侧面安装时容易掉下来,此时安装需讲求方法
滑动密封漏油	由于行星减速器出轴轴承长时间工作,圆锥滚子轴承的滚珠磨损,造成行星架轴向窜动,滑动密封的间隙增大,超出了 O 形密封圈的弹性范围,此时就要更换轴承来解决漏油问题。 对于行星减速器两端用圆锥滚子轴承的情况,在安装时就要调整端盖与轴承外环的间隙,一般为 0.15～0.3 mm。对于采用调心轴承的,间隙应该为零。 O 形密封圈失去弹性也是造成漏油的原因之一,此时要更换 O 形圈并清理周边的煤尘

2. 牵引部常见故障及处理方法

牵引部常见故障及处理方法见表 1-1-9。

表 1-1-9 牵引部常见故障及处理方法

故障现象	故障分析及排除方法
牵引电机后部积油太多	与摇臂电机齿轮轴的处理类似
牵引部与行走箱接合面漏油	牵引部减速箱内第二级行星机构处的油封损坏,会导致行走箱采空区端面渗油,因为行走箱属于开式齿轮箱,其内的轴承是靠油脂润滑,所以判断不可能有齿轮油渗出,而是牵引部与行走箱接合面漏油,需更换其处油封

3. 液压调高系统常见故障及处理方法

液压调高系统常见故障及处理方法见表 1-1-10。

表 1-1-10 液压调高系统常见故障及处理方法

故障现象	故障分析及排除方法
系统不调高	① 检查油箱是否有油,油量有多少;液压缸是否漏油,前、后腔是否窜油,必要时修理或更换液压缸。 ② 手动能够调高,电控不能控制,说明手动和电控脱节,需检查相应电气控制回路或更换调高电磁阀。 ③ 齿轮泵损坏。判断齿轮泵的好坏首先保证油池有油,泵坏了会表现出排油管路无力,吸油的滤芯应干净无脏东西。 ④ 高压安全阀内有杂物会影响阀芯,阀芯不能复位,压力油直接回油箱,应进行清洗或更换高压安全阀

表 1-1-10(续)

故障现象	故障分析及排除方法
吸油过滤器铜网堵塞	会造成不能正常吸油，高低压表均无显示，应清洗过滤网
调高速度慢，齿轮泵的来油有力，高低压表不显示	① 检查高压阀，如果高压阀开启不能复位，液体全回油池，可能出现此问题。 ② 观察低压表，看压力值是否低于要求压力，如是，调节低压阀即可

4. 行走箱常见故障及处理方法

行走箱常见故障及处理方法见表 1-1-11。

表 1-1-11　行走箱常见故障及处理方法

故障现象	故障分析及排除方法
当实际载荷大于额定载荷时，扭矩轴从卸载槽处折断，不能传递到齿轨轮上	将编码器组件拆掉，再将压盖拆掉，更换扭矩轴即可

5. 电气部分常见故障及处理办法

电气部分常见故障及处理办法见表 1-1-12。

表 1-1-12　电气部分常见故障及处理方法

故障现象	故障分析及排除方法
无法远程通信	检查采煤机远程通信链路；核对连接线路；检查或更换隔离模块
自动化无法牵引	将上位机合理限速；校准采煤机位置
先导回路不能启动	更换电缆或修复控制芯线；更换或修复磁力启动器，将隔离开关合闸；更换终端二极管，将温度接点短接；拔出“急停”按钮
启动回路不自保	更换熔断器；检查控制线自保回路；更换遥控器端头站；检测原因后合上断路器
按采煤机“总启”按钮时移变跳闸	① 将隔离开关断开，在隔离开关绝缘正常的情况下按“总启”按钮，如果继续跳闸，可确定不是采煤机的接地故障造成。 ② 如果上一步执行完成后移变不跳闸，将隔离开关合上，用主进线的控制芯线带二极管接地，如果不跳闸，可确定是先导回路某点接地。 ③ 用 5 000 V 绝缘兆欧表测主进线单相对地，检查主回路和牵引变压器、控制变压器是否绝缘正常
左(右)截割电机无法启动	① 确定左截割(右截割)停按钮是否拔起来。 ② 检查左、右遥控器是否均不在线。 ③ 查看 PLC 绝缘检测信号是不是有输入，如果没有输入，则表示该截割电机或者电缆绝缘不正常。 ④ 查看 PLC 左截割(右截割)启动是不是有输入。 ⑤ 查看 PLC 是否有流量输入，有则流量正常。 ⑥ 查看 PLC 是不是有输出，如果没有输出，在前面步骤均正常的前提下请更换 PLC

项目二 液压支架

任务一 液压支架的分类和参数

一、液压支架的分类

液压支架按其对顶板的支护方式和结构特点的不同，可分为支撑式、掩护式和支撑掩护式三类，如图 1-2-1 所示。

微课资源

1. 支撑式

支撑式支架利用立柱与顶梁直接支撑来控制工作面的顶板。其顶梁较长，立柱较多，立柱直立，靠支撑作用来维持一定的空间，而顶板岩石则在顶梁后部切断垮落，如图 1-2-1(a)所示。这类支架具有较大的支撑能力和良好的切顶性能，适用于支撑中硬以上的稳定顶板。按其结构与动作方式不同，支撑式支架又可分为垛式和节式。

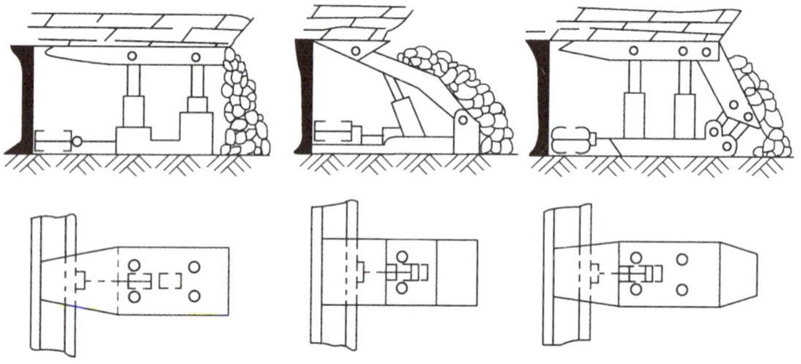

(a) 支撑式　　(b) 掩护式　　(c) 支撑掩护式

图 1-2-1　液压支架

2. 掩护式

掩护式支架利用立柱、顶梁与掩护梁来支护顶板和防止岩石落进工作面。其立柱较少，一般呈倾斜布置，顶梁也较短，而掩护梁直接与冒落的岩石相接触，主要靠掩护作用来维持一定的空间，如图 1-2-1(b)所示。这类支架掩护性和稳定性较好，调高范围大，对破碎顶板的适应性较强，但支撑能力较小，适用于支护松散破碎的不稳定顶板或中等稳定的顶板。

3. 支撑掩护式

支撑掩护式支架在结构和性能上综合了支撑式和掩护式的特点。它以支撑为主、掩护为辅，靠支撑和掩护作用来维持一定的工作空间，如图 1-2-1(c)所示。这类支架的支护力、防护性和稳定性都较好，适用于压力较大、易于冒落或中等稳定的顶板。它对于缓斜、采高大的采煤工作面具有一定的适应性。

二、液压支架的基本参数

液压支架的基本参数包括初撑力、工作阻力、支护强度、推溜力、移架力以及支架高度等。

视频资源

1. 初撑力

初撑力是液压支架在初撑增阻阶段对顶板的支撑力。它的大小取决于泵站的额定压力、立柱的数目和立柱缸体的内径。液压支架的初撑力可以减缓顶板的下沉，避免顶板过早剥离，增加顶板的稳定性，使立柱尽快进入恒阻状态。液压支架的初撑力应与其支护的顶板类别及岩性相适应，对支护坚硬、中硬的顶板，宜采用较高的初撑力，而对支护较软的顶板，应采用较小的初撑力。

2. 工作阻力

工作阻力是液压支架在承载初撑增阻阶段以后所能达到的最大支撑力，是液压支架承受顶板压力的最大允许值。它的大小取决于安全阀的调定压力、立柱数目、缸体的内径等参数。

3. 支护强度

支护强度是液压支架单位支护面积上的工作阻力，即液压支架的工作阻力与其支护面积的比值。它是用来衡量各种不同规格和型号液压支架支撑能力大小的一个参数。

4. 推溜力和移架力

推溜力是推移千斤顶在推移刮板输送机时能产生的最大允许推力；移架力是推移千斤顶在拉动液压支架过程中能产生的最大允许拉力。它们的大小取决于乳化液泵站安全阀的整定压力、推移千斤顶的结构形式和相关参数。

5. 支架高度

液压支架的高度是其在支撑方向上的垂直高度，有最大高度和最小高度之分。

任务二　液压支架的组成、主要部件及结构

一、液压支架机械部分

1. 液压支架的组成

如图 1-2-2 所示，液压支架由护帮板、顶梁、立柱、起底液压缸、底座、推移杆、后掩护梁、平衡液压缸及侧护板组成。

2. 主要部件及结构

液压支架的主要部件包括立柱、控制阀、操纵阀、顶梁及掩护梁、底座、导向装置、推移装置、防滑防倒装置、护帮装置等。

视频资源

(1) 立柱

立柱是支架实现支撑和承载的主要部件，它直接影响支架的工作性能。因此，立柱除应具有合理的工作阻力和可靠的工作特性外，还必须有足够的抗压和抗弯强度及良好的密封性能，而且还要结构简单、使用维护方便。

立柱按伸缩数分为单伸缩和双伸缩；按供液方式有内供液和外供液两种。双伸缩立柱采用内供液方式，其调高范围大，但结构复杂；而单伸缩立柱多为外供液方式，其结构简单，加工维护方便。

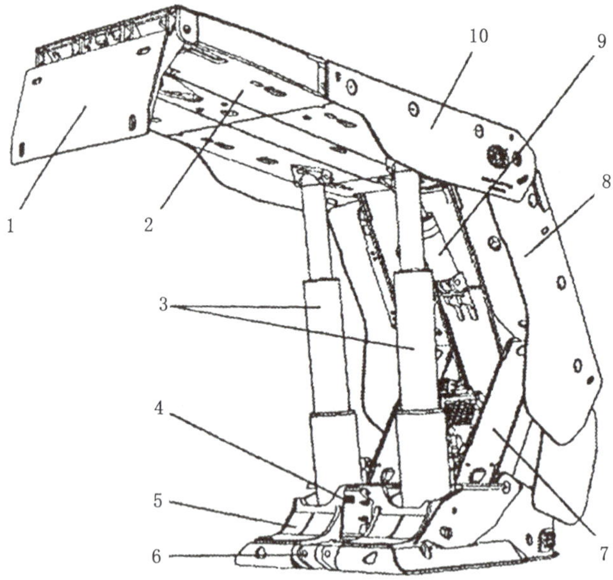

1—护帮板;2—顶梁;3—立柱;4—起底液压缸;5—底座;6—推移杆;
7—连杆机构;8—后掩护梁;9—平衡液压缸;10—侧护板。
图 1-2-2 液压支架的组成

单伸缩双作用式立柱如图 1-2-3 所示,主要由缸体 1、活塞 2 和活塞杆组成。缸底与缸体焊接为整体,活塞杆采用空心结构,直径较大,以保证足够的刚度。缸体与缸盖之间用钢丝、螺纹或卡环连接。活塞一般采用 Y 形密封圈,铜环导向,在导向套上装密封圈和防尘圈。单伸缩立柱采用机构加长杆来扩大支架的支护高度范围。立柱底部和活塞杆的头部均采用球形结构,与支架的底座和顶梁的连接采用销轴或压块固定,使立柱在工作时有一定的适应性。

视频资源

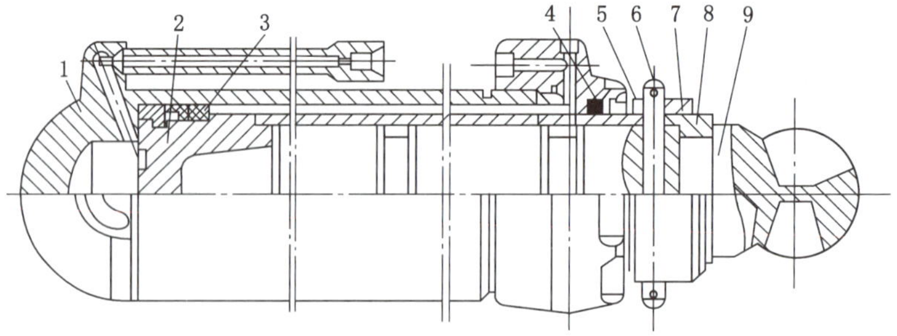

1—缸体;2—活塞;3—密封圈;4—防尘圈;5—销轴;6—开口销;7—卡套;8—卡环;9—加长杆。
图 1-2-3 单伸缩双作用式立柱

(2) 控制阀

控制阀是使支架正常工作、有效地控制顶板压力和围岩移动的关键液压元件,它由液控单向阀和安全阀组成。一般安装在每根立柱和前梁短柱的下腔进油路上,以保持立柱和前梁短柱合理的工作阻力和稳定的恒阻工作特性。

① 液控单向阀

液控单向阀的主要作用是利用该阀的闭锁原理控制立柱下腔液体的工作状态。立柱初撑时，它可使工作液体进入立柱下腔产生初撑力；立柱承载时，它可封闭下腔的工作液体，产生与工作阻力相对应的压力；立柱卸载时，可使下腔液体排出。对液控单向阀的基本要求是：密封可靠、动作灵敏、流动阻力小、工作寿命长、结构简单等。

视频资源

液压支架常用的液控单向阀有平面密封、锥面密封和球面密封三种形式。图 1-2-4 所示为 KDF1B 型液控单向阀，其密封面是密封垫 5 与阀芯 6 左端的平面接触面，P1 口接操纵阀，P2 口接液压缸承载腔，K 口接液控口，右端 M27×1.5 螺孔接安全阀。该阀密封性能好，对污物不敏感，最大额定工作压力为 42 MPa。

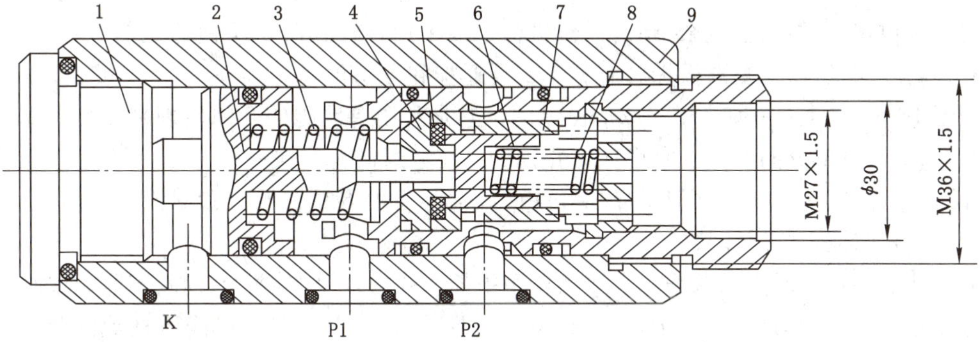

1—螺堵；2—液控顶杆；3，8—弹簧；4—阀座；5—密封垫；6—阀芯；
7—导向套；9—阀体。

图 1-2-4　KDF1B 型液控单向阀

② 安全阀

安全阀在液压支架中的作用是防止立柱或支架过载，保证支架安全地工作。它是支架具有恒阻特性和可缩性的关键元件。现在使用的安全阀大多数是直动式。YF1B 型安全阀如图 1-2-5 所示。其左端接承载腔，阀体中部的径向孔为泄液孔。利用橡胶弹性密封垫 5 加强密封，防止泄漏；阀座 3 与阀芯 6 的硬接触可限制密封垫的变形量，延长使用寿命；阀杆 4 增大了密封垫的接触面积，并有节流作用；带有滚珠的导向套 7 减小了阀芯的运动阻力。此阀的密封性能好、动作灵敏，最大工作压力可达 42 MPa。

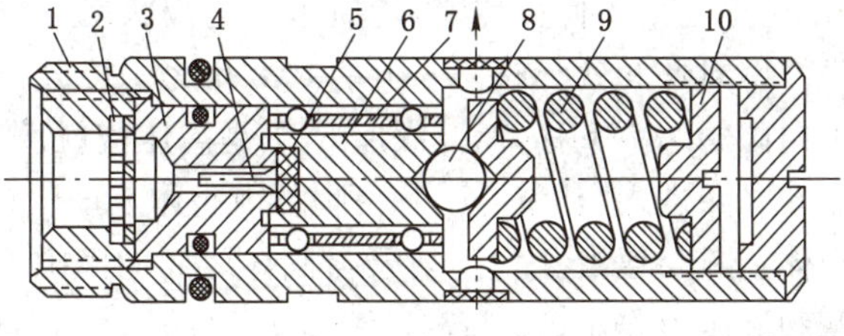

1—阀体；2—滤网；3—阀座；4—阀杆；5—密封垫；6—阀芯；7—导向套；8—钢球；9—弹簧；10—调压螺堵。

图 1-2-5　YF1B 型安全阀

(3) 操纵阀

操纵阀是控制各液压缸进、出油路,使立柱完成各种动作的开关。因此要求密封性好,工作可靠,操作方便。操纵阀的机能、通路和位数必须满足支架的动作要求。一般在停止位置时,操纵阀各个通路应全部回液;在工作位置时,除工作通路进液外,其余全部回液,相当于 Y 形机能。因此,操纵阀上有一个高压进液口和一个低压回液口。

操纵阀按控制方法可分为手控、液控、电控和电液控;按动作原理可分为往复式和回转式两种。

① 往复式操纵阀

往复式操纵阀的阀芯元件沿轴向做往复运动,开闭进、出口油路,实现换向作用。由于支架上的液压缸较多,动作较多,相应地要求操纵阀的通路和位数也较多,故采用几个结构基本相同的二位三通或三位四通阀,构成组合结构,每个阀独立操作,因而可实现复合操作。但阀的体积较大,结构较复杂,阀的操作机构一般采用杠杆式凸轮闭锁的控制装置,也可用电控或电液控,所以往复式操纵阀有利于实现遥控和自动化。

图 1-2-6 所示为一种往复式球形操纵阀。它是利用单向阀的开闭原理来改变液流的方向,控制支架各部分的动作。它由四组相同的二位三通阀叠装在一阀壳内,可分别接至前立柱、后立柱、前梁千斤顶和移架千斤顶等的两腔。阀壳上有总进油口和回油口,分别与工作面高压液和回液主管道相接。

这种往复式球形操纵阀采用操作凸轮手把插入孔内来操作,两个二位三通阀构成一组,通过凸轮形成闭锁动作,相当于一个 Y 形三位四通阀,用以控制一组液压缸的两腔。因一个二位阀动作(进液),另一个二位阀仍处于不动状态(回油),所以它属于操纵进液和复位回油的操纵阀。高、低压断路阀 13 和 14,二者结构相同,它们的作用在于检修支架的液压元件,如拧动阀 13 上的螺母 16,锥形阀 15 就在弹簧的作用下关闭通向操纵阀内部的进油路和回油路,可对此架的系统元件进行检修。检修后,只要再拧紧螺母,锥形阀被顶杆 17 顶开,断路阀又恢复常开状态。这种球形阀门式操纵阀操作方便可靠,缺点是零件多、拆装不方便,同时在操作过程中高、低压腔存在窜液现象。

② 回转式操纵阀

回转式操纵阀的优点是体积小、位数多、操作简单方便,但一般只具有单一动作,难于实现组合操作。

图 1-2-7 所示为 CZF1 型回转式操纵阀,其操作过程如下:手把 1 未动作时,单向阀阀芯 7 由于弹簧和液压力的作用压在单向阀座上,关闭进液孔,从 a 孔来的高压液不能进入密封环的中心孔内。此时不论手把处于何种位置,均属于不进液状态。根据要求将手把 1 转到示位牌 4 上的某一位置,密封环 9 就与阀体 8 上的 8 个孔之一接通,于是将手把 1 抬起,这时手把前端下压,使单向阀阀芯 7 下移,离开阀座 6,于是高压液就由 a 孔至单向阀中心孔、径向孔、单向阀与阀座 6 之间进入密封环 9 中心孔,再由阀体上该位置的通液孔进入支架的某组液压缸。此时,阀体上其余通液孔均经转子与阀体之间的间隙 K 与总回液孔 b 相通。松开手把后,由于弹簧和液压力作用,阀芯 7 上移,又压在阀座 6 上,支架停止进液。此时,原进液通道内的高压液可经转子 10 上一个 0.3 mm 卸压孔漏掉,以减轻手把再次转动时的操作力,此孔在进液过程中虽也漏液,但因孔径小,影响压力不大,不过也确实是个缺点。而手把在示位牌上升柱(前、后柱同升)、降柱(前、后柱同降)和卸移(卸载和移架)这些位置时,

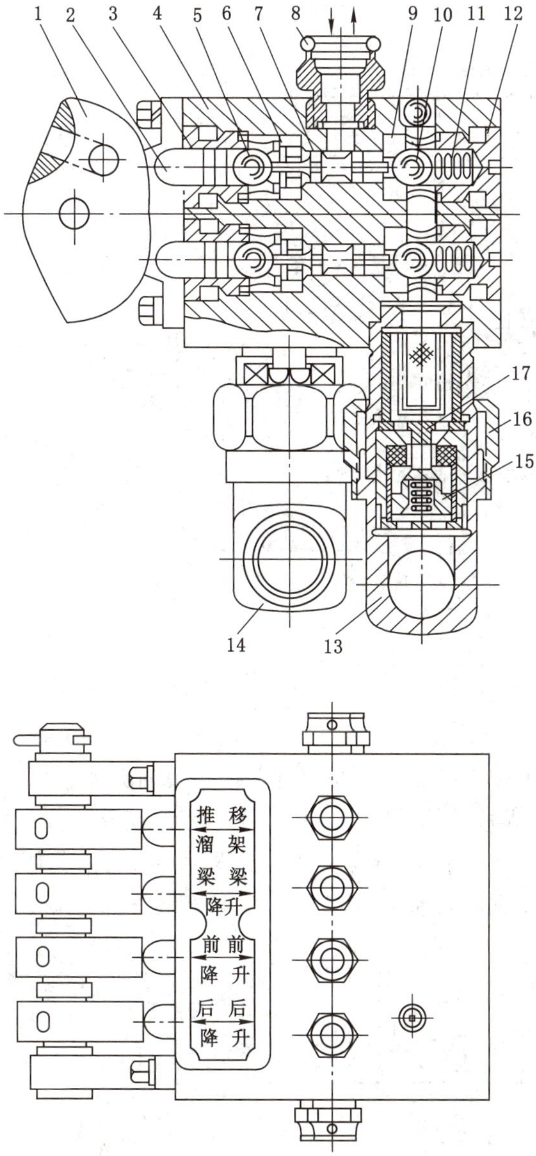

1—凸轮；2—顶杆；3—阀套；4—阀体；5—低压阀球；6—阀座；7—中间顶杆；8—接头螺帽；9—阀座；10—高压阀球；11—弹簧；12—调节螺帽；13—高压断路阀；14—低压断路阀；15—锥形阀；16—螺母；17—顶杆。

图 1-2-6　往复式球形操纵阀

密封环的中心孔搭接在相应的两个通液孔中间，使两组液压缸同时动作。

该阀具有手把定位装置，先转后抬才进液，操作省力，也可防止误动作。

(4) 顶梁及掩护梁

顶梁直接与顶板相接触，并承受顶板载荷，也为立柱、掩护梁、挡矸装置等提供必要的连接点。掩护梁是掩护式和支撑掩护式支架的特征部件之一，它将直接承受冒落矸石的载荷和顶板通过顶梁传递的水平载荷引起的弯矩。

① 支撑式支架的顶梁

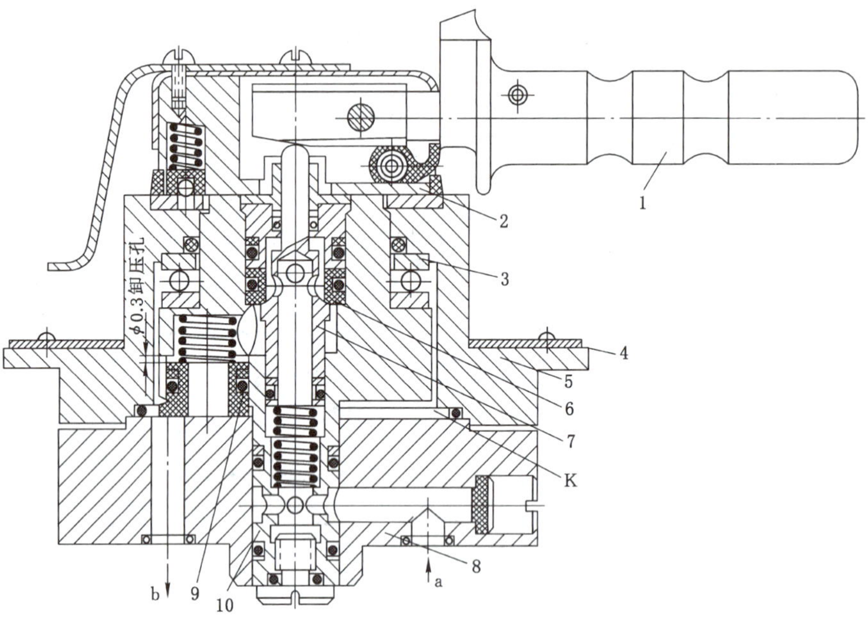

1—手把;2—转盖;3—推力轴承;4—示位牌;5—阀盖;6—阀座;7—阀芯;8—阀体;9—密封环;10—转子。

图 1-2-7 CZF1 型回转式操纵阀

支撑式支架的顶梁大体上分为整体顶梁和分段顶梁两大类。顶梁应满足强度和刚度的要求。因此,采用厚钢板焊接的箱式结构,在上、下钢板之间有加强筋板。

整体顶梁如图 1-2-8 所示,这种顶梁为一个整体,刚性强,承载能力较好,能顺利地通过顶板局部冒落、凹坑,但对顶板台阶适应能力差,一般用于平整的顶板。

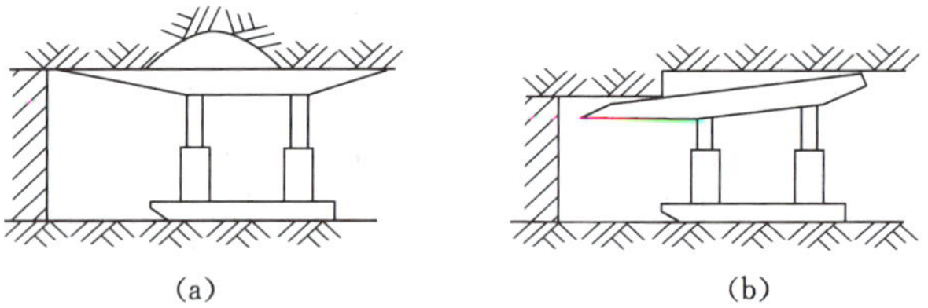

图 1-2-8 整体顶梁

分段顶梁分为铰接式、半铰接式和组合式。分段铰接顶梁如图 1-2-9 所示,顶梁分为前、后两段梁,用铰销连接,前、后梁下部有立柱支撑,铰接处的纵向间隙和销轴允许各段之间有稍许扭转,有较强的适应性,但整体刚性较差,一般用于较平整的顶板。

② 掩护梁

掩护梁是由型钢制作骨架,采用钢板焊接而成的箱形结构。从侧面看,掩护梁的形状有折线形和直线形两种,如图 1-2-10 所示。

折线形掩护梁的支架相对于直线形掩护梁的支架断面大,通常插腿型掩护式支架的掩护梁多采用此种形式,以增大通风面积。但折线形掩护梁的工艺性差,当支架歪斜时,架间密封性较差。而直线形掩护梁制造工艺简单,除插腿掩护式支架以外的其他掩护式支架和

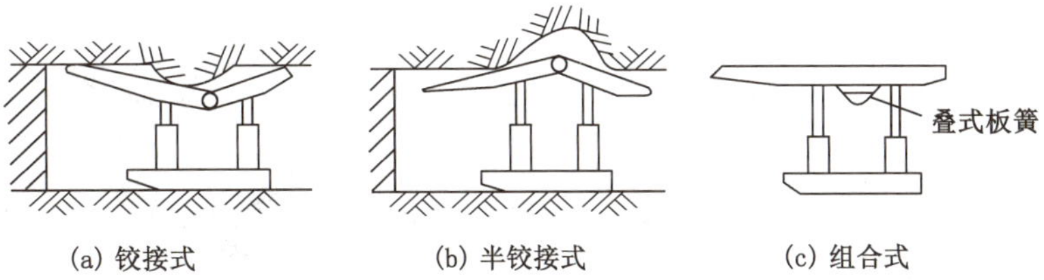

图 1-2-9　分段顶梁

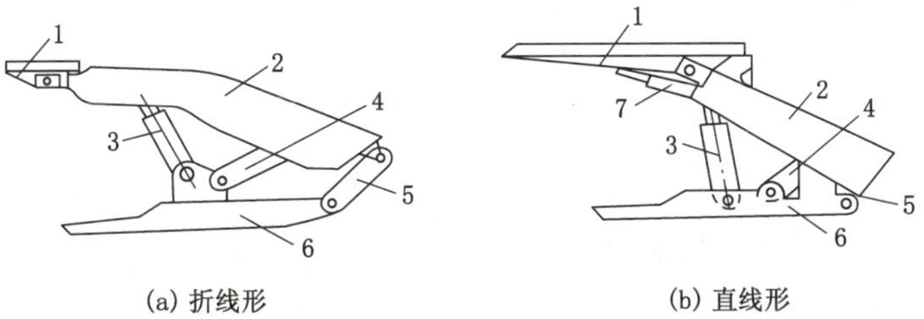

1—顶梁；2—掩护梁；3—支柱；4—前连杆；5—后连杆；6—底座；7—限位千斤顶。

图 1-2-10　掩护梁

支撑掩护式支架多采用直线形掩护梁。

(5) 底座

底座是直接和底板相接触、传递顶板压力到底板的支架部件。底座除为立柱、掩护梁提供连接点外，还要安设推移千斤顶等部件。因此，要求底座应具有足够的强度和刚度，对底板起伏不平的适应性强，保证支架有较好的稳定性和排矸能力。

目前，底座的结构形式有刚性整底式、刚性分底式和分底式三种。

① 刚性整底式

刚性整底式底座如图 1-2-11(a)所示。此种形式的底座是用一块完整的钢板作为支架的底座板，将左、右两个底座箱焊接在两侧，构成一个刚性的底座。其特点是与底板接触面积大，平均接触比压小，稳定性好，支架不易下陷，但其排矸能力和对底板起伏不平的适应能力较差。

② 刚性分底式

刚性分底式底座如图 1-2-11(b)所示。此种形式的底座，左、右两底座箱不用与底座板连接，而是在两箱体前端的上部加装刚性过桥，后端用钢板连接。其特点是排矸能力好，对底板的不平整适应性较强，但对底板的平均接触比压较大，稳定性稍差。

③ 分底式底座

此形式的底座，左、右两底座箱不做刚性连接。其特点是各箱体之间可有一定程度的相对运动，以适应底板的凹凸不平，可减轻支架的重量，排矸性能好，但整架刚性差。

(6) 导向装置

常用的导向装置是导向梁，其作用是为支架前移提供导向。它布置在相邻两支架的底座之间，一端与工作面输送机铰接并随输送机一起前移。移架时，上架支架的底座下侧面以该导向梁为导轨移动，可避免由于工作面的倾角和支架的间距而发生支架下滑或偏移。有侧护装置的支架可以利用侧护千斤顶使侧护板伸出顶在下架支架的顶梁侧面，以侧面为导

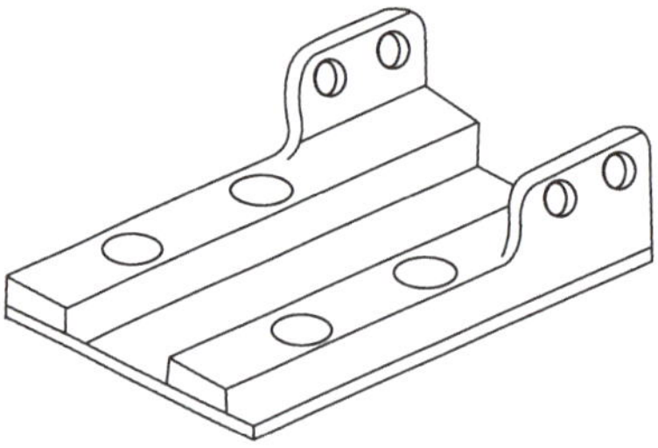
(a) 刚性整底式

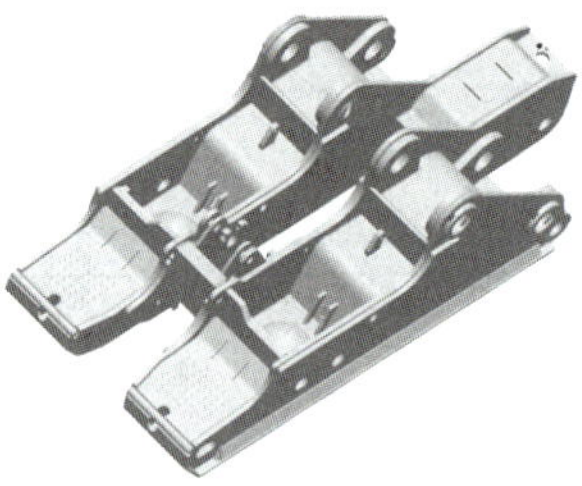
(b) 刚性分离式

图 1-2-11 底座

轨，对本架进行移架导向。

(7) 推移装置

支架形式不同，则移架和输送机的推移方式也不一样，但都是通过液压千斤顶来实现的。移架与输送机的推移共用一个千斤顶，千斤顶的两端分别与支架的底座和输送机连接，由操纵阀控制，以支架与输送机互为支点的推移方式完成移架和输送机的推移动作。

常用的推移装置分为无框架式和框架式。无框架式可采用差动式液压缸和浮动活塞式液压缸，它们的结构都可实现移架力大于输送机推移力的性能要求。

(8) 防滑防倒装置

液压支架在倾斜工作面使用过程中，支架自重在工作面倾斜方向上的分力会使支架下滑，而且当工作面倾角较大、顶底板不平整时，还会导致支架受更大的侧向力而倾倒。所以，液压支架必须备有防滑防倒装置，如图 1-2-12 所示。

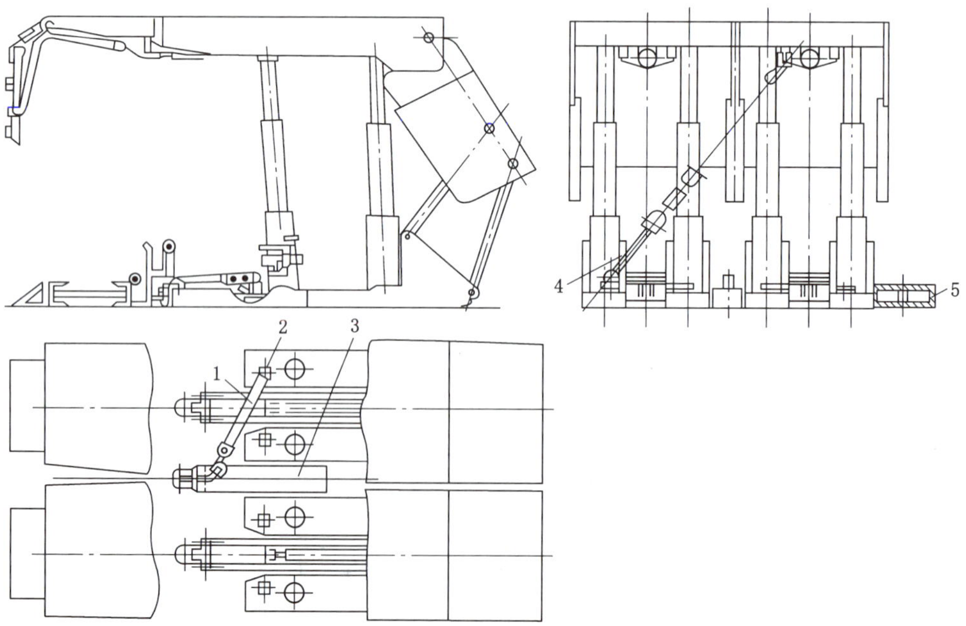

1—防滑千斤顶；2—转架；3—导向梁；4—防倒千斤顶；5—排头导向梁。

图 1-2-12 防滑防倒装置

防滑防倒装置都是利用设在相邻支架上的防滑防倒千斤顶在调架时产生一定的推力，以防止支架下滑、倾倒，并进行架间调整的。

在工作面下出口采用排头导向梁的方法防止支架下滑及倾倒，即导向梁的一端与输送机连接，另一端用单体液压支柱固定，并撑住顶板，移架时前架支架就能沿着排头导向梁前移而防止下滑。

(9) 护帮装置

护帮装置的作用是支护工作面的煤壁，防止片帮伤人和引起冒顶，主要用于厚煤层或煤质松软的中厚煤层的支架。护帮装置的主要元件有护帮板和护帮千斤顶，如图 1-2-13 所示。

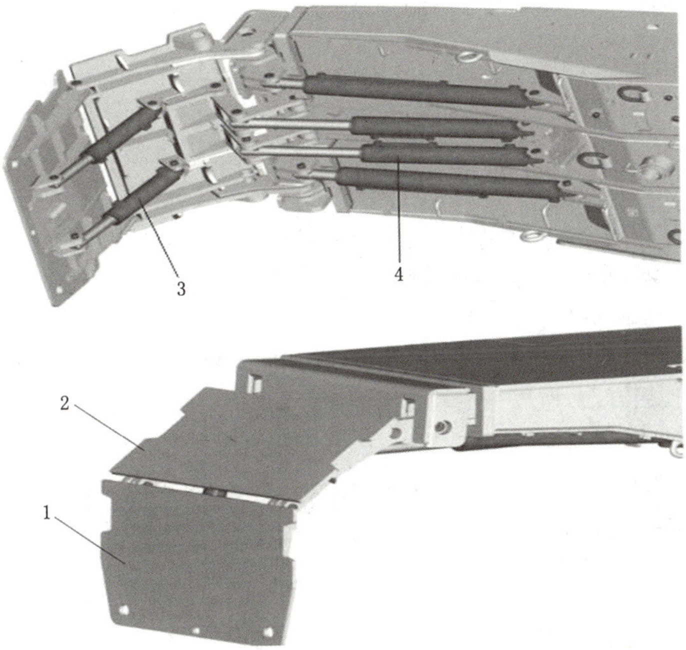

1—二级护帮板；2——级护帮板；3—二级护帮千斤顶；4——级护帮千斤顶。

图 1-2-13　护帮装置

(10) 液压支架人行道

如图 1-2-14 所示，液压支架的人行道位于液压支架立柱后，作为人员通过工作面的通道。当工作面液压支架完成架设动作后，在液压支架起底液压缸和输送机挡煤板之间有很小的距离，但不能将底座前端作为人行道，或站立在上面。如果这样做，就会在拉架时造成人身伤害。

二、液压支架电液控制部分

1. 液压支架液压系统的基本特征

液压支架设计使用液压系统压力为 31.5 MPa(4 565 psi)，支架底座上装有电液控制阀，并装有手柄，可以进行手动操作和故障诊断，立柱通过先导控制阀供液，每个立柱上装有安全阀，在支架过载时起保护作用。

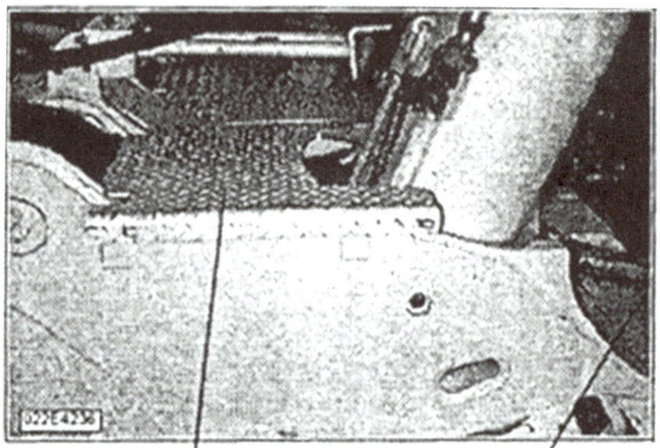

1—人行道；2—底座前端。

图 1-2-14　液压支架人行道

2. 液压支架使用的工作液体

液压支架设计使用的是高水基的工作液体，其中水的含量为 95%～97%，剩下的 3%～5% 是由具有抗腐蚀、有润滑性能、能乳化的物质组成，通常使用的是乳化油，大多数支架使用的乳化油是矿物油。

大多数乳化油的冰点在－5 ℃左右，一旦冻住，乳化油就将报废，失去作用；过高的温度将使乳化油降低使用寿命，所以一般乳化油的储存温度为＋5～＋30 ℃。

如果支架或其液压部件在低于 5 ℃时存放，应将内部的液体换成防冻液，正常工作条件下，乳化液的温度在 30～40 ℃之间。当温度达到 60 ℃或以上时，就应停止工作，这种温度会对橡胶和密封产生有害的影响，长时间使用也会使乳化液变质。

选择水作为基础液时，对水质进行检查是非常重要的，检查的内容包括总硬度、氯化物含量、硫酸盐含量、pH 值和外观等。

3. 电液控制系统

（1）电液控换向阀组

如图 1-2-15 所示，电液控换向阀组由主控阀芯采用整体式插装结构，具有 11 个工作口，进液胶管直径 DN32，回液胶管直径 DN25。控制立柱升、降，拉架、推溜的功能口为 DN20 接口，采用 DN20 阀芯；控制平衡的功能口为 DN10 接口，采用两 DN10 小差动阀芯；其余的功能口为 DN10 接口，均采用 DN10 小阀芯。

主阀的每个功能口由一个开关电磁阀、一个二位三通先导阀和一个液控二位三通换向阀组成，电液控换向阀组可以同时动作，一片阀的两个功能口同时供液，如图 1-2-16 所示。

电液控换向阀控制原理如图 1-2-17 所示。高压液体从 P 口进入，分为两路，一路向主阀供液，另一路向电磁先导阀供液。供给电磁先导阀的液体先经过过滤器的过滤，然后到达电磁先导阀的 P 口。主阀的回液来自两路，一路是主阀回液，另一路是电磁先导阀回液。电磁先导阀的回液经过回液单向阀进入主回路中，该阀在此起到回液断路阀的作用。

“零”位时，电磁铁电路断开，无输出力，此时先导阀工作口 A 与高压液口 P 隔开，而与回液口 R 相通；同时主阀阀芯在弹簧力的作用下也处于“零”位，工作口与高压液口 P 隔开，

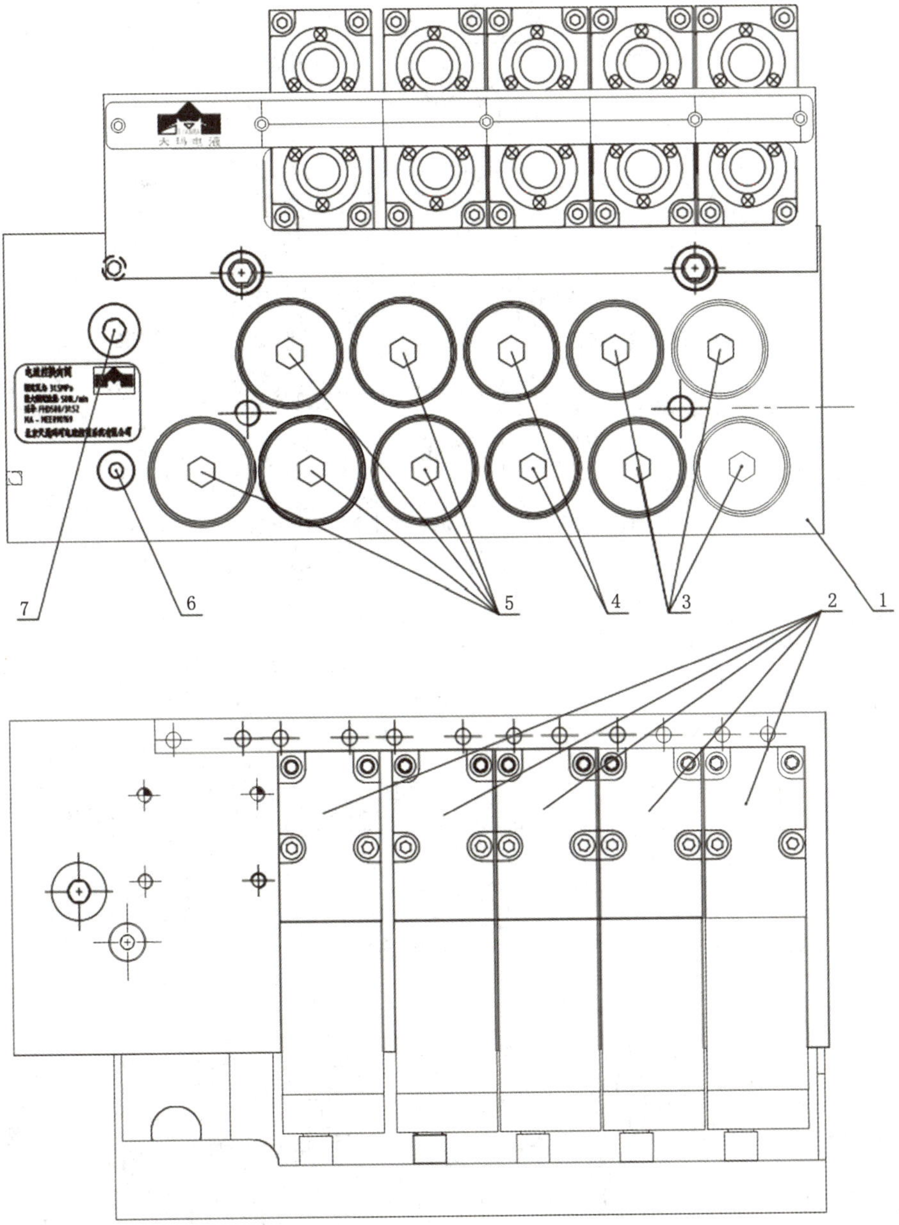

1—主阀体；2—电磁先导阀；3—DN10 小阀芯；4—DN10 小差动阀芯；
5—DN20 大阀芯；6—单向阀；7—过滤器。
图 1-2-15　电液控换向阀组

与回液口 R 相通。

“工作”位置时，电磁铁通电，产生磁力，吸引压杆，开启先导阀，先导阀进入工作状态。此时先导阀工作口 A 与高压液口 P 相通，与回液口 R 隔开，向主阀芯的控制口输入高压液体。高压液体推动主阀芯的活塞和阀杆，将主阀的工作口与回液口 R 断开，与高压液口 P 接通，工作口输出高压液体，进入工作状态。

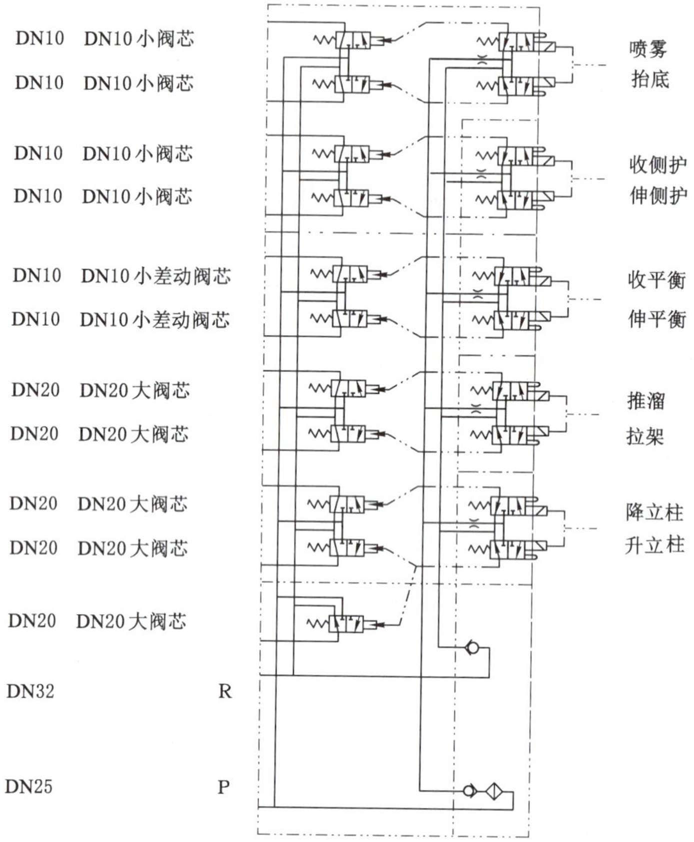

图 1-2-16 电液控换向阀组原理图

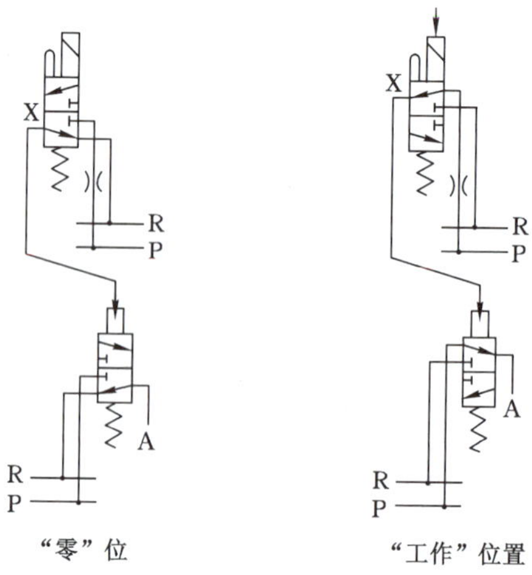

图 1-2-17 电液控换向阀控制原理图

(2) 过滤器

图 1-2-18 所示为安装于主阀阀体中的过滤器，过滤精度为 25 μm，主要作用是对进入先导阀的工作介质进行过滤，保证液体清洁。先导阀液流通径很小，所以对乳化液的清洁度要求非常高。其滤芯采用整体插装结构，方便拆装。

图 1-2-18 过滤器

(3) 单向阀

图 1-2-19 所示为单向阀，其主要作用是保持电磁先导阀内部液体正向流动，保持先导阀内液体清洁，而主阀的回液不能进入电磁先导阀，避免回路背压引起的误动作。

图 1-2-19 单向阀

(4) 电磁先导阀

图 1-2-20 所示为电磁先导阀，其分为电磁阀和先导阀两个部分。

图 1-2-20 电磁先导阀

顶杆是电磁阀的执行元件，有两种操作方式：一种是手动，按动按钮，推动顶杆使先导阀动作；另一种是电动，控制系统提供驱动电流，线圈产生磁场，驱动电磁铁，产生推动顶杆的推力。

先导阀由两个二位三通阀组成。“零”位时，工作口与回液口相通，压力为“零”，高压口关闭；“工作”位置时，工作口与高压口相通，压力值等于系统压力，回液口关闭。

两个二位三通阀组合在一起工作，其功能相当于一个三位四通阀。

当电磁阀顶杆都没有动作，顶杆作用于杠杆上的力为 0 时，先导阀处于“零”位，两个工作口输出压力为 0。先导阀只有在电磁阀一个顶杆动作时才能工作，即进入工作位置。由于采用杠杆，因此左侧电磁阀顶杆动作推动右侧先导阀动作；同样，右侧电磁阀顶杆动作推动左侧先导阀动作。

(5) 二位三通阀芯组件

两种二位三通阀芯组件 DN20、DN10 只是液流通径不同、流量不同，但原理是一样的。装入阀体后与阀体组成一个二位三通阀，阀芯结构分为普通阀芯和差动阀芯，如图 1-2-21 所示。

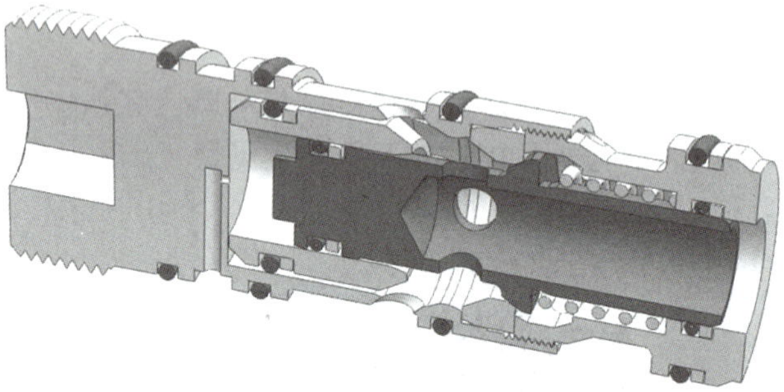

(a)

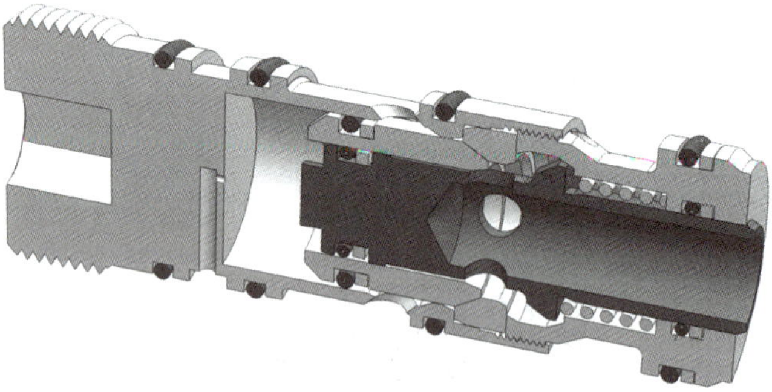

(b)

图 1-2-21 主阀阀芯

任务三 液压支架的操作及注意事项

一、液压支架的操作

1. 单个支架动作的非自动控制

(1) 左右邻架/隔架的手动控制

邻架/隔架手动控制简称单控。邻架手动控制简称邻控，隔架手动控制简称隔控。所谓邻控，就是每次控制的支架只有一架(左邻架或右邻架)。所谓隔控，就是每次控制的支架只有一架(左隔架或右隔架)。所谓手动，并非用手直接操作阀，而是用手按住支架人机界面的对应键，手动只是相对于自动而言的，是指每个动作必须用手持续按住相应键，直到动作完成。

操作步骤如下：

① 选择被控支架(图 1-2-22)

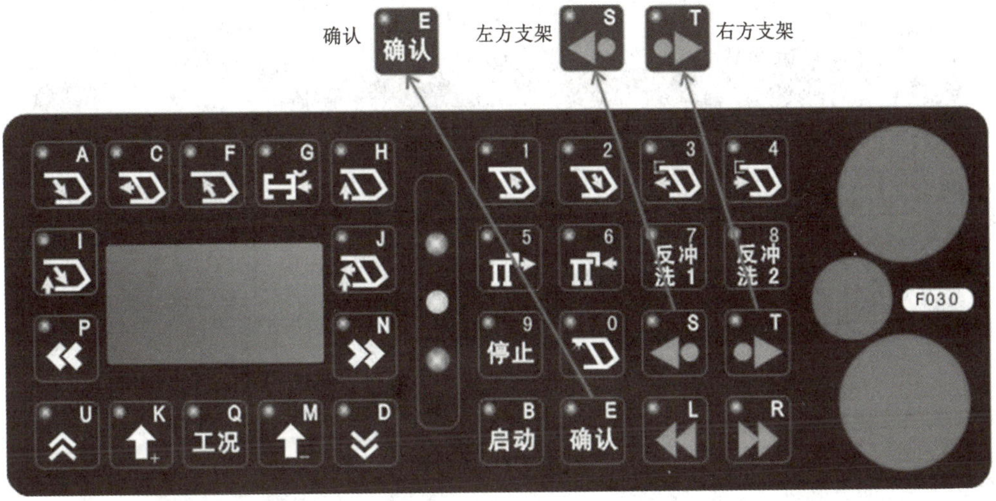

图 1-2-22　左右支架选择与确认

单架非自动控制必须首先选定支架：S 键和 T 键分别为选择被控架在本架左边或右边的对应键。

选择隔架时的操作：先按下 S 键或 T 键，再按下“确认”键进入隔架选择模式，在隔架选择模式下按一次 S 键左隔第一架被选中，按两次 S 键左隔第二架被选中，以此类推可以选择到左(右)隔第四架。在按 S 键选架过程中，每按一次 T 键被选架都会退 1(如当前用选中左隔第三架，按一次 T 键选中左隔第二架，再按一次 T 键选中左隔第一架，再按一次 T 键本架退回到空闲状态)。右隔架操作与此类似。

② 发操作命令

首先用快捷方式发操作命令，在被控支架选定后，接着就可以按专用键发操作命令，持续按住不放直至动作完成。专用键分配如图 1-2-23 所示。

其次进入“辅助功能”菜单列，使用菜单上下翻动键调出相应的菜单项，用 K 键或 M 键发操作命令。

a. 选架，操作与上述相同，如图 1-2-24 所示。

b. 使用菜单上下翻动键选择和动作对应的菜单项，如图 1-2-24 所示。

c. 使用按键 K 或 M 执行动作，如图 1-2-25 所示。

d. 动作持续至按键抬起。

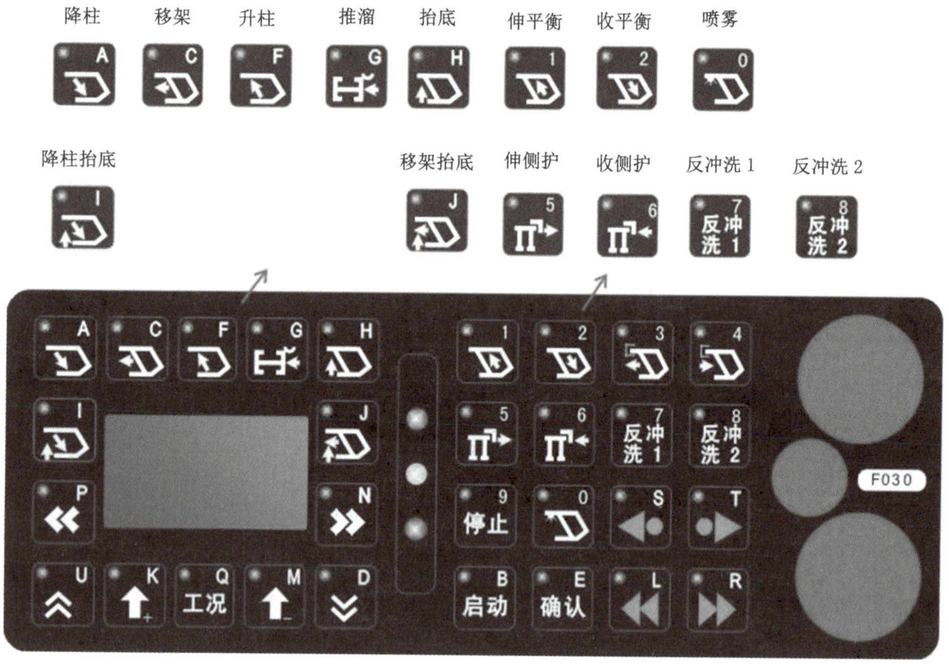

图 1-2-23　专用键分配

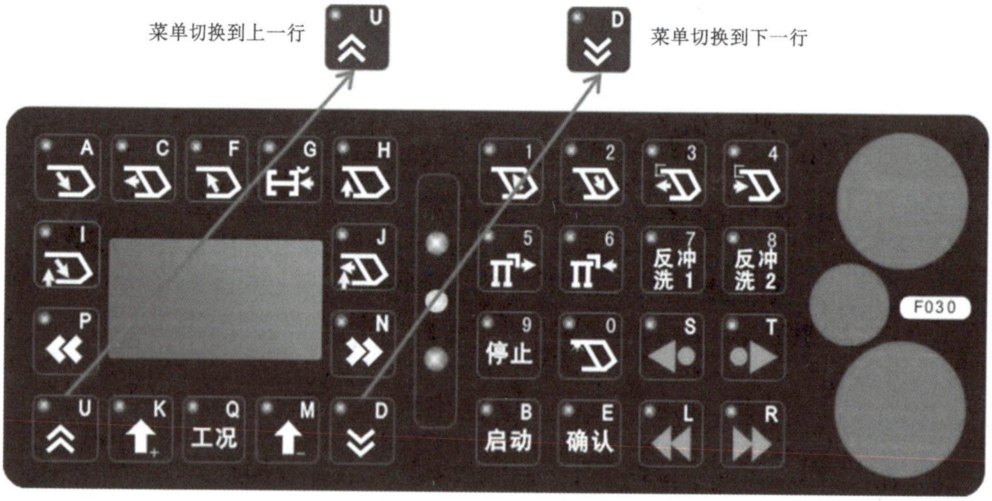

图 1-2-24　菜单切换

运输巷、回风巷超前支架的操作过程相类似，根据操作需要，选择键盘上相应的快捷键操作即可。

(2) 本架推溜操作

程序为本架推溜安排了快捷方式，只要直接按一下 G 键，本架即开始长达 5 min(可调)的推溜，而不必持续按着按键。在 5 min 之内如行程已达到参数规定的目标值，则推溜自动

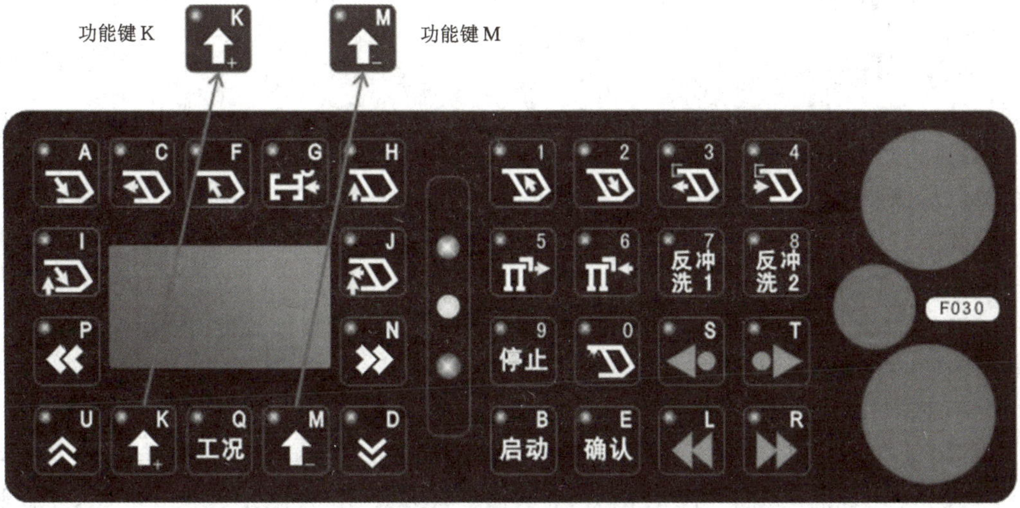

图 1-2-25　功能键

停止，如再次按一下 G 键则提前停止推溜动作，如图 1-2-26 所示。

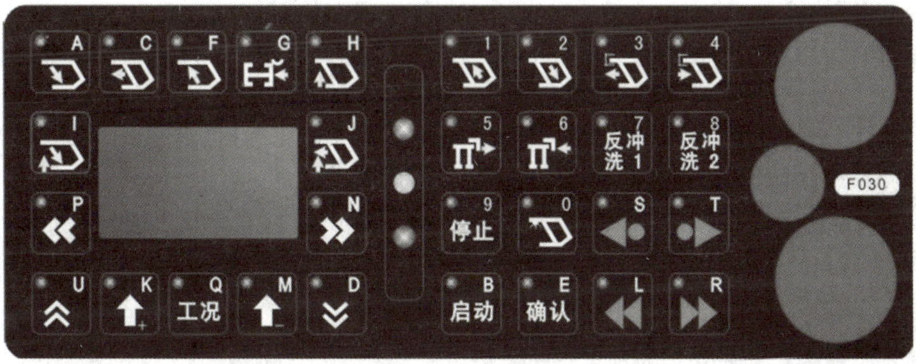

图 1-2-26　本架推溜按钮

2. 单个支架自动降-移-升控制

单架自动控制的操作方法非常简单。先选定被控支架，与单架非自动控制选被控架的方法相同（使用 S 或 T 键）；接着按"启动"键，被选支架即开始降-移-升自动顺序联动，不必持续按键，动作会自动进行下去，直至结束。

3. 成组自动控制

(1) 按 L 或 R 键定成组方位，用 R 键选择标志架右边的支架做成组动作，用 L 键选择标志架左边的支架做成组动作。

(2) 按专用键报功能（缺省为自动移架）。

(3) 调整成组动作的递进方向。成组动作在组内的传递方向选择用 T 键（向右递进）或 S 键（向左递进）。

（4）按“启动”键，开始成组动作。在成组自动控制运行过程中，可按“停止键”取消并中止本次控制。

4. 自动补压功能

SAC控制器在正常情况下会定时检测支架立柱压力，立柱在支撑过程中如因某种原因发生压力降落，当压力降至某一设定范围时，系统会自动执行升柱，补压到规定压力，并可执行多次，保证支护质量。在“成组禁止动作”列可以通过“立柱补压”参数项打开或关闭此项功能。

5. 闭锁及紧急停止功能

在进行工作面设备维修调试时，维修人员所在的支架不允许实施任何动作，为此系统设置了闭锁功能。此时，只要按下该架人机操作界面上的闭锁按钮，即实施闭锁操作，本架进入闭锁状态。闭锁操作使该架控制器硬件驱动电路的电源被切断，从而保证支架不会动作。左右邻架则进入软件闭锁状态，通过软件作用，左右邻架的驱动电路电源也被关断，禁止动作，只有解除闭锁操作才能恢复正常的动作功能。被闭锁的三个支架以外的其他支架控制器不受影响，仍可正常工作。

当工作面发生可能危及安全生产的紧急情况，需要立即停止或禁止所有支架的自动动作时，可按压任意一个支架控制器上的紧急停止按钮，全工作面支架自动动作立即停止，自动控制功能在急停解除前被禁止，无法运行。

6. 信息显示

支架控制器、网络变换器、主控计算机及其他装置上有多种形式的信息媒体，包括汉字、字符、图形显示、蜂鸣器声响信号及状态显示LED。系统可向用户提供的信息归纳为以下几类：支架动作的警示声响信号、控制过程和状态信息、支架工况信息（传感器检测值）、设置的控制参数信息、故障和错误信息及一些系统本身的状态信息。

（1）在显示屏的右侧有三个并列的发光管：最上端为电源指示灯，红色；中间为接收命令指示灯，黄色；下端为命令发送指示灯，红色。当控制器之间进行数据通信时，指示灯将闪烁。

（2）每个键上均附有一个小发光管，称为键LED。在应用程序中，键LED在以下情况时发亮：① 按键操作时，对应的LED指示灯点亮；② 进行操作时，作为系统导航，指示下一步允许执行的操作。

二、注意事项

1. 操作前的准备

操作液压支架前应先检查管路系统和支架各部件的动作是否有阻碍，要清除顶底板的障碍物。注意：管件不要被矸石挤压或卡住，管接头要用U形销插牢，不得漏液。

开始操作支架时应提醒周围工作人员注意或让其离开，以免发生事故，并观察顶板情况，发现问题及时处理。

2. 操作方式与顺序

综采工作面采用立即支护和滞后支护两种方式，操作顺序为先移架、后推移刮板输送机或先推移刮板输送机、后移架。目前大多数综采工作面采用先移架、后推移刮板轴送机的立即支护方式。

视频资源

（1）移架

在顶板条件较好的情况下，移架工作在滞后采煤机后滚筒约 1.5 m 处进行，一般不超过 3～5 m。当顶板较破碎时，移架工作则应在采煤机前滚筒切割下顶煤后立即进行，以便及时支护新暴露的顶板，减少空顶时间，防止发生顶板局部冒顶。此时应特别注意与采煤机司机密切联系和配合，以免发生挤人、顶板落石和割前梁等事故。

移架的方式与步骤首先根据支架结构来确定，其次是工作面的顶板状况和生产条件。

一般情况下，液压支架的移架过程分为降架、移架和升架三个动作。为尽量缩短移架时间，降架时支架顶梁稍离开顶板就应立即将操纵阀扳到移架位置使支架前移。支架移到新的支撑位置时应憋压一下，以保证支架有足够的移动步距，并调整支架位置，使之与刮板输送机垂直且架体平稳。然后操作操纵阀，支架升起支撑顶板。升架时注意顶梁与顶板的接触状况，尽量保证全面接触，防止出现点接触破坏顶板。当顶板凸凹不平时应先塞顶、后升架，以免出现顶梁接顶状况不好，导致局部受力过大而损坏。支架升起支撑顶板后也应憋压一下，以保证支架的支撑力达到初撑力。

移架过程中如发现顶板卡住顶梁，不要强行移架，要将操纵阀手把扳到降架位置，顶梁下降后再移架。

总之，移架过程要适应顶板条件，满足生产需要，加快移架速度，保证安全。

(2) 推移刮板输送机

液压支架移过 8～9 架后距采煤机后滚筒 10～15 m 时可进行推移刮板输送机。推移输送机可根据工作面的具体情况，采用逐架推移刮板输送机、间隔推移刮板输送机或几架支架同时推移刮板输送机等方式。为使刮板输送机保持平直，推移刮板输送机时应注意随时调整推移刮板输送机步距，使刮板输送机除推移刮板输送机段有弯曲外，其他部分保持平直，以利于采煤机正常工作，减小刮板输送机运行阻力，避免卡链、掉链事故的发生。推移刮板输送机过程中如出现卡溜现象应及时停止推移，待查出原因，处理完毕后再进行推移；不许强行推移刮板输送机，以免损坏中部槽或推移装置，影响工作面正常生产。

(3) 液压支架使用注意事项

① 操作者必须经过培训，熟悉支架性能、结构及各元件的性能和作用，熟练准确地按操作规程操作。

② 移架之前要认真清理架前、架内的浮煤和碎矸，以免影响移架。

③ 认真检查管路有无被砸、被挤情况，防止胶管和接头损坏。

④ 认真检查顶梁与掩护梁、掩护梁与连杆、连杆与底座、立柱及千斤顶与架体间的连接销子有无脱落、窜出、弯曲现象，如有及时处理。

⑤ 爱护设备，不允许用金属件、工具等硬物碰撞液压元件，尤其要避免碰伤立柱、千斤顶活塞杆的镀层。

⑥ 液压支架工作面一般不允许爆破，如遇特殊情况必须爆破，应对爆破区域内的支架立柱、千斤顶、软管等采取可靠的保护措施，并经支架工严格、认真检查同意后方可爆破。爆破后要加大通风量，尽快排除有害气体和煤尘。

⑦ 操作动作完成后将手柄放回原位，以免发生误动作。

⑧ 支架的各种阀类及液压缸均不允许在井下调整和解体修理。若有故障，只能用合格的同类组件更换。

⑨ 井下更换零部件时要关闭截止阀，使受检支架与主供、回液管路断开，严禁带压

作业。

⑩ 备用的各种软管、阀类、液压缸等都必须用堵头封好油口，只允许在使用地点打开。使用前，接头部分必须用乳化液清洗干净。

⑪ 工作面支架较长时间不需供液时应关闭泵站。

⑫ 底板出现台阶时支架工必须采取措施把台阶的坡度减缓。若底板松软、支架下陷到输送机的水平以下，要用木楔垫好底座。

⑬ 顶板出现冒落空洞时应及时用坑木或板皮塞顶，使支架顶梁能较好地支撑顶板。

⑭ 应根据不同水质，选用适当牌号的乳化油，按5%与95%的油水比例配制乳化液。使用过程中应经常检查其性能。

⑮ 当需要用支架起吊输送机中部槽时，必须将该架和左右相邻的几架支架的推移千斤顶与输送机的连接销脱开，以免在起吊过程中将千斤顶的活塞杆蹩弯。

⑯ 保持底板上没有浮煤、浮矸，以保持支架实际的支撑能力。

⑰ 要注意及时清除掉支架顶梁上冒落的坚硬石块，使支架保持良好接顶状况，防止支架顶梁遭到破坏。

⑱ 调架时，要注意保持支架顶梁和底座相对位置正确，特别是支撑高度较大的支架，严防顶梁和底座产生相对横向移位，以免支架受力状态恶化。

⑲ 使用液压支架时，要随时注意采高的变化，防止支架"压死"事故。

⑳ 液压支架使用时要注意解决初撑力偏低的问题。初撑力偏低的主要原因是乳化液泵站压力低，系统漏液，操作时充液时间短。操作者要随时检查调整泵站供液压力，防止系统漏液。操作时要特别注意掌握充液时间，达到初撑力后方可把手柄拉到中位。

任务四　液压支架的维修与维护

一、更换推移液压缸的方法

在拆卸推移液压缸前，应将支架接顶，拆下人行道盖板，再按以下步骤更换推移液压缸：

(1) 隔离支架电控系统。

(2) 从液压缸上拆下传感器电缆，用合适的保护帽盖住电缆和液压缸上的接口。

(3) 从液压缸后端拆下销子和液压缸销子固定器上的卡子。

(4) 拆下销子固定器。

(5) 提起液压缸后部，收缩液压缸，将推移杆销从液压缸上卸下。

(6) 隔离支架液压系统，释放压力。在断开液管前，要检查是否有压力，如果用手很容易摇动液管接头，则没有压力。断开压力液管，可能会由于压力液体泄漏或撞击而引起人身伤害。

(7) 从液压缸上断开液压管，保护好液压缸接口和液压管头。

(8) 从液压缸前端拆下销子固定器上的M30螺栓，拆下固定器。

(9) 提起液压缸，向前拉，从支架中移走液压缸。

(10) 将新液压缸放置在推移杆上。

(11) 抬起液压缸后端，将推移杆销装在液压缸上。

(12) 将销子装在推移杆上的座子里，装好销子固定器、销子和卡子。

(13) 连接液压管，装好卡子。

(14) 打开液压系统。
(15) 缓慢伸出液压缸,使销子与底座安装位置对齐。
(16) 将液压缸放入底座安装位置,装好固定器。
(17) 连接好传感器电缆。
(18) 恢复电控系统。
(19) 操作推移液压缸,从系统中排出空气。
(20) 装好盖板。

二、更换起底液压缸的方法

在更换起底液压缸前,需将支架接顶,再按以下步骤更换起底液压缸:
(1) 隔离支架电控系统。
(2) 隔离支架液压系统并释放压力。
(3) 从液压缸上断开液压管。
(4) 保护好液压缸接口和液压管头。
(5) 从底座连接桥上拆下固定起底液压缸的 M30 螺栓。
(6) 将液压缸移走。
(7) 在新液压缸的后表面与连接桥的接合面和 M30 螺栓的螺纹上涂抹润滑脂。
(8) 将新液压缸放到安装位置上。
(9) 用 M30 螺栓将液压缸固定在连接桥上,将螺栓紧固到最小 1 490 N·m,最大 1 900 N·m。
(10) 在螺栓的内六角窝内注入润滑脂。
(11) 将液压管连接好。
(12) 打开液压系统、电控系统,重新升架。

三、更换操作阀阀芯的方法

每三个月清洗或更换操作阀阀芯,对于支架的正常运行是非常重要的。操作阀的安装位置如图 1-2-27 所示,按以下步骤更换阀芯:

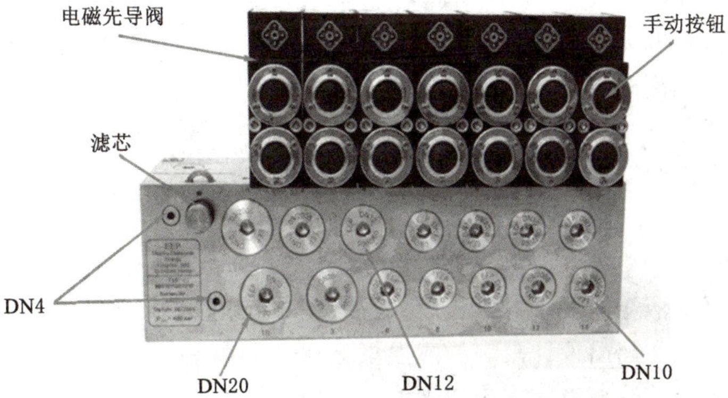

图 1-2-27　操作阀阀芯安装图

(1) 将支架接顶。
(2) 隔离支架电控系统和液压系统,释放压力。
(3) 从电磁阀配液块上拆下 U 形卡和先导过滤器。

(4) 取出过滤器。

(5) 安装新过滤器。

(6) 安装U形卡和过滤器盖。

(7) 用扭矩扳手紧到规定扭矩,扭矩值为15.8 N·m。

(8) 恢复支架电控系统和液压系统。

四、更换支架过滤器的方法

过滤器结构如图1-2-28所示。过滤器安装在底座上、主隔离阀的后面,按以下步骤更换过滤器:

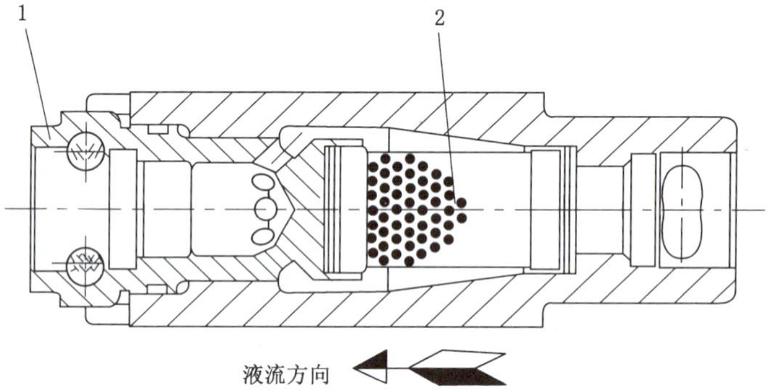

1—过滤器塞;2—过滤器芯。

图1-2-28 过滤器结构

(1) 隔离支架液压系统,释放压力。

(2) 拆下过滤器与主隔离阀连接的液管。

(3) 拆下过滤器塞。

(4) 取出过滤器芯。

(5) 安装新过滤器。

(6) 安装过滤器塞。

(7) 连接与主隔离阀相连的液管,要保证正确的方向。

(8) 装好卡子。

(9) 恢复液压系统。

五、乳化液系统的维护

按以下要求做,可以减少甚至预防乳化液系统的运行故障:

(1) 不要将泵站液箱的盖子拆下。

(2) 不要让泵站在超出设计限制的高温下运行。

(3) 不要将大量的浓缩液体直接加入液压系统。

(4) 不要将外来物质,如粉尘、岩石、食物等加入液压系统。

(5) 不要在零摄氏度以下储存乳化油。

(6) 不能允许乳化油质低于供应商的限制标准。

在井下环境中,有两方面的失误会导致乳化液变质:

① 拆下乳化液箱的盖板没有恢复,会使乳化液中进入大量的外来物和污垢,这样不仅

会堵塞过滤器，还会人为地增加水的硬度，导致乳化液分离。

② 任何不溶解的沙石微粒进入系统，都会成为乳化油微粒凝结的核心。

注意：在拆卸乳化液箱盖板和断开液管以前，必须将周围的灰尘和杂物清理干净。

任务五　液压支架的常见故障及处理方法

液压支架的故障主要有两大类，一类是结构件的故障，另一类是液压系统和电液控制系统的故障。结构件的故障一般很少发生。

一、结构件故障

液压支架结构件故障一般发生在掩护梁和顶梁连接处，出现连接耳座变形、开裂，连接销轴变形、断裂。

故障原因主要是操作不当。如图 1-2-29 所示，当顶梁仰角 $\alpha_1>15°$，俯角 $\alpha_2>13°$时，会出现这种故障。对于掩护式支架，当顶梁仰角或俯角过大顶板来压时，压力会作用在顶梁和掩护梁的连接处。

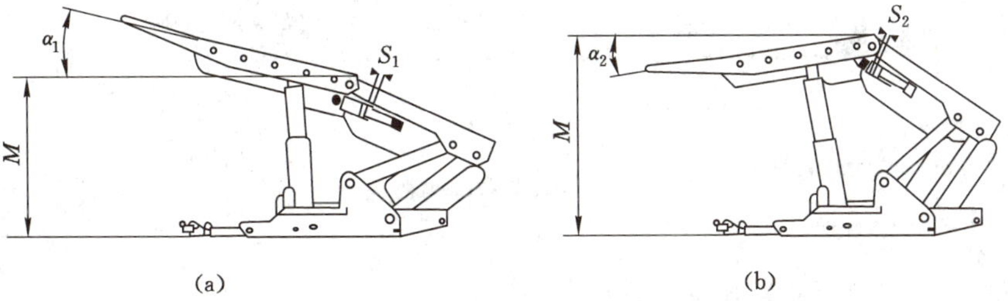

图 1-2-29　顶梁倾角

为了避免这种故障的出现，要求操作人员操作平衡液压缸时，不要把液压缸全部伸出，也不要把液压缸全部收回，要至少保留 20 mm 的行程。

当顶板冒落严重时，要打木垛刹顶，如图 1-2-30 所示。其中，图 1-2-30(a)正确，坚决不能如图 1-2-30(b)所示将顶梁仰起。

二、液压系统和电液控制系统的故障

1. 液压缸窜液

当伸或收液压缸时，活塞杆动作缓慢且有响声，或活塞杆不动作但响声很大，表明液压缸已窜液。液压缸窜液主要是由于活塞密封损坏所导致的。

2. 立柱达不到初撑力

立柱达不到初撑力的常见原因有安全阀漏液、单向阀损坏、立柱密封损坏窜液等。若安全阀漏液，在升柱过程中可以看到。若立柱升到初撑力后，压力值不断下降，说明单向阀损坏或立柱窜液。一般应先更换单向阀，若立柱压力值不再下降，说明确实是单向阀损坏；否则说明立柱窜液，需要更换立柱。

3. 个别支架所有动作都慢

当操作工作面的某一个支架时，该支架的所有动作都慢，一般是由于本架进液过滤器堵塞或者本架截止阀未全部打开所造成的。

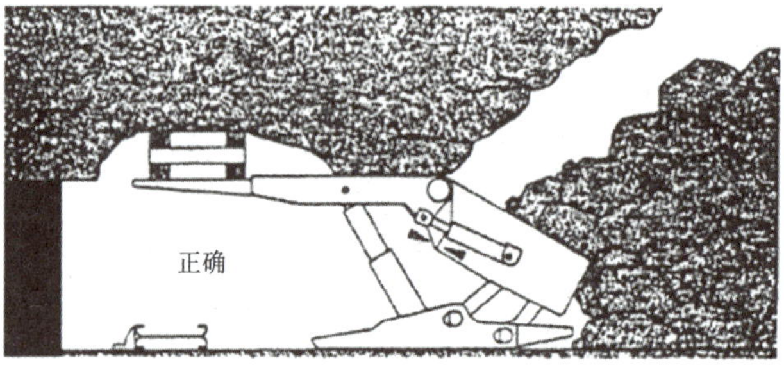

(a) 打木垛刹顶

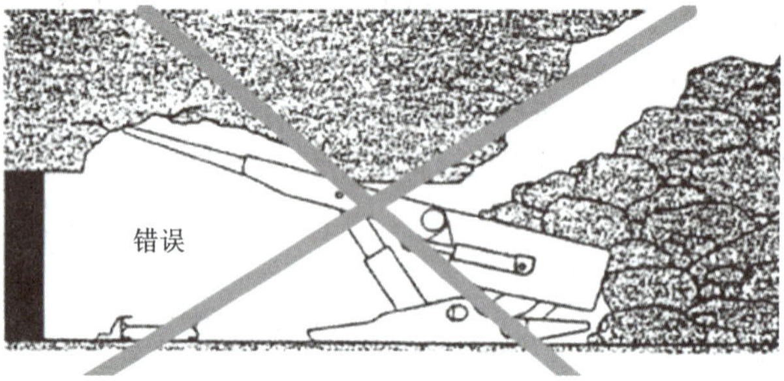

(b) 顶梁上仰

图 1-2-30 顶板冒落时处理方式

4. 个别支架阀组所有功能都不动作

当操作工作面的某一个支架时,该支架所有功能都不动作,一般是由于本架阀组上的过滤器堵塞或者本架截止阀未打开所造成的。

5. 工作面所有支架都动作慢

当操作工作面所有支架时,其动作都慢,一般是由以下原因所造成的:

(1) 泵站压力低,流量不足。

(2) 高压过滤站滤芯堵塞。

(3) 总供液管路存在漏液。

6. 电液控制系统故障

(1) 通信故障

以下通信故障信息是在工作面有网络变换器的前提下才能在人机界面上显示。

现象 1:工作面人机操作界面显示"×××号支架左邻架通信故障"。

原因:与左邻架通信故障。可能是邻架连接器、控制器 A2 口、左邻架控制器 G2 口三者之一或者几个有问题,也有可能是控制器 CAN 通信有问题。

处理方法:用替代品逐一排除,是哪件的问题更换哪件。

现象 2:工作面人机操作界面显示"×××号支架右邻架通信故障"。

原因:与右邻架通信故障。可能是邻架连接器、控制器 A2 口、右邻架控制器 G2 口三者之一或者几个有问题,也有可能是控制器 CAN 通信有问题。

处理方法：用替代品逐一排除，是哪件的问题更换哪件。

现象 3：工作面人机操作界面显示“×××号支架总线通信故障”。

原因：本架总线通信故障。可能是本架靠近网络变换器一端连接器的问题，也有可能是控制器 CAN 通信有问题。

处理方法：用替代品逐一排除，是哪件的问题更换哪件。

现象 4：工作面人机操作界面显示“×××号支架网络编号错误”。

原因：×××号支架网络编号错误。

处理方法：重新编号。

现象 5：工作面人机操作界面显示“×××号支架网络编号重复”。

原因：×××号支架网络编号重复。

处理方法：重新编号。

(2) 电磁阀不动作

现象：某个电磁阀不动作。

处理方法：用“系统检测”菜单中的对应电磁阀来进行检测，若显示“未安装”，则用排除法判断是控制器输出口、连接线、电磁阀口哪个的问题，然后进行更换。

(3) 推溜行程传感器故障

现象：显示“####”。

原因：传感器关闭。

处理方法：修改参数，打开传感器。

(4) 压力传感器故障

现象 1：显示“****”或与实际值明显不符，或随支架的升降保持恒值，或无输出，或机械损伤。

原因：传感器损坏或控制器检测口损坏，或控制器与传感器的连接电缆损坏。

处理方法：换传感器或控制器，或电缆。

现象 2：显示“####”。

原因：传感器关闭。

处理方法：修改参数，打开传感器。

(5) 耦合器故障

现象：通信信号(中间的两个灯闪烁表示正常，一个表示邻架通信，一个表示总线通信)在此耦合器处中断，而且相连的电缆完好。

处理方法：换耦合器。

(6) 电源故障

现象 1：电源箱提供的一路 12 V 直流电不正常，使本电源组内的控制器不能启动。

原因：电源模块或电源线损坏。

处理方法：换模块或电源线。

现象 2：电源箱提供的两路 12 V 直流电不正常，使用本电源的控制器不能启动。

原因：电源或电源线损坏。

处理方法：换电源或电源线。

任务六　工作面典型液压支架

一、ZY7800/15/30D 型掩护式液压支架

ZY7800/15/30D 型掩护式液压支架（图 1-2-31）是在认真总结国内外综采技术成果、分析研究各种大采高掩护式支架特点和使用经验的基础上而开发出的新型大采高掩护式液压支架。

1. 支架结构特点

（1）支架结构特性好，具有较强的适应性。

（2）平衡千斤顶调节力大，增强了支架对难控顶板的适应性，顶梁前端承载力较大，可有效防止端面顶板的早期离层和破坏。

（3）结构简单，整体顶梁超薄设计，有利于自动控制。

（4）支架配备了抬底结构，可适用于较软以上底板工作面，一般不适用于松软底板的工作面。

（5）采用长推杆机构，充分发挥了推移千斤顶的能力。

（6）支架采用分体底座，有利于底座挡排浮煤，为顺利移架提供保证。

（7）采用电液控制系统，自动化水平高，移架速度快。

（8）该种架型适用于破碎顶板及部分中等稳定顶板，且对煤层变化较大的工作面适应性较强。

（9）支架可实现邻架电控的手动、自动操作，为远程无人化工作面操作提供了保证。

（10）支架可实现成组程序自动控制，包括成组自动移架、成组自动推溜、成组自动喷雾，能随工作面条件的不同，通过调整软件参数的设置来调整支架的动作顺序，实现远程无人化。

（11）支架电液控制系统本身信息及需要上传的其他综采设备（采煤机、刮板输送机、转载破碎机、乳化液泵站、组合开关等设备）信息能够通过井上、下数据传输系统上传到地面，并在井下和井上计算机上显示，接入矿井自动化系统。

2. 支架主要结构

ZY7800/15/30D 型掩护式液压支架主要由金属结构件、液压元件及电控系统组成。金属结构件主要有：顶梁，掩护梁，前、后连杆，底座及推移杆等。液压元件主要有：立柱、各种千斤顶、电控元件及液压控制元件（单向阀、安全阀等）、液压辅助元件（胶管、弯头、三通等）等。电控系统主要有：电源、各种电缆、控制器、电磁阀、各种传感器等。防护装置设有侧护板。

（1）顶梁

顶梁直接与顶板接触，是支架的主要承载部件之一，其主要作用包括：承接顶板岩石的载荷；反复支撑顶板，可对比较坚硬的顶板起破碎作用；为采煤工作面提供足够的安全空间。

顶梁的结构一般分为整体式和分体式（即顶梁前加前梁），该支架顶梁为整体式结构，如图 1-2-32 所示。

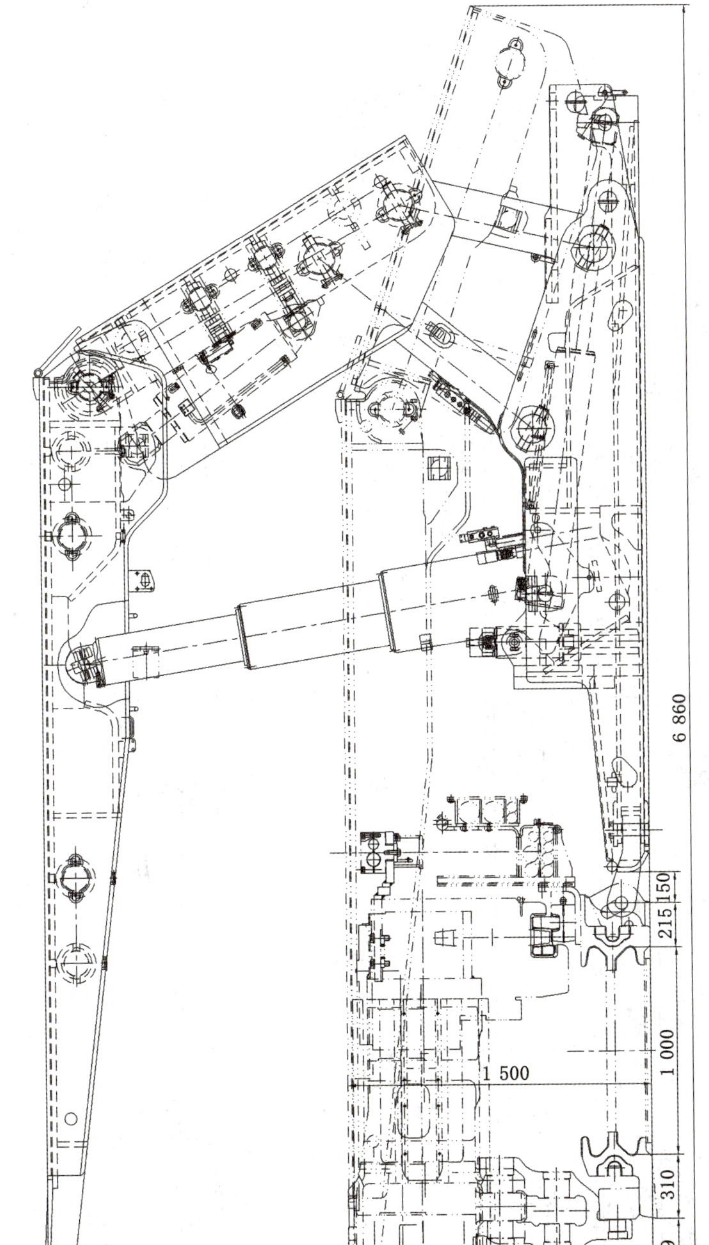

图 1-2-31　ZY7800/15/30D 型掩护式液压支架

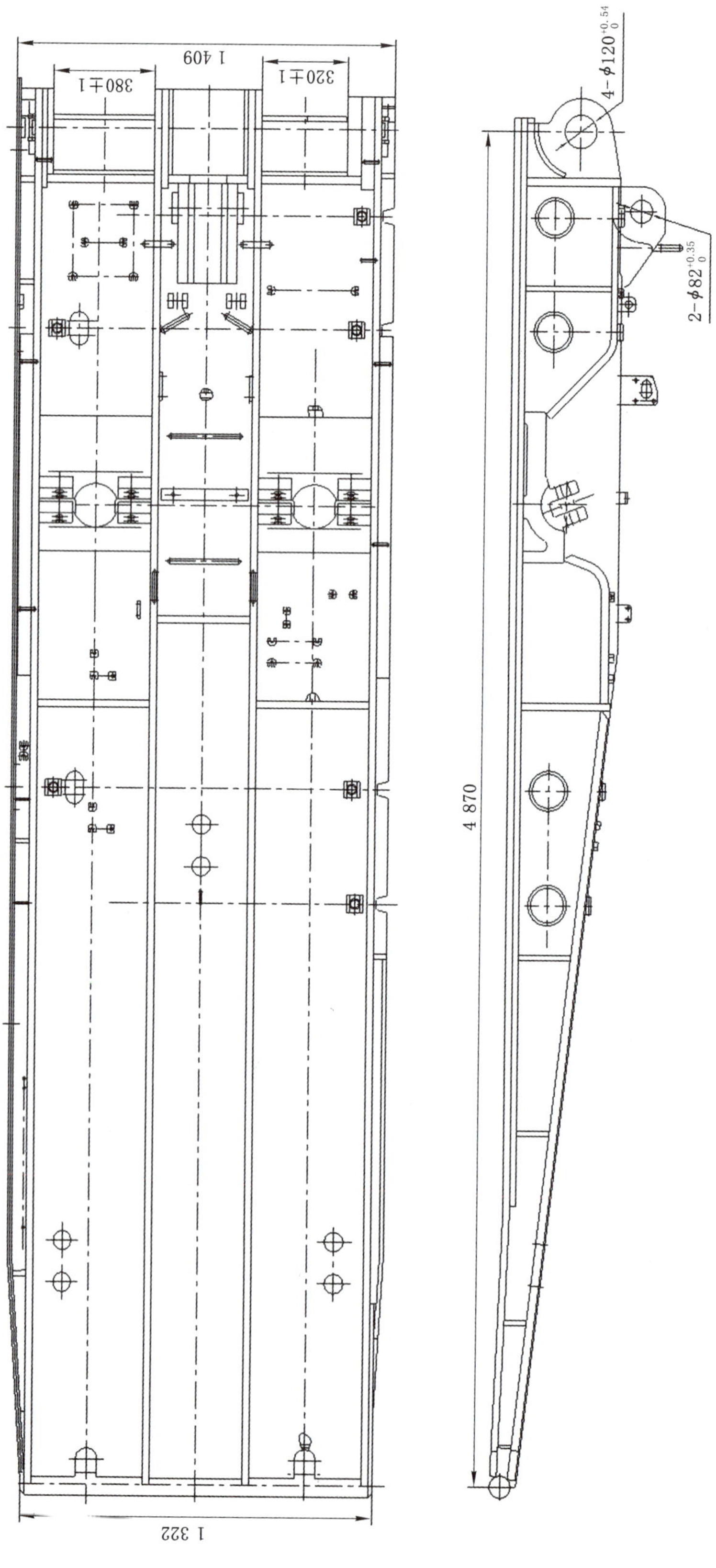

图 1-2-32 顶梁

支架顶梁由 4 条主筋和顶腹板构成变截面箱形钢板结构。顶梁相对较长，可提供足够的行人空间。为了提高顶梁前端的支顶能力，顶梁前端上翘 40 mm。顶梁上平面侧边低一个板厚，用于安装活动侧护板，控制顶梁活动侧护板的千斤顶和弹簧套筒均设在顶梁体内，并在顶梁上留有足够的安装空间。

(2) 掩护梁

掩护梁上部与顶梁铰接，下部与前、后连杆相连，经前、后连杆与底座连为一个整体，是支架的主要连接和掩护部件，其主要作用有：承受顶板给的水平分力和侧向力，保证支架的抗扭性能；掩护梁与前、后连杆及底座形成四连杆机构；阻挡后部落煤前窜，维护工作空间。另外，由于掩护梁承受的弯矩和扭矩较大，工作状况恶劣，所以掩护梁必须具有足够的强度和刚度。

该支架的掩护梁为整体箱形变截面结构，用钢板焊接而成，为保证掩护梁有足够的强度，在它与顶梁及前、后连杆连接部位都焊有加强板，在相应的危险截面和危险焊缝处也都有加强板，如图 1-2-33 所示。

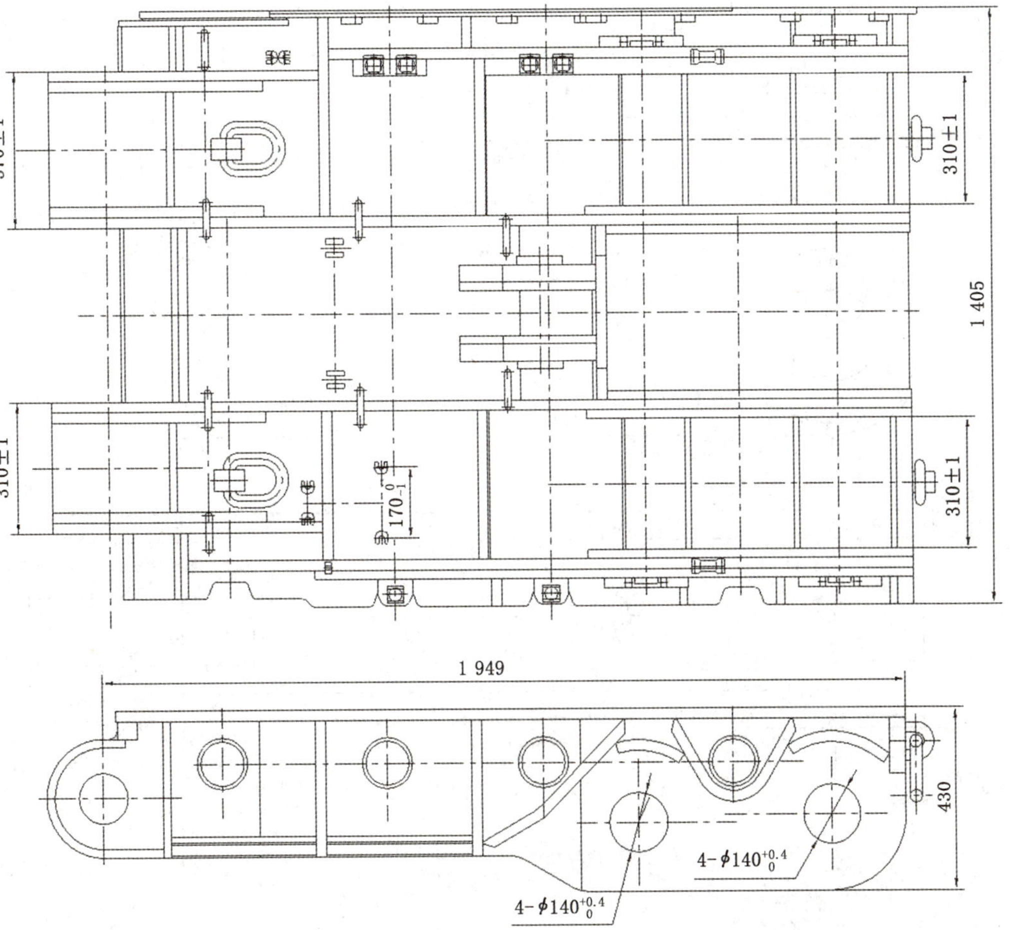

图 1-2-33　掩护梁

(3) 前、后连杆

前、后连杆上、下分别与掩护梁和底座铰接，共同形成四连杆机构，其主要作用有：使支架在调高范围内，顶梁前端与煤壁的距离(梁端距)变化尽可能小，更好地支护顶板；承受顶板的水平分力和侧向力，使立柱不受侧向力。

前、后连杆的结构形式可以是整体式，也可以是分体式。本支架前、后连杆均为分体式双连杆，为钢板焊接的箱形结构。这种结构不但有很强的抗拉、抗压性能，而且有很强的适应性能，如图 1-2-34 所示。

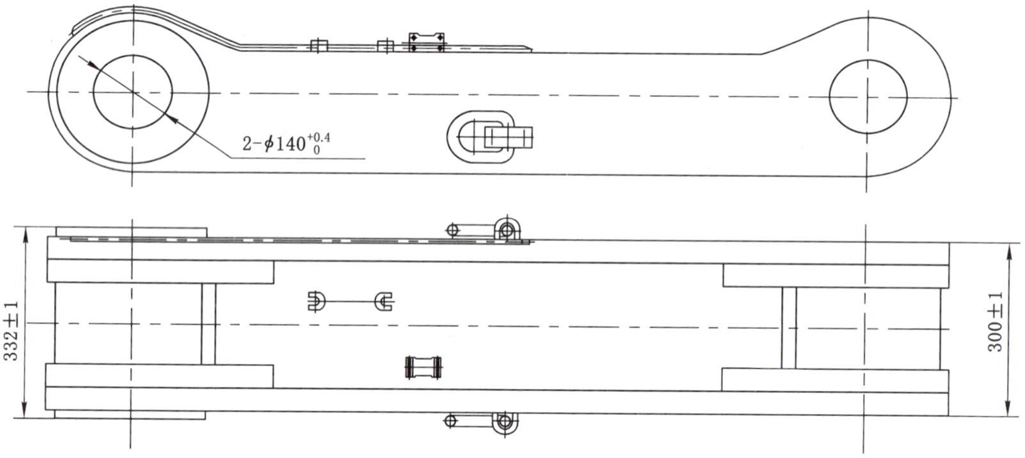

(a) 前连杆

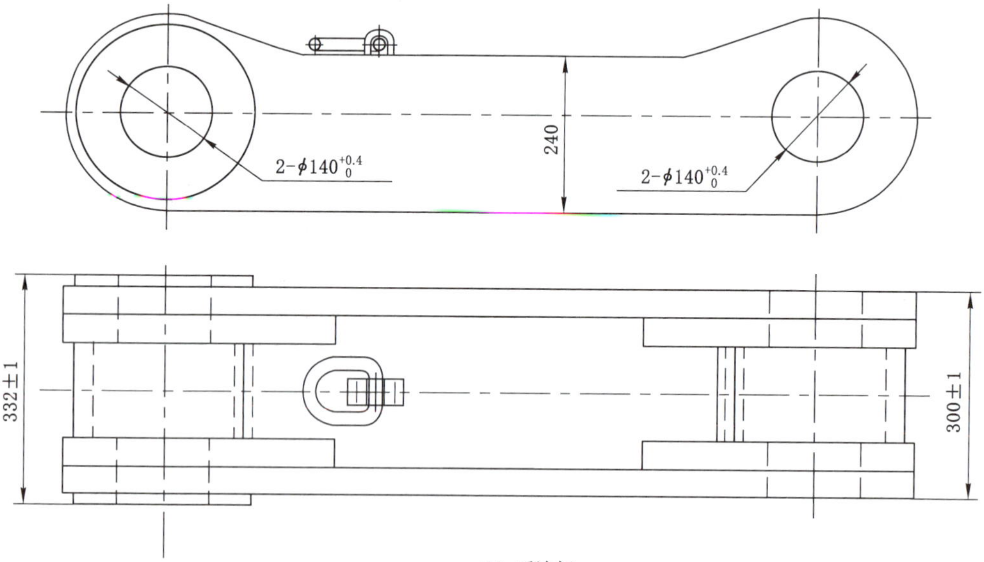

(b) 后连杆

图 1-2-34 前、后连杆

(4) 底座

底座是将顶板压力传递到底板并稳定支撑的部件，除了满足一定的刚度和强度外，还要求对底板起伏不平的适应性要强，对底板接触比压要小。其主要作用有：为立柱、控制系统、推移装置及其他辅助装置形成安装空间；为工作人员创造良好的工作环境；具有一定的排矸、挡矸作用；保证支架的稳定性。

底座的结构形式可分为整体式和分体式。分体式底座由左、右两部分组成，排矸性能好，对底板起伏不平的适应性强，但与底板接触面积小。整体式底座整体性强，稳定性好，强度高，不易变形，与底板接触面积大，比压小，但底座中部排矸性能较差。

该支架底座为半刚性分体式底座，4 条主筋形成左、右两个立柱安装空间，中间通过前端过桥、后部箱形结构把左、右两部分连为一体，具有较强的强度和刚度，如图 1-2-35 所示。

（5）推移机构

支架的推移机构由推移杆、连接头、推移千斤顶和销轴等组成，主要作用是推移输送机和拉架，如图 1-2-36 所示。

推移杆的一端通过连接头与输送机相连，另一端通过千斤顶与底座相连。推移杆除承受推拉力外，还承受侧向力，底座下滑时有一定的防滑作用。

该支架采用整体箱形长推杆结构，结构强度高。

（6）抬底机构

支架的抬底机构由抬底千斤顶及销轴等组成，主要作用是：如果支架底座前端出现扎底，移架时可以利用抬底千斤顶将支架抬起，从而减小移架阻力，如图 1-2-37 所示。

3. 支架的操作及液压系统

ZY7800/15/30D 型掩护式液压支架的液压系统如图 1-2-38 所示，采用以下的操作控制方式：

（1）给电液控制器送电，观察电液控制器显示及通信是否正常。若不正常，必须进行处理。

（2）使用邻架操作方式，先按方向键确认电液控制器显示正确，再按功能键（降柱、移架、升柱）。

（3）用成组推移刮板输送机操作时，确认电液控制器显示的起始架号、终止架号和位移值正确时，再按启动键。

（4）移架时，邻架操作必须确认被操作的支架架中、架前及上、下两架支架内无人，跟机移架操作必须保证工作面无人，否则不得操作支架。

（5）支架升起后，一定要做到严实接触顶板，并保证初撑力不得低于设计值的 80%。

（6）跟机采煤移架时，工作面人员必须在割煤 10 m 后再行走，支架与电缆槽之间禁止有人逗留或作业。

（7）遇紧急情况，需停止整个支架动作时，可在任一支架的电液控制器上按“急停”按钮，停止支架动作。

（8）跟机采煤时，工作面安排两名支架工进行巡检。

（9）自动化跟机时，由控制台司机进行操作，工作面不允许有作业人员跟机。若跟机作业出现故障，必须将操作程序改为手动，作业人员可进行工作面处理故障，处理完成后立即恢复。

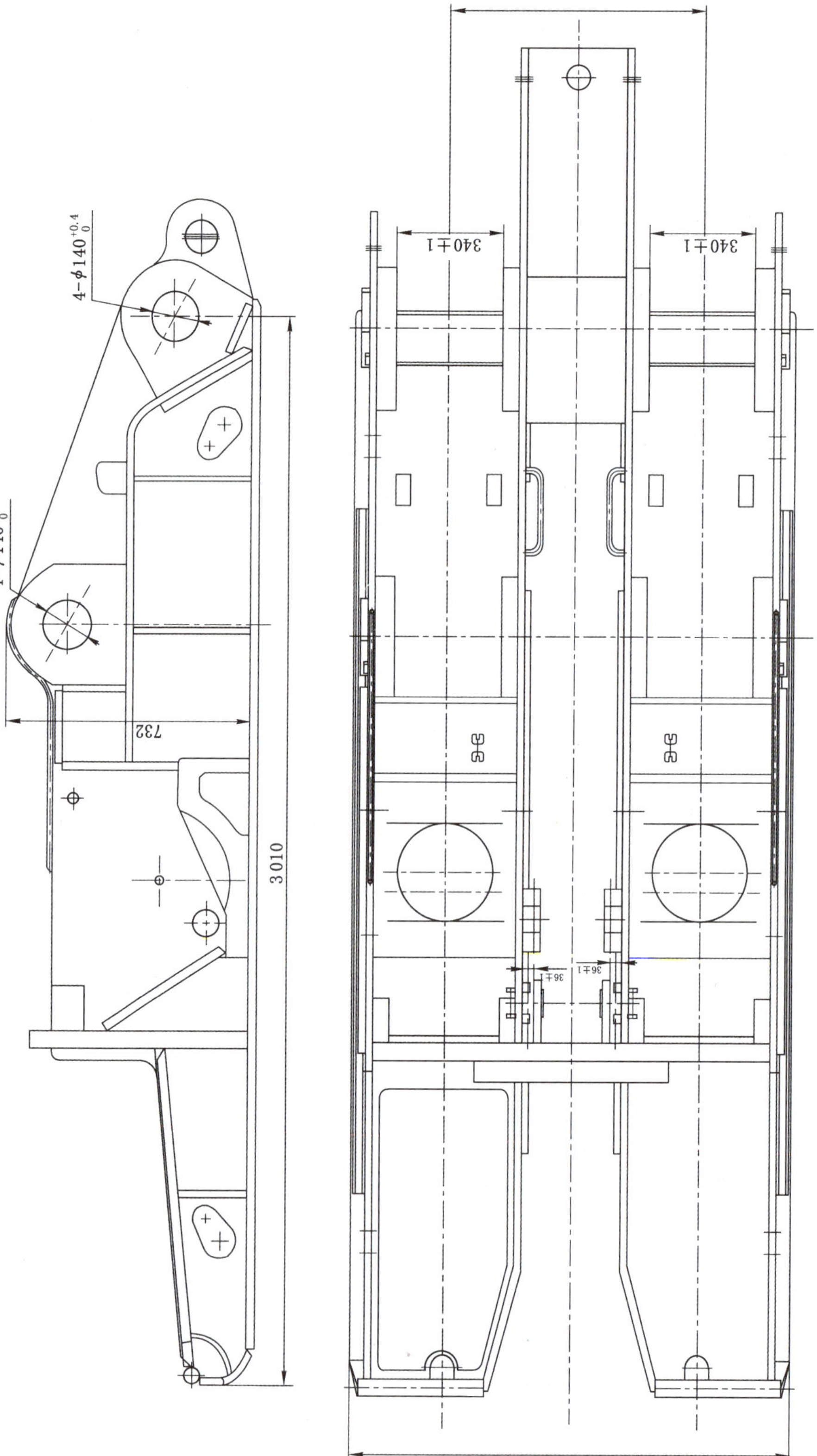

图 1-2-35 底座

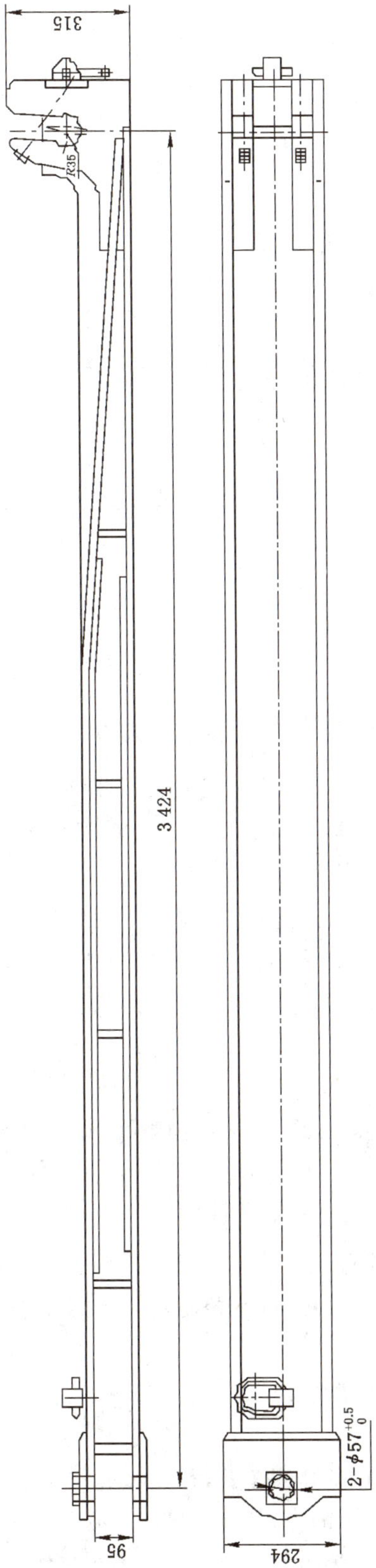

图 1-2-36　推移机构

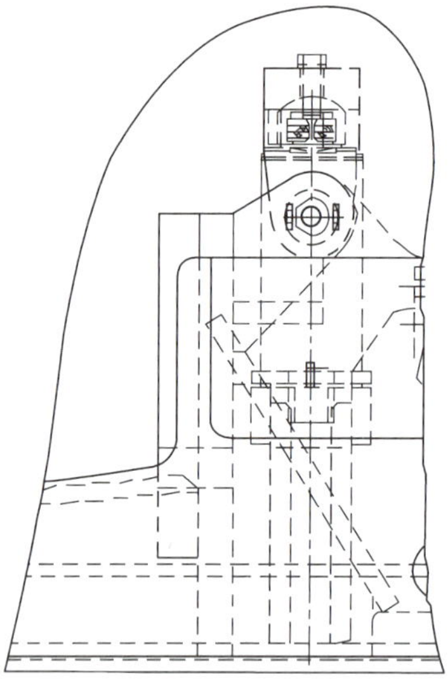

图 1-2-37 抬底机构

二、ZQL2×3200/18/35 型巷道超前支护液压支架

微课资源

1. 支架结构特点

(1) 支架具有一定的支撑能力，并且支撑能力与金属支架的承载能力相匹配，可缓解对巷道顶板的反复支撑，减缓巷道围岩的变形，保证巷道断面的完好。

(2) 支架采用液压立柱控制支撑巷道顶板，因此具有较好的动压让压特性，能够与巷道围岩压力显现相适应。

(3) 超前支护液压支架通过移架千斤顶，并依靠前、后组架互为支点，随着综采工作面开采的推进向前快速推移，以满足高产高效工作面的生产进度要求。

(4) 支架的顶梁、底座、侧护板等可根据巷道断面形状进行相应的调节，具有良好的接顶性和护帮能力。

(5) 工作阻力满足巷道顶板压力要求。

(6) 与巷道中布置的转载机、破碎机等设备合理配套，并有效地保证巷道超前支护段作业人员和设备的安全。

(7) 支架参数合理，结构简单，拆装检修方便。

(8) 超前支架采用电液控制技术、遥控控制技术，通过远程控制系统实现在地面(巷道)监控中心对超前支架视频监视、数据监测、远程控制及“一键自移”等自动化功能。

2. 支架主要结构

超前支护液压支架主要结构如图 1-2-39 所示。

(1) 顶梁

顶梁通过 π 形钢梁、木棚或锚网等作用于巷道顶板，其作用是支撑顶板，并承受顶板的压力。顶梁能够防止巷道宽度范围内的顶板下沉，保持超前支护段顶板的完整性，为采煤工作面提供安全的工作空间，是超前支护液压支架的主要承载部件之一。

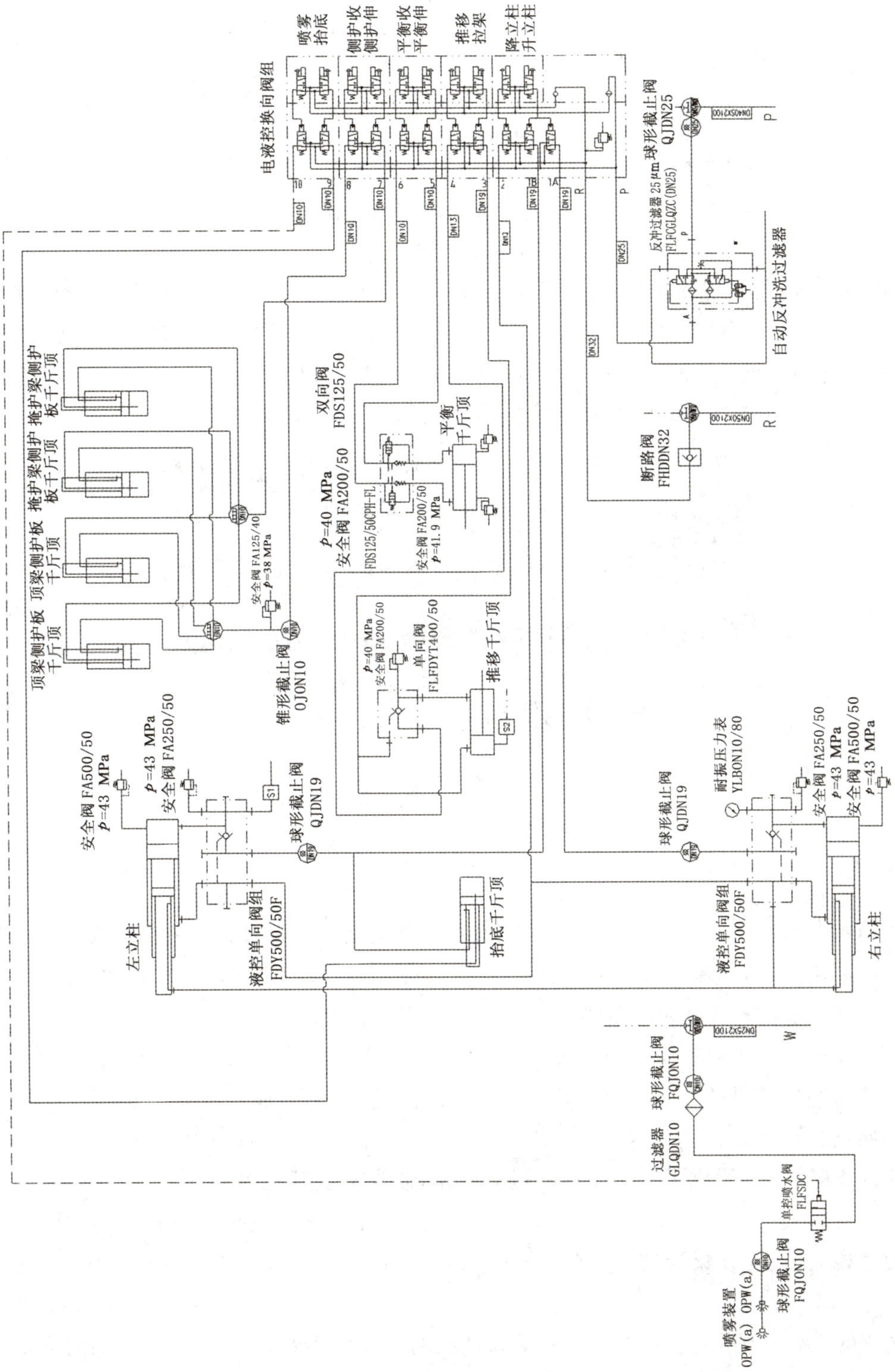

图 1-2-38　ZY7800/15/30D型掩护式液压支架液压系统

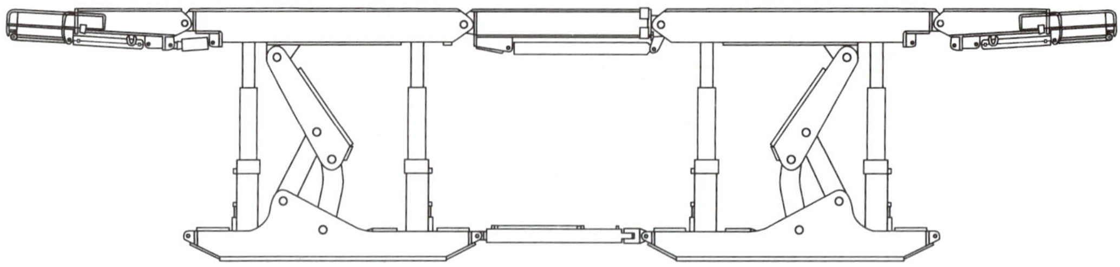

图 1-2-39 超前支护液压支架

顶梁是由两条主筋板，若干条横筋以及上、下盖板等组焊而成的变截面箱形结构。两条主筋之间焊有前、后共两个柱窝，与立柱活柱球头呈球面接触；顶梁前、后部均设计有铰接耳板，分别与伸缩前梁和中间梁相连；两侧各焊有 4 个连接座，与护壁板相连。每个顶梁上还设置了用来连接防倒千斤顶的耳座，如图 1-2-40 所示。

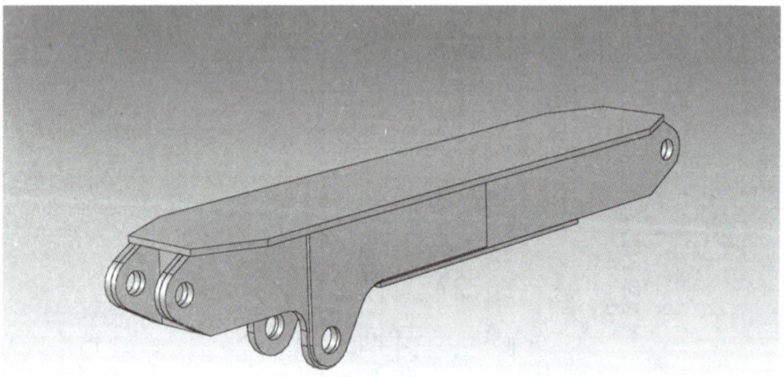

图 1-2-40 顶梁

顶梁的上盖板宽度如果太窄，在使用中会出现顶板破碎等现象；若是过宽，会降低对顶板起伏的适应性。为保证一定的巷道空间，顶梁两条主筋板设计成间距较近的结构形式。两条主筋与上盖板的接合部位设计有多处加强筋，以保证顶梁的整体强度。

(2) 前、后连杆和掩护梁

连杆为厚度较厚的二力杆，一端与掩护梁铰接，另一端与底座铰接。超前支护液压支架的四连杆结构是由掩护梁、前连杆、后连杆以及顶梁与底座铰接构成的。通过四连杆结构让支架上、下构成了一个完整的运动整体，使支架在升降时按照特定的轨迹运动；连杆和掩护梁还同时承受较大的水平力和侧向力，增强了整个支架的抗扭性能。掩护梁为箱形结构，上端与顶梁铰接，中部与前连杆铰接，下部与后连杆铰接，如图 1-2-41 所示。

(3) 底座

底座的主要作用是将支架所承受的来自顶板的压力传递到底板，是整个支架的重要承载部件。底座既要有足够的刚度和强度，又要满足对底板比压的要求。底座亦由两条主筋板、若干条横筋及盖板等组焊而成，在两条主筋间设有前、后两个柱窝，分别与前、后立柱缸

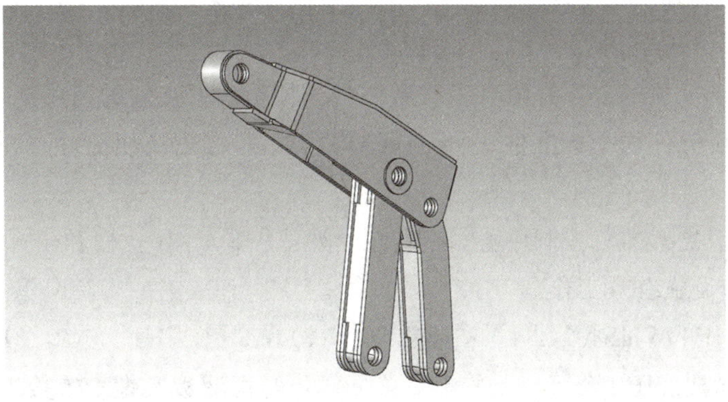

图 1-2-41　掩护梁和前、后连杆

底呈球面接触；底座中部的两处铰点与前、后连杆相铰接，如图 1-2-42 所示。

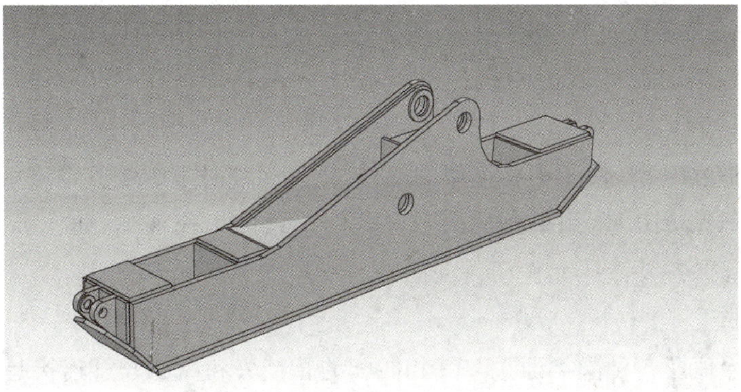

图 1-2-42　底座

为避免影响通行、保证合理的巷道空间，并增强对巷道底板起伏的适应性，底座的底板宽度设计为 550 mm，比压约为 2.11 MPa。为确保底座的整体强度，两条主筋与底座底板的接合部位设计有多处加强筋。

(4) 中间梁、伸缩梁

中间梁和伸缩梁都是由伸缩梁千斤顶连接两个内、外套接的箱体结构所组成的。中间梁的主要作用是连接前、后两支架的顶梁，以便超前支护液压支架的前、后架在交替移架时能保持正在移动支架的稳定性。伸缩梁通过前梁千斤顶与支架端部相连接，起到支护支架前部和后部顶板的作用。

(5) 侧护板

侧护板设置在支架顶梁的巷帮侧，采用高强钢板制成。侧护板用千斤顶与顶梁相连，通过千斤顶的伸缩来控制侧护板的伸出和收回。超前支护液压支架侧护板的主要用途是遮挡两帮掉落的煤块和矸石，为行人和操作人员提供安全的作业区域，并起到调节支架支撑状态以及辅助支护的作用。

3. 支架的操作及液压系统

立柱和各种千斤顶的液压缸形式及参数与特征均是根据支架的使用环境及要求而选定的。所使用的液压元件均为标准件、通用件，结构简单，检修更换便捷。

(1) 操纵阀

操纵阀是液压支架的总控制中心，控制支架液压工作元件(立柱和千斤顶)根据需要动作，使支架和保护设施有效工作。

该支架采用 4 组 WHF400(2)/31.5/ZCFD125(8)和 2 组 WHF400(2)/31.5/ZCFD125(9)操纵阀组完成对支架液压工作元件的控制。换向阀组与配液板及螺栓连接组合操纵阀组，阀的数量根据需要确定。每片阀有两个工作腔，每个腔的阀柱、钢球、阀座、阀垫等液压、密封件均相同。

(2) 液控单向阀、安全阀

液控单向阀采用国产定型的 YD-PK125/40 和 FDY280/40 型，两种阀均由阀杆、阀套、阀座等组成。其特点是结构简单，动作灵活，耐高压。安全阀采用 FAD125/40 和 FAD250/40 型安全阀，可保证支架安全、可靠地工作。

(3) 截止阀、过滤器

截止阀采用 QJ19 型，便于单台支架的检修，更换元件时不影响其他支架的正常工作。

过滤器采用 GLQ19 型，用来过滤来自乳化液泵站的工作液体，防止乳化液清洁不良，阻塞液压元件，确保各种液压元件密封性能。

(4) 液压系统

将立柱、千斤顶及各种阀类通过与其相匹配的管接头和高压胶管连接起来，构成支架的液压系统。管路连接均采用通用的标准快速接头及高压胶管；工作液为 5%乳化油和 95%中硬以下水的乳化液。该超前支护液压支架液压系统的主要特点是主进、回液管径较大，并且各立柱与推移千斤顶采用大流量操纵阀片控制，从而保证超前支护液压支架的快速升柱和移架。

三、异型端头切顶支架

在煤矿采煤工作面的端头处，传统的支护方式是人工使用单体液压支柱＋铰接顶梁临时支护顶板，人工封堵下隅角，这种人工方式支护强度低、支护面积小、人员劳动强度大，降柱、支柱危险性大，支护工艺技术落后，用人多，不利于安全生产，更不能满足当今高产高效矿井的要求。采用异型端头切顶支架可实现下隅角自动支护、安全快速移架，在确保安全生产的同时，提高综采工作面的推进速度。

1. 支架结构特点

该支架左、右两架成一组使用，两架之间顶梁由防倒千斤顶连接。每一架由前、后两节组成，前节的顶梁后部与后节的中间梁相连，前节的底座后部与后节的底座前部通过连接头、移架千斤顶相连，前、后节互为依托，达到移架的目的。也可根据巷道的加强支护段长度按需要连接铺设若干节首尾相连的支架。该支架结构简单，拆装检修方便。

2. 支架主要结构

(1) 顶梁

顶梁(图 1-2-43)通过钢梁、木棚或锚网等作用于顶板,支撑顶板,承受顶板压力并在巷道宽度范围内保持顶板不下沉,同时保持超前支护段顶板的完整性,为采煤工作面提供足够安全的工作空间,是液压支架的主要承载部件之一。

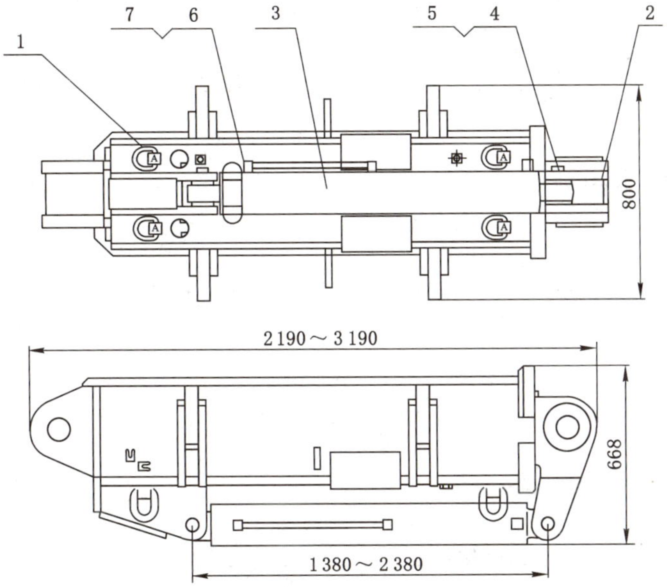

1—中间梁;2—伸缩梁;3—伸缩梁千斤顶;4—销轴;5—D 形销;6—销轴;7—U 形卡。

图 1-2-43　顶梁

顶梁由两条主筋板,若干条横筋及上、下盖板等组焊成箱形结构。两条主筋内焊有前、后两个柱窝,与立柱活柱球头呈球面接触。顶梁前、后部各设有铰接耳。

(2) 伸缩梁千斤顶

伸缩梁千斤顶(图 1-2-44)与底座相连,支架升起时为箱形结构提供支撑,配合立柱升降。

(3) 底座

底座(图 1-2-45)是整个支架的重要承载部件,它的主要作用是将支架承受的顶板压力传递到底板,所以底座应有足够的刚度和强度,满足对底板比压的要求。底座亦为箱形结构,在两条主筋间设有前、后两个柱窝,与前、后立柱缸底呈球面接触,底座中部和后部与前、后连杆铰接。

(4) 中间伸缩梁

中间伸缩梁(图 1-2-46)由伸缩梁千斤顶连接的两个内、外套接的箱体组成,它的主要作用是连接前、后两节支架的顶梁,以便在前、后两架交替移架时,保持正在移动的支架的稳定性。中间伸缩梁的内、外箱体分别与前、后支架的顶梁铰接。

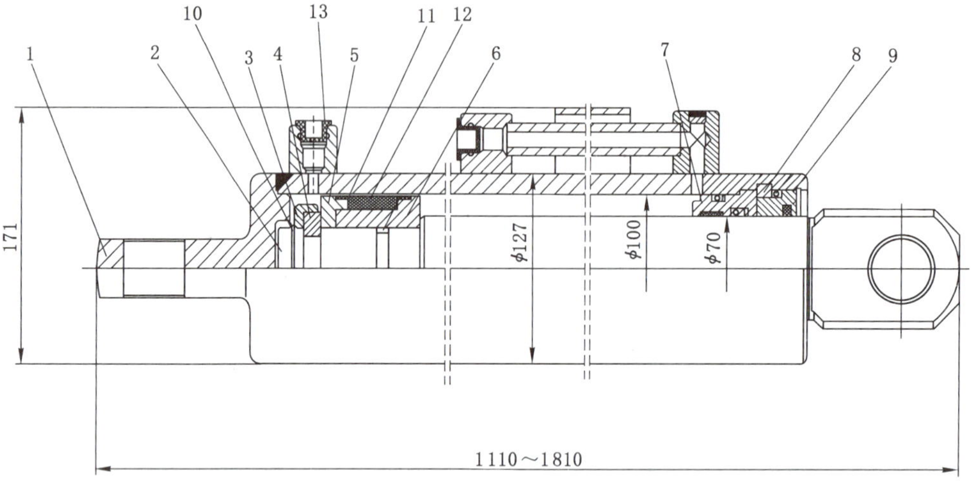

1—外缸体；2—活塞杆；3—压盘；4—半环；5—压环；6—活塞；7—导向套；
8—卡环；9—挡套；10—挡圈；11—活塞导向环；12—鼓形密封圈；13—O形密封圈。

图 1-2-44 伸缩梁千斤顶

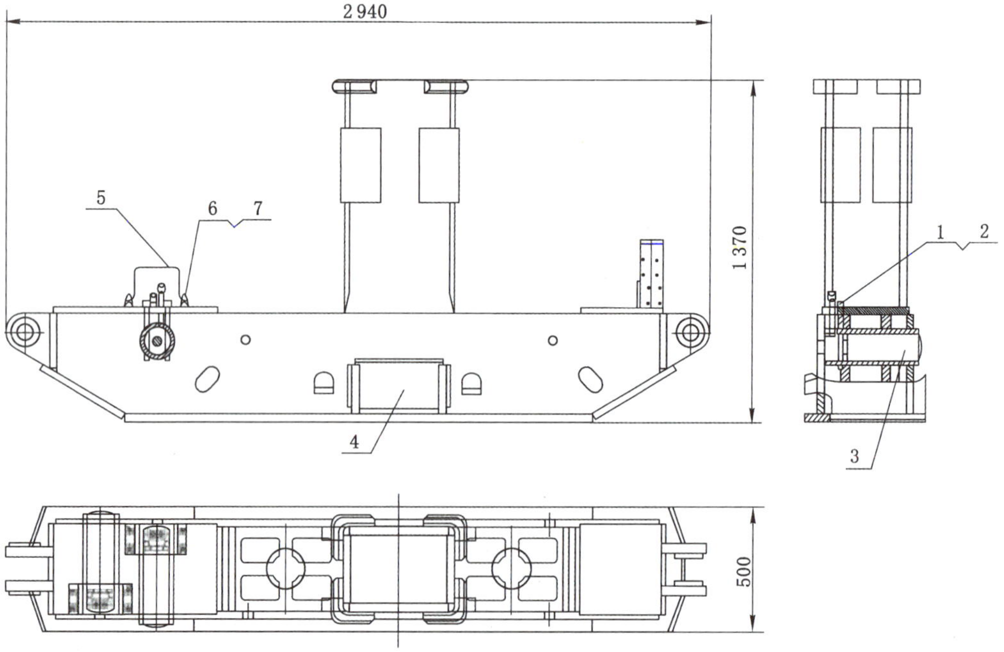

1—销轴；2—U形卡；3—调底千斤顶；4—插板；5—弯板；6、7—六角螺栓。

图 1-2-45 底座

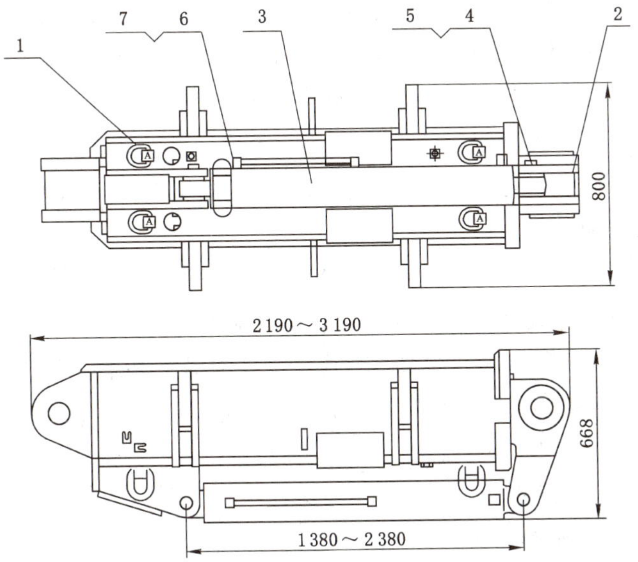

1—中间梁；2—伸缩梁；3—伸缩梁千斤顶；4，6—销轴；5—D形销；7—U形卡。

图 1-2-46　中间伸缩梁

3. 支架的操作及液压系统

在主进、回液三通到操纵阀之间装有球形截止阀、过滤器、回油断路阀等，可根据需要接通或关闭某架液路，可以维修某一架胶管及液压元件，过滤器能过滤主进液管来的高压液，防止脏物、杂质进入架内管路系统。一般采用以下的操作控制方式：

（1）操作人员在本架操作移架时，严禁所移支架内及两侧站立其他人员。

（2）支架前移时，一定要先把护壁板收回。

（3）降柱，即同组中一侧支架前、后立柱同时迅速收回，当支架刚刚脱离顶板时（以不带顶板压力或刚好带一点压力时为宜）一般在 50 mm 之内，最大不超过 200 mm，依据巷道内顶板凸、凹程度进行适当调整。

（4）移架，操作人员迅速到同组中另一侧支架同时操纵推移、伸缩梁操纵阀，使支架迅速移步到位。

（5）移架时如发现阻力过大，应迅速查明原因，并采取相应措施，严禁硬拉。

（6）升柱，同时操纵本架前、后立柱，使前、后立柱迅速升起支撑住顶板，保压 10～20 s，由操作人员调整好调压阀，使支架完好地接触顶板。

四、纯水液压支架

传统液压支架、输送机等综采设备的液压系统均以乳化液为工作介质，全国几千个矿井、2 万多个工作面，每年消耗乳化油 400 万 t，由于存在跑、冒、滴、漏现象，而造成严重的大面积水体污染、土壤油质化。因此，解决乳化液污染问题、保护矿区生态环境刻不容缓。

以“纯水”替代传统“乳化液”作为综采液压系统工作介质，不仅能够实现绿色采煤，还可降低介质本身成本（预计降幅 90%以上），同时对煤矿综采“高效、低成本”生产将会产生积极影响。纯水系统封闭，介质清洁度是传统乳化液系统无法比拟的，有助于降低液压零部件故障率、提高生产效率、延长液压零部件寿命、降低备件损耗。用纯水替代传统乳化液，符合科学可持续发展理念，是行业的一次重大进步，是里程碑式的技术革命，有着划时代的非凡意义。

综采工作面采用纯水代替乳化液作为综采工作面的工作介质，对制水工艺、设备以及支架液压系统要求较严格。

1. 制水设备特点

为保证纯水系统供水需求，需选用大流量高效制水设备，具体纯水设备装置由超滤系统、一级反渗透系统、二级反渗透系统、EDI(电去离子系统)、控制系统组成。矿井水进入预过滤及超滤系统，利用纤维滤芯过滤掉水中的颗粒杂质，再进入一级、二级反渗透系统，通过反渗透膜去除水中的有机物、矿物质、微生物等物质，最后进入 EDI，将水中残留的微量盐分彻底去除，产出纯水。

图 1-2-47 所示为制水理论工艺流程。

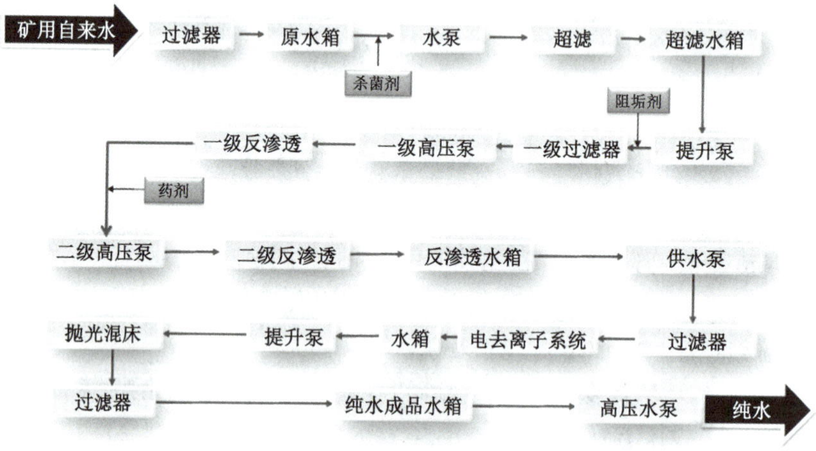

图 1-2-47 制水理论工艺流程

2. 纯水液压支架特点

立柱及千斤顶需选用优质钢材，材料屈服强度符合要求，确保液压缸的使用性能。制造工艺方面，液压缸需采用激光熔敷、熔铜、QPQ 等防腐工艺，提升液压缸的防腐性能及修复能力。

传统液压支架的介质为水乳化液，成分为 95%的水和 5%的乳化液，为水基介质，介质本身具有润滑性能；纯水液压支架的介质为纯水，介质本身润滑性能大幅降低，密封材料应选择需具备自润滑性能和耐水解性能的新型材料，用于纯水系统液压缸。

项目三　掘　进　机

任务一　掘进机的分类和参数

一、掘进机的分类

视频资源

悬臂式掘进机的分类方法有多种，按重量分有特轻型、轻型、中型和重型四种；按工作机构切割煤岩的方式不同分有纵轴式(图 1-3-1)和横轴式(图 1-3-2)。

我国煤巷高效掘进方式中最主要的方式是悬臂式掘进机与单体锚杆钻机配套作业线，也称为煤巷综合机械化掘进。

图 1-3-1　纵轴式掘进机

图 1-3-2　横轴式掘进机

悬臂式掘进机是集截割、装运、行走、操作等功能于一体，主要用于截割任意断面形状的井下岩石、煤或半煤岩巷道。现在国内的掘进机设计虽然说距离国际先进的技术还有段距离，但是国内的技术水平已能基本满足国内的需求，大中型的掘进机不断被创新。

二、掘进机的主要参数

以西安煤矿机械有限公司 EBZ-200 型掘进机为例。

1. 总体参数

机长　10.65 m；

机宽　3.20 m；

机高　1.85 m；

地隙　300 mm；

截割卧底深度　400 mm；

接地比压　0.14 MPa；

机重　57.5 t；

总功率　310 kW；

可经济截割煤岩硬度　≤80 MPa；

可掘巷道断面　32 m^2；

最大可掘高度　5.1 m；

最大可掘宽度　6.5 m；

适应巷道坡度　±18°；

机器供电电压　1 140 V。

2. 截割机构

电机型号　YBUD-200/110-4/8(1140)；

功率　200/110 kW；

转速　1 481/737 r/min；

截割头转速　65/32 r/min；

伸缩量　650 mm；

截齿　镐形；

最大摆动角度　上 39°，下 23°，左右各 32°。

3. 装载机构

装载形式　三爪星轮；

装运能力　240 m^3/h；

铲板宽度　3.2 m；

铲板卧底　300 mm；

铲板抬起　450 mm；

星轮转速　31 r/min。

4. 刮板输送机

运输形式　边双链刮板；

槽宽　610 mm；

龙门高度　400 mm；

链速　1.0 m/s；

锚链规格　ϕ18×64；

张紧形式　液压张紧。

5. 行走机构

行走形式　履带式(液压马达驱动)；

行走速度　0～6 m/min；

制动形式　摩擦离合器；

履带板宽度　650 mm；

张紧形式　液压张紧。

6. 液压系统

系统额定压力：

液压缸回路　22 MPa；

行走回路　22 MPa；

装载回路　22 MPa；

输送机回路　22 MPa。

泵站电机：

型号　YBRB-110(660/1140)；

功率　110 kW；

转速　1 470 r/min；

泵站双联柱塞泵排量　190/145 mL/r。

油箱：

有效容积　800 L；

冷却方式　板翅式水冷却器、蛇形管冷却器；

数量　9 个。

7. 冷却喷雾系统

灭尘形式　内喷雾、外喷雾；

供水压力　3 MPa；

冷却水压力　1.5 MPa；

冷却部件　切割电机、油箱。

8. 电气系统

供电电压　1 140 V；

额定频率　50 Hz；

总功率　310 kW；

主回路数　5。

9. 电气配套部件

电控箱：

防爆型式　Exd[ib]I Mb；

额定功率　429 kW；

额定电压　1 140 V；

本安最高输出电压　12.5 V；

本安最大输出电流　1.5 A。

操作箱：

防爆型式　ExdI Mb；

额定电压　36 V；

额定电流　≤1 A。

截割电机：

防爆型式　ExdI；
额定功率　200/110 kW；
额定电压　1 140 V；
额定电流　123/86 A。
油泵电机：
防爆型式　ExdI；
额定功率　110 kW；
额定电压　1 140 V；
额定电流　118/83 A。

任务二　掘进机的组成、主要部件及结构

一、掘进机的组成

EBZ-200 型悬臂式掘进机主要由截割机构、装载机构、刮板输送机、行走机构、机架和回转台、液压系统、冷却喷雾系统及电气系统等部分组成，如图 1-3-3 所示。

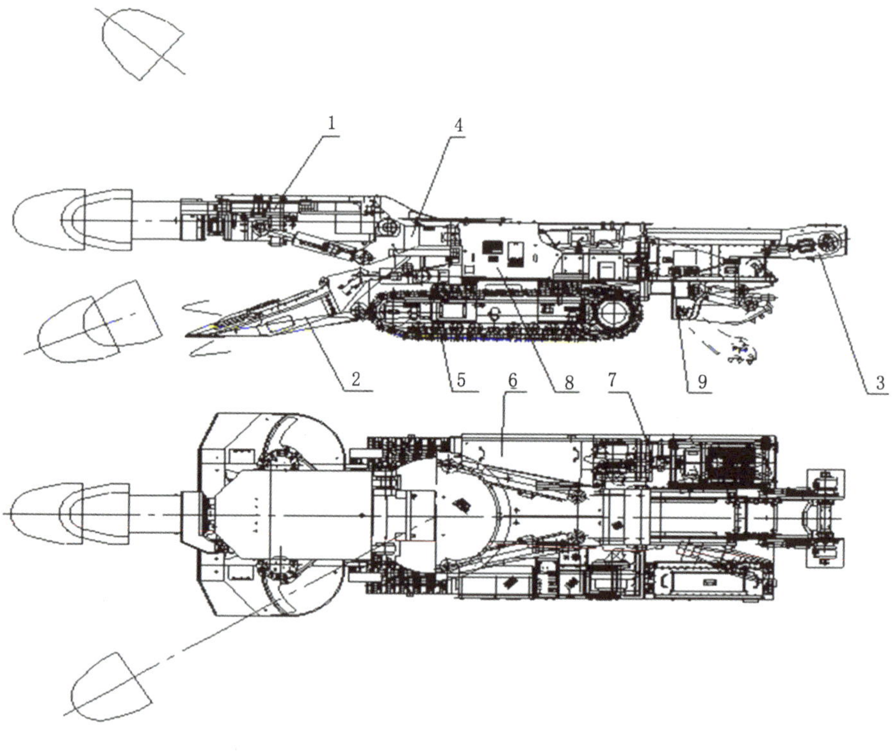

1—截割机构；2—装载机构；3—刮板输送机；4—机架和回转台；5—行走机构；
6—油箱；7—操作台；8—泵站；9—电控箱。
图 1-3-3　EBZ-200 型悬臂式掘进机

二、掘进机的主要部件及结构

1. 截割机构

截割机构主要由截割电机、行星减速器、伸缩部、截割头等部分组成，如图 1-3-4 所示。

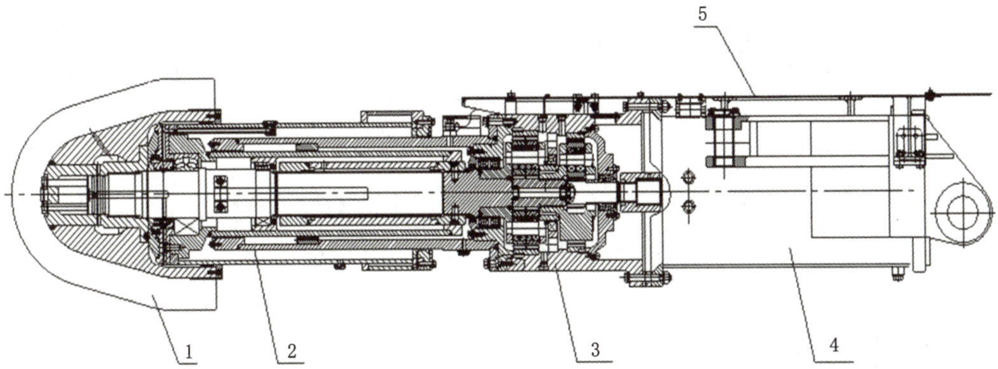

1—截割头；2—伸缩部；3—行星减速器；4—截割电机；5—电机护板。

图 1-3-4　截割机构

截割机构为二级行星齿轮传动。行星减速器结构如图 1-3-5 所示，由 200 kW 的水冷电机输入动力，经电机扭矩轴传至行星减速器，经伸缩部将动力传给截割头，从而达到破碎煤岩的目的。

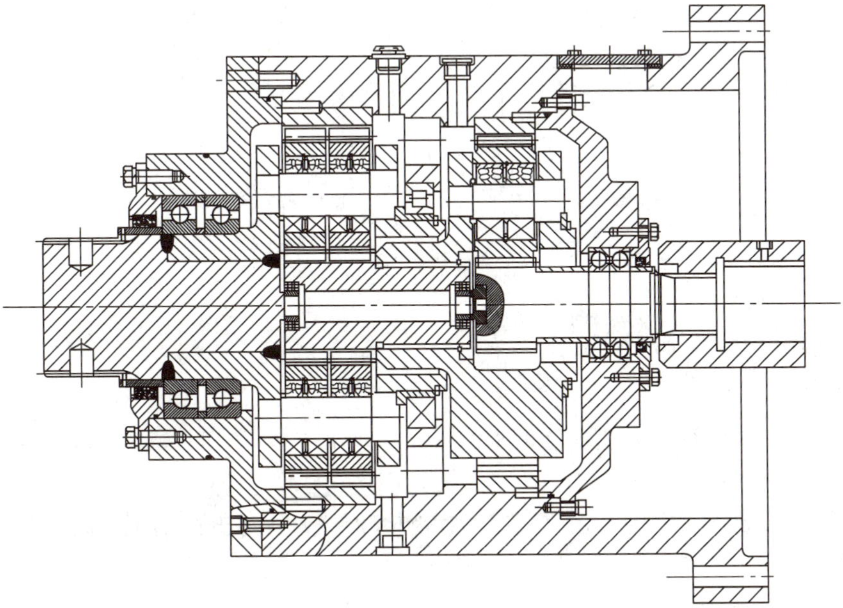

图 1-3-5　二级行星减速器

在掘进机的工作过程中，截割电机可提供高、低不同的两种截割速度。由于 EBZ-200 型悬臂式掘进机高、低速工作时额定功率均为 200 kW，所以低速时输出扭矩大，适合于硬岩截割;高速时输出扭矩小,适合于软岩截割。可以根据实际情况方便切换，从而大大提高了掘进机的截割效率。

整个截割机构通过两个销轴铰接于回转台上,借助安装于截割机构和回转台之间的两个升降液压缸以及安装于回转台与机架之间的两个回转液压缸,来实现整个截割机构的升、降和回转运动,由此截割出任意形状的断面。

伸缩部位于截割头和行星减速器之间,通过伸缩液压缸使截割头具有 650 mm 的伸缩行程。工作时伸缩液压缸推动伸缩外筒、伸缩保护筒及主轴等前、后移动,从而使截割头切入或退出工作面。

二级行星减速器采用 N320 号重负荷工业齿轮油。截割机构置于水平状态,从减速器正上方加油塞注油,加至油标显示位置为止。

2. 装载机构

装载机构主要由主铲板及左、右对称的侧铲板及驱动装置等部分组成,铲板宽 3.2 m,分体式结构便于下井解体安装,如图 1-3-6 所示。

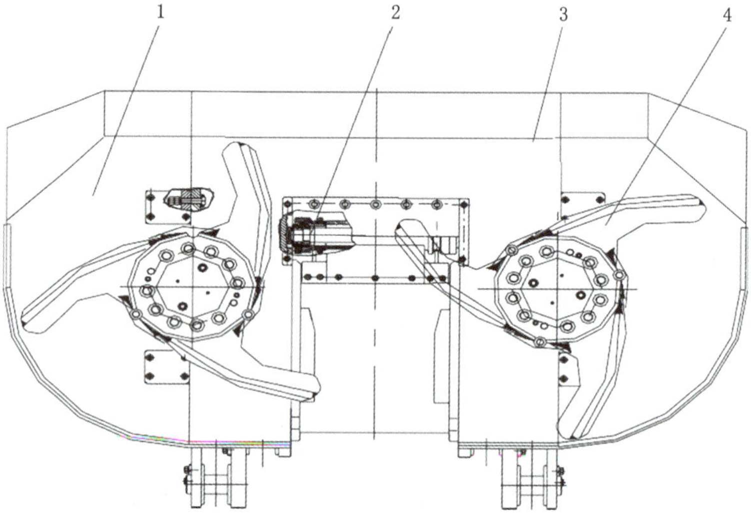

1—主铲板;2—侧铲板;3—改向链轮组;4—驱动装置。

图 1-3-6 装载机构

通过低速大扭矩液压马达直接驱动三爪转盘向内转动,从而达到装载煤岩的目的。驱动装置结构如图 1-3-7 所示。

装载机构安装于机器的前端。通过一对销轴和铲板左、右升降液压缸铰接于主机架上,在铲板液压缸的作用下,铲板绕销轴上、下摆动,可向上抬起 450 mm,向下卧底 300 mm。当机器截割煤岩时,应使铲板前端紧贴底板,以增加机器的截割稳定性。

3. 刮板输送机

刮板输送机主要由前溜槽、后溜槽、驱动装置、边双链刮板链、张紧装置等组成,如图 1-3-8 所示。

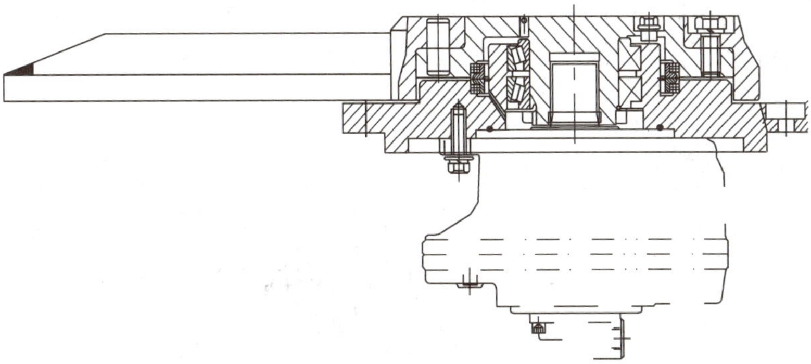

图 1-3-7　驱动装置

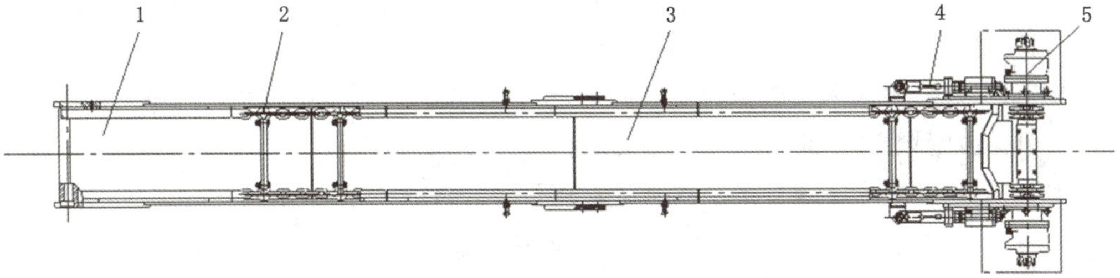

1—前溜槽；2—后溜槽；3—边双链刮板链；4—驱动装置；5—张紧装置。

图 1-3-8　刮板输送机

刮板输送机位于机器中部，前端与主机架和铲板铰接，后部托在机架上。机架在该处设有可拆装的垫块，根据需要可适当调整刮板输送机后部的高度。

刮板输送机用两台低速大扭矩液压马达直接驱动，驱动装置的结构如图 1-3-9 所示。

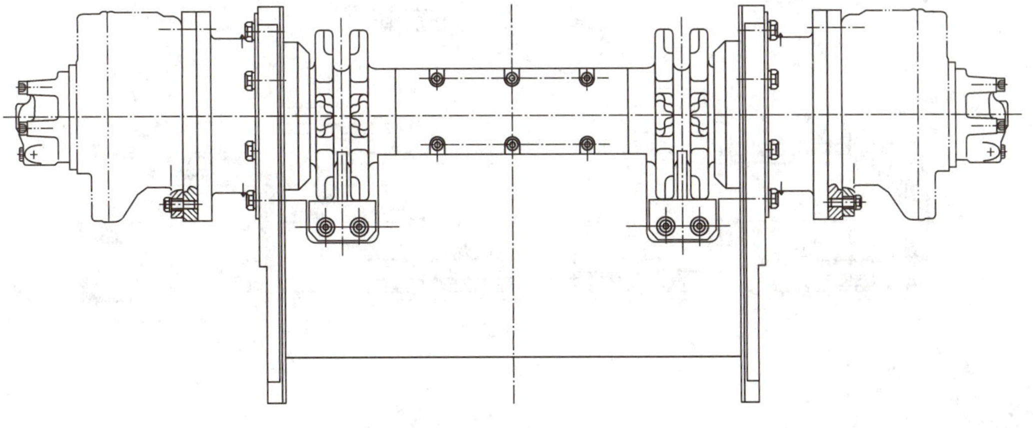

图 1-3-9　驱动装置

刮板链的张紧是通过安装在刮板输送机尾部的张紧装置来实现的，塞入适当片数的垫块及锁紧块并拧紧紧定螺钉，然后应稍微缩回液压缸活塞，压紧垫块，使液压缸活塞杆不再受张力，刮板链的松紧程度要适当。张紧装置内的弹簧有缓冲作用，可以有效避免刮板卡阻及跳链现象，如图 1-3-10 所示。

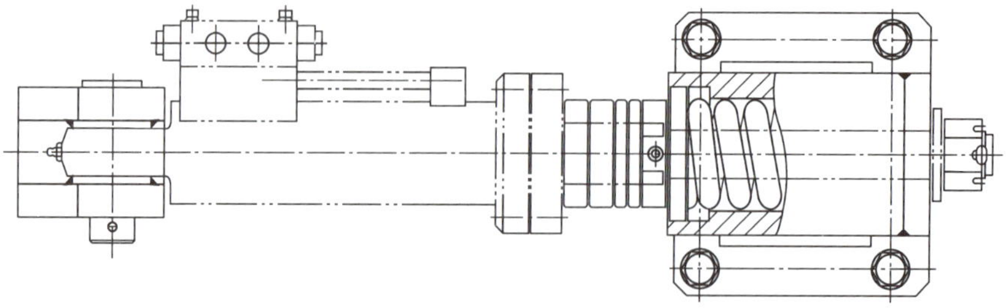

图 1-3-10 张紧装置

4. 行走机构

EBZ-200 型悬臂式掘进机采用履带式行走机构。左、右行走机构对称布置，分别驱动，各由 12 个高强度螺栓（M30、10.9 级）与机架相连。左、右履带行走机构各由液压马达通过减速器驱动链轮及履带实现行走。减速器带制动刹车阀，采用集成结构，降低故障率。

现以左行走机构为例，说明其结构组成及传动系统。如图 1-3-11 所示，左行走机构主要由张紧轮组、履带架、履带链、行走减速器等组成，液压马达、减速器、制动器集成于一体。

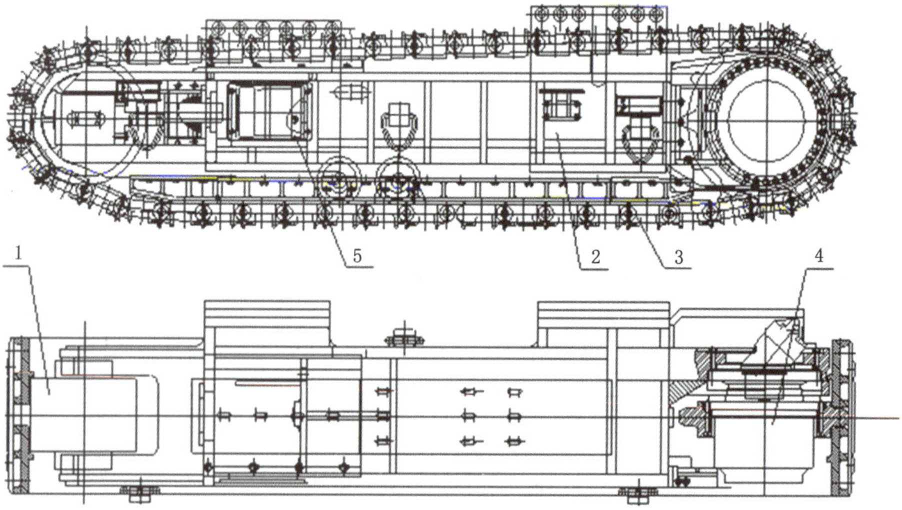

1—张紧轮组；2—履带架；3—履带链；4—行走减速器；5—张紧液压缸。

图 1-3-11 左行走机构

摩擦片式制动器为弹簧常闭式，当机器行走时，泵站向行走液压马达供油的同时，向摩擦片式制动器提供压力油推动活塞，压缩弹簧，使摩擦片式制动器解除制动。

行走减速器采用 N320 号重负荷工业齿轮油。加注润滑油时，调整行走减速器使一个油塞位于正上方，取下两个油塞，从正上部油塞注油，加油到下部油塞溢出为止。如在大修或需放油时，调整行走减速器使一个油塞位于正下方，放净油即可。

本机行走速度为 0～6 m/min，无级变速。左、右履带张紧的调整是由张紧液压缸推动张紧轮组来实现的。张紧液压缸伸出后在张紧轮托架后插进卡板，卡板规格有 50 mm、20 mm、10 mm、5 mm 四种，可任意组合。张紧液压缸行程 120 mm，履带张紧程度要适当，履带张紧后要有一定的垂度，其垂度值为 60～90 mm，张紧液压缸卸压靠履带的张力压紧卡板，使张紧液压缸活塞不承受张紧力。

5. 机架和回转台

机架是整个机器的骨架，其结构如图 1-3-12 所示。它承受着来自截割、行走和装载的各种载荷。机器中的各部件均用螺栓或销轴与机架连接，机架为组焊件，回转台主要用于支承、连接并实现切割机构的升降和回转运动。回转台坐在机架上，通过大型回转轴承用 40 个高强度螺栓与机架相连。工作时，在回转液压缸的作用下，带动截割机构水平摆动。截割机构的升降是通过回转台支座上左、右耳轴铰接相连的两个升降液压缸实现的。

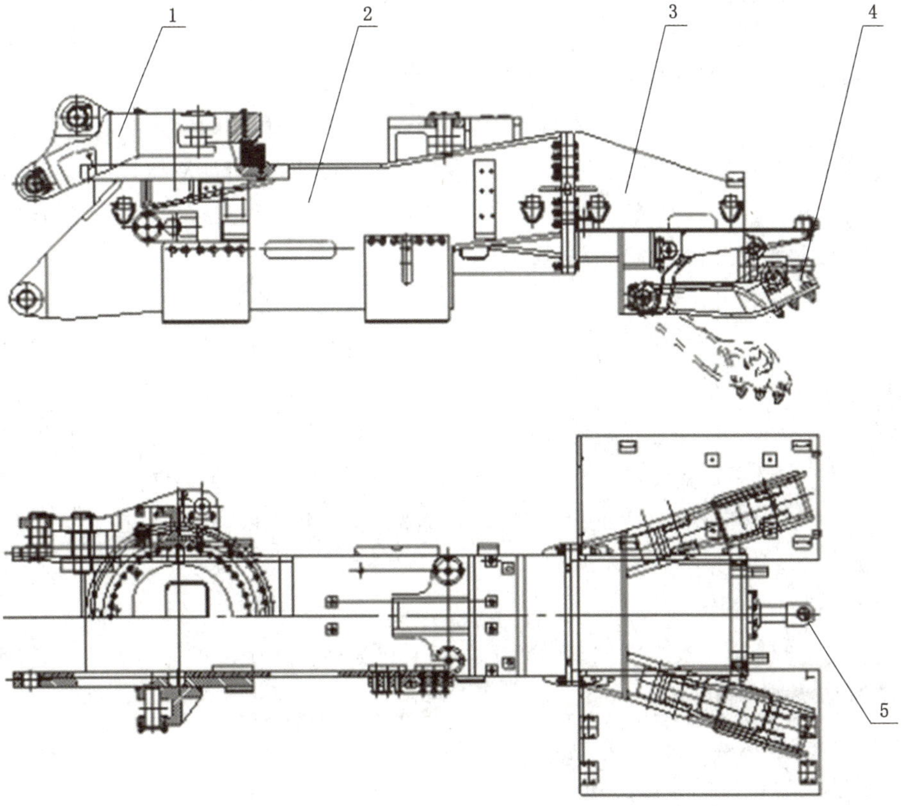

1—回转台；2—前机架；3—后机架；4—后支撑腿；5—耳架。

图 1-3-12　机架

左、右后支撑腿是通过后支撑液压缸及销轴分别与后机架连接，它的作用有：① 切割时使用，以增加机器的稳定性；② 窝机时使用，以便履带下垫板自救；③ 履带链断链及张紧时使用；④ 抬起机器后部，以增加卧底深度。

机架的右侧装有液压系统的泵站和油箱，左侧装有操作台和电控箱，内部装有第一输送机，前部与装载机构铰接。装载机构的升降通过其与机架连接的两个升降液压缸实现，后部与第二输送机连接。

机架的左、右侧下部分别装有左、右行走机构，各通过 12 个高强度螺栓（M30、10.9 级）与机架连接成一体，增加机器的稳定性。

6. 液压系统

本机除截割头的旋转运动外，其余各部分均采用液压传动。由一台 110 kW 的电机驱动双联柱塞泵，分别向液压缸回路、行走回路、装载回路、输送机回路提供压力油，液压系统由两个独立的开式系统组成。

7. 行走、液压缸回路

（1）行走机构由双联柱塞泵的前泵向两个液压马达供油，驱动机器前、后行走，行走速度为 0～6 m/min 范围内无级变速。

通过操作多路换向阀手柄来控制行走马达的正、反转，实现机器的前进、后退和转弯。调节操纵阀手柄的开度可控制行走速度的快慢。

注意：机器要转弯时，最好同时操作两片换向阀（即使一片阀的手柄处于前进位置，另一片阀的手柄处于后退位置）。除非特殊情况，尽量不要操作一片换向阀来实现机器转弯。防滑制动是用行走减速器上的摩擦制动器来实现的。制动器的开启为液压控制，其开启压力为 1.8～3 MPa。制动器的油液直接由行走马达的输入油液控制。行走回路不工作时，制动器处于闭锁状态。

（2）液压缸组采用双联柱塞泵的前泵通过带负载敏感控制的七联比例换向阀分别向五组液压缸（截割升降、回转、铲板升降、后支撑液压缸、伸缩液压缸）供压力油。

截割机构升降、铲板升降和后支撑各两个液压缸，它们各自两活塞腔并接、两活塞杆腔并接，而截割机构两个回转液压缸为一个液压缸的活塞腔与另一液压缸的活塞杆腔并接。

为使截割头、铲板和后支撑液压缸能在任何位置上锁定，不致因换向阀及管路的漏损而改变其位置，或因油管破裂造成事故，以及防止截割头、铲板下降过速，使其下降平稳，故在各回路中装有平衡阀。

8. 装载、输送机回路

装载、输送机回路由双联柱塞泵的后泵向两个装载马达及输送机马达供油，用五联比例换向阀控制马达正、反转。

9. 几种主要的液压元件

（1）吸油过滤器（过滤精度 100 μm）

为了保护油泵及其他液压元件，避免吸入污染杂质，有效地控制液压系统污染，提高液压系统的清洁度，在油泵的吸油口处设置了两个吸油过滤器，该过滤器为粗过滤。当更换、清洁滤芯或维修系统时，只需打开滤油器端盖（清洗盖），抽出滤芯，此时自封阀就会自动关闭，隔绝油箱油路，使油箱内油液不会向外流出。这样使清洗、更换滤芯及维修系统变得非常方便。另外，当滤芯被污染物堵塞时，设在滤芯上部的油路旁通阀就会自动开启，以避免油泵出现吸空等故障，提高液压系统的可靠性。但是要确保得到所期望的清洁水平，滤芯被堵塞，在达到旁通阀设定值 0.3 bar 前，必须尽早更换滤芯。在打开过滤器之前，必须确保系统已停机，在过滤器壳体内无压力状态下更换滤芯，如图 1-3-13 所示。

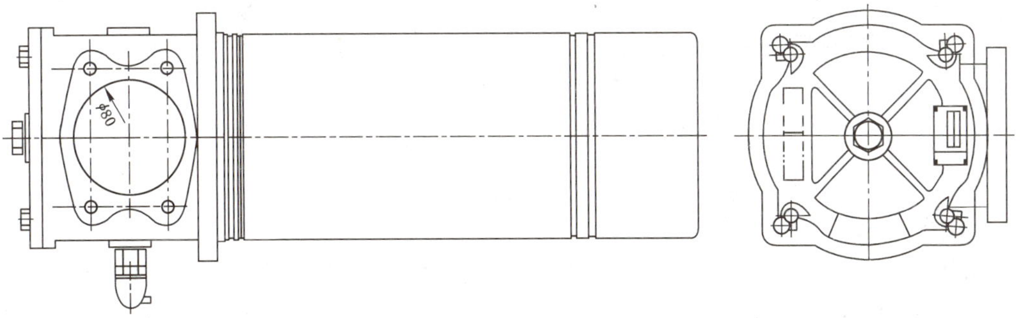

图 1-3-13　吸油过滤器

(2) 回油过滤器(过滤精度 20 μm)

为了使流回油箱的油液保持清洁，在液压系统中设置了两个回油过滤器，该过滤器为精过滤，位于油箱的上部。当滤芯被污染物堵塞或系统液温过低、流量脉动等因素造成进、出油口压差为 0.35 bar 左右时，污染发信器指针会指向红色区域，此时应及时更换滤芯或提高油液温度。更换滤芯时，只需旋下顶部的 4 个内六角螺钉，取下滤油器滤盖(清洗盖)即可更换滤芯或向油箱加油。若未能及时停机更换滤芯，则设在滤芯下部的旁通阀就会自动开启工作(旁通阀开启压力为 0.4 bar)，以保护系统，如图 1-3-14 所示。

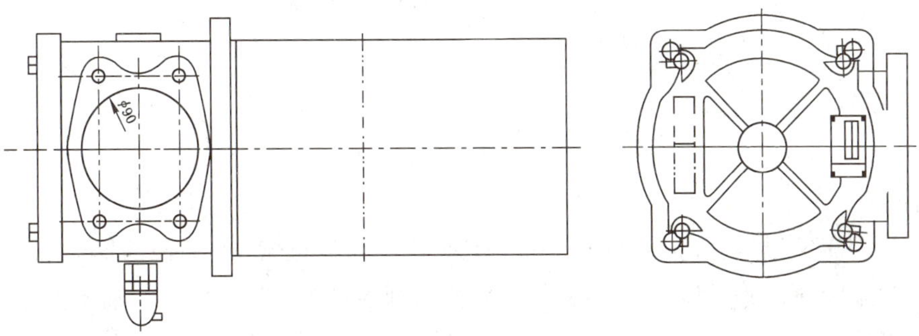

图 1-3-14　回油过滤器

(3) 高压过滤器(过滤精度 10 μm)

为使系统的工作油液保持清洁，在液压系统中设置了两个高压过滤器，位于操纵台的内部。当滤芯被污染物堵塞或系统油温过低、流量脉动等因素造成进、出油口压差为 5 bar 左右时，污染发信器指针会指向红色区域，当指针位于表盘中位时，应及时更换滤芯或提高油液温度。更换滤芯时，只需旋下过滤器下筒体即可。若未能及时停机更换滤芯，则过滤器内的旁通阀会自动开启(开启压力 6 bar)，以保护系统，如图 1-3-15 所示。

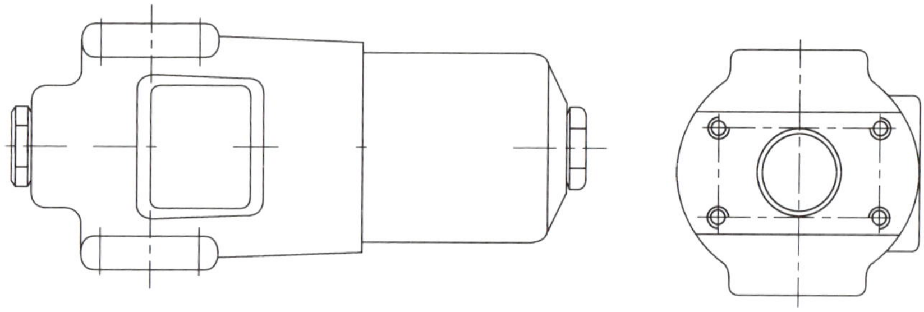

图 1-3-15　高压过滤器

（4）多联比例换向阀

液压系统控制由七联比例换向阀和五联比例换向阀及一组液控手柄来完成。通过摆动手柄的角度控制流量大小，使各执行元件相互独立地在不同负载下以不同的速度和压力动作。每组阀均设置有压力油口 P、回油口 R、工作油口 A 和 B、测压口 M、负载反馈油口 LS 和液控油口 Z。

（5）液压缸

本机有 9 部液压缸，如截割升降液压缸、回转液压缸、铲板升降液压缸和后支撑液压缸、伸缩液压缸，结构形式大致相同，如图 1-3-16 所示。

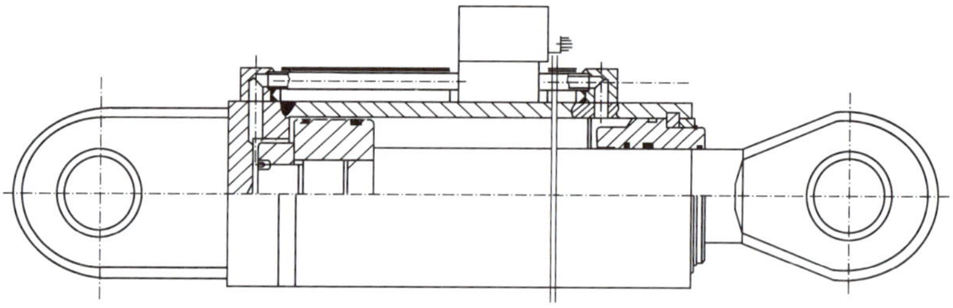

图 1-3-16　液压缸

（6）油箱

本液压系统采用封闭式油箱（图 1-3-17），采用 N68 号抗磨液压油。油箱采用二级过滤，设置了两个吸油过滤器和两个回油过滤器，有效地控制了油液的污染。油箱上还配有液位液温计，当液位低于工作油位或油温超过规定值（70 ℃）时，应停机加油或降温。油箱冷却器采用了热交换量较大的板式换热器，以保障系统正常油温和黏度的要求。

10. 内、外喷雾冷却除尘系统

本系统主要用于灭尘、冷却掘进机截割电机及油箱，提高工作面能见度，改善工作环境。内、外喷雾冷却除尘系统如图 1-3-18 所示。

总进水要求压力 1.5～3 MPa，流量大于 63 L/min。水从井下输水管通过过滤器进行粗过滤后分成两路进入机组：一路经减压阀减压至 1.5 MPa 后冷却油箱和切割电机，随后进入外喷雾进行灭尘；若减压阀发生故障，水压大于 1.5 MPa 时，水从卸压阀排出。另一路不经减压阀的高压水进入内喷雾进行灭尘。

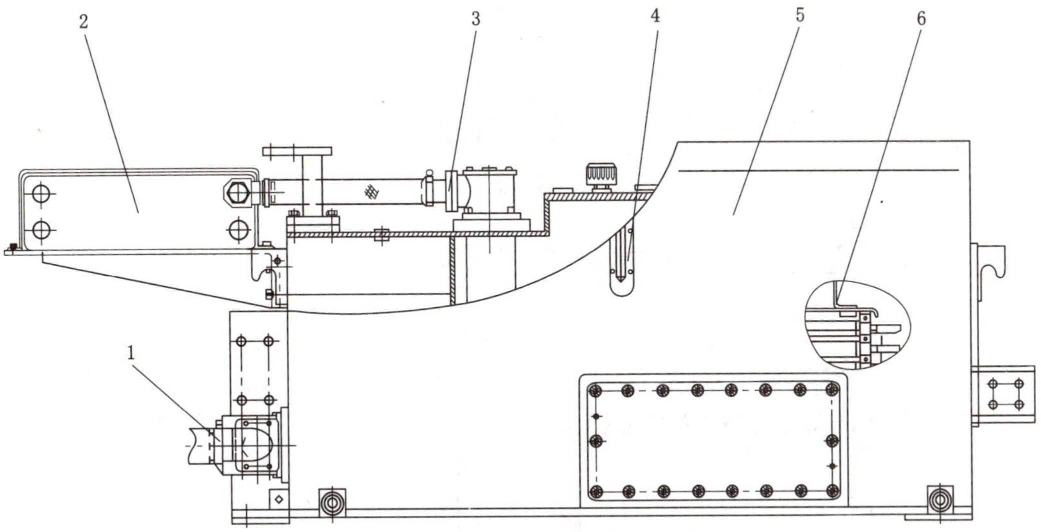

1—吸油过滤器；2—板式换热器；3—回油过滤器；4—液位液温计；5—油箱体；6—蛇形管冷却器。

图 1-3-17　油箱

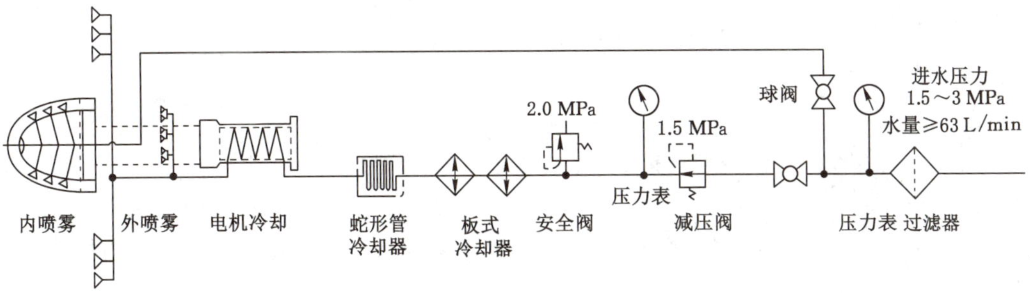

图 1-3-18　喷雾冷却除尘系统原理图

任务三　掘进工艺

一、掘进机截割

采用 EBZ-200 型掘进机沿煤层顶板掘进并自行完成装煤运煤，横向往复式截割，由巷道下部开口进刀，割出横槽，然后由下向上截割，进刀深度 800 mm，若截割断面与设计尺寸有一定误差时，必须进行二次修整。图 1-3-19 所示为拱形巷道截割轨迹图，图 1-3-20 所示为矩形巷道截割轨迹图。

二、机掘工艺流程

交接班及安全检查→开机检查→掘进机截割→刷帮清浮煤→敲帮问顶→联网及临时支护→永久支护（四臂锚杆钻车同时进行支护）→下一循环→现场交接班。

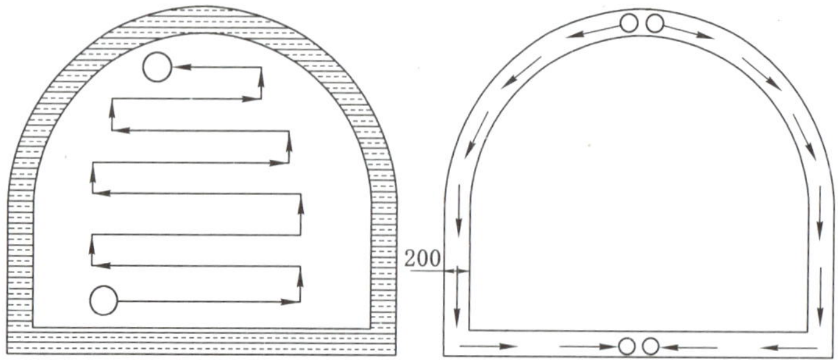

图 1-3-19 拱形巷道截割轨迹图

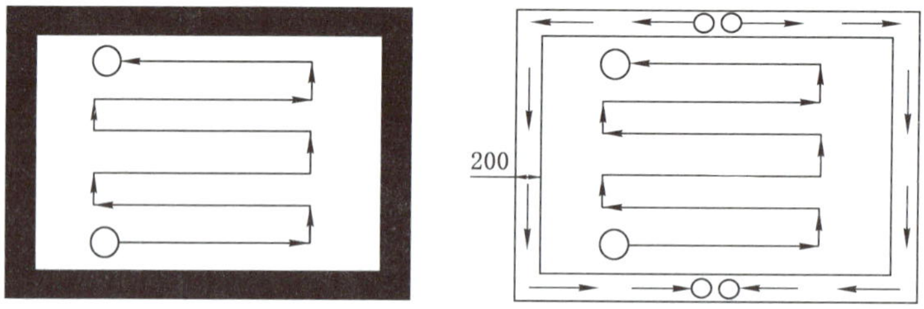

图 1-3-20 矩形巷道截割轨迹图

三、关键工艺

1. 掘进机截割

先截割、后拾煤，刷帮后继续拾煤，待煤清理干净后联网。

2. 锚杆支护

敲帮问顶→临时支护及联网→施工锚杆眼→清理眼孔→装树脂药卷→安装锚杆→紧固锚杆。

任务四 掘进机的操作及注意事项

一、掘进机的操作

1. 操作准备

(1) 先按按钮使电机微动，以确定其运转方向是否正确。

(2) 开机前先鸣响警报，打开照明灯。

(3) 电机空载运行 3 min，观察各部音响、温度是否正确，有无卡阻或异常现象。

2. 操作顺序

(1) 设备启动操作

① 压下紧急停止按钮 SB1，把隔离开关 QS 的手柄置于“合”的位置，然后将紧急停车按钮 SB1 拔出。向掘进机供电，此时电压表指示 127 V，照明回路绝缘正常，照明灯 EL1、EL2、EL3 灯亮。

② 将操作箱上的工作方式选择开关 SA2 向右旋转 45°至“工作”位置，将急停按钮 SB2

拔出,将警铃控制按钮 SB10 按下,警铃报警 5～8 s 后,按下 SB6 油泵启动按钮,待油泵电机 M1 启动,松开 SB6 油泵启动按钮。此时,操作升降、回转、行走、铲板、后支撑、装载、运输、锚杆钻机等液压缸手柄,各执行机构均有相应动作。

③ 接通总进水球阀,此时内、外喷雾工作。

④ 油泵电机 M1 启动后,将截割控制按钮 SB4 按下,蜂鸣器发送 8～10 s 的预警信号后,截割电机 M2 启动,同时停止发送预警信号,松开 SB4 截割控制按钮。

(2) 设备运行操作

① 掘进机截割落煤的程序:首先在工作面进行掏槽,掏槽位置一般是在工作面的下部。开始时,操作伸缩液压缸向前伸出,截割头切入工作面(煤或岩石)一定的深度(截深)。然后将伸缩液压缸缩回,开动机器前进至截割头切入工作面深度,操纵装载机构的铲板紧贴工作面底板作为前支点,机尾的后支撑也同样贴紧底板作为后支点,以提高机器在切割过程中的稳定性。最后再摆动悬臂使截割头切落出整个巷道的煤或岩石。

② 当掘进作业时,打开外喷雾控制阀,使截头处喷雾,其水量可控制。当欲进行截割头内喷雾时,打开内喷雾控制阀,即实现截割头内喷雾。

(3) 设备停机操作

① 操作钻臂控制手柄收回钻臂,随后按下闭锁按钮。

② 按下截割控制按钮 SB5,截割电机 M2 停止运转。

③ 关闭总进水球阀,此时内、外喷雾停止工作。

④ 操作后支撑液压缸手柄,将后支撑液压缸复位。

⑤ 将液压各操作手柄置于中间位置。

⑥ 按下油泵控制按钮 SB7,油泵电机 M1 停止运转。

⑦ 将电流控制开关 SA1 向左旋转 45°至“断”位,或按下紧急停止按钮 SB1、SB2、SB3,即可断电(均可切断掘进机开关电源)。

二、注意事项

(1) 截割头必须在旋转情况下才能贴靠工作面。

(2) 截割时要根据煤或岩石的硬度,掌握好截割头的切割深度和切割厚度,截割头进行切割时应点动操作手柄,缓慢进入煤壁截割,以免发生扎刀及冲击振动。

(3) 机器向前行走时,应注意扫底并清除机体两侧的浮煤,扫底时应避免底板出现台阶,防止产生掘锚机爬高。

(4) 调动机器前进或后退时,必须收起后支撑,抬起铲板。

(5) 截割机构工作时,若遇闷车现象应立即脱离切割或停机,防止截割电机长期过载。

(6) 处于掘进状态时,应首先启动油泵电机,然后才能对截割电机等进行操作。

(7) 对大块掉落煤岩,应采用适当方法破碎后再进行装载;若大块煤岩被龙门卡住时,应立即停车,进行人工破碎,不能用刮板机强拉。

(8) 液压系统和供水系统的压力不准随意调整,若需要调整时应由专职人员进行。

(9) 注意观察油箱上的液位油温计,当液位低于工作油位或油温超过规定值(70 ℃)时,应停机加油或降温。

(10) 开始截割前,必须保证冷却水从喷嘴喷出。

(11) 机器工作过程中若遇到非正常声响和异常现象,应立即停机查明原因,排除故障后方可开机。

(12) 在操作机器工作时,若有电缆或油管被压,需立即停车并及时进行维修(更换电缆或油管并用沙子等物掩埋地上和吸收机器上的机油)。

(13) 电控箱装卸、搬运过程中避免强烈振动,严禁翻滚,必须轻放。

(14) 定期检查各开关手柄、按钮是否灵活、可靠,动、静触头是否良好,接触器等是否正常。

(15) 油泵启动前,蜂鸣器报警延时 3 s 后无故障正常启动,以提醒非工作人员注意安全。

任务五 掘进机的维护及故障处理

一、掘进机的维护

1. 机械部分的维护保养

(1) 检查油箱的油位,油量不足应及时补加液压油;油液如严重污染或变质,应及时更换。

(2) 检查各减速箱润滑油池内的润滑油是否充足、污染或变质,不足应及时添加,污染或变质应及时更换。检查各减速箱有无异常振动、噪声和温升等现象,找出原因,及时排除。

(3) 检查液压系统及外喷雾冷却系统的工作压力是否正常,并及时调整。

(4) 检查液压系统及外喷雾冷却系统的管路、接头、阀和液压缸等是否泄漏,并及时排除。

(5) 检查油泵、液压马达等有无异常噪声、温升和泄漏等,并及时排除。

(6) 检查截割头截齿是否完整,齿座有无脱焊现象,喷雾喷嘴是否堵塞,并及时更换或疏通。

(7) 检查左、右履带链条的松紧程度,并适时调整。

(8) 检查输送机刮板链的松紧程度,并及时调整。

注:为了提高连接强度和防松性能,本机在重要连接部位采用了高强度螺栓。机架与履带架连接采用高强度螺栓(M30、10.9 级),组装时使用高强度螺母固定并背紧。检修时若螺母松动,必须用专用工具拧紧,保证连接螺栓紧固力矩符合不小于 1 670 N·m 的要求。机械部分检修内容及周期见表 1-3-1。

表 1-3-1 机械部分检修内容及周期

检修部分	检修内容和周期				
	检修内容	每月	三个月	每半年	每年
截割机构	解体检查整个截割机构内部				○
	更换截割行星减速箱润滑油		○		
装载机构	检查转盘密封	○			
	检查转盘的磨损情况并修补			○	
	检查铲板的磨损程度			○	

表 1-3-1(续)

检修部分		检修内容和周期				
		检修内容	每月	三个月	每半年	每年
刮板输送机		检查输送机主、从动链轮的磨损情况				
		检查溜槽底板的磨损情况		○		
		检查链条及刮板的磨损				
行走机构		检查履带板组件		○		
		检查张紧液压缸的动作情况		○		
		检查驱动轮、导向轮并加油			○	
		更换行走部减速箱润滑油			○	
液压系统	系统	检查油泵电机联轴器				
		更换液压油		○		
		清洗或更换吸油、滤油和回油过滤器的滤芯	○			
	元件	检查液压缸密封并更换			○	
		检查液压缸体内有无明显划伤或生锈，并清洗修整			○	
供水系统		调整减压阀的压力		○		
		检查进水过滤器滤芯并更换	○			

2. 润滑部分的维护保养

正确地润滑可以防止磨损、防止生锈和减少发热，如经常检查机器的润滑状况，就可以在机器发生故障之前发现一些问题。比如，水晶状的油表示可能有水，乳状或泡沫状的油表示有空气；黑色的油意味着可能已经开始氧化或出现污染。

润滑周期因使用条件的差异而有所不同。始终要使用推荐的润滑油来进行润滑，并且在规定的时间间隔内进行检查和更换，否则，就无法给机器以保障，因而导致过度磨损以及非正常停机检修。

(1) 润滑油的更换

在最初开始运转的 300 h 左右，应更换润滑油。在此时间内，齿轮及轴承完成了磨合，随之产生了少量的磨损。

初始换油后，相隔 1 500 h 或者 6 个月内必须更换一次。当更换新润滑油时，清洗掉齿轮箱体底部附着的沉淀物后再加入新油。

(2) 注意事项

① 不要充满，如果充满整个减速箱，将会造成过热和零件损坏。

② 不要太少，减速箱的润滑油位太低将会造成过热和零件故障，要周期性检查减速箱是否有泄漏。

③ 不要欠加油，遗漏或延长润滑周期都会造成过度磨损和零件过早出现故障。

④ 必须使用规定牌号的润滑油脂。

⑤ 让所有的通气口和溢流口通畅，并能正常起作用。

3. 电气部分日常维护保养

(1) 定期清除各处的污垢、锈斑,并在各隔爆接触面涂上薄薄一层防锈油脂。隔爆面如有损伤,须严格按照国标中有关隔爆面修补规定进行处理。

(2) 日常进行周期性检查,箱体外壳有无损坏,电缆在进、出线装置处是否牢靠。

(3) 定期检查各开关手柄、按钮是否灵活、可靠,动、静触头是否良好,按触器等是否正常。

(4) 在触头损坏、污损或接触表面产生熔化的金属微粒时,可以用细锉清理,但不准用金刚砂布打磨。

(5) 出现故障时,可依据显示排除故障,严禁电控箱带故障工作。

(6) 新机器下井 5~7 天后,应对箱体内各接线进行彻底检查。

(7) 对电气系统定期检修,10 天一个周期。主要工作有:打开各腔及接线腔门,检查有无线头松动和螺丝松动现象,如有应及时处理,对各种操作均要试运转,观察有无异常现象。

二、常见故障及处理方法

常见故障及处理方法见表 1-3-2。

表 1-3-2 常见故障及处理方法

部件名称	故障	原因	处理方法
截割机构	截割头堵转或电机温升过高	过负荷,截割部减速器或电机内部损坏	减少截割头的切深或切厚,检修内部
	截齿损耗量过大	钻入深度过大,截割头移动速度太快	降低钻进速度,及时更换补齐截齿,保持截齿转动
	截割振动过大	截割岩石硬度大于 80 MPa,截齿磨损严重、缺齿,悬臂液压缸铰接处磨损严重,回转台紧固螺栓松动	减少钻进速度或截深,更换补齐截齿,更换铰接套,紧固螺栓
装运机构	刮板链不动	链条太松,两边链条张紧后长短不等造成卡链,或煤岩异物卡链	调整紧链卡阻,检查液压系统及元件
	转盘转速快慢不均或不能移动	马达流量不足或损坏	检查液压油箱油位和驱动马达
	断链	链条节距不等,刮板链过松或过紧,链轮中卡住岩石或异物,链环过度磨损	拆检更换链条,正确调整张力,排除卡阻
行走机构	驱动链轮不转	液压系统故障,液压马达损坏,减速器内部故障,制动器打不开	排除液压系统故障,检查减速器内部
	履带速度过低	液压系统流量不足	检查液压油箱油位、油泵、马达及溢流阀
	驱动链轮转动、履带跳链	链条过松	调整张紧液压缸以得到合适的张紧力
	履带断链	履带板或销轴损坏	更换履带板或销轴

表 1-3-2(续)

部件名称	故障	原因	处理方法
液压系统元件	溢流阀压力上不去或达不到规定值	调整弹簧变形,锁紧螺母松动,密封圈损坏,阀内阻尼孔有污物	更换调压弹簧,拧紧锁紧螺母,更换密封圈,清洗有关零件
	多路换向阀滑阀不能复位,定位装置不能复位	复位、定位弹簧变形,定位套损坏,阀体与阀杆间隙内有污物挤塞,阀杆生锈,阀上操纵机构不灵活,连接螺栓拧得太紧,阀体产生变形	更换定位、复位弹簧,清洗阀体内部,调整阀上操纵机构,重新拧紧连接螺栓,更换定位套
	向外泄漏	阀体两端 O 形密封圈损坏,各阀体接触面间 O 形密封圈损坏,连接各阀片的螺栓松动	更换 O 形密封圈,拧紧螺栓
	滑阀在中立位置时工作机构明显下降	阀体与滑阀间磨损间隙增大,滑阀位置不对中,锥形阀处磨损或被污物堵住	修复或更换阀芯,使滑阀位置保持中立,更换锥形阀或清除污物
	执行机构速度过低或压力上不去	各阀间的泄漏量大,滑阀行程不对,安全阀泄漏量大或补油阀未复位	拧紧连接螺栓,更换密封件,检查安全阀
	油箱发热	溢流阀长时间溢流,流量不足,冷却水未接通	检查溢流阀是否失灵,加油,检查有无冷却水
	滤油器不畅	油液污染严重,使用时间过长	更换相同牌号的液压油,清洗或更换滤芯

任务六　快速掘进系统

一、快速掘进技术与装备发展现状

随着我国煤炭产业的结构性调整,百万、千万吨矿井越来越多,规模不断扩大,采煤的速度越来越快,但掘进速度却没有明显提高。采、掘失衡已经成为制约我国煤矿高产高效发展的主要因素。据不完全统计,掘进效率低的主要矛盾在于掘、锚不平衡,割煤时间占 17%~34%,锚护时间占 50%~67%,掘进速度相对较快,而锚护作业占用了过多的时间。因此,发展掘、锚平行作业装备及工艺,提高锚护作业效率,是解决问题的关键所在。我国煤炭赋存条件千差万别,很难研制出一套适应各种条件的快速掘进技术与装备。因此,在"掘、支平行作业"理念的指导下,因地制宜地设计适应某种地质条件的快掘系统是必由之路。在我国,以中国煤炭科工集团太原研究院、中国铁建重工、沈阳天安科技股份有限公司为主的科研院所和装备制造企业在快速掘进系统方面投入了大量的人力、物力、财力,部分快掘装备已经在神东、陕煤、潞安等煤炭集团投入使用,取得了可喜的成绩。目前来看,国内主要存在以下几种适应不同条件的快掘系统。

1. 掘进机超前支护快掘系统

图 1-3-21 所示为掘进机超前支护快掘系统。该系统由掘进机、超前支架和运锚机组

成，适用于顶板破碎、需临时性支护的煤及半煤岩巷道，较小断面巷道掘进目标月进尺大于600 m。

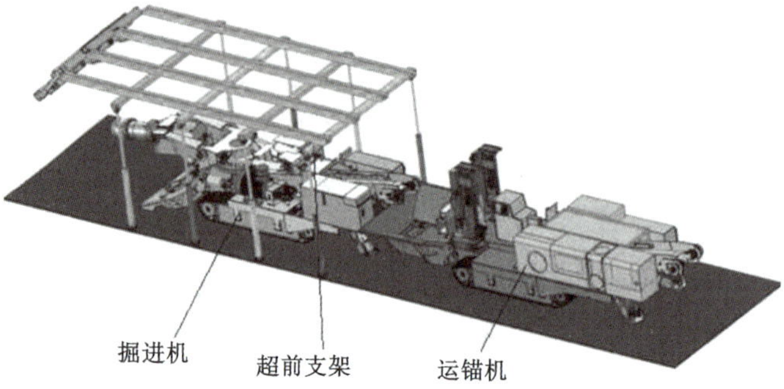

图 1-3-21 掘进机超前支护快掘系统

掘进机连续向前掘进，超前液压支架对空顶进行临时性支护，运锚机在转载的同时进行锚杆的打设。一个作业循环完成以后，掘进机向前推进，超前液压支架交叉式迈步向前行走，空顶始终处于支护状态，同时运锚机拉动二运也向前行走，进入下一个循环。

其主要技术参数见表 1-3-3。

表 1-3-3 主要技术参数

项目	参数	项目	参数
适应巷道宽度/m	4.8～6.0	胶带搭接行程/m	30
适应巷道高度/m	3.5～5.0	系统总长/m	40
临时支护最小空顶距/m	<0.5		

2. 双锚掘进机快掘系统

图 1-3-22 所示为双锚掘进机快掘系统。该系统由双锚掘进机、运锚机、胶带机及胶带转载机组成，适用于顶板破碎、需及时支护的煤及半煤岩巷道，较小断面巷道掘进目标月进尺大于 500 m。

掘进机向前掘进 1～2 排后，截割臂着地，两台锚杆机分别遥控伸到工作面迎头，根据需要打部分顶或帮的锚杆或锚索，运锚机在转载的同时进行其余锚杆或锚索的补打。

其主要技术参数见表 1-3-4。

表 1-3-4 主要技术参数

项目	参数	项目	参数
适应巷道宽度/m	4.5～6.0	胶带搭接行程/m	20
适应巷道高度/m	2.5～5.0	系统总长/m	40
临时支护最小空顶距/m	<0.5		

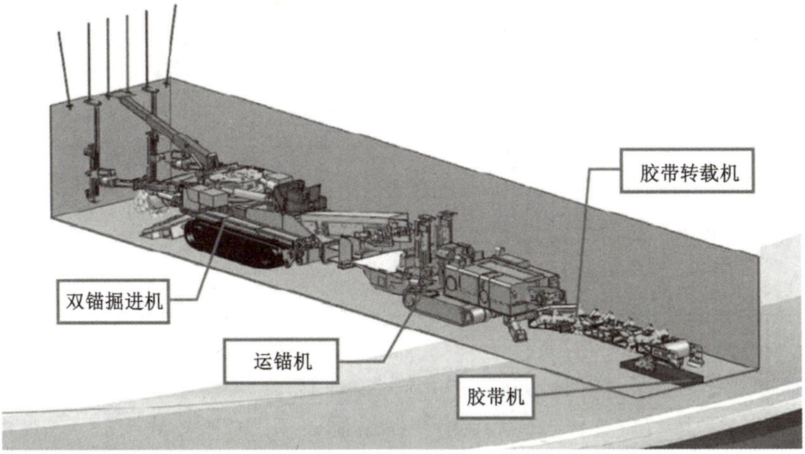

图 1-3-22 双锚掘进机快掘系统

3. 高集成度快掘系统

图 1-3-23 所示为高集成度快掘系统，适用于中厚煤层巷道的快速掘进，顶底板较稳定，允许空顶 15 m 以上，煤层倾角不大于 3°，断面宽度 5.4～6.0 m、高度 3.5～4.5 m。在神东大柳塔矿最高月进尺 3 088 m。

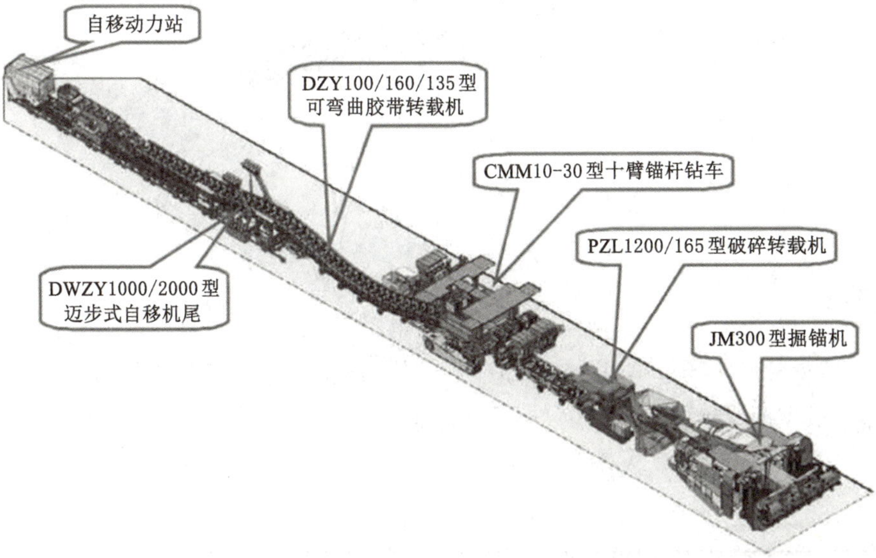

图 1-3-23 高集成度快掘系统

掘锚机负责全断面一次成型的掘进，破碎转载机在破碎、转载的同时还可牵引后方的胶带转载机前进；十臂锚杆钻车跨骑在可弯曲胶带转载机上，负责打 6 根顶锚、4 根侧锚，顶、帮支护可同时进行；可弯曲胶带转载机可上下、左右弯曲，搭接在自移机尾上，搭接行程最大可达 150 m。

该套系统采用远程遥控操作，司机位于十臂锚杆钻车上，遥控工作面迎头的所有设备。其主要技术参数见表 1-3-5。

表 1-3-5 主要技术参数

项目	参数	项目	参数
适应巷道宽度/m	5.4～6.0	系统总长/m	155
适应巷道高度/m	3.5～4.5	系统总重/t	420
胶带搭接行程/m	100		

4. "三位一体"高适应性快掘系统

图 1-3-24 所示为"三位一体"高适应性快掘系统，适用于顶板侧帮较稳定、中等断面的煤巷掘进，允许空顶 0.5 m 以上，煤层倾角不大于 3°，断面宽度 4.6～5.4 m、高度 3～4.2 m，最高月进尺 1 000 m。

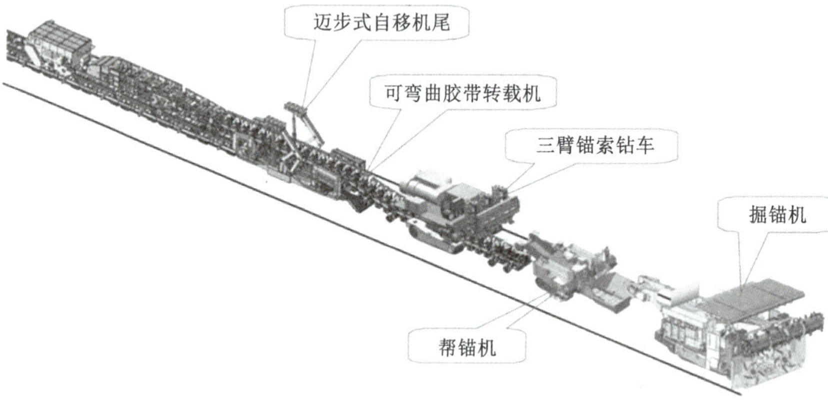

图 1-3-24 "三位一体"高适应性快掘系统

掘锚机负责全断面一次成型的掘进，同时带有临时支护、负责打迎头的 4 根顶锚；帮锚机在破碎、转载的同时还可牵引后方的胶带转载机前进，且还负责打两帮的锚杆；三臂锚索钻车跨骑于可弯曲胶带转载机上，在后方补打锚索；其余部分与高集成度快掘系统类似。

其主要技术参数见表 1-3-6。

表 1-3-6 主要技术参数

项目	参数	项目	参数
适应巷道宽度/m	4.6～5.4	系统总长/m	50
适应巷道高度/m	3.～4.25	系统总重/t	105
胶带搭接行程/m	0.5		

5. 盾构掘进技术

盾构机是在井下巷道施工中安全有效的一种快速掘进工具，近几年随着煤矿系统资源的整合和发展，一些大型和现代化的煤矿快速形成，为了保证煤矿工程施工中的安全、快速、高效，解决采、掘失衡现象，尤其是较薄、中厚煤层和地质构造复杂条件下，盾构技术在煤矿工程施工中急需引进和应用。

目前，盾构掘进在煤矿矿井建设过程中有使用先例，但相对较少。盾构技术主要运用于铁路、公路隧道和地铁等工程领域，但最近两年在煤矿也有使用。

2013 年 8 月 3 日上午，由中国铁建重工集团与神华集团联合研发，拥有完全自主知识产权的全球首台长距离、大坡度煤矿斜井专用掘进机（TBM）在湖南长沙中国铁建重工集团顺利下线，2015 年 6 月投运于神华集团内蒙古新街台格庙矿区，12 月投运于神华神东补连塔 2 号副井，创最高月进尺 639 m 的世界纪录，如图 1-3-25 所示。它的研制成功，填补了全断面隧道掘进机在煤矿斜井建设领域的应用空白，这也预示着我国在大型高端设备研究制造领域以及协同创新方面取得的一大进步和重大突破。该盾构技术应用于高瓦斯矿井的较薄及中厚煤层巷道掘进，而且能实现智能作业功能以及快速掘进。

图 1-3-25　神华神东补连塔煤矿斜井单护盾

沈阳天安科技股份有限公司生产的矩形煤巷盾构快速掘进设备在山西阳泉煤矿集团已进行工业试验，如图 1-3-26 所示。

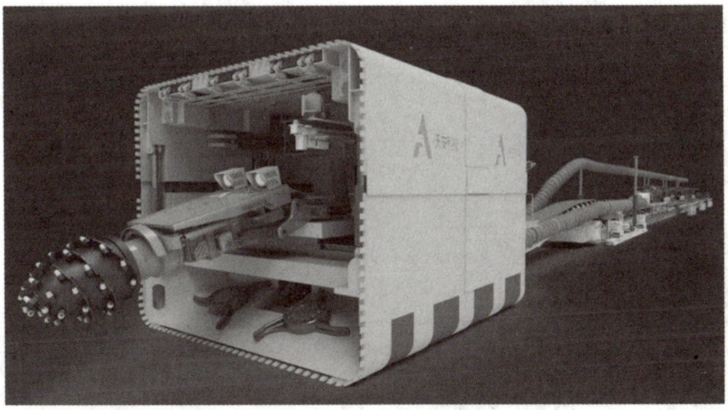

图 1-3-26　沈阳天安盾构机

北方重工自主研发的大直径煤矿岩巷全断面掘进机是国内首台应用于煤矿岩巷施工的全断面掘进机，是具有自主知识产权的敞开式煤矿岩巷全断面掘进机，也是我国第一次引领世界煤矿岩巷施工重大技术变革的技术装备。该设备为解决我国煤矿发展的岩巷施工瓶颈问题奠定了坚实基础，是我国煤矿采掘装备发展一个重要的里程碑。该产品的成功下线并应用煤矿巷道的工程掘进，必将引领世界煤矿岩巷掘进工程进入新的时代。

二、快速掘进发展方向

（1）不断探索新的截割技术，不断扩大适用范围。

（2）大力发展自动控制技术。随着实用型新技术的发展，快掘系统自动化趋势越来越明显，主要表现为推进智能导航、全功能遥控、智能监测、预报型故障诊断、记忆截割、数据远程传输等。

（3）多功能集成趋势明显。快掘系统成套装备集成锚钻系统、临时支护系统、高效除尘系统、前探物探系统等，通过多功能的集成达到平行作业、提高单进的目标。

（4）工作可靠性不断提高。

模块二　智能煤矿运输提升设备

本模块主要围绕智能煤矿运输提升设备展开，介绍了刮板输送机、带式输送机、矿用无轨运输车、多绳摩擦提升系统，主要介绍这些设备的原理、构造、安装、使用与维护，同时对其控制系统进行了介绍。

思政案例

项目一 刮板输送机

任务一 刮板输送机的原理及构造

微课资源

一、刮板输送机的基本组成及工作原理

1. 刮板输送机的组成

刮板输送机是综合机械化采煤工作面的主要运输设备，它的作用：一是把采煤机破碎下来的煤运到转载机；二是作为采煤机行走的轨道以及液压支架前移的支点。

刮板输送机的基本组成如图 2-1-1 所示，主要由机头、动力部、机头过渡槽、变线槽、中部槽、开口槽、偏转槽、伸缩机架、电缆槽、垫架、刮板链、阻链器等组成。

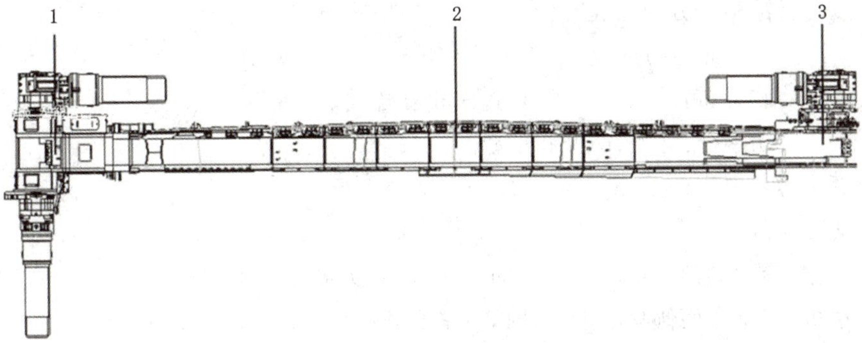

1—机头部；2—机身部；3—机尾部。

图 2-1-1 刮板输送机示意图

刮板输送机的动力部包括电机、大齿轮、摩擦限矩器、减速器等，电机通过电机联轴器、大齿轮、摩擦限矩器和减速器联轴器将动力传递给减速器第一轴；再由减速器输出轴传递给链轮轴组；链轮驱动封闭的刮板链按需要的方向运行，完成输送煤炭的任务。

2. 刮板输送机的工作原理

微课资源

刮板输送机的工作原理如图 2-1-2 所示，由绕过机头链轮和机尾链轮的无极循环刮板链作为牵引机构，以溜槽作为承载机构。电机经过液力偶合器、减速器驱动链轮旋转，使链轮带动与之啮合的刮板链在溜槽内做循环移动，将装在溜槽中的煤运到机头处卸下。在运行过程中，由于链轮的轮齿依次与刮板链的链环啮合，刮板链绕经链轮时为多边形运动，而不是按圆周运动，因而刮板链在运行

中速度和加速度都发生周期性的变化。

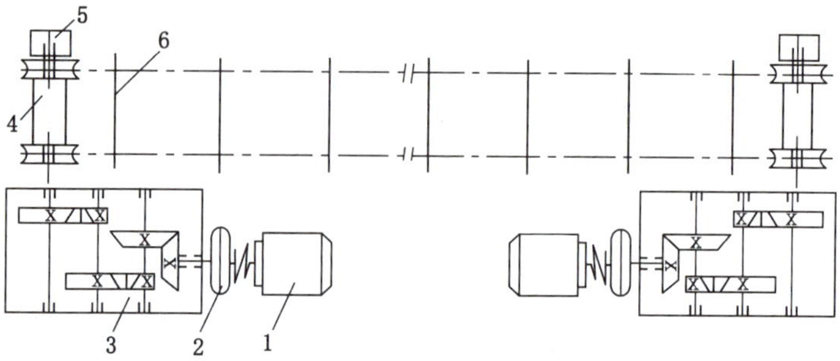

1—电机；2—液力偶合器；3—减速器；4—链轮组件；5—盲轴；6—刮板链。

图 2-1-2 刮板输送机的工作原理图

二、刮板输送机的类型、适用范围与特点

1. 分类

(1) 按溜槽的布置方式分：并列式（薄煤层）和重叠式（厚煤层）。

(2) 按溜槽的结构分：敞底式（地板坚硬完整）和封底式（地板松软破碎）。

(3) 按牵引链结构分：片式套筒滚子链、可拆模锻链和焊接圆环链。

(4) 按链条数及布置方式分：中单链、边双链、中双链和三链。

(5) 按传动装置布置分：并列式、垂直式和复合式。

(6) 按电机功率分：轻型、中型和重型。

2. 适用范围

(1) 煤层倾角

向上运输：最大倾角不得超过 25°；向下运输：最大倾角不得超过 20°。兼作采煤机轨道的刮板输送机，当工作面倾角超过 10°时，应采取防滑措施。

(2) 采煤工艺和采煤方法

国产的均适用于长壁工作面的采煤工艺。其中，轻型的主要适用于炮采工作面，中型的主要适用于普采工作面，重型的主要适用于综采工作面。

3. 特点

(1) 优点：运输能力不受负载的块度和湿度的影响；机身低矮、结构紧凑，沿输送机全长可任意位置装煤；机身可弯曲，机身长，调整方便；可作为采煤机的轨道和拉移液压支架的支点；机体结构强度高，能用于爆破装煤的工作面。刮板输送机的这些优点，使它成为长壁采煤工作面唯一可靠的运输设备。

(2) 缺点：运行阻力大，耗电量高，溜槽磨损严重；使用维护不当时易出现掉链、飘链、卡链甚至断链事故；运输距离也受到一定限制。

三、刮板输送机的系列与型号

1. 基本参数系列

为使刮板输送机的生产达到标准化、系列化和通用化，提高产品的制造质量，我国制定

并发布了《矿用刮板输送机型式与参数》(MT/T 15—2002)，它是一项行业标准，是现行的设计制造该类产品的依据。之后又制定颁布了《刮板输送机通用技术条件》(MT/T 105—2006)，它规定了刮板输送机的主要质量标准和技术要求。国产刮板输送机典型机型的技术特征见表 2-1-1。

表 2-1-1　国产刮板输送机典型机型的技术特征

名称	型号	额定功率/kW	输送量/(t/h)	链速/(m/s)	卸载方式
刮板输送机	SGZ-800/1050	2×525	1 600	1.1	交叉侧卸
刮板输送机	SGZ-1000/1710	2×855	2 200	1.54	交叉侧卸

注：1. 系列：SGB 系列、SGW 系列、SGZ 系列。
2. 主要生产厂家：西北奔牛、张家口煤机等。

2. 型号

刮板输送机产品型号编制方法如图 2-1-3 所示。

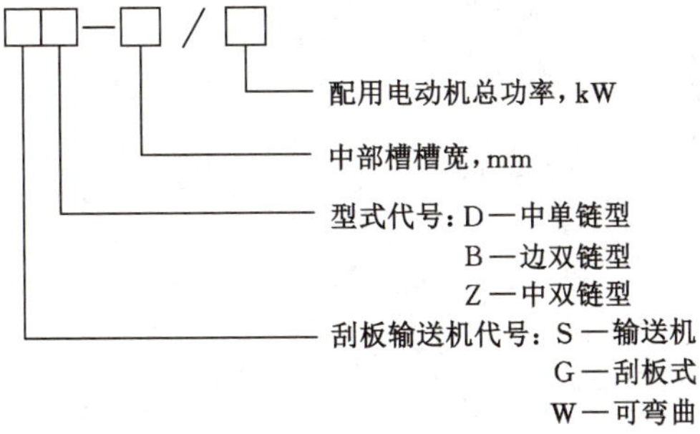

图 2-1-3　刮板输送机产品型号编制方法

例如：中部溜槽宽为 1 000 mm、配用电机功率为 2×855 kW 的中双链刮板输送机的型号表示为 SGZ-1000/1710。

四、刮板输送机结构特点及功能分析

微课资源

1. 机头部

(1) 机头架

其作用是支撑传动链轮、减速器和电机。机头架为左、右对称结构，以适应左、右工作面的互换。

机头架有端卸式(图 2-1-4)、普通侧卸式(图 2-1-5)和交叉式(图 2-1-6)三种。端卸式机头架为避免卸载后空段刮板链带回煤，机头需要一定的卸载高度，自开切口侧卸式机头架改善了这种状况。普通侧卸式机头架如图 2-1-5 所示，机头架跨过转载机机尾部的落地段，机头架侧面卸载处的中板向两侧倾斜，在固定的犁式卸煤板的辅助下，将大部分煤卸至转载机中。刮板链从犁式卸煤板下面带走的煤，经机头链轮卸到回煤罩内，由刮板链返程带回经机头架底板的卸煤孔卸到转载机上。交叉侧卸式机头架将刮板输送机的机头与转载机的机尾

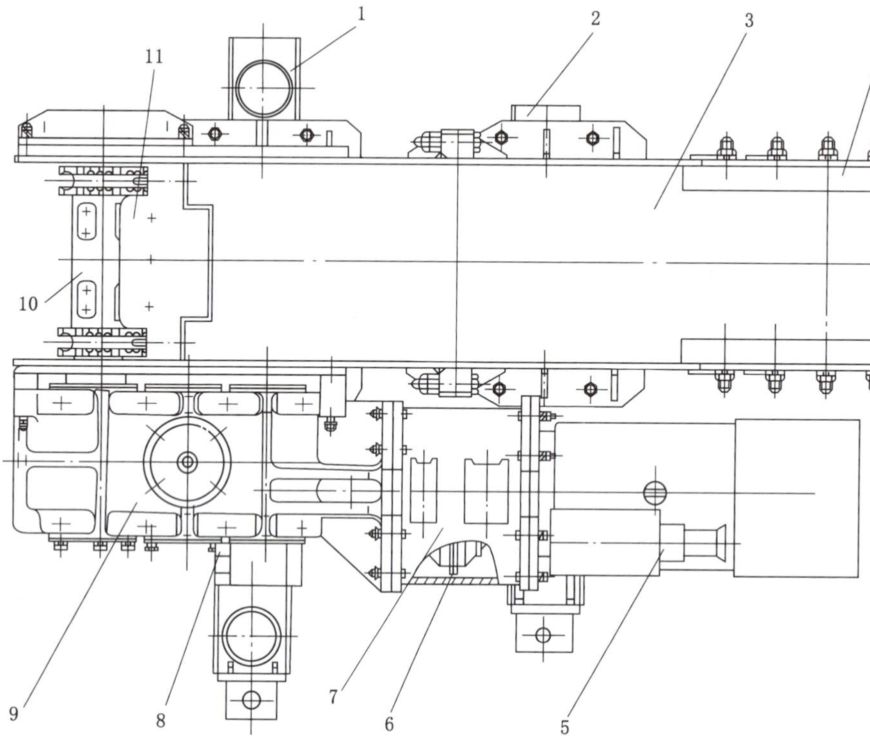

1、2—推移梁；3—过渡槽；4—压链块；5—电机；6—液力偶合器；7—连接罩；
8—机头架；9—减速器；10—链轮组件；11—舌板。
图 2-1-4　端卸式机头架

部在结构上连成一体，如图 2-1-6 所示。转载机机尾部链轮安装在刮板输送机架安装座 9 上，其上部承载槽 8 在刮板输送机机头架的上槽 3 与下槽 7 之间，刮板输送的机头架下槽 7 又在转载机的上槽 8 与下槽 6 之间，这样二者的刮板链在空间垂直交叉运行，犁煤板 2 将刮板输送机上槽 3 中运过来的煤炭卸入转载机的上槽 8 中，只有极少一部分煤经犁煤板下的过链空间带到回煤罩并返回到下槽 7 中，由下槽 7 与下槽 6 之间中板的漏煤孔漏入转载机下槽，再经转载机机尾回煤罩返回到转载机上槽运走。交叉侧卸式机头的主要优点是：卸载回煤量小；比普通侧卸式机头高度低，更有利于采煤机自开切口，方便工作面端头清底作业；结构紧凑，控顶面积小，有利于工作面端头支架布置和顶板管理；交叉机头架与转载机机尾、机身连接在一起，可进行整体推移，加快工作面推进速度。该卸载方式主要用于高产高效工作面。

此外，还有 90°转弯刮板输送机。这种输送机是为适应薄煤层开采工艺的一种新型井下工作面运输设备，使得工作面输送机与平巷转载机合为一体，刮板输送机的机头在平巷内。它的结构特点是有一个 90°转盘装置，是实现转弯的关键部件（图 2-1-7），上、下回转轮盘通过轴承与立轴构成旋转体，形成刮板链运行的支承轮盘。运行时，上链刮板

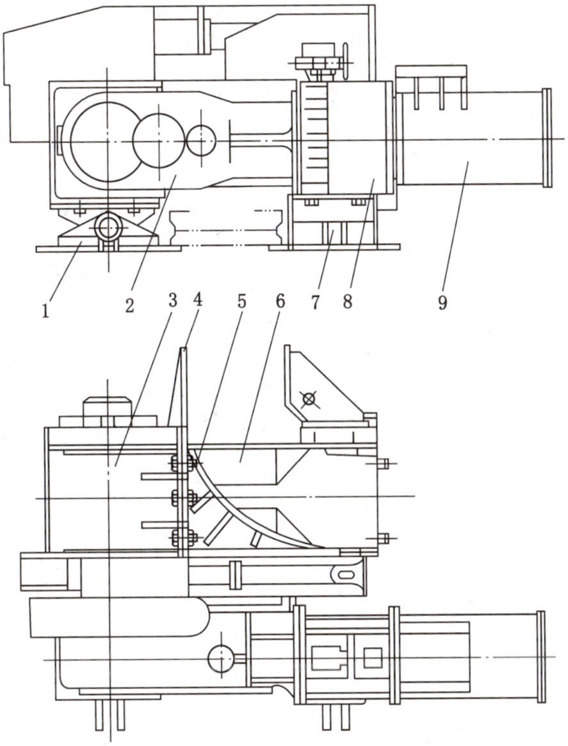

1—铰接推移架；2—减速器；3—回煤罩；4—侧卸挡板；5—犁式卸煤板；
6—倾斜中板；7—推移架；8—连接罩；9—电机。
图 2-1-5　普通侧卸式机头架

端头与上回转轮盘槽接触，下链刮板端头与下回转轮盘槽接触，这种装置只适用于中单链型刮板输送机。

(2) 链轮组件和盲轴

其作用是传动刮板链，采用整体剖分式，便于安装和拆卸。

链轮组件由链轮和连接滚筒组成，链轮是传力部件，也是易损件，运转过程中除受静载荷外，还受脉动和冲击载荷。为此要求链轮既要有较高的强度和耐磨性，又要有良好的韧性，能够承受工作中的冲击载荷，由高强度镍合金钢锻造并经电解加工而成。图 2-1-8 所示为边双链用的链轮组件，两个七齿链轮 2 通过内花键孔分别与盲轴 1 和减速器输出轴的花键连接(减速器输出轴轴端的内侧是花键，外侧是平键)。两个剖分式连接滚筒 3 扣合在一起，用 8 个螺栓 5 紧固，滚筒两边的扣环分别扣在链轮的环槽内，内孔两端通过平键分别与减速器的输出轴和盲轴连接。安装时必须保证两个链轮的轮齿在相同的相位角上。盲轴装在无传动一侧机头架的侧板上，配合减速器的输出轴共同支撑链轮组件。

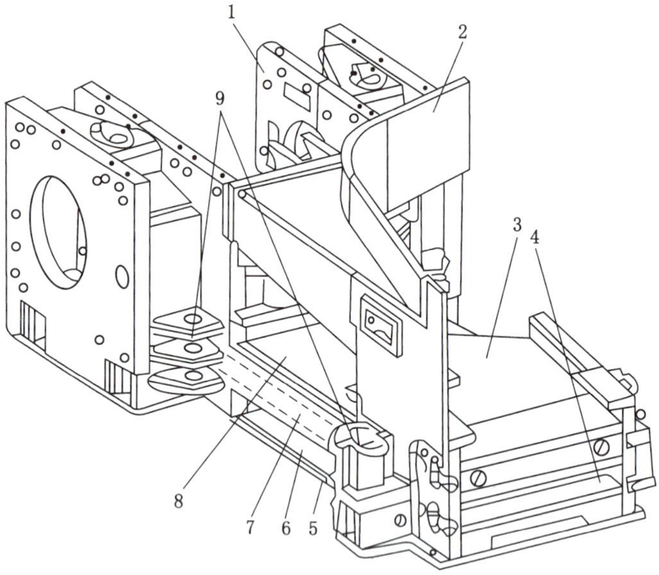

1—主侧板；2—犁煤板；3—刮板输送机上槽；4,7—刮板输送机下槽；
5—底板；6—转载机下槽；8—转载机上槽；9—转载机机尾部链轮轴安装座。

图 2-1-6　交叉式机头架

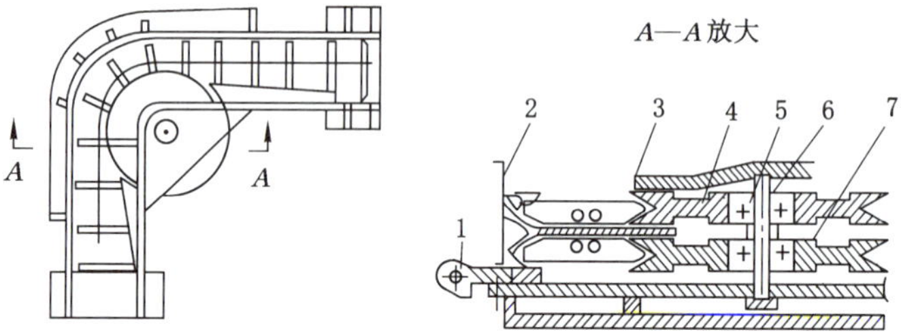

1—推移板；2—外侧挡煤板；3—内侧挡煤板；4—上回转轮盘；5—轴承；6—立轴；7—下回转轮盘。

图 2-1-7　90°转弯刮板输送机

图 2-1-9 所示为中双链焊接链轮组件，整体连接筒与链轮焊接成一体，两端的内花键分别与减速器输出轴和盲轴连接，这种结构拆装维修都很方便。链轮用优质钢铸造或锻造后调质处理，链窝和齿形经淬火处理。为保证链轮的质量，轻型刮板输送机的链轮使用寿命应不低于一年，中、重型刮板输送机的链轮使用寿命应不低于一年半。

单中链链轮组件与双中链链轮组件结构类似，在此不再赘述。

(3) 驱动装置

驱动装置是刮板输送机的动力部分，由电机、液力偶合器、减速器、连接罩等部件组成。连接罩两端的法兰盘将电机和减速器连接成一体，覆盖和保护高速旋转的液力偶合器。紧链时，用来安装液压马达紧链器或闸盘紧链器的制动机构。驱动装置的组成类型有：① 鼠笼式电机→限矩型液力偶合器→减速器；② 双速鼠笼式电机→弹性联轴器或摩擦限矩型偶

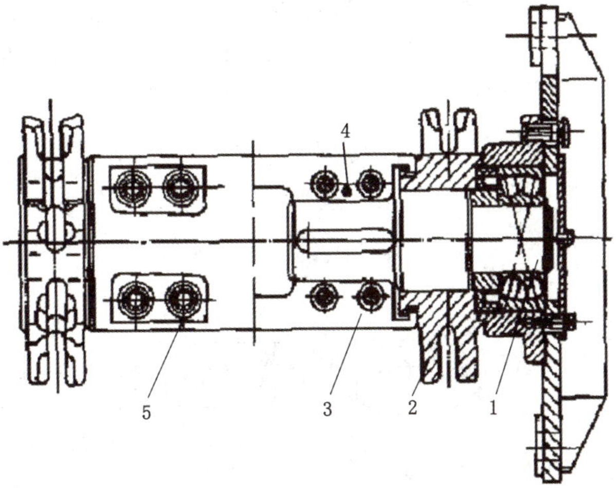

1—盲轴；2—链轮；3—滚筒；4—定位销；5—螺栓。

图 2-1-8　边双链链轮组件及盲轴

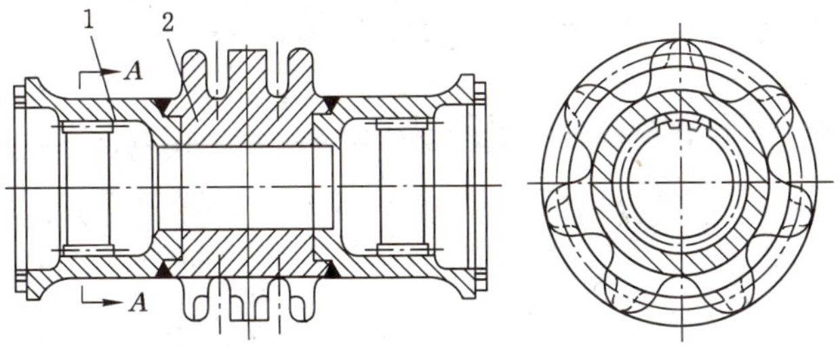

1—滚筒；2—链轮。

图 2-1-9　中双链焊接链轮组件

合器→减速器；③ 鼠笼式电机→水介质调速型液力偶合器→减速器；④ 鼠笼式电机→CST 系统。后三种方式主要用于重型刮板输送机，其中后两种方式具有可控驱动功能，是刮板输送机驱动装置的发展方向。目前，国产刮板输送机使用前两种方式，国外刮板输送机采用后三种方式。

驱动装置的布置方式有平行式、垂直式和复合式三种。交叉侧卸式刮板输送机的机头采用垂直布置方式，驱动装置布置在机头架采空区侧，机尾采用平行式或垂直式。端卸式、普通侧卸式刮板输送机的机头、机尾采用平行式。使用 3～4 台驱动装置时采用复合式布置方式。

驱动装置平行布置时，减速器有两种结构形式：一种是三级圆锥圆柱齿轮减速器，如图 2-1-10 所示，第一对齿轮为圆弧锥齿轮，第二对为斜齿圆柱齿轮，第三对为直齿圆柱齿轮。箱体为剖分式对称结构，用球墨铸铁制造，以保证强度。为使在倾斜状态下第一轴的球轴承得到润滑，用挡环和油封隔成一个独立的油室，使润滑油不会流入箱体油室。在倾角较大的工作面为使锥齿轮得到润滑，箱体相应部位设隔油室。箱底部设冷却水管防止工作时油过热。另一种是圆锥圆柱齿轮-行星轮减速器，这种减速器的体积较常规的三级圆锥圆柱齿轮减速器小 25%，且具有足够的承载裕量，常用于重型刮板输送机。当驱动装置垂直布置时，采用双级行星轮减速器，如图 2-1-11 所示，输入轴与输出轴在一条线上。这种减速器承载能力大、结构紧凑、体积小、质量轻、传动比大、效率高、传动平稳、噪声小，便于实现大功率传动。

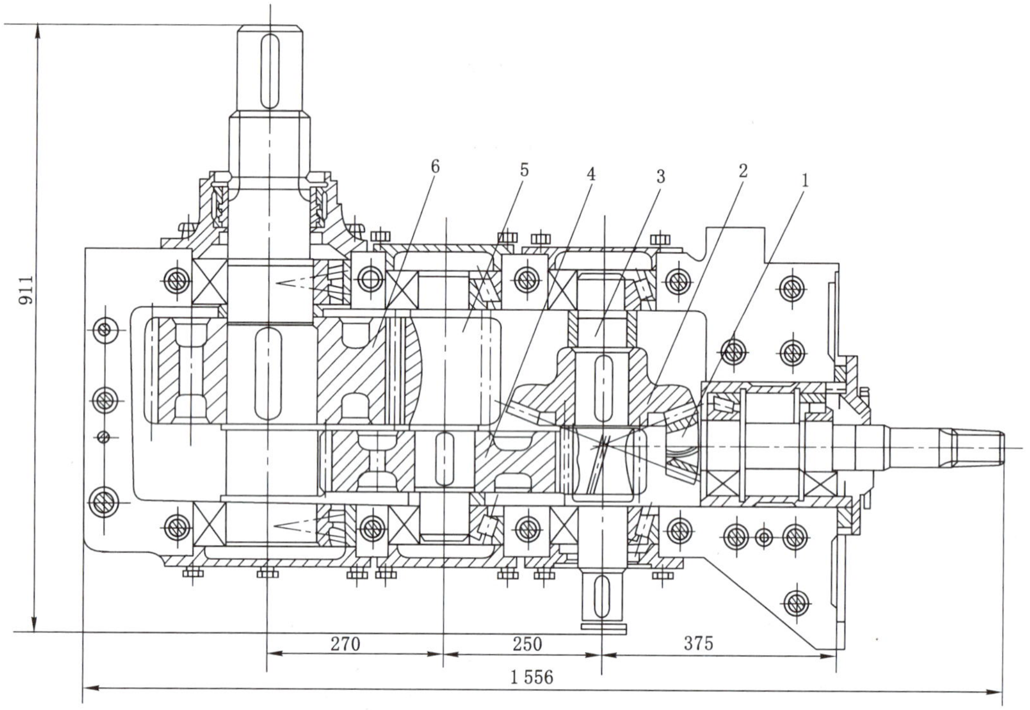

1—轴圆弧锥齿轮；2—圆弧锥齿轮；3—轴斜齿圆柱齿轮；4—斜齿圆柱齿轮；5—轴直齿圆柱齿轮；6—直齿圆柱齿轮。

图 2-1-10 三级圆锥圆柱齿轮减速器

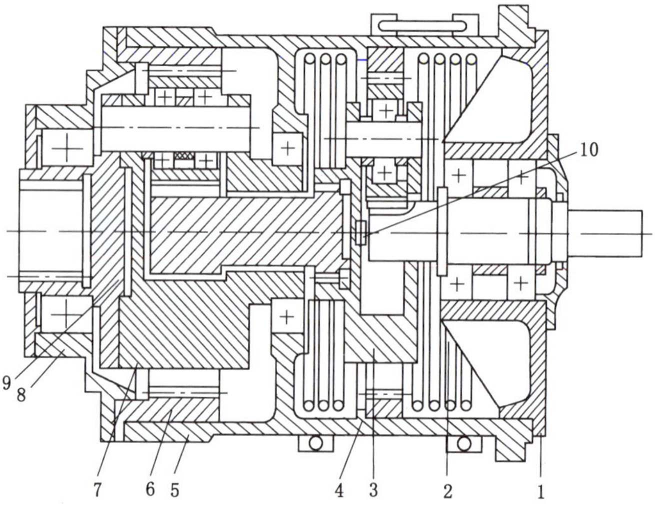

1—轴组件；2—冷却器；3—高速行星轮托架；4，6—内齿圈；
5—箱体；7—低速行星轮托架；8—轴承座；9—太阳轮；10—球顶。

图 2-1-11 JX-400 型双级行星轮减速器

摩擦限矩偶合器如图 2-1-12 所示，电机轴带动外齿圈 2，通过安装在外齿圈上的销子带动摩擦盘定位架 6 和外摩擦盘 5 转动，外摩擦盘与内摩擦盘 4 相间排列，由压力弹簧 3 把内、外摩擦盘压紧，使内摩擦盘转动，内摩擦盘又套在花键套 8 上带动减速器轴旋转。当有瞬时冲击或过载时，内、外摩擦盘打滑，从而保护电机和机械设备。其压力弹簧一般调定在额定力矩 3 倍时打滑。

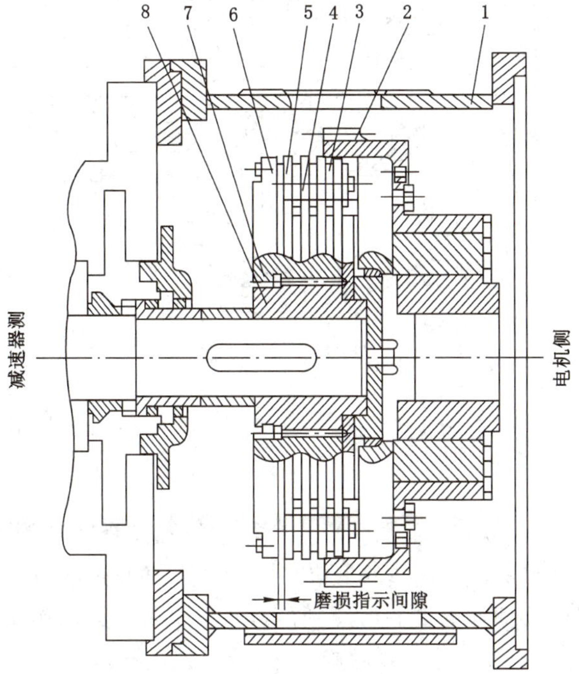

1—连接罩；2—外齿圈；3—压力弹簧；4—内摩擦盘；5—外摩擦盘；6—摩擦盘定位架；7—滑动轴承；8—花键套。

图 2-1-12 摩擦限矩偶合器

液力偶合器是借助液体动能传递力矩的液力元件，其结构组成如图 2-1-13 所示，它主要由泵轮 6、涡轮 5、外壳 3 这三个主要部件组成。泵轮、外壳与弹性联轴器 2 通过螺栓连接在一起，借助两个滚动轴承支承在轴套 8 上，通过弹性联轴器与电机连接，起着主动轴的作用。涡轮与泵轮相对布置，用铆钉固定在轴套上，通过轴套内花键与减速器输入轴连接，起着从动轴的作用。轴套使泵轮与涡轮互为支承，因而主动轴与从动轴是一种无刚性的机械连接，二者之间可以相互自由转动。

微课资源

泵轮、涡轮是主要工作部件，由高强度铝合金铸成，并在轮内分布着一定数量的径向叶片，一般泵轮比涡轮多 1～3 个叶片，以避免流量脉动。每相邻两个叶片间形成一个轴向弧形径向槽（也称叶道），两轮的径向槽相互吻合形成若干个小环形工作腔（也称循环圆）。另外，在外壳上对称设置两个注液孔和两个易熔合金保护塞。注液孔用于注入工作液体，易熔合金保护塞具有过载保护作用。

工作液体是液力偶合器能量转换和传递力矩的工作介质，应使用难燃工作液，如水、合成难燃液等，有利于预防火灾和瓦斯、煤尘爆炸，也比较经济。以油液为介质的，多数用 20 号透平油。按工作介质的不同又分为油介质液力偶合器和水介质液力偶合器，二者的不同之处：一

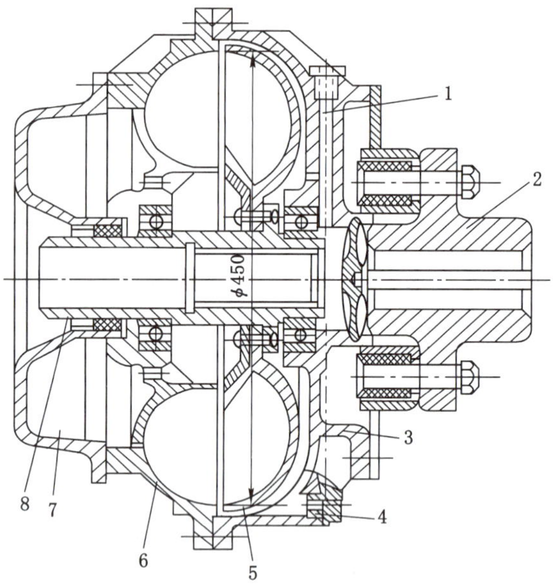

1—注油孔；2—弹性联轴器；3—外壳；4—易熔合金保护塞；5—涡轮；6—泵轮；7—后辅助室；8—轴套。

图 2-1-13 YL-450 型限矩型液力偶合器

是水介质液力偶合器的轴承要有可靠的润滑和密封，防止轴承锈蚀，工作腔内与水接触的表面需做防腐处理；二是除了装有防止过热的易熔塞外，还装有防止过压的防爆塞。

液力偶合器的工作原理如图 2-1-14(a)所示，当电机带动泵轮旋转时，泵轮内的液体质点随之旋转，这时液体一边绕泵轮轴线做旋转运动(牵连运动)，一边因受离心力作用而沿径向叶道流向泵轮外缘并进入涡轮中。由于液体的连续性，当流到涡轮内缘处又沿泵轮的内缘流回泵轮，从而形成环流运动(相对运动)。可见，工作液体质点既做旋转运动，又做环流运动，因而液体质点的绝对运动轨迹是螺管状的复合运动，如图 2-1-14(b)所示。当液体进入涡轮后，对涡轮叶片产生冲击力，并形成冲击力矩推动涡轮旋转，液体被减速降压，液体的动能转换成涡轮的机械能而输出做功。由此可见，液力偶合器是依靠工作液体环流运动来传递能量的，而产生环流运动的先决条件是泵轮转速大于涡流转速，即二者之间存在转速差(滑差)。泵轮中的工作液体随泵轮旋转产生流向外缘离心压力的同时，涡轮旋转也使其中的工作液体产生流向外缘的离心压力，当转速相等时，二者的离心压力相同，环流运动就消失，能量传递也就停止了。但实际上二者转速相等这种情况是不存在的，因工作液体进入涡轮后总有能量损失，因而涡轮转速总小于泵轮转速。在稳定运转时两轮的滑差在 3%～5%，也即液力偶合器的传动效率为 95%～97%。

在图 2-1-15 中，辅助室是为调节工作腔流量而设的。辅助室分为前输助室、后辅助室、侧辅助室三种，煤矿运输设备使用的液力偶合器不采用侧辅助室。前辅助室的作用是有较好的动力过载保护性能，在正常工作时前辅助室不起作用，工作液体均在工作腔中；当动力过载时，即涡轮转速下降(低速工况)，环流则沿涡轮内壁逐渐向轴心延伸，环流的部分液体经挡板上的过流孔 c 进入前辅助室，这时由于工作腔中环流流量减少而使传递力矩下降；若工作阻力过大，从动轴突然被制动，环流在动压力的作用下，在极短时间内(0.1～0.2 s)就可充满前辅助室，

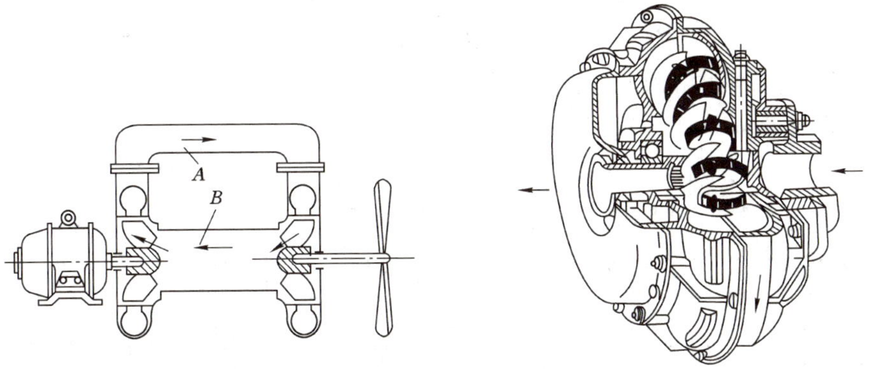

(a) 工作原理示意图　　(b) 液流示意图

图 2-1-14　液力偶合器工作原理

工作腔中环流流量迅速减少，实现动力过载保护。后辅助室的主要作用是改善液力偶合器的启动性能，使负载启动平稳，同时可降低制动工况的传递力矩，使之获得较好的保护性能。这是因为在液力偶合器启动之前，有一部分工作液储存在后辅助室中，此时由于工作腔中液体少，故启动开始时传递力矩小。随着泵轮转速的提高，后辅助室中液体的离心压力（又称动压力）增大，工作液便通过过流孔 a 进入工作腔，传递力矩随之增大。而制动及低速工况时，前辅助室的工作液可以通过过流孔 b 流进后辅助室，则工作腔中的工作液继续减少，虽然部分工作液由过流孔 a 又返回工作腔，但由于孔 b 的过流截面大于孔 a，因此使低速及制动工况传递力矩下降，从而获得较理想的过载保护性能。挡板起导流和节流的作用。

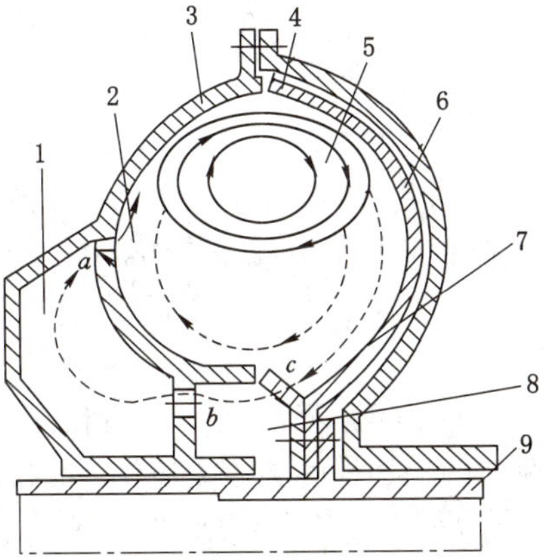

1—后辅助室；2—工作腔；3—泵轮；4—外壳；5—环流；6—涡轮；7—挡板；8—前辅助室；9—轴套；a、b、c—过流孔。

图 2-1-15　液力偶合器的结构

图 2-1-16 所示为泵轮带隔环的液力偶合器，隔环与泵轮侧的间隙是气体交换的通道。在启动过程中，后辅助室的工作液体经孔 a 逐渐进入工作腔直至达到额定工况，此时工作液体全部流入工作腔，环流也由大循环改为小循环。当低速及制动工况时，液体由小循环变

为大循环，前辅助室被充满。由于液体做大循环运动，则在隔环与泵轮侧的环状间隙中造成负压，后辅助室的气体经通气孔 b、环状间隙被抽到工作腔，工作腔的液流由孔 a 倒灌入后辅助室，降低了传动力矩，改善了低速及制动工况的特性。

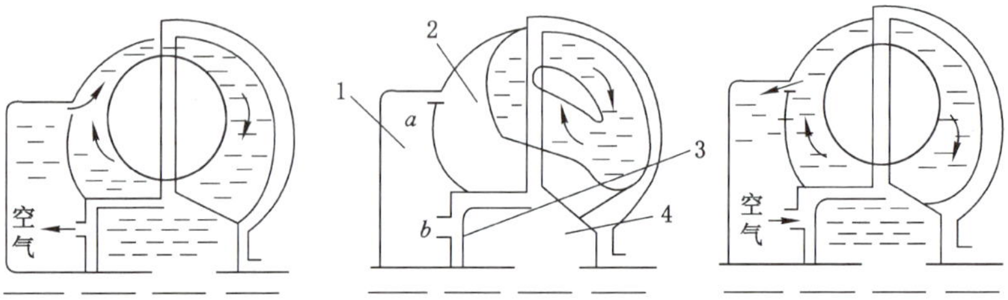

(a) 启动工况 (b) 额定工况 (c) 低速及制动工况

1—后辅助室；2—工作腔；3—隔环；4—前辅助室；a—过流孔；b—通气孔。

图 2-1-16 隔环的作用原理

电机与液力偶合器联合运行的特点：

① 改善输送机启动性能。使电机轻载启动，启动电流小、启动时间缩短；改善了鼠笼式电机的启动性能，可充分利用电机过载能力，在重载下平稳启动。

② 具有良好的过载保护性能。输送机过载时，部分工作液体进入辅助室，使电机不过载。当输送机被卡住或持续大量过载时，涡轮被堵转或转速很低，泵轮与涡轮间的滑差达到或接近最大值，工作液体受内摩擦力作用而温度升高，达到易熔合金保护塞的熔点（120～140 ℃）时合金熔化，工作液体喷出，液力偶合器不再传递能量和力矩，输送机停止运转，电机空转，从而保护电机和其他工作部件。

③ 能减缓传动系统的冲击振动。液力偶合器为非刚性传动，能吸收振动，减少冲击，使工作机构平稳运行，提高设备的使用寿命。

④ 能使多电机驱动时负载分配趋于均衡。由于型号相同的电机的机械特性也有差异，会使负荷分配不均匀。采用液力偶合器后，电机特性曲线被液力偶合器联合软输出特性曲线取代，使电机负载差值下降，改善了负荷分配不均的状况。再通过调节各液力偶合器的充液量，可使负载分配趋于均衡。

使用与维护要求：

① 对于工作介质不同的液力偶合器，严禁工作介质相互替代。如用水代替油，虽传递力矩可增加 10%～15%，但原有的保护性能就不能保证，同时还会使轴承锈蚀磨损。

② 液力偶合器的输出力矩与工作液体的重度、充液量成正比，因此在使用时一定要按规定的工作液体及充液量注入。

③ 使用时发现漏油要及时采取修理措施或更换，否则会导致传递力矩下降、启动困难，或多电机驱动时功率不平衡。

④ 要使用规定的易熔合金保护塞，如失去保护作用，一方面会造成工作腔中工作介质温升过高和压力增大，使轴向密封迅速破坏；另一方面对电机不能起过载保护作用。

⑤ 修理时，应注意泵轮、外壳、辅助室外壳的位置不要错动；更换螺栓、螺母应使其规格一致，以防破坏其平衡性能。检修后重新组装的液力偶合器应进行静平衡试验和密封试验。

⑥ 对于带过流阀的偶合器，要特别注意在组装前必须用频闪测速仪调整其开闭的工作

速度范围，使过流阀在工作中能及时开启和关闭。

2. 机尾部

机尾部分为有驱动装置和无驱动装置两种。有驱动装置的机尾部因不需卸载高度，除机尾架比机头短矮外，其他部件与机头部相同。无驱动装置的机尾部，尾架上只有供刮板链改向用的机尾轴部件，机尾轴上的链轮也可用滚筒代替。

近几年来，国内外新研制的重型工作面刮板输送机就采用了可伸缩机尾装置，也称自动调链装置，简称 AVK 或 ACTS，如国产 SGZ-1000/1050 型刮板输送机就采用了可伸缩机尾装置。其作用是在刮板输送机运行中手动或自动调整刮板链松紧，有利于改善刮板链工作状况、减小启动功率等，可以整体上改善输送机运行质量。如图 2-1-17 所示，可伸缩机尾的机架分为两部分，一部分为固定机架，与过渡槽连接在一起；另一部分为滑动机架，其上装有驱动装置和链轮组件，借用本身两侧的导轨板在固定机架的导轨槽中移动，布置在机尾架两侧的张紧千斤顶两端分别与固定机架、滑动机架连接在一起，利用液压缸（行程 500 mm）的伸缩使可滑动机架伸出或缩回，以达到微调刮板链张力的目的。刮板链张紧自动控制系统如图 2-1-18 所示，在刮板链与机头、机尾链轮分离后的链道下方安设张力传感器，当链条松弛或过紧时，经分析装置控制张紧千斤顶的活塞杆伸出或缩回，使链条保持较稳定的正常张力。

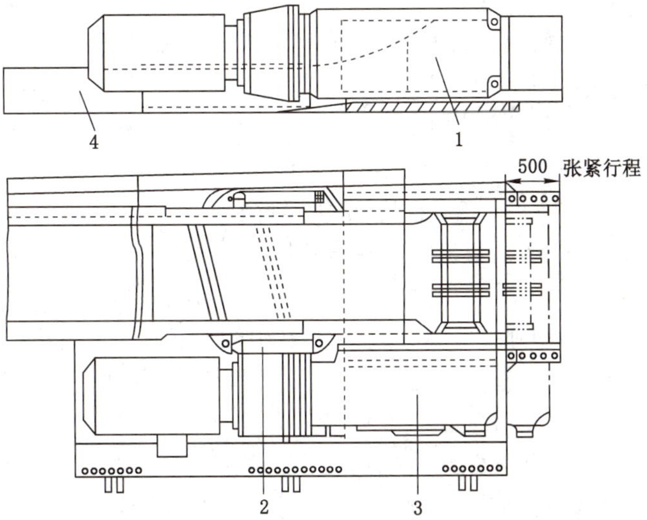

1—活动机架；2—张紧千斤顶；3—传动装置；4—固定机架。

图 2-1-17　可伸缩机尾简图

3. 中间部

溜槽是刮板输送机的重要组成部分，是物料的承载机构和刮板的运行导轨，在综采工作面还作为采煤机的运行轨道或牵引导轨的安装基座，因此，要求中部槽具有一定的强度、刚度和耐磨性。

溜槽的结构类型有敞底式和封底式。敞底式溜槽结构简单，维修方便，但由于机体支撑面小、比压较大，易使下槽帮下沉陷入底板，造成回链不能正常运行，适于中硬以上底板的工作面使用。封底式溜槽适于底板松软的工作面，整机稳定性好，可减小刮板链运行阻力，节省动力消耗 20%～30%，高产高效工作面的重型刮板输送机均使用封底式溜槽。但封底式

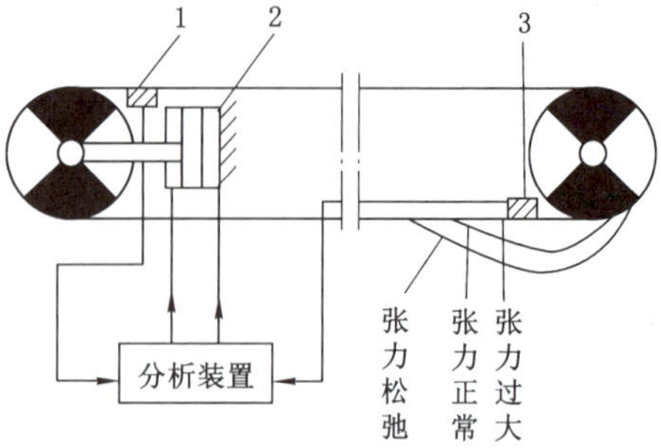

1,3—传感器;2—张紧千斤顶。

图 2-1-18　刮板链张紧自动控制系统

溜槽在处理下链断链故障时比较困难,为方便检修,在溜槽中部设有检查窗口。常用的检查窗口有三种形式:① 横拉插板式(形状有矩形、梯形);② 铰链折曲式;③ 上下分体式。以上三种结构形式各有其优缺点,其中以第一种使用较多,一般每隔 3～5 节中部槽安装一个有检查窗的中部槽。

溜槽按安装位置及功能又可以分为:

(1) 标准中部槽(也称中部槽)。中部槽是刮板输送机的机身主体,每节长度一般为 1.5 m。目前重型刮板输送机还有 1.75 m(如国产 SGZ-1000/1050 型)和 2.0 m(如美国 JOY 公司)长的中部槽,与液压支架配套使用。

(2) 调节槽。结构与标准中部槽相同,但长度不同,其长度一般为 0.5 m 和 1.0 m。其作用是调节刮板输送机的长度,安设在机头、机尾附近。

(3) 过渡槽。有机头、机尾过渡槽两种,分别设在中部槽与机头架、机尾架之间,用于平缓过渡。

(4) 紧链槽。结构与中部槽完全一样,只是在中板上开有 3 个圆孔或横向长形槽,用来固定紧链用的卡链器,安装在机头附近,有的不专设紧链槽,在过渡槽上设有固定卡链器的圆孔或长形槽。

(5) 变线槽。目前新型刮板输送机均设有变线槽,布置在机头、机尾架与中部槽之间。其特点是:在垂直方向上具有过渡作用;在水平方向上,设在挡煤板侧槽帮上的采煤机牵引导轨逐渐向工作面煤壁偏移,其铲煤板也向煤壁侧相应地逐渐加宽。一般机头、机尾各设 3～4 节变线槽,总变线量达 120 mm 左右,即采煤机到达机头、机尾时,向煤壁侧偏移了 120 mm,保证采煤机割通工作面端头。

溜槽靠其端部的凸凹端头定位,用连接件连接。连接件的种类有螺栓、扣环、销等。相邻两节溜槽一般在水平方向上允许偏转 1°～2°,在垂直方向上允许偏转 3°～4°,以适应水平弯曲和底板的起伏。

工作面刮板输送机溜槽靠采空侧装有挡煤板,作用主要是增加溜槽的装煤量,提高运输能力,防止煤炭溢出到采空区;同时还利用它敷设电缆、油管和水管并对这些设备起保护作用。在靠煤壁侧,溜槽装有铲煤板,作用是清除浮煤、防止输送机倾斜造成采煤机割顶等事故,其形状有三角形和 L 形。

近几年,国内外重型刮板输送机溜槽普遍采用铸焊或新型轧焊结构。铸焊溜槽是将煤壁侧槽帮与铲煤板、采空侧槽帮与挡煤板托架(包括推移耳板)铸成一体，同时将槽间连接用的哑铃插头和座窝、挡煤板托架与挡煤板连接螺栓的座孔等都靠精密铸造而成，然后再焊接耐磨中板和封底板，形成整体溜槽。

4. 刮板链

刮板链由链条和刮板组成，是刮板输送机的牵引机构，具有推移运输的功能。目前使用的有中单链、边双链、中双链三种，中双链式刮板链的组成如图 2-1-19 所示。其特点是：① 单链受力均匀，水平弯曲性能好，刮板遇刮卡阻塞可偏斜通过，缺点是预紧力大。② 边双链与单链比较，承受的拉力大、预紧力较低，水平弯曲性能差，两链受力不均匀，特别是中部槽在弯曲状态下运行时更为严重，断链事故多，链轮处易跳链。在薄煤层、倾斜煤层和大块较多的硬煤工作面使用性能较好，拉煤能力强。平巷转载机上也常优先采用。③ 中双链受力比边双链均匀，预紧力适中，水平弯曲性能较好，便于使用侧卸式机头。目前，大运量长距离大功率工作面重型刮板输送机普遍采用单链和中双链。

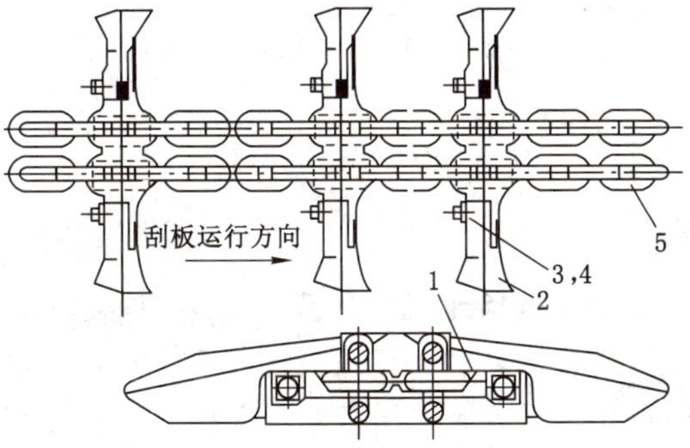

1—卡链横梁；2—刮板；3,4—螺栓、螺母；5—圆环链。

图 2-1-19　中双链式刮板链

(1) 刮板

刮板的作用是刮推槽内的物料和在槽帮内起导向作用。在运行时还有刮底清帮、防止煤粉黏结和堵塞的功能。在图 2-1-19 中，刮板的内凹曲线一侧朝链条运动方向(目前有的刮板上已标记运行方向)。刮板用高强度合金钢轧制或模锻经韧化热处理制成。

(2) 圆环链

链条在运行中不仅要承受很大的静负荷和动负荷，还要受矿水的侵蚀，因此要求链条组件要有高的抗拉强度、抗冲击韧性、抗疲劳强度和防锈抗腐蚀性。链条均用圆环链，其型式、基本参数及尺寸、技术要求、试验方法及验收规则已有统一的标准。圆环链规格是以链环直径和链节距的毫米尺寸表示，标准规格有 8 种：$\phi10\times40$、$\phi14\times50$、$\phi18\times64$、$\phi22\times86$、$\phi24\times86$、$\phi26\times92$、$\phi30\times108$ 和 $\phi34\times126$。目前 $\phi34$ 以上的链环已大量使用，如 $\phi42\times146$、$\phi48\times144/160$(德国)，并出现了 $\phi52\times146$(美国)的链环。圆环链按强度分为 B、C、D 三个等级，D 级强度最高，B 级强度最低，C 级居中，表示方法如 $\phi34\times126$-B。

圆环链由专用设备加工，制成一定长度的标准链段。按链段的长短又分为长链段和短链段，长链段主要用于单链、中双链，短链段主要用于边双链及轻型刮板输送机。同时还配有多种长度的调节链段用来调节刮板链长度，以适应输送机的长度变化和紧链需要。如

SGZ-880/800 型重型刮板输送机的标准链段为 199 环，长 25.074 m。调节链的规格(环)有 95、39、31、23、15、7、5、3。由于每一链段的两条链条是配对组装出厂的，其长度公差在规定的范围之内，因此更换时也应成对更换。若以任意两段链条配对安装，其长度误差会很大，运行中将会出现受力不均、刮板倾斜及与链轮不能正常啮合传动，容易发生链轮损坏和断链事故。另外安装侧环链时，在上槽中立环焊口应该朝上，双链的平环焊口都应朝向溜槽中心。

近几年，又推出了新型链条——紧凑链。其特点是：平链环仍用常规圆形断面的圆环链，而立链环制成高度较低、断面形状为扁圆形或方形的链环，如图 2-1-20 所示。其节距、宽度(指平环)尺寸与同档圆环链相同，高度(指立环)尺寸则与低一档圆环链相当，而强度比同档圆环链高近一档。如国产 SGZ-1000/1050 型刮板输送机使用的是 $\phi38\times137$ 规格的紧凑链。

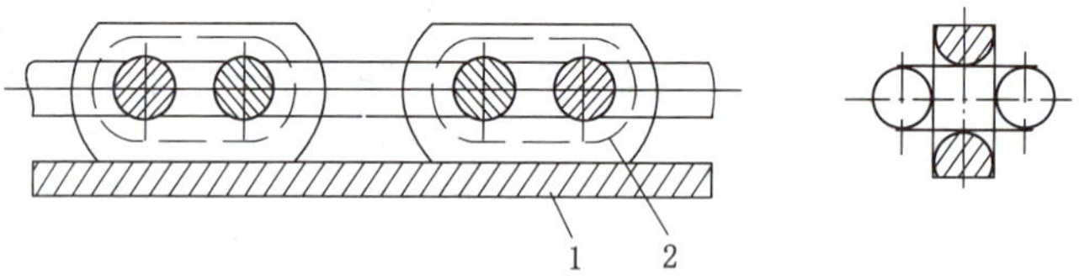

1—溜槽中板；2—紧凑链节。

图 2-1-20　紧凑链

(3) 接链环

接链环的作用是将两段刮板链条连接在一起。其形式种类较多，较为常用的有：锯齿形接链环、梯形齿接链环、弧形齿接链环和扣环式接链环等。梯形齿接链环如图 2-1-21 所示，它由两个相同的带梯形齿的半链环和圆柱销组成。安装时先在两个半环上各自挂上要连接的链环，然后对准齿形吻合安装，再装上圆柱销。接链环是配对出厂的，使用时不得混装，在溜槽中应处于水平位置，不可竖直放置，否则在绕经链轮时会被卡住，造成事故。

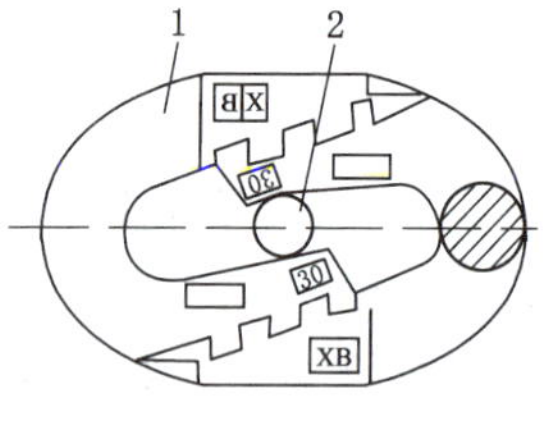

1—半接链环；2—弹性柱销。

图 2-1-21　梯形齿接链环

5. 附属装置

刮板输送机的附属装置包括铲煤板、挡煤板、紧链装置和推移装置等。铲煤板、挡煤板的组成和作用在前面已阐述。

(1) 紧链装置

紧链装置的作用是用来张紧刮板链，给刮板链施加一定的预紧力，使其处于适度的张紧状态以保证刮板链的正常运转。刮板链的张紧程度直接影响刮板输送机的运行状态和使用性能，过紧会增加链条的磨损和功率损耗，过松会发生堆链现象以及影响它与链轮的啮合，导致跳链、断链事故的发生。因此，必须对紧链工作有足够的重视。

紧链常用的方法是链轮反转式，其原理如图 2-1-22 所示，紧链时先把刮板链一端固定在机头架附近，另一端绕经机头链轮放置在上槽。然后使链轮反转，待链条张紧程度达到要求时，用紧链器将链轮制动住并使其停转。拆除多余的链条，再用接链环接好刮板链。按使链轮反转的动力源不同分为电机反转式紧链和专设液压马达紧链两种方式。

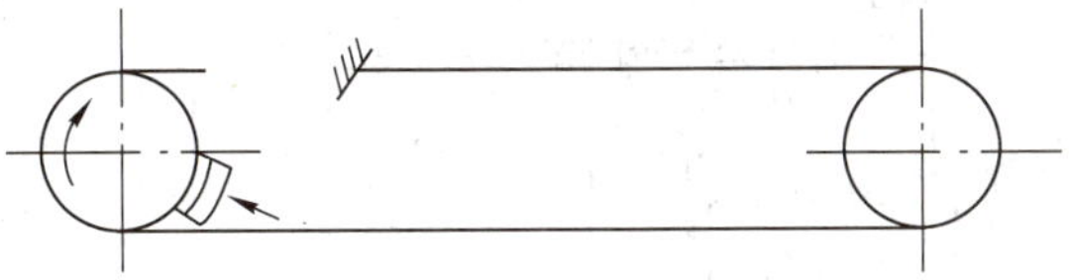

图 2-1-22　链轮反转紧链示意图

紧链常用的紧链器有摩擦轮紧链器和闸盘紧链器两种，它们在紧链过程中起制动作用。前一种用于轻、中型刮板输送机，后一种用于中、重型刮板输送机。

摩擦轮紧链器也叫闸带紧链器。如图 2-1-23 所示，摩擦轮紧链器的制动轮安装在减速器的二轴上，闸带环绕在制动轮外缘。制动时使用手把经偏心轮、拉杆将闸带拉紧，在制动轮轮缘上产生摩擦制动力。紧链时，首先将刮板链的一端用两条紧链挂钩固定在机架上，然后将紧链器的手把扳到"运行"位置，即松闸状态，一人反向启动电机，使机头链轮反转，将底链向上槽牵引，当链子拉紧到合适的张紧程度时断电停车。另一人立即用手把扳动偏心轮至"紧链"位置，用闸带将制动轮闸住。然后把多余的链条拆掉并将刮板链两端接在一起，再正向启动电机，取下紧链挂钩。

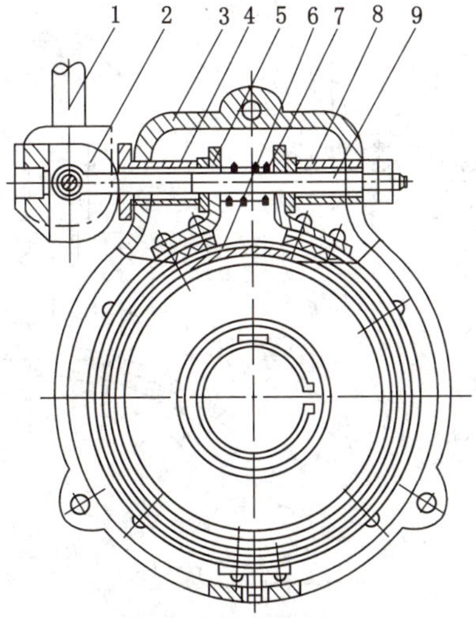

1—手把(运行位置)；2—偏心轮；3—外壳；4，8—套；5—闸带；6—制动轮；7—弹簧；9—拉杆。

图 2-1-23　摩擦轮紧链器

紧链完毕后不得急于装煤，应先试运转，检查各部件运转声音是否正常，试运转后链子如果伸长应重新拉紧。紧链工作过程中，安全隐患比较大，必须按操作规程进行接链、换链、紧链等工作，以防造成人身伤亡和设备损坏。

(2) 闸盘紧链器

闸盘紧链器由闸盘和夹钳式制动机构组成，如图 2-1-24 所示。闸盘装在减速器一轴上，夹钳式制动装置装在液力偶合器的连接罩上。

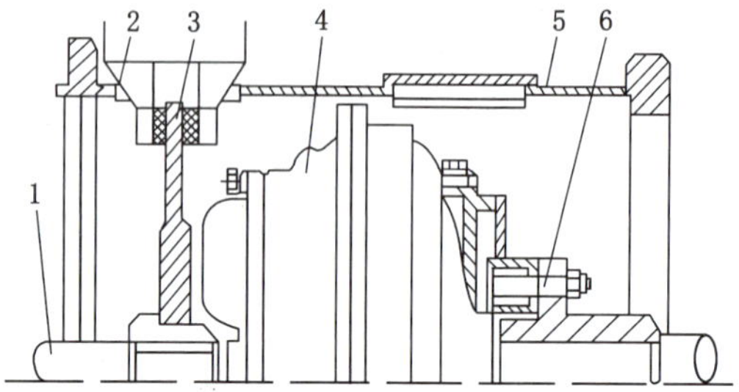

1—减速器一轴；2—夹钳式制动装置；3—闸盘；4—液力偶合器；5—连接罩；6—弹性联轴器。

图 2-1-24 闸盘紧链器

夹钳式制动装置由手动夹紧机构和张紧力(紧链力)指示器组成，如图 2-1-25 所示。制动时，顺时针转动手轮 13、丝杠 12，使柱塞 9 向左移动，液压缸 5 内产生压力，推动液压缸前移，使左夹钳 17 以销轴 1 为支点向夹紧闸盘 18 的方向转动。同时轴套 11 向右移动，使右夹钳 16 以另一销轴为支点，向夹紧闸盘 18 的方向转动。这样，夹钳上的闸块 15 便对闸盘产生了制动力，也就对减速器产生了制动力。张力指示器 10 由柱塞、液压缸、弹簧、刻度盘和指示盘等组成。

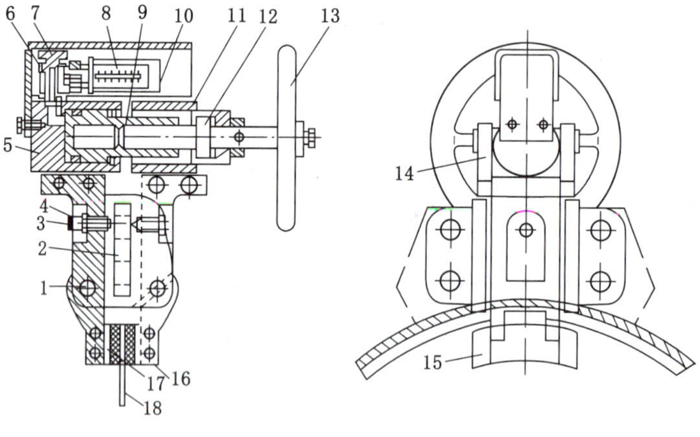

1—销轴；2—连接座；3—调节螺钉；4—螺母；5—液压缸；6—三通；7—空心螺钉；8—指针机构；9—柱塞；10—张力指示器；11—轴套；12—丝杠；13—手轮；14—夹板；15—闸块；16—右夹钳；17—左夹钳；18—夹紧闸盘。

图 2-1-25 夹钳式制动装置

紧链时挂好紧链挂钩，反向点动电机，待电机堵转时，立即扳动手轮闸住闸盘，切断电源。这时链条张力显示在张力指示器上。根据需要慢慢反转手轮，放松刮板链到所需紧力时立即闸死闸盘。拆除多余的链条，重新接好，松开夹钳取下紧链挂钩。

(3) 液压马达紧链器

液压马达紧链器安全、方便，紧链时链轮的反转动力与制动力均由液压马达紧链器提供，用于中、重型刮板输送机，下面介绍国产新型液压马达紧链器的结构原理。

它安装在驱动装置的连接罩上，主要由紧链传动齿轮、液压马达的液压控制系统及联锁开关等组成，如图 2-1-26 示。液压马达 4 与惰轮 5 安装在回转机架 3 上，回转机架与机架 1 通过销轴 2 铰接，机架固定在连接罩上。指示销 9、开关箱 11 固定在机架上，操纵螺杆 7 的下端连接在机架上且在垂直方向可小幅度摆动。在紧链装置不工作时，回转机架被指示销中的水平定位销限位在上方，此时惰轮与摩擦限矩偶合器的外齿圈 6 脱离啮合。紧链时，断开电机电源，从指示销上拔掉水平定位销并松开锁紧螺母 8，用扳手逆时针转动操纵螺杆，直到水平定位销可以插在回转机架板上方的指示销中，此时惰轮与外齿圈处于啮合状态。同时，联锁限位开关被压下，确保电机处于安全断电状态。

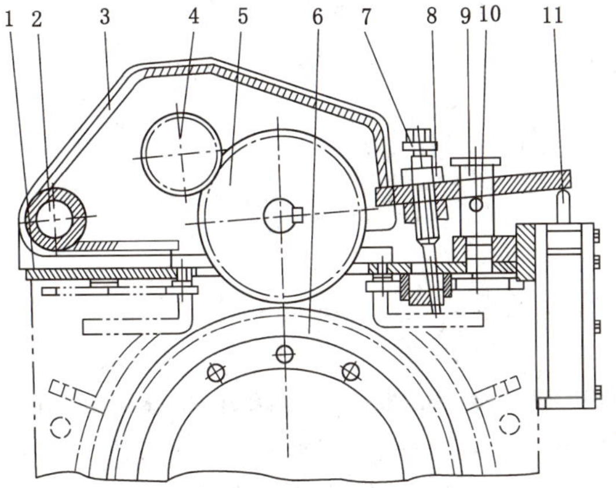

1—机架；2—销轴；3—回转机架；4—液压马达(带齿轮)；5—惰轮；6—摩擦限矩偶合器的外齿圈；
7—操纵螺杆；8—锁紧螺母；9—指示销；10—水平定位销；11—开关箱及联锁限位开关。

图 2-1-26　紧链传动齿轮

液压系统工作原理如图 2-1-27 所示，来自乳化液泵站的高压乳化液(31.5 MPa)，经高压软管接到球形截止阀 1。当手动换向阀 4 下阀位工作时，高压乳化液经液控单向阀 9 进入液压马达，经液控单向阀 10 回液，液压马达带动链轮反转。与此同时，高压乳化液经液控换向阀 8、6 和减压阀 12 进入液压马达制动器 13 的液压腔压缩弹簧，使马达解除制动，即只要液压马达一工作，制动就同时解除。当手动换向阀回到中位，液压马达停止工作，同时两个液控换向阀复位处于不导通状态，在弹簧力的作用下液压马达制动器进行制动，制动器中的乳化液经减压阀 12、液控换向阀 6、背压阀 5 回液，即液压马达一停止工作，制动器就处于制动状态，此时进行接换链工作。完毕后，使手动换向阀 4 上阀位工作，液压马达带动链轮正转，取下卡链器。在液压马达停转时，液控单向阀锁住液压马达限制其转动，又起安全溢流作用，以保护液压马达与管路不因压力过高而损坏。液压马达制动器解除制动所需的压力为 2 MPa，由减压阀 12 调定。液压马达最大允许进给压力是 20.4 MPa，由减压阀 3 调定。这里特别注意的是，液压马达的排气管不应接入液压系统，而应排到大气中，否则将导致液压马达的损坏。

(4) 推移装置与锚固装置

推移装置是为满足工作面不断推进的需要，按步距推移输送机的装置。综采工作面使

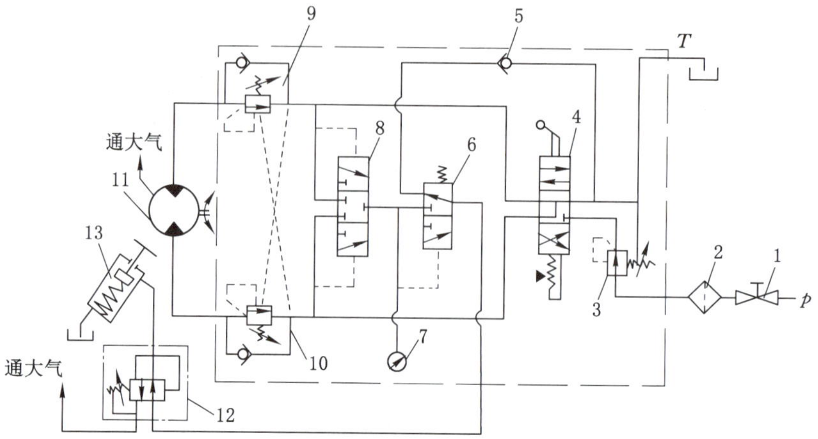

1—球形截止阀；2—过滤器；3—减压阀；4—手动换向阀；5—背压阀；6、8—液控换向阀；7—压力表；9、10—液控单向阀；11—液压马达；12—减压阀；13—制动器。

图 2-1-27　液压控制系统原理图

用的单体液压推溜器在机头、机尾处布置间隔较小，推溜器由乳化液泵站供液。液压推溜器实为一个液压千斤顶，如图 2-1-28 所示。工作时将推溜器的活塞杆用插销连到中部槽挡煤板上，再将其底座用支柱撑在顶板上。扳动操纵阀，向活塞一侧注入高压乳化液，活塞杆就将中部槽推向煤壁；向活塞另一侧注入高压乳化液，缸体和底座向前收回。

锚固装置是刮板输送机在大倾角工作面使用时，防止上窜或下滑的固定设备。它由单体液压支柱和锚固架组成，锚固架与机头架和机尾架连接，由乳化液泵站供液。

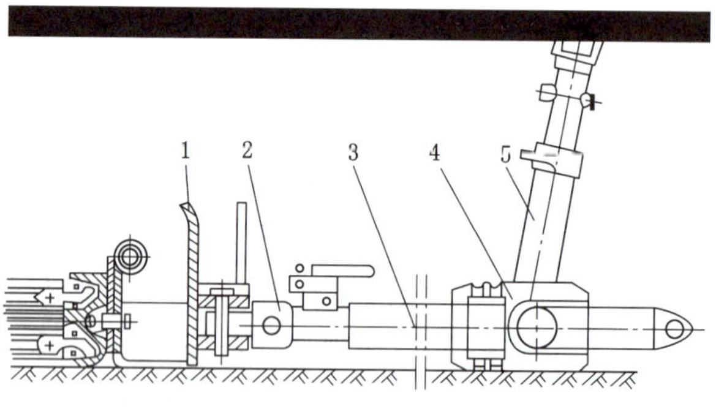

1—挡煤板；2—活塞杆接头；3—缸体；4—底座；5—斜撑支柱。

图 2-1-28　单体液压推溜器安装图

任务二　刮板输送机的安装、使用与维护

一、安装与试运转

1. 安装

刮板输送机安装总的要求是“二平、三直、一稳、二齐全、一不漏、两不”的标准。二平：溜

槽接口要平，电机与减速器底座要平，对轮中心线接触要平；三直：机头、溜槽、机尾要直，电机与减速器中心要直，链轮要直；一稳：整台刮板输送机安设要稳，开动时不摆动；二齐全：刮板要齐全，链环螺栓要齐全；一不漏：溜槽接口要严密不漏煤；两不：运转时刮板链不跑偏、不飘链。

2. 试运转

(1) 地面试运转

在地面组装完后，应认真细致地进行全面的检查，无问题后进行空载运行试验，观察运行状况并及时处理出现的问题。其中必须确保机尾部电机比机头部电机先启动 0.5～2 s，使底链先运动并张紧，让底链松弛段移到上链槽中，以避免底链的刮卡、脱槽等现象。空载运行 1 h，检查电机、液力偶合器、减速器无异常声响，温升是否正常。在试转过程中应向溜槽洒水，以减小摩擦。

(2) 井下试运转

① 空载试运转

按在地面组装步骤在井下安装完毕后，仍按地面安装的检查项目进行检查，然后进行 0.5～1 h 的空运转，发现问题及时处理。其中试运转后，由于输送机间隙减小，刮板链产生松弛需进行紧链。

② 负载试运转

在综采工作面配套设备全部安装好后，应进行 4 h 负载试验。先轻载运转 1 h 后，停机全面检查刮板链结构情况，调整链条张紧程度。再次启动并逐渐加载，检查电机的电流及负载分配情况，检查电机、减速器温升情况，检查链条与机尾部传动链轮上面的分离处，堆积松弛链环达两个以上时，则应重新张紧链条。经负载试运转正常后，将转入正常生产。

二、使用与维护

1. 使用

(1) 所有司机和维修人员应熟悉本机的结构性能，严格执行操作规程、作业规程、岗位责任制、交接班制度以及《煤矿安全规程》。必须正确使用信号，听清信号才准开车。

(2) 在运完中部槽上的煤以后应再空运转几个循环，以便将煤粉从中部槽槽帮滑道内清除干净，防止煤粉结块而增大启动负载和运行阻力。

(3) 输送机正常运行时，除机头、机尾可以停机推移外，工作面内的中部槽要在输送机运行中推移，不准停机推移。运行中应滞后采煤机后滚筒 15 m 左右处开始推移溜槽，不得推成急弯，弯曲段长度以不小于 12 节中部槽为宜，以防折断哑铃销及损坏其他部件。

(4) 尽量避免频繁启动，严禁强制启动和超载运行，无载时不得长时空运转。

(5) 不得用脚踩刮板链的方法处理飘链，不得在运行中砸大块或者搬大块煤，应停机进行处理，处理事故时必须进行闭锁并切断电源。

(6) 减速器的冷却器要保持良好的工作状态，严禁在井下打开减速器。勤清扫机头、机尾两侧的浮煤及驱动装置上的煤粉和集尘，以利散热。

2. 维护

为保证输送机设备各部件的正常工作及运转，必须严格对输送机进行维护。

(1) 检查

检查工作分为班检、日检、旬检和月检。应按照各类检查规定的内容进行检查，发现问题应及时处理。

(2) 润滑

润滑应根据规定,按时在润滑点注符合规定的润滑油,要做到无尘注油。减速器首次使用200 h后应更换润滑油,以后每工作5个月或200 h后再重新换油,换油时应遵循泄油、冲洗、再注油原则。

三、典型故障分析与处理

典型故障分析及处理方法见表2-1-2。

表2-1-2 典型故障及处理方法

序号	故障分析	可能原因	处理方法
1	电机工作,但刮板链不动	1. 刮板链卡住; 2. 负荷过大; 3. 液力偶合器的油量不足; 4. 液力偶合器易熔合金保护塞损坏	1. 处理被卡的刮板链; 2. 将上槽煤挑掉一部分; 3. 按规定补充油量; 4. 更换易熔合金保护塞并注油
2	电机不能启动	1. 电气线路损坏; 2. 单项运转	1. 检查线路,修复损坏部分; 2. 检查原因并排除
3	电机温度过高	1. 超负荷长时间运行; 2. 通风散热条件不好	1. 减轻负荷; 2. 清除电机周围的杂物
4	减速器声音不正常	1. 齿轮调整不合适; 2. 轴承、齿轮磨损严重或损坏; 3. 轴承间隙过大; 4. 减速器内有杂物	1. 重新调整好; 2. 更换磨损或损坏的部件; 3. 重新调整好; 4. 清除杂物
5	减速器温度过高	1. 润滑油污染严重; 2. 油位不符合要求; 3. 冷却不良,散热不好	1. 更换润滑油; 2. 按规定注油; 3. 清除减速器周围的杂物,对水冷减速器进行检查
6	减速器漏油	1. 密封圈损坏; 2. 箱体接合面不严	1. 更换密封圈; 2. 拧紧螺钉
7	两个液力偶合器中的一个温度过高	两个液力偶合器的油量不等	调整油量,使之均衡
8	液力偶合器漏油	1. 注油塞或易熔合金保护塞松动; 2. 密封圈或垫圈损坏	1. 拧紧; 2. 更换
9	液力偶合器温度超过规定值	介质配比不对	重新配置

项目二　带式输送机

任务一　带式输送机的工作原理及构造

一、工作原理

如图 2-2-1 所示，胶带 1 绕经传动滚筒 2 和机尾换向滚筒 3 形成一个无极环形带。上、下两股胶带都支撑在托辊 4 上，装在机架上，拉紧装置 5 给胶带正常运转所需的张紧力。工作时，电机传递转矩给主动滚筒，通过与胶带之间的摩擦力带动胶带及胶带上的货载一同运行，当胶带绕经端部卸载滚筒时卸载。利用专门的卸载装置也可在中部任意位置卸载。

微课资源

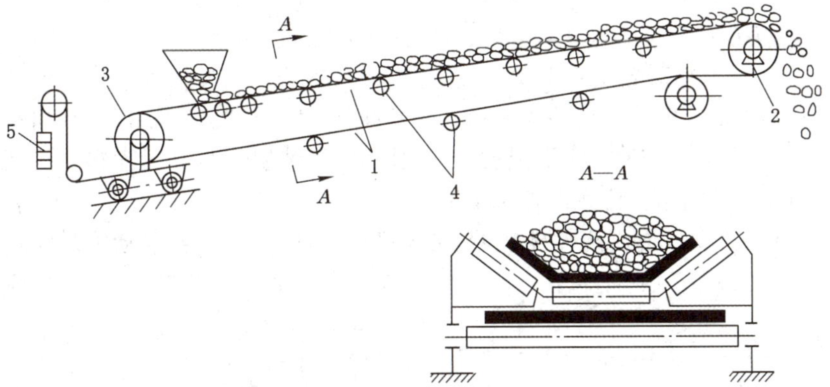

1—胶带；2—传动滚筒；3—机尾换向滚筒；4—托辊；5—拉紧装置。

图 2-2-1　带式输送机的组成及工作原理

带式输送机上股胶带称为重段胶带，由槽形托辊支撑，以增大货载断面，提高输送能力；下股胶带称为回空段胶带，不装货载，用平形托辊支撑。

微课资源

二、适用范围

1. 适用倾角

带式输送机可用于水平及倾斜运输。倾斜向上运输时，运送原煤倾角不大于 20°，运送块煤倾角不大于 18°；向下运输时，倾角不大于 15°。若运送附着性和黏结性大的物料时，倾角还可以加大一些。

2. 适用地点

(1) 采区巷道多采用可伸缩带式输送机。

(2) 采区上、下山及主要运输平巷采用绳架吊挂式或落地可拆式带式输送机。

(3) 平硐和主斜井采用固定式钢绳芯带式输送机或钢丝绳牵引式带式输送机。

(4) 地面选煤厂采用通用型固定式带式输送机。

三、特点

1. 优点

带式输送机运输能力大,工作阻力小,耗电量低,约为刮板输送机耗电量的 1/5～1/3;货载与胶带一起移动,磨损小,货载破碎性小,工作噪声低;结构简单,铺设长度大,减少转载次数,节省人员和设备。

2. 缺点

胶带成本高,初期投资大;强度低,易损坏,不能承受较大的冲击与摩擦;带式输送机的机身高,需要专门的装载设备;不能用于弯曲巷道。

四、类型

带式输送机的类型很多,适应范围和特征各不相同。下面介绍几种煤矿常见的带式输送机。

1. 通用固定式带式输送机

现用的系列产品为 TD-75M(T—通用,D—带式,75—定型年度),其特点是:机架固定在底板或基础上,一般使用在运输距离不太长、永久使用的地点,如选煤厂、井下主要运输巷。该输送机由于拆装麻烦而不能满足机械化采煤、工作面推进速度快的采区运输的需要。

2. 绳架吊挂式带式输送机

各种吊挂式带式输送机的结构大同小异,图 2-2-2、图 2-2-3 所示为其中较有代表性的 SPJ-800 型绳架吊带式输送机的传动系统及钢丝绳架。这种机架是由两根纵向平行布置的钢丝绳组成,每隔 60 m 安装一个紧绳托架 7,通过紧绳装置 1 拉紧钢丝绳。机架是用中间吊架 6 吊挂在巷道顶梁上,机身高度可以调节,不受巷道底板底鼓的影响。为了保证两根钢丝绳的间距,在两个槽形托辊之间安装一个分绳架。利用蜗轮蜗杆传动钢丝绳将拉紧滚筒 8(图 2-2-2)拉紧。根据实际运输任务和输送长度对功率的要求,可采取双电机或单电机驱

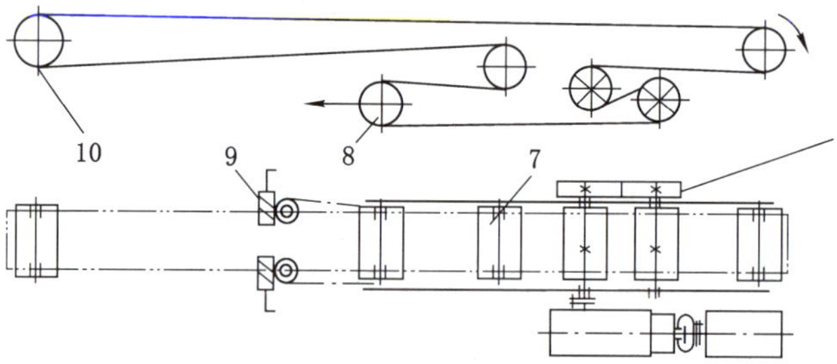

(a) 双滚筒共同驱动

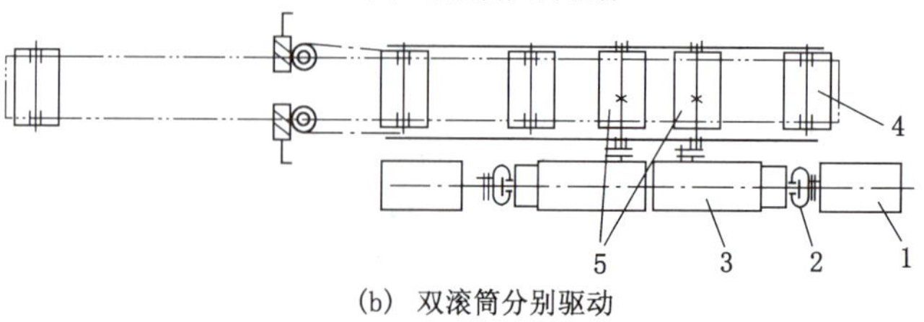

(b) 双滚筒分别驱动

1—电机;2—液力偶合器;3—减速器;4—卸载滚筒;5—驱动滚筒;

6—齿轮对;7—改向滚筒;8—拉紧滚筒;9—手动蜗轮卷筒;10—机尾改向滚筒

图 2-2-2 SPJ-800 型绳架式带式输送机传动系统

动。这种输送机可供工作面平巷、采区上下山运输之用。SPJ-800 型号的意义是：S—绳架式，P—带式，J—输送机，800—带宽(mm)。

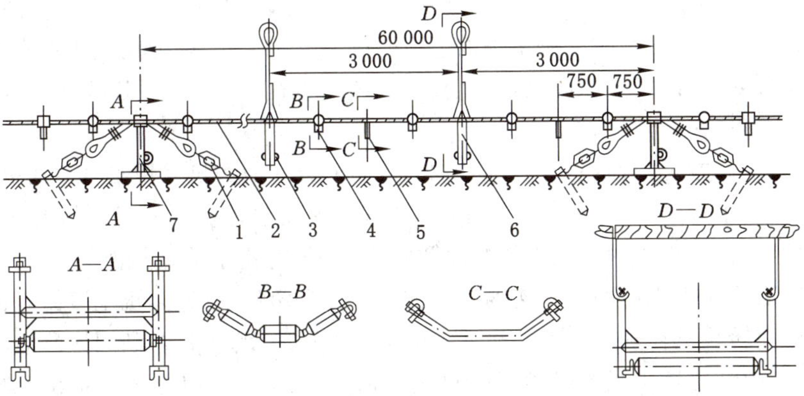

1—紧绳装置；2—钢丝绳；3—下托辊；4—铰接槽形托辊；5—分绳架；6—中间吊架；7—紧绳托架。

图 2-2-3 绳架式带式输送机的钢丝绳架

3. 可伸缩带式输送机

随着综合机械化采煤技术的迅速发展，采煤、掘进工作面推进速度较快，要求平巷中的运输设备能够灵活迅速地进行缩短或伸长，以减少拆移次数，节省时间，提高采煤生产能力。为了适应生产需要，我国于 20 世纪 70 年代设计生产了可伸缩带式输送机，它是采区平巷和巷道掘进的专用运输设备。这种输送机在结构上的主要特点是比通用固定式带式输送机多一个储带装置。储带装置位于机头部后面，主要由储带仓、固定滚筒、游动滚筒小车(拉紧小车)、拉紧绞车、托辊小车、卷带装置等组成，如图 2-2-4、图 2-2-5 所示，两者的储带滚筒布置方式不同。

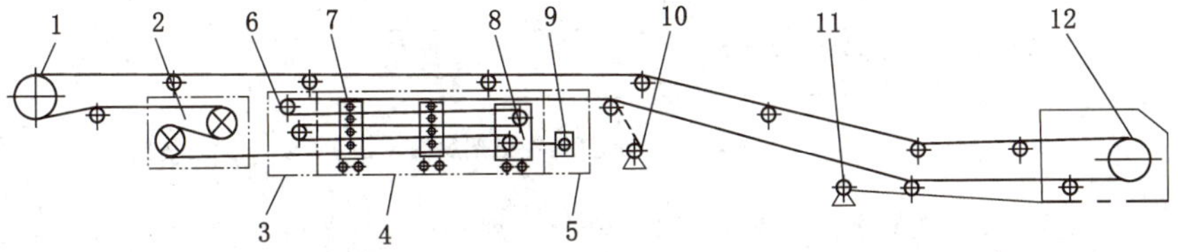

1—卸载滚筒；2—驱动滚筒；3—固定滚筒段；4—带仓段；5—拉紧绞车段；6—固定滚筒；7—托辊小车；8—拉紧小车；9—拉紧绞车；10—卷带装置；11—机尾牵引机构；12—机尾改向滚筒。

图 2-2-4 SPJ-800 型可伸缩带式输送机工作原理

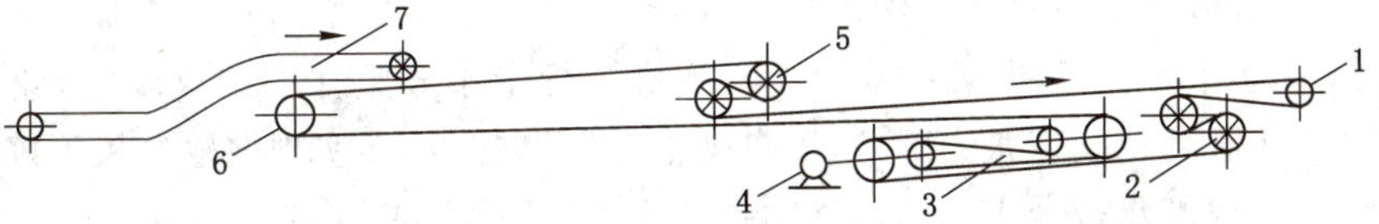

1—卸载滚筒；2—机头驱动滚筒；3—储带仓；4—自动拉紧绞车；5—中间驱动滚筒；6—机尾改向滚筒；7—桥式转载机。

图 2-2-5 SSJ1200/4×200 型可伸缩带式输送机系统图

需要缩短带式输送机时，先拆除机尾部前端的机架，用机尾牵引机构使机尾前移，游动滚筒小车在拉紧绞车的牵引下向后移动，胶带重叠成四层储存在储带仓内；需要伸长时，操作拉紧绞车松绳，游动滚筒小车前移，储带仓中的胶带放出，机尾后移，并相应地增设机架。输送机伸缩作业完成以后，拉紧绞车仍以适当的拉力将胶带张紧，使输送机正常运行。托辊小车用来托住储带仓内折返的胶带，以免胶带垂度过大而引起上、下胶带互相摩擦，保证胶带正常运行。

为适应高产高效工作面快速推进的需要，可伸缩带式输送机采用了自移式机尾(也称马蒂尔达装置)，与胶带自动拉紧装置相互配合，可实现在输送机不停机的情况下移动机尾。从而减少输送机机尾移动的辅助工作时间和停机时间，简化了输送机机尾与工作面转载机的搭接，提高了输送机机尾的移动速度。其移动方式有两种：一种是机尾滚筒装在转载机的行走小车上，随转载机在机尾机架的轨道上同步移动一段距离后，再利用推移液压缸并以行走小车为支点向前拉移机尾机架，如图 2-2-6(a)所示；另一种是机尾滚筒装在机尾机架的后端，如图 2-2-6(b)所示。

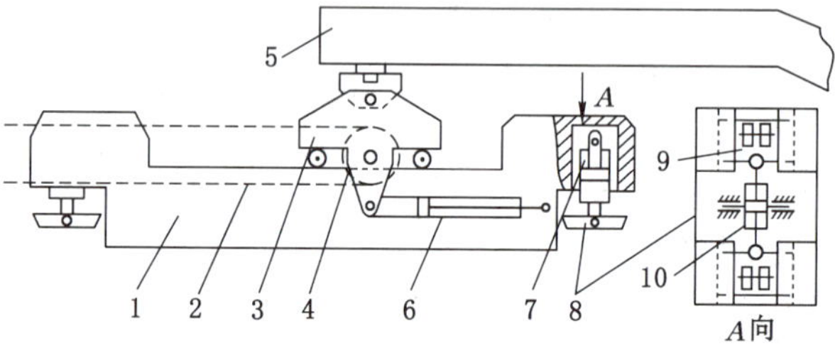

(a) 机尾滚筒在小车上

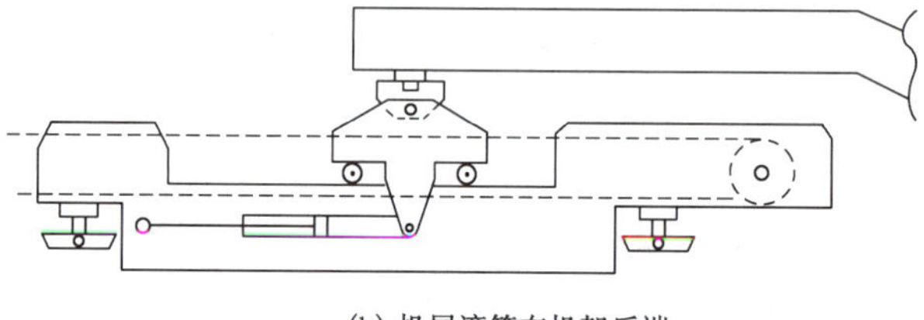

(b) 机尾滚筒在机架后端

1—机架；2—胶带；3—行走小车；4—机尾滚筒；5—转载机；
6—推移液压缸；7—调高立缸；8—滑橇；9—滑块；10—侧移水平液压缸。
图 2-2-6 自移式机尾结构简图

下面以图 2-2-6(a)为例介绍其结构原理。机架 1 的前、后端各有 2 个调高立缸 7，其活塞杆与机架通过销子连接在一起，缸体与滑块 9 用销子连接。滑块装在滑橇 8 上的燕尾槽内，并与固定在滑橇上的侧移水平液压缸 10 的活塞杆铰接。机架两侧还各有一个推移液压缸 6，两端分别与行走小车、机架连接。当转载机及行走小车整体向前移动时，胶带自动拉紧装置的测力计监测到胶带张力降低，则自动拉紧并储带，从而实现在输送机不停机的情况下移动机尾。转载机及行走小车向前移动一个步距(采煤机滚筒截深)，推移液压缸 6 的活塞杆就伸长一个步距(活塞杆总行程小于 2 700 mm)。当小车移动 2～3 个步距接近机架前端时，操作调高立缸 7 提起滑橇，使机架完全落于底板，然后操作两个推移液压缸 6，此时以行走小车为支点，推动基架前移 2 700 mm。在推移前应先停机拆除机尾前端一组机架，机尾自行拉移应在转载机不移动时进行。机尾自行拉移后，若胶带机尾滚筒跑偏，应做如下调整：

(1) 调高操作机架相应一侧的调高立缸，将机尾滚筒调平。

(2) 当机尾与输送机中心线发生偏斜，或转载机机头与工作面前进方向偏斜时，应进行校直。操作调高立缸使机架升起离开底板，操作侧移水平液压缸，以支撑在底板上的滑橇为支点，滑块与调高立缸及机架一起向所要求方向水平侧移。操作调高立缸将机架落到底板上，使滑橇离开底板，操作侧移水平液压缸使滑橇恢复到中位。如有需要，再进行调高工作。

4. 多点驱动式带式输送机

多点驱动式带式输送机主要用于长距离、大运量的运输场合。按结构形式主要有线摩擦式和中间转载式两种。如图 2-2-7 所示，线摩擦式多点驱动实质上是一种直线摩擦驱动形式，在一台长距离带式输送机承载胶带之间，装设若干台短的带式输送机作为中间驱动装置，利用托辊及压辊使承载胶带的直线工作段分别与中间驱动装置的驱动带相互贴紧，借助于二者相互紧贴所产生的摩擦力来驱动带式输送机。其特点是胶带回转弯曲次数少，有利于延长胶带使用寿命，但胶带总量增加，总传动效率较低，故障率高。中间转载式多点驱动(图 2-2-5)是在承载胶带适当的位置上设置驱动装置，属于挠性体摩擦传动，结构简单，传动装置可以通用，节省胶带，拆装方便，比较适合井下工作面运输巷运行条件，但胶带受物料冲击次数及回转弯曲次数多，使用寿命有所降低。目前，国内外高产高效综采工作面的平巷多采用中间转载式多点驱动可伸缩带式输送机。

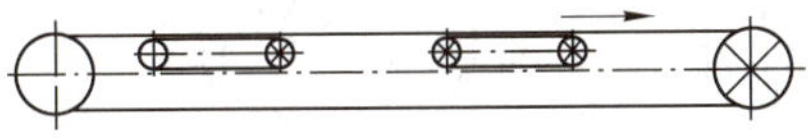

图 2-2-7　线摩擦式多点驱动带式输送机

采用多点驱动方式，在带式输送机总驱动功率不变的情况下，可大大减小单电机功率，降低胶带最大张力值，从而可降低胶带的强度等级和价格，故可使用一般强度的普通胶带来完成长距离、大运量的输送任务。此外，还有利于输送机零部件的小型化、通用化和标准化，技术经济性好。

5. 钢丝绳芯带式输送机

钢丝绳芯带式输送机又称强力带式输送机，主要用于平硐、主斜井、大型矿井的主要运输巷道及地面，作为长距离、大运量的运煤设备。其特点是：用钢丝绳芯胶带代替了普通胶带，胶带强度大，是大运量、长距离、大功率带式输送机的发展方向之一。

6. 双向运输带式输送机

该机型主要用于掘进工作面的巷道运输，是在可伸缩带式输送机的基础上增设下胶带装卸料装置设计而成的。其工作原理如图 2-2-8 所示，上胶带用来向外运送掘进落下的煤或矿石，下胶带用来向掘进工作面运送支护材料(长度小于 4 m 的直线材料、工字钢、木板等)。下胶带可以通过自动装卸料装置实现定点自动装卸料。装料点位于储带装置后面，卸料点随机尾可一起延伸。其特点是：一机多用，操作方便，替代了人工拉、扛支护材料，降低了劳动强度，提高了生产效率。

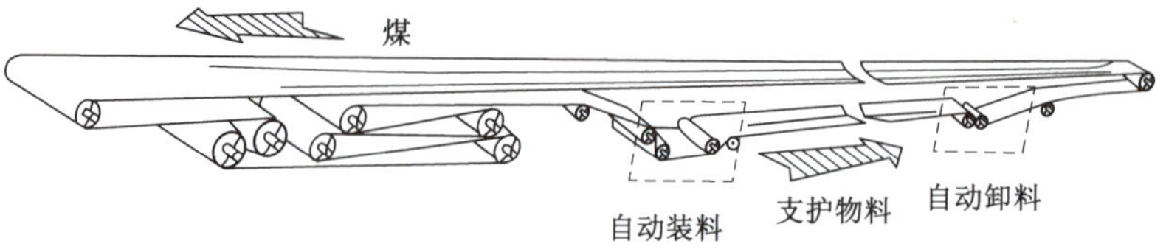

图 2-2-8 双向运输带式输送机

7. 气垫带式输送机

气垫带式输送机分为全气垫式和半气垫式，我国常采用半气垫式，其基本组成与工作原理如图 2-2-9 所示。一般每节气室长 3 m，气室之间加密封垫并用螺栓连接。在受料处工作段胶带受物料冲击，为防止破坏气垫，仍采用槽形缓冲托辊。利用离心式鼓风机，通过风管将具有一定压力的空气流送入气室 2，气流通过盘槽 3 上按一定规律布置的小孔进入胶带 4 与盘槽之间。由于空气流具有一定的压力和黏性，因此在胶带与盘槽之间形成一层薄的气膜(也称气垫)，气膜将胶带托起，并起润滑剂的作用。浮在气膜上的胶带，在机头主动滚筒驱动下运行。

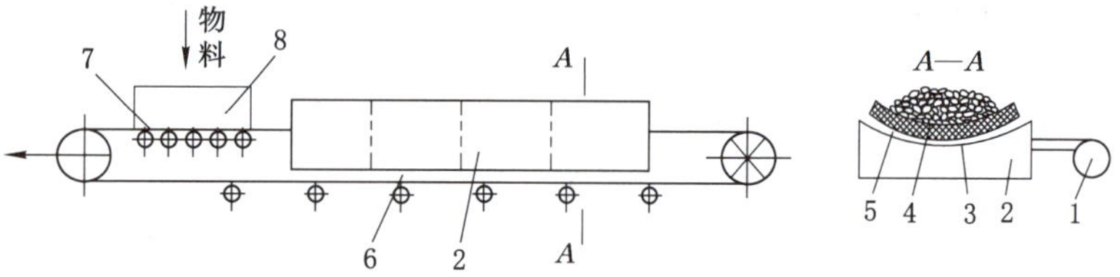

1—鼓风机；2—气室；3—盘槽；4—胶带；5—气垫；6—平托辊；7—缓冲托辊；8—导料槽。

图 2-2-9 气垫带式输送机

8. 大倾角带式输送机

一般的带式输送机，向上运输倾角不超过 18°，向下运输倾角不超过 15°。而我国煤炭的赋存大多以倾斜煤层出现，而且煤层倾角基本在 16°～25°之间。为了能采用一般的带式输送机输送煤炭，都是将 16°～25°的大倾角上下山或提升主斜井等人为地打成 15°左右的小角度，因而导致巷道开拓量大，运输环节增多，经济效益下降。另外，随着采煤机械化技术的提高，矿井产量大幅度增加，高产高效现代化矿井不断出现，具有间歇式提升特点的箕斗提升已逐渐无法满足其发展的需要，已成为整个井下生产运输能力的瓶颈。此外，由于大倾角带式输送机除了具有常规带式输送机的所有特点外，还有节省占地、工程费用少等优点，所以在生产运输中越来越受到重视。

(1) 深槽形带式输送机

该机型适用于 25°～28°的向上、向下运输。其结构特点是：采用深槽双排 V 形四托辊装置，配普通光面输送带，借助深槽托辊组使胶带形成深槽，使胶带与物料之间产生挤压，导致物料对胶带的摩擦力增大，从而实现大倾角运输。由于托辊数量增多，使得运行阻力增大，因而运距一般在 600～1 000 m。

(2) 花纹带式输送机

该机型适用于 25°～32°的向上运输。其结构特点是：胶带承载面具有凸棱(花纹)，可阻止物料下滑，花纹形式有波浪形、人字形等。但由于花纹带清扫困难，其传动功率受花纹与改向滚筒之间的比压许用值的限制，因此机身不宜过长，设备造价大于普通带式输送机。目前，国内仅在少数煤矿有使用。

(3) 波状挡边带式输送机

该机型适合用倾角 30°～90°的向上运输，可输送各种散状物料。如图 2-2-10 所示，它的结构特点是使用波状挡边胶带。我国已独立生产出系列产品(DJ 系列)，目前多用于地面短距离输送，如洗煤厂。

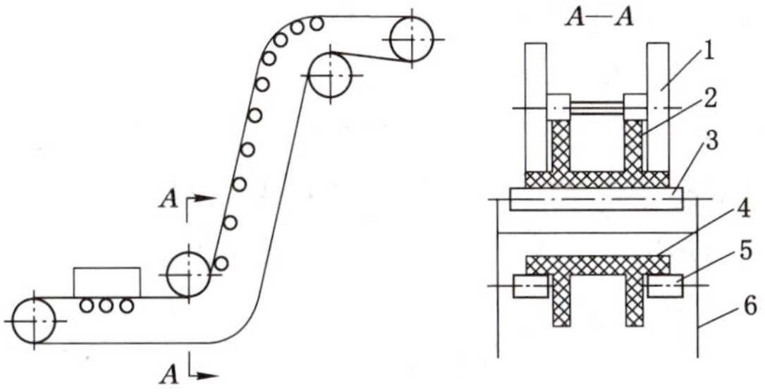

1—换向压轮；2,4—上、下胶带；3—上托辊；5—下托辊；6—机架。

图 2-2-10　波状挡边带式输送机

任务二　带式输送机主要部件的结构

带式输送机主要由胶带、托辊与机架、驱动装置、拉紧装置、制动装置、清扫装置及保护装置等部分组成。

一、胶带

胶带在输送机中既是牵引机构又是承载机构(钢丝绳牵引带式输送机除外)，所以要求它不仅要有足够的强度，还应有一定的挠性。胶带用量大，其长度为机身长的 2 倍以上，且成本高，约占输送机成本的 45%～50%。因此，在使用中应加强管理和维护，以提高胶带使用寿命。

微课资源

胶带由芯体和覆盖层组成，芯体承受拉力，覆盖层保护芯体不受损伤和腐蚀。芯体的材料有织物和钢丝绳两类，织物芯体的材料主要是棉、锦纶(尼龙)、涤纶等。覆盖层的材料有聚氯乙烯塑料(PVC)和橡胶。PVC 覆盖胶生产工艺简单、价格低、带体轻，但摩擦系数小、易老化。橡胶覆盖胶摩擦系数大，但带体较重、价格高。

1. 胶带的类型

(1) 多层芯胶带

如图 2-2-11(a)所示，多层芯胶带是由多层帆布做芯、层与层之间用橡胶黏结，外表面再覆以橡胶覆盖层、边胶，经硫化结合成整体，因此也称为分层橡胶带或普通胶带。帆布层材质主要由尼龙组成，也有部分是锦纶的。上覆盖胶接触货载，为承载面，厚度一般为 3 mm；下覆盖胶是非承载面，厚度一般为 1 mm，在使用时要正确安装。多层芯胶带强度低，且易发生层间开裂。

(2) 整编芯胶带

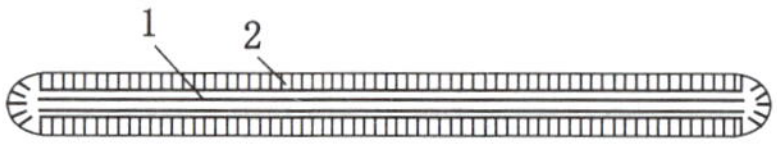

(a) 多层芯胶带

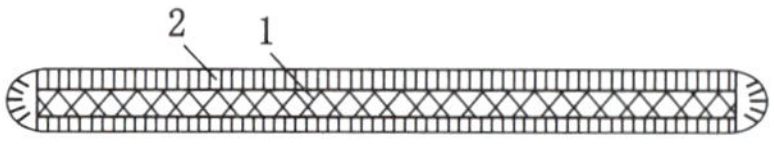

(b) 整编芯胶带

1—芯体；2—覆盖层。

图 2-2-11　织物芯胶带结构示意图

如图 2-2-11(b)所示，整编芯胶带又分为塑料整芯胶带（简称塑料带）和橡塑复合整芯胶带。塑料整芯胶带的芯体是用棉纤和合成纤维并股搓成线，按经（纵向）纬（横向）方向编织成三层或三层以上的整体织物结构，浸以塑料树脂（聚氯乙烯）塑化成型，再覆以 PVC 覆盖层加热挤压而成。橡塑复合整芯胶带的芯体与塑料带相同，区别是上、下覆盖胶用橡胶经硫化压制而成，其摩擦系数较塑料带高。整编芯胶带规格见表 2-2-1。

表 2-2-1　整编芯胶带规格

品种	带宽/mm	总厚度/mm	上覆盖胶厚度/mm	下覆盖胶厚度/mm	整芯厚度/mm	带芯抗拉强度/(N/cm)	每米自重/(N/m)
普通型	400	9	3	2	4	2 198	445
	500						556
	650	10			5	3 296	800
	800						981
强力型	800	11	3	2	6	4 905	1 060

整芯胶带的特点是成本低、强度高（带体薄、弯曲性能好，具有良好的抗冲击、抗撕裂性能，使用中不会发生层间开裂现象），但伸长率较高，一般为 1%，因而拉紧装置行程较大，是胶带发展方向之一。

（3）钢绳芯胶带

如图 2-2-12 所示，钢绳芯胶带有普通型和加强型两种。普通型由纵向排列的钢丝绳做带芯，外包芯胶和覆盖胶而成。钢丝绳结构为 7×3×3 和 7×7×7，但由于其造价较高，可采用强度与绳径相当的 7×19 或 7(W)×19 的钢丝绳替代。芯胶用具有良好黏合性能的橡胶，以保证钢丝绳具有较高的拔出强度。覆盖层的材料目前仍采用橡胶。加强型又称防撕

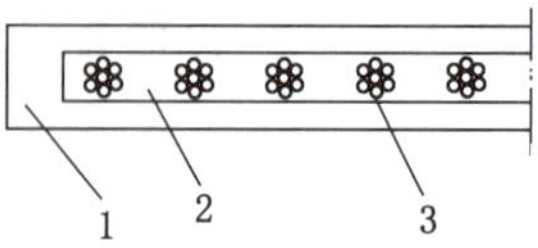

(a) 普通型

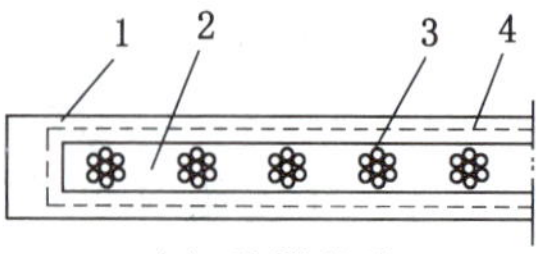

(b) 防撕裂型

1—覆盖胶；2—芯胶；3—钢绳芯；4—加强层。

图 2-2-12　钢绳芯胶带结构示意图

裂型，与普通型的区别是：在覆盖胶内，横向加了按一定间距排列的细钢丝绳或1～2层合成纤维线绳的加强体，提高了胶带的防撕裂性能。

钢绳芯胶带具有强度高、铺设长度长、伸长率小(1‰)、成槽性好等优点，但价格较贵，带体厚重、消耗功率大。其技术特征见表2-2-2。

表2-2-2　国产钢绳芯胶带技术特征表

<table>
<tr><th colspan="2">型号</th><th>ST630</th><th>ST800</th><th>ST1000</th><th>ST1250</th><th>ST1600</th><th>ST2000</th><th>ST2500</th><th>ST3150</th><th>ST4000</th></tr>
<tr><td colspan="2">胶带强度/(N/mm)</td><td>630</td><td>800</td><td>1 000</td><td>1 250</td><td>1 600</td><td>2 000</td><td>2 500</td><td>3 150</td><td>4 000</td></tr>
<tr><td colspan="2">钢丝绳直径/mm</td><td>3.0</td><td>3.5</td><td>4.0</td><td>4.5</td><td>5.0</td><td>6.0</td><td>7.5</td><td>8.1</td><td>9.1</td></tr>
<tr><td colspan="2">钢丝绳中心距/mm</td><td colspan="2">10</td><td colspan="4">12</td><td colspan="2">15</td><td>17</td></tr>
<tr><td colspan="2">上覆盖胶厚度/mm</td><td colspan="2">5</td><td colspan="3">6</td><td colspan="4">8</td></tr>
<tr><td colspan="2">下覆盖胶厚度/mm</td><td colspan="2">5</td><td colspan="5">6</td><td colspan="2">8</td></tr>
<tr><td rowspan="9">胶带宽度/mm</td><td colspan="10">钢丝绳根数</td></tr>
<tr><td>800</td><td colspan="2">75</td><td colspan="4">63</td><td colspan="2">50</td><td>—</td></tr>
<tr><td>1 000</td><td colspan="2">95</td><td colspan="4">79</td><td colspan="2">64</td><td>56</td></tr>
<tr><td>1 200</td><td colspan="2">113</td><td colspan="4">94</td><td colspan="2">76</td><td>68</td></tr>
<tr><td>1 400</td><td colspan="2">133</td><td colspan="4">111</td><td colspan="2">89</td><td>79</td></tr>
<tr><td>1 600</td><td colspan="2">151</td><td colspan="4">126</td><td colspan="2">101</td><td>91</td></tr>
<tr><td>1 800</td><td>—</td><td>171</td><td colspan="4">143</td><td colspan="2">114</td><td>103</td></tr>
<tr><td>2 000</td><td>—</td><td>—</td><td colspan="4">159</td><td colspan="2">128</td><td>114</td></tr>
<tr><td>2 200</td><td>—</td><td>—</td><td>—</td><td>—</td><td>—</td><td>176</td><td colspan="2">141</td><td>125</td></tr>
</table>

(4) 波状挡边胶带

如图2-2-13所示，该种胶带的结构特点是：在具有横向刚性基带的表面两侧，粘上适当高度的形状为可弯曲、可伸缩的波状挡边，再将具有一定强度和弹性的横隔板通过二次硫化方式粘在挡边与基带之间，使三者成为一个整体柔性带式结构。

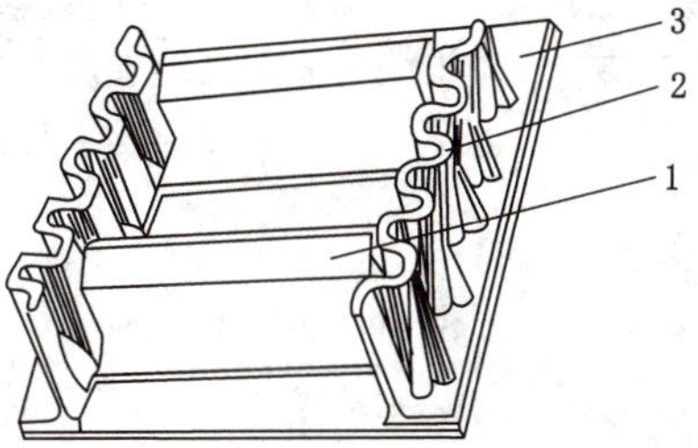

1—横隔板；2—波状挡边；3—基带。

图2-2-13　波状挡边胶带结构示意图

2. 胶带的连接

胶带限于运输的条件，出厂带长一般制成100 m，也有200 m的，使用时按需要进行连接，连接方法有如下四种：

(1) 机械连接法

机械连接法用于多层芯胶带和整芯胶带的连接。常用的胶带扣如图 2-2-14 所示，其中使用图 2-2-14(a)所示形式的胶带扣时，配有专门的钉扣机；使用图 2-2-14(b)所示形式的胶带扣时，配有专门的冲模。连接时要注意胶带切口与其中心线必须垂直，胶带扣不能歪斜，以免造成沿宽度方向受力不均，引起胶带跑偏或拉豁。

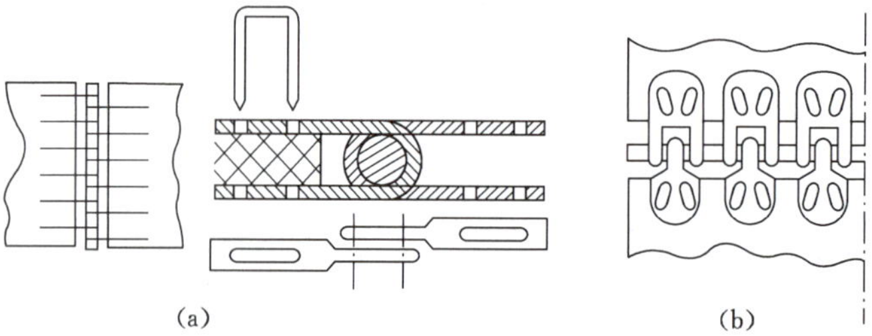

图 2-2-14　普通胶带的连接方法

(2) 硫化连接法

硫化连接法(也称热硫化)用于多层芯胶带和钢绳芯胶带的连接。其原理就是将连接用的胶料(生胶片)置于接头连接处，使用接头硫化器，加压、加热并保持一段时间，使缺少弹性和强度的胶料变成具有高弹性、高黏结强度的熟胶，把两条胶带的芯体连接在一起，如图 2-2-15 所示。硫化时多层芯胶带的两个接头按帆布层切成阶梯形斜角切口，如图 2-2-16 所示，在右接头的各阶梯层放置胶片；钢绳芯胶带的两个接头也是切成斜角切口，但两个接头的覆盖胶和芯胶要全部剥离，两端头钢丝绳分一级、二级、三级、四级 4 种搭接方式，依据胶带强度、钢丝绳直径及中心距选择搭接方式。

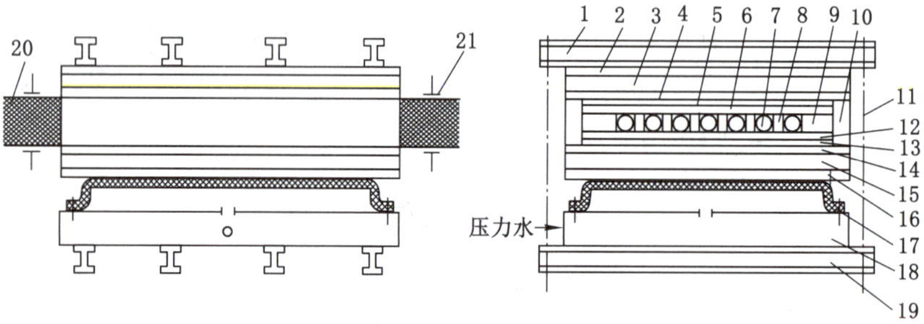

1,19—上、下横梁；2,16—上、下隔热板；3,15—上、下加热板；4,14—上、下光板；5,13—上、下覆盖胶；6,12—上、下芯胶；7—钢丝绳；8—填充芯胶片；9—边胶；10—金属横条；11—螺栓；17—水压板橡胶水囊；18—水压板；20—胶带；21—夹板。

图 2-2-15　钢绳芯胶带的硫化工艺

(3) 冷粘连接法

这种方法也称冷硫化，适用于多层芯胶带，是将糊状的胶料涂在阶梯形切口上，不需要加热，施加适当的压力并保持一定时间即可。

(4) 塑化连接法(适用于塑料带)

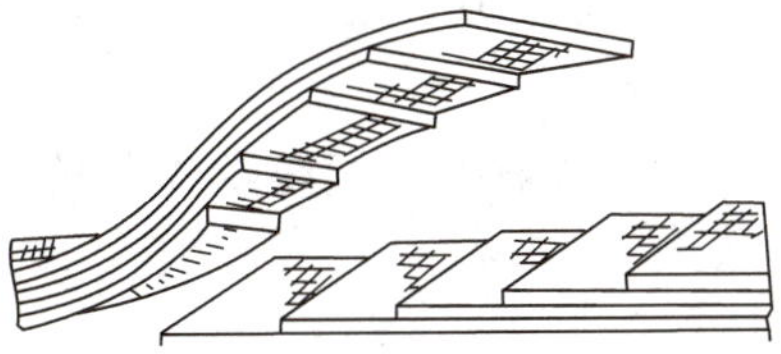

图 2-2-16　多层芯胶带硫化时的阶梯形切口

对于整编芯体的胶带，是将接头处的编织体拆散，然后将拆散的两端互相编结，包覆塑料片后施加适当的温度和压力。塑化接头的强度可达到胶带本体强度的 75%～80%。

二、托辊与机架

1. 机架

机架用于安装托辊。机架的类型有吊挂式和落地式，落地式又分为固定式和可拆移动式(图 2-2-17)。固定式用于主要运输巷道或永久铺设的地点，可拆移动式用于采区平巷。

托辊的作用是支承胶带，使胶带的悬垂度不超过技术上的要求，以保证胶带平稳运行。它的工作状态好坏直接影响输送机运行质量，且数量多，价值约占整机的 20%。

托辊的标准直径有 89 mm、108 mm、133 mm、159 mm、194 mm 和 219 mm 六种，选用时按带速选配，其转速一般不超过 600 r/min。按材质分，有无缝钢管托辊和塑料(酚醛复合材料)托辊；按用途分，有槽形、平形、V 形托辊及缓冲托辊、深槽形托辊和调偏托辊等。托辊的结构如图 2-2-18 所示，其制造质量的主要技术指标是运行阻力系数和使用寿命。

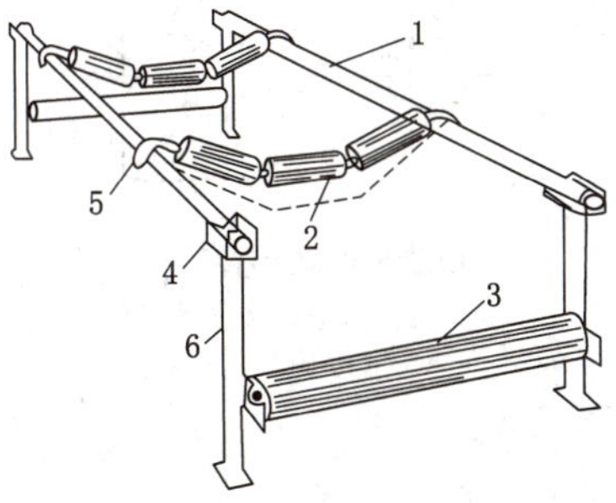

1—纵梁；2—铰接槽形托辊；3—平形托辊；
4—弹簧销；5—弧形弹性挂钩；6—支承架。

图 2-2-17　可拆移动式落地机架

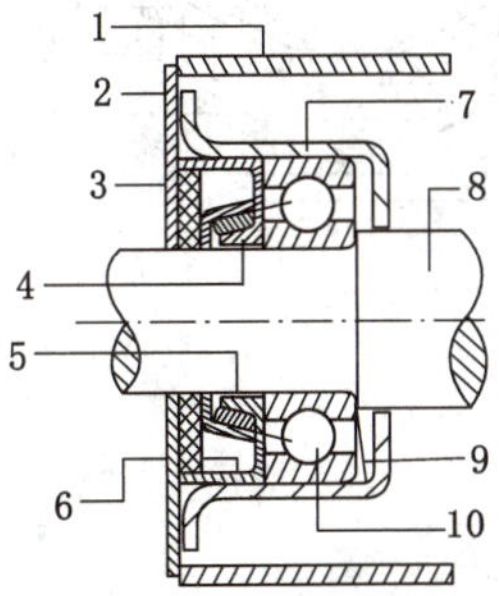

1—管体；2—端盖；3—挡圈；4—密封环；
5—O 形圈；6—机械密封环；7—轴承座；
8—轴；9—衬环；10—轴承。

图 2-2-18　托辊的结构

2. 托辊

(1) 槽形托辊：用于支承重段胶带，有固定式和铰接式两种。前者用于固定式输送机，后者用于可拆移动式输送机。其槽形角一般为 30°或 35°，各托辊间距一般为 1.2 m 或 1.5 m。

(2) 平形托辊和 V 形托辊：用于支承空段胶带，各托辊间距一般为 3 m。V 形托辊具有防跑偏作用，一般隔数个平行托辊放置一个 V 形托辊，其槽形角一般为 10°，如图 2-2-19 所示。

（3）缓冲托辊：装在输送机的装载处，用于缓冲货载对胶带的冲击。与槽形托辊的结构相同，只是在管体外部加装阻燃橡胶圈。

（4）深槽形托辊：用于倾角为 25°左右的大倾角带式输送机，支承重段胶带。常用双排四辊结构，如图 2-2-20 所示。

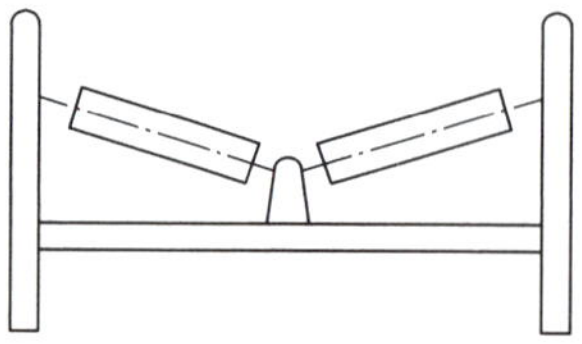

图 2-2-19 V 形托辊

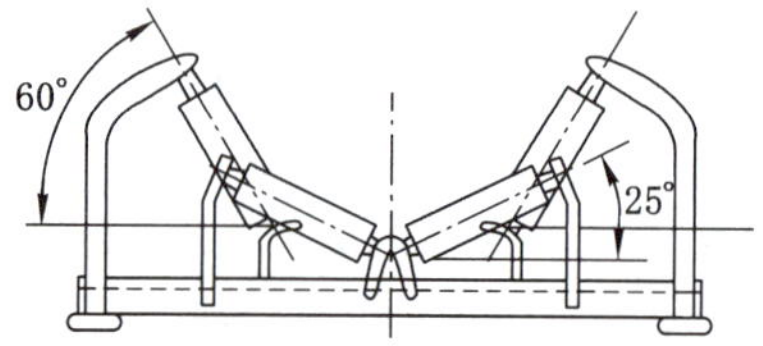

图 2-2-20 深槽形托辊结构

（5）调偏托辊：具有防止和纠正胶带跑偏的作用，主要用于固定式输送机。重载段一般每隔 10 组上托辊放置一组回转式槽形调偏托辊，如图 2-2-21 所示。回空段每隔 6～10 组下托辊放置一组回转式平形调偏托辊。两种调偏托辊的结构相似，调偏原理相同。当胶带跑偏时，碰撞立辊 1，使其带动回转架 3 及槽形托辊 2 向运行方向旋转一个角度 α。胶带给托辊的力 F 分解成为沿托辊轴线的力 F_1 和垂直于托辊轴线的力 F_2。

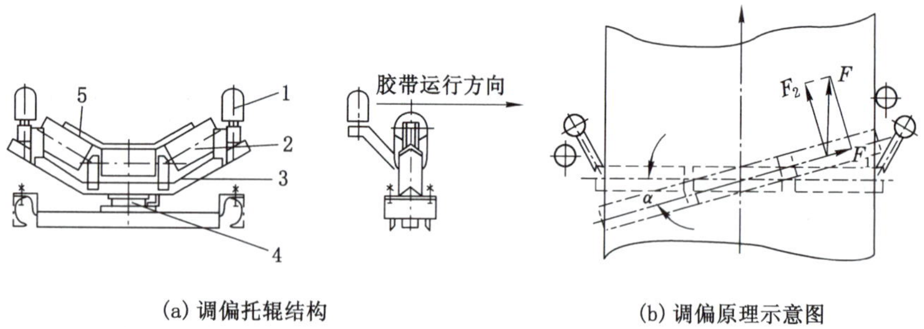

1—立辊；2—槽形托辊；3—回转架；4—回转轴；5—胶带。

图 2-2-21 回转式槽形调偏托辊

三、驱动装置

驱动装置由驱动单元（电机、联轴器、减速器）和驱动滚筒组成，其作用是给带式输送机正常运行提供牵引力。

1. 驱动装置的布置形式

（1）按驱动装置的布置位置分，有头部驱动、头尾驱动和中间多点驱动三种类型。

（2）按驱动滚筒的数量分，有单滚筒驱动、双滚筒驱动和多滚筒驱动三种。单滚筒驱动用于功率不大的小型输送机上，双滚筒及多滚筒驱动用于功率较大的大中型输送机上。

（3）按驱动单元的配置分，每个驱动滚筒可配置一个或两个驱动单元，后者对降低驱动单元的体积有利，但存在功率不平衡问题。当然一个驱动单元也可以同时驱动两个驱动滚筒。

2. 驱动滚筒

驱动滚筒有光面、包胶和铸胶之分。铸胶滚筒胶厚而耐磨，质量较好。在环境湿度小、功率不大的情况下，可采用光面滚筒；在环境潮湿、容易打滑的条件下，功率不大时可采用包胶滚筒，功率较大时宜采用铸胶滚筒。

驱动滚筒直径的大小直接影响胶带绕经滚筒时的附加弯曲应力和胶带在滚筒上的比压。为使弯曲应力不过大以及提高胶带的使用寿命，因而要限制驱动滚筒最小直径。多层芯胶带采用硫化接头时，驱动滚筒直径 $D>125i$（i 为帆布层数）；采用机械接头时，$D>100i$。对于整芯胶带，取决于带芯材质的系数与带芯厚度。采用钢绳芯胶带时，$D=(150\sim200)d$（d 为钢丝绳直径，mm）。

滚筒宽度要比胶带宽度大 100～200 mm。为了减少胶带跑偏现象，滚筒表面一般做成中间大、两头小的双锥形，其锥度一般为 1/100。

3. 驱动单元的类型

一般中小型带式输送机常采用“电机-限矩型液力偶合器-减速器”这一常规驱动形式。限矩型液力偶合器能起到软启动的作用，但不能实现可控启动。大型带式输送机由于在启（制）动过程中会产生较大的动张力，导致输送机运行不平稳，产生强烈振动和磨损，甚至难以启动和正常运行，严重时会损坏机件。为保证大型带式输送机有足够的启（制）动时间，使加、减速度控制在允许范围内，以降低动张力，均使用可控驱动装置，目前常用的可控驱动装置有交流调速拖动装置、变频调速装置、液力调速装置和 CST 可控驱动装置。

四、拉紧装置

拉紧装置的作用有两个：一是保证胶带具有足够的张力，使驱动滚筒与胶带间产生足够的摩擦牵引力；二是限制胶带在两托辊间的垂度，使输送机能正常运行。拉紧装置应尽量布置在胶带张力最小处或靠近驱动滚筒的松边处，以使拉紧装置的拉紧力与拉紧行程最小、张紧响应速度最快。按拉紧装置在工作过程中根据拉紧力是否可调分为固定式和自动式两类。

1. 固定式

固定式拉紧装置的特点是在工作过程中拉紧力恒定不可调。常用的有如下几种：

（1）螺旋式拉紧装置（图 2-2-22）：这种拉紧装置行程小，只适用于长度较短（<80 m）、功率较小的输送机。

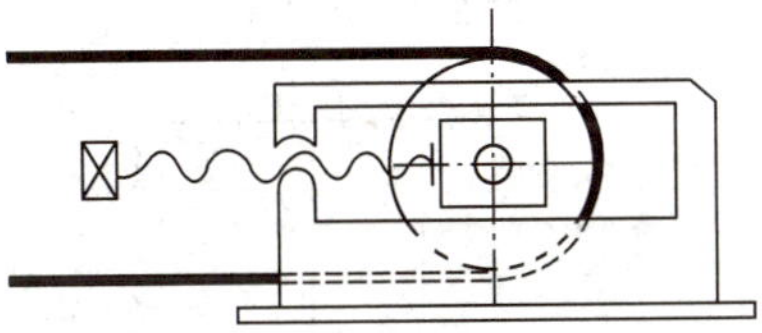

图 2-2-22　螺旋式拉紧装置

（2）重力式拉紧装置：又分为重锤式和重载车式两种。重锤式布置方式较多，如图 2-2-23 所示，其中图 2-2-23(b)所示为一种新的布置方式，绞车只作起吊重锤之用。重锤式拉紧装置的缺点是占用空间大。重载车式适于倾角大于 12°的上运输送机。

（3）固定绞车拉紧装置：布置与自动液压绞车拉紧装置基本相同，使用的是电动绞车和

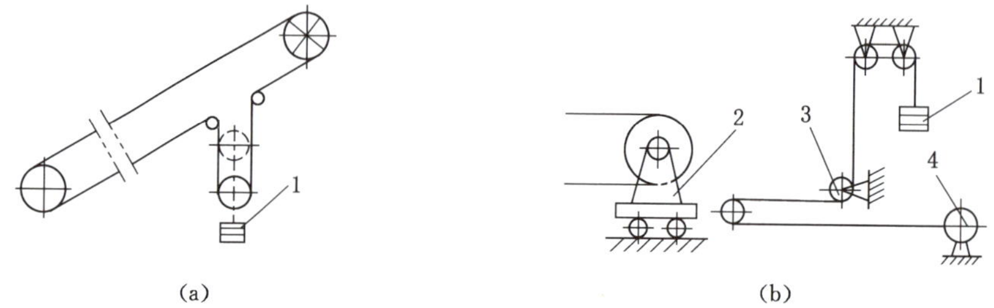

1—重锤;2—拉紧滚筒小车;3—滑轮;4—绞车。
图 2-2-23 重锤式拉紧装置

普通测力机构(只显示拉紧力大小),没有监控装置。

以上几种固定式拉紧装置的拉紧力大小是按整机重载启动时满足胶带与驱动滚筒不打滑所需张紧力确定的,而输送机在稳定运行时所需张紧力较启动时小,由于拉紧力恒定不可调,所以胶带在稳定运行工况下仍处于过张紧状态,从而影响其寿命,增加能耗。

2. 自动式

自动式拉紧装置的特点是在工作过程中拉紧力大小可调,即输送机在不同的工况下(启动、稳定运行、制动)工作时,拉紧装置能够提供合理的所需拉紧力,适用于大型带式输送机,常用的有:

(1) 自动电动绞车拉紧装置:布置与自动液压绞车拉紧装置基本相同,但使用的是电动绞车。工作时,通过测力机构的电阻应变式张力传感器模拟反应并转换为电平信号,与电控系统给定值比较,控制绞车的正转、反转和停止,实现自动调整拉紧力;缺点是动态响应差。

(2) 自动液压绞车拉紧装置:如图 2-2-24 所示,液压绞车、拉紧力传感器及电气控制装置(采用 PLC 控制)相互配合,来调整启动、运行、制动及打滑时所需的牵引力,主要优点是动态响应快、拉紧行程大,是一种极具发展前景的拉紧装置。

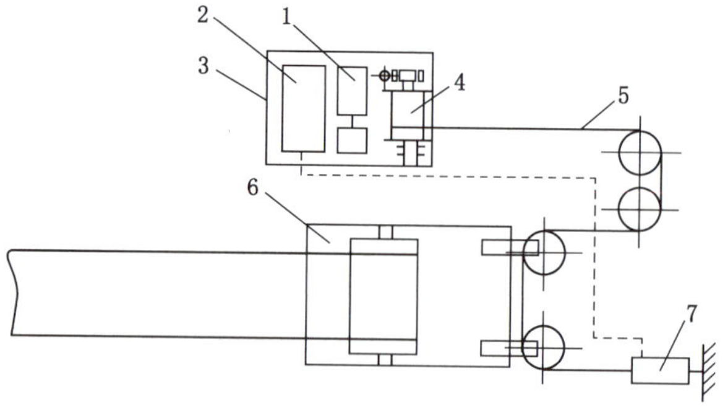

1—液压油泵;2—控制柜;3—拉紧站;4—液压绞车;5—钢丝绳;6—输送带拉紧小车;7—拉紧力传感器。
图 2-2-24 自动液压绞车拉紧装置

五、制动装置

制动装置的作用有两个:一是正常停机,即输送机在空载或满载情况下停车时,能可靠地制动住输送机；二是紧急停机，即当输送机工作不正常或发生紧急事故时（如胶带被撕裂或跑偏等故障出现时）对输送机进行紧急制动，迅速而又合乎要求地制动住输送机。

制动装置按工作性质分为制动器和逆止器两类。前者用于输送机的停车，后者用于上运输送机在停机时防止其倒转。制动装置的选用应按输送机的具体使用条件来确定。

1. 逆止器

对于上运输送机应通过具体计算来判断是否逆转，若发生逆转则安装逆止器。当一部输送机使用两个以上逆止器时，为防止各逆止器的工作不均匀性，每个逆止器都必须按能单独承担输送机逆止力矩的 1.5 倍选定。同时，在安装时必须正确确定其旋转方向，否则会造成人身伤害和机器损坏。

（1）滚柱逆止器

如图 2-2-25 所示，星轮装在减速器低速轴背离驱动滚筒的轴身上，同滚筒转向一致。固定圈固定在地基上。向上运输时，星轮切口内的滚柱位于切口的宽侧，不妨碍星轮在固定圈内转动。停车后，输送带带动驱动滚筒倒转时，星轮反向转动，滚柱挤入切口的窄侧，滚柱越挤越紧，将星轮楔住，滚筒被制动不能倒转。目前，TD 型带式输送机中已广泛使用这种逆止器。

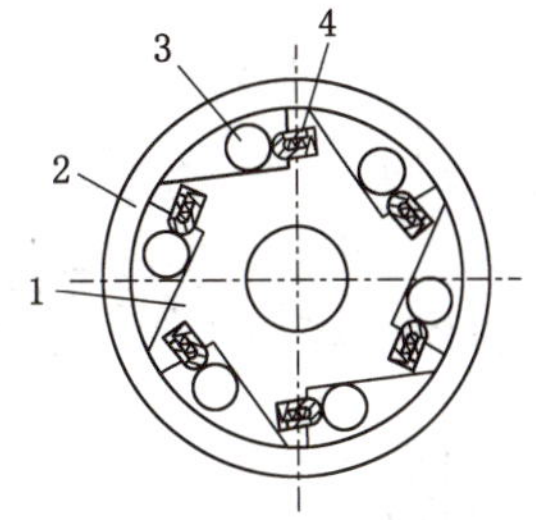

1—星轮；2—固定套圈；3—滚柱；4—弹簧柱销。

图 2-2-25　滚柱逆止器

（2）非接触式逆止器

非接触式逆止器是由楔块超越离合器演变而来的新型逆止装置，采用先进的非接触式楔块逆止结构，其综合性能优于其他逆止装置，逆止力矩大。安装在减速器的高速轴轴身上，结构组成如图 2-2-26 所示，主要由内圈 1、楔块 4、外圈 5 等组成。

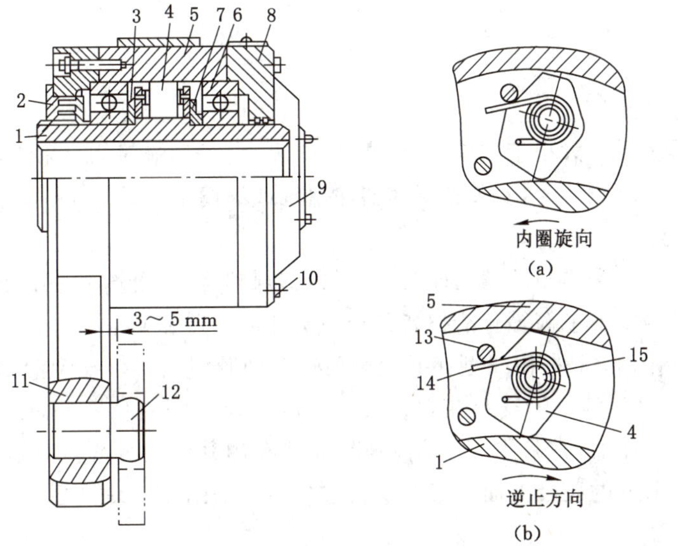

1—内圈；2—密封圈；3—固定挡环；4—楔块；5—外圈；6—向心球轴承；7—挡环；8—端盖；9—盖；10—螺钉；11—防转端盖；12—销轴；13—挡销；14—复位弹簧；15—圆柱。

图 2-2-26　非接触式逆止器

2. 制动器

(1) 电动液压推杆制动器

如图 2-2-27 所示，这种制动器可用于水平、向上、向下运输的输送机，但制动力矩小，安装在减速器一轴或二轴上。制动器通电后，由电力液压推动器推动制动杠杆松闸，失电时靠弹簧抱闸，制动力是由弹簧和杠杆加在闸瓦上的。电力液压推动器的结构原理如图 2-2-28 所示。通电时，伸进电机轴盲孔中的传动轴 7 及固定在传动轴上的叶轮 6 随电机 8 一同高速旋转，将液压缸 3 内活塞 5 上部的油液吸到活塞与叶轮下部，形成压差，迫使活塞及固定在活塞上的推杆 4 随传动轴和叶轮一同上升，举起制动杠杆 9(图 2-2-27)；断电后，推杆在制动弹簧的作用下复位。叶轮与活塞下部的油液则通过叶轮径向叶片间的流道，被重新压到活塞上部。

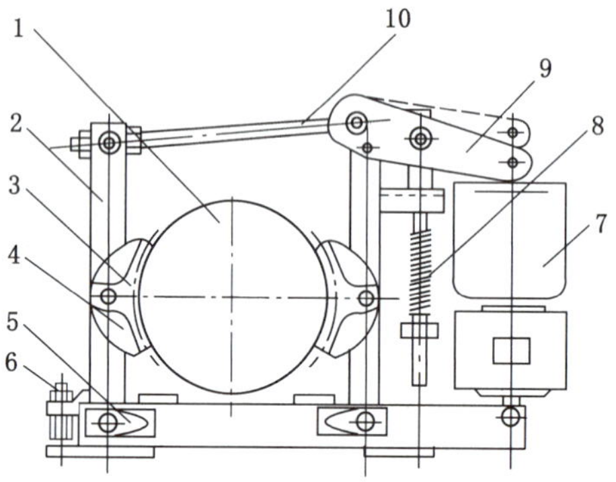

1—制动轮；2—制动臂；3—制动瓦衬垫；4—制动瓦块；
5—底座；6—调整螺钉；7—电力液压推动器；
8—制动弹簧；9—制动杠杆；10—推杆。

图 2-2-27 电动液压推杆制动器

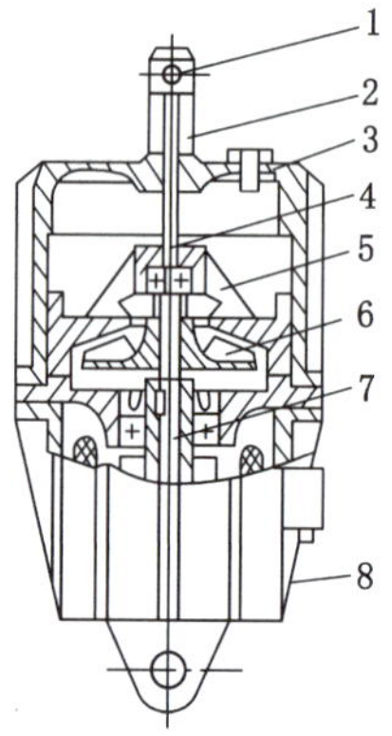

1—连接块；2—护管；3—液压缸；
4—推杆；5—活塞；6—叶轮；
7—传动轴；8—电机。

图 2-2-28 YD 型单推杆电力液压推动器

(2) 盘式制动器

这种制动器多用于大型带式输送机，水平、向上、向下运输时均可采用，但下运时必须加强制动盘及闸瓦的散热能力，安装在减速器输出轴或滚筒轴上。

六、清扫装置

清扫装置的作用是清扫胶带表面的黏着物，如煤粉等，防止黏结在滚筒表面，引起胶带磨损、跑偏、电机功率不平衡等。清扫装置分为头部清扫器和回空段清扫器。头部清扫器用于清扫胶带的工作面，常采用 H 型和 P 型硬质合金橡胶清扫器。H 型清扫器安装在头部卸载滚筒的前下方；P 型清扫器安装在卸载滚筒分离点处后面的胶带下面。回空段清扫器用于清扫胶带的非工作面，常采用 V 型清扫器，安装在卸载滚筒分离点处后面的胶带上面和机尾滚筒相遇点前方的胶带上面。其基本组成与布置如图 2-2-29 所示。

七、保护装置

为使带式输送机高效、安全运行，必须安装有关的保护装置。

1. 打滑保护装置

(1) 安装位置

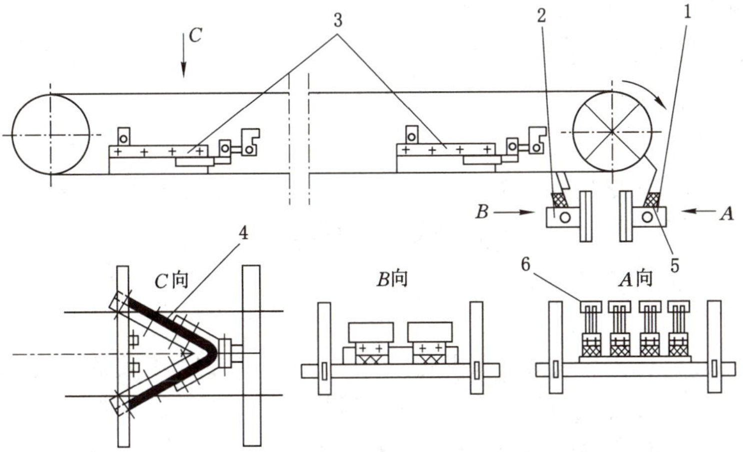

1—H 型清扫器；2—P 型清扫器；3—V 型清扫器；4—橡胶带；5—橡胶弹性体；6—合金钢刮刀。
图 2-2-29　带式输送机清扫装置

① 磁铁式传感器：将磁铁安装在改向滚筒的侧面，速度传感器安装在与磁铁相对应的胶带架上，速度传感器探头的中心应对准磁钢的中心，两者皆要用螺丝固定牢固，间距 5～10 mm，动作灵敏可靠。

② 滚轮式传感器：应将速度传感器安装在机头卸载、导向或驱动滚筒的回程胶带上表面，并使胶带与滚轮保持足够的驱动摩擦力，要求固定牢固，偏离胶带中心线不超过±100 mm。

(2) 试验方法

① 磁铁式传感器打滑保护：在带式输送机正常空载运行状态下，按动试验按钮，使保护输出回路断电，保护装置报警，输送机停止运行。

② 滚轮式传感器打滑保护：在带式输送机正常空载运行状态下，用制作的专用工具将滚轮提起使其脱离胶带表面，保护装置报警，输送机停止运行。

2. 堆煤保护装置

(1) 安装位置

① 两部带式输送机转载搭接时，堆煤保护传感器在卸载滚筒正中前方吊挂，传感器触头水平位置应在落煤点的正上方，距下部胶带上带面最高点距离不大于 500 m，根据实际可适当调整，保护触头吊挂高度不高于卸载滚筒下沿，安装时要考虑到洒水装置工作状况，防止堆煤保护误动作。

② 胶带与受煤仓直接搭接时，应安装在距煤仓口上 1 000～1 500 mm 的位置，且在落煤点外 500～1 000 mm 适当位置。

③ 胶带与溜煤槽搭接时，堆煤保护传感器触头安装在卸载滚筒侧面，水平位置距卸载滚筒外沿不大于 200 mm，根据现场情况可适当调整，保证保护触头吊挂高度不得高于卸载滚筒下沿。

④ 堆煤保护控制线应自巷道顶板垂直引下，传感器触头垂直吊挂，并可靠固定，严禁随

风流摆动，以免引起保护误动作。

⑤ 带式输送机机头安装有除铁器或其他设施，堆煤保护传感器安装时，应加工专用托架安装，确保传感器固定牢固。

（2）试验方法

在带式输送机正常空载运行状态下，人为扳动堆煤开关的接触棒或将电极式煤位探头接地，使保护动作，保护装置报警，输送机停止运行。

3. 跑偏保护装置

（1）安装位置

在距带式输送机机头卸载滚筒和机尾滚筒 10～15 m 处的上胶带两侧，各安装一组跑偏保护传感器，并用专用托架固定，使保护传感器导杆摆动方向与胶带运行方向垂直。当输送带跑偏时，保护传感器导杆动作距离不得超出托辊端部边缘 20 mm，实现停车。

带式输送机长度小于 50 m 时，只在距输送机机头 5～10 m 处的上胶带两侧各安装一组跑偏保护传感器。当带式输送机坡度变化时，应在变坡位置安装一组。

（2）试验方法

在带式输送机正常空载运行状态下，人为地推动跑偏传感器导杆，使限位开关动作，保护装置报警，输送机自动停机，松开传感器导杆，能立即自动复位。

4. 撕裂保护装置

（1）安装位置

撕裂传感器安装在胶带落煤点向机头方向（即煤流运行方向）10～15 m，并位于上、下层胶带之间，保持与胶带平行，固定要牢固。

（2）试验方法

① 光电式保护：在带式输送机正常空载运行状态下，人为用障碍物挡住光电开关红外线输出端，保护装置报警，输送机停止运行。

② 压力式保护：在带式输送机正常空载运行状态下，人为往保护装置上放超过 0.2 kg 的自制试验重锤，保护装置报警，输送机停止运行。

5. 急停闭锁保护装置

（1）安装位置

沿线急停开关，必须有双向闭锁功能。沿线急停保护安装在带式输送机架的行人侧，机头、机尾必须保证全覆盖，且急停保护装置安装间距不得大于 100 m，在任何一边的拉线上施加 40～200 N 的力时，双向急停开关能终止带式输送机的运行。拉线应优先选用保护厂家配套专用拉绳，并用专用挂钩悬挂在机架纵梁上，确保无卡阻。

（2）试验方法

带式输送机正常空载运行状态下，人为拉动任一拉线，保护开关动作，并闭锁停车。

每周用拉力计对各部输送机逐个沿线拉线保护试验，保证拉力在 40～200 N 之间能触动急停保护开关动作，并闭锁停车。

6. 温度保护装置

（1）安装位置

所有驱动滚筒均应安装温度保护装置，温度传感器检测滚筒包胶面中部温度。测温点距驱动滚筒包胶面10～15 mm，动作设定值为(42±2) ℃；红外线式温度传感器按照说明书中规定的检测距离进行安装，动作设定值为(70±2) ℃。传感器必须用专用支架固定，保证牢固可靠。当测温点温度升高超过规定值时，应报警，并终止带式输送机运行，同时启动自动洒水装置，喷水降温。

(2) 试验方法

① 按动温度传感器红色试验按钮进行试验，保护装置报警，同时启动自动洒水装置。

② 传感器本身无试验按钮时，要外接试验按钮，人为按动试验按钮，使保护输出回路导通，保护装置报警，同时启动自动洒水装置。

7. 烟雾保护装置

(1) 安装位置

井下带式输送机的烟雾保护传感器应安装在输送机机头驱动滚筒下风侧10～15 m处的胶带正上方(采用双驱的，应以前驱动滚筒为安装基准)，烟雾传感器应垂直吊挂，距顶板不大于300 mm，当输送机为多滚筒驱动时，驱动滚筒之间超过20 m距离应分别安装烟雾传感器。

储装运系统及地面带式输送机的烟雾保护传感器应安装在驱动滚筒正上方，垂直吊挂，距顶部不大于300 m。

(2) 试验方法

① 按动传感器红色试验按钮进行试验，保护装置报警，同时启动自动洒水装置。

② 传感器本身无试验按钮时，要外接试验按钮，人为按动试验按钮，使保护输出回路导通，保护装置报警，同时启动自动洒水装置。

8. 自动洒水装置

(1) 安装位置

自动洒水装置的水源闸阀应处于常开状态，自动洒水电磁阀固定在输送机各驱动滚筒一侧胶带架上，喷头应保证喷水时水幕能对驱动滚筒和接触面胶带全覆盖。

(2) 试验方法

洒水装置的电磁阀动作可靠性试验，与温度、烟雾保护试验一并进行。

9. 张紧力下降保护装置

(1) 安装位置

① 限位保护：其安装应保障张紧装置正常运行状态下的自由工作行程，当张紧装置大于自由工作行程100 mm时，能够安全动作停车。

② 液压张紧装置保护：按计算压力与PLC程序配套设置工作行程。

(2) 试验方法

① 限位保护试验：带式输送机正常空载运行状态下，人为地触动传感器，使限位开关动作，自动停机为正常。

② 液压张紧装置试验：在停机且张紧力正常状态下，人为调整溢流阀(或启动张紧车松弛张紧钢丝绳)，使液压站压力下降至下限时，PLC控制箱故障灯亮，且液压站能自动工作

则说明正常。

目前，国内外大型带式输送机采用了永磁变频一体机或永磁电动滚筒装置，开发了先进的电气控制技术以及数据采集、处理、存储、传输、故障诊断与查寻等完善的自动监控技术。该系统除了自动监控输送机的启（制）动、带速同步与功率平衡等外，还对各种保护与安全装置、输送带张力与接头强度、驱动滚筒与托辊轴承温度、输送量计量等进行监测，可根据沿线煤流量大小自动控制胶带转速，达到节支降耗的作用。

任务三　带式输送机的安装、使用与维护

一、安装与试运行

带式输送机由于具有长距离连续运输、运行可靠与易于实现自动化等特点，在各行各业得到了极其广泛的应用。尤其是在矿山，已成为地面和井下原煤的主要运输设备，而且许多煤矿正在向“运煤胶带化”方向发展。

1. 安装

(1) 在纵向方向上，机头、机尾滚筒宽度中心线及机身应成一条直线，且机身要平。

(2) 在横向方向上，各滚筒轴线、机架及托辊轴线应与输送机的中心线互相垂直。

(3) 整机及各部件安装后应达到总装图的技术要求和有关规范的要求。

2. 试运行

首先应进行试运行前的全面检查，无问题后做空转试运行，先做未装胶带的空运转，检查驱动装置、张紧绞车、卷带装置等运转部件是否运转正常及各轴承温升情况。运行合格后，再做装上胶带的试运行，主要观察是否打滑和跑偏，若有应做相应的处理。空运行一切正常后，方可加载运行，加载应从轻载、半载到满载逐级进行，正常后再做重载启动运行。

二、使用与维护

1. 使用

(1) 司机必须按规定信号开、停带式输送机。检修设备时，维护工必须通知司机停机、闭锁电气控制开关后方可作业。检修完毕试机时必须与司机联系，通知周围有关人员后，方可发出信号送电试机。

(2) 发现胶带松弛应立即张紧，紧带过程中严禁用手掰、撬棍别。运行中拉紧车和钢丝绳，严禁用手或任何工具清理托辊、滚筒上的黏结物，转动不灵活的托辊要及时更换。

(3) 在更换胶带或做胶带接头时，如确需点动开机拉动胶带时，严禁操作人员站在转动部位上方。胶带跑偏时应及时调整，处理跑偏时严禁手抓脚蹬运行中的输送带。

(4) 停机时，无特殊情况应将胶带上的煤拉空，避免重载启动，严禁重载频繁启动。

2. 维护

维护工作分为日检、周检、月检、半年检。应按照各类检查规定的检查内容进行，发现问题应及时处理。每种带式输送机的部件润滑有其各自的规定，应按该机使用维护说明书严格执行，以确保设备正常运行。

三、典型故障分析与处理

典型故障及处理方法见表 2-2-3。

表 2-2-3　典型故障及处理方法

序号	故障现象	原因	处理方法
1	电机不能启动	1. 电气线路损坏； 2. 单相运转	1. 检查线路，修理损坏部分； 2. 检查并排除
2	电机温度过高	1. 超负荷运转； 2. 通风散热条件不好	1. 减小负荷； 2. 清扫电机周围的杂物
3	减速器声音不正常	1. 伞齿轮调整不合适； 2. 轴承或齿轮磨损严重； 3. 轴承游隙过大； 4. 减速器内有金属杂物	1. 重新调整好伞齿轮； 2. 更换损坏或磨损的部件； 3. 重新调整； 4. 清除杂物
4	减速器温度过高	1. 润滑油污染严重； 2. 油量少，未达到规定要求； 3. 冷却不良，散热不好	1. 更换润滑油； 2. 按规定注油； 3. 清除减速器周围的杂物和散落的煤
5	减速器漏油	1. 密封圈损坏； 2. 箱体接合面不严，各轴承端盖螺钉松动	1. 更换密封圈； 2. 拧紧螺钉
6	胶带跑偏	1. 胶带接头不正； 2. 托辊和滚筒安装位置不对； 3. 托辊卡住； 4. 托辊表面粘有煤泥； 5. 输送机装载点位置不正	1. 重新接头； 2. 调整位置，使托辊和滚筒的轴线与输送机的中心线相互垂直； 3. 处理被卡住的托辊； 4. 将粘的煤泥清理掉； 5. 调整装载点位置
7	胶带打滑	1. 滚筒上有水； 2. 胶带过松	1. 将滚筒上的水清理干净； 2. 重新拉紧胶带
8	胶带突然停住	1. 被物料卡住； 2. 制动闸挤住； 3. 传动滚筒或机尾滚筒被卡死	1. 清除物料； 2. 检查制动阀； 3. 更换轴承或损坏的滚筒
9	胶带因超速造成多次停车	1. 过载； 2. 胶带速度控制装置不能起作用	1. 减少承载量； 2. 检查带速，更换或重新调整胶带速度控制装置
10	胶带撕裂	1. 胶带被外来物卡住； 2. 接头损坏或接头方式不对； 3. 预拉紧力过大	1. 排除外来物件； 2. 检查接头或重新接头； 3. 检查预拉紧力

任务四　主煤流智能控制系统

煤矿主煤流输送系统，由工作巷带式输送机、大巷带式输送机、主斜井带式输送机和原煤上仓带式输送机等组成。主煤流输送系统各条带式输送机均采用高压变频装置驱动，电控全部由分布式 PLC 控制系统集成，实现了对整个煤流输送系统的地面远程集控。煤矿主煤流智能化管控系统将煤炭矿井主煤流输送系统带式输送机的变频驱动、集中控制、综合保护等进行系统整合，实现管控系统整体的标准化、模块化和智能化；实现对主煤流输送系统中各带式输送机、各关键工艺性能参数的检测与监控，通过对检测到的数据进行对比、分析和运算，并以运算结果为依据，实现管控系统对整个主煤流输送系统运行过程的智能化管控。

一、智能管控系统

(1) 智能管控系统自动计算出不同负载情况下，整个矿井输送系统不同设备的最优启动方式和启动顺序，主煤流输送系统 PLC 控制设备的各个监测分站接收集控平台发出的设备运行方式指令，控制变频调速装置，实现不同带式输送机按最优启停方式运行，实现全系统智能调节、供电平衡和能效最优。

(2) 基于历史启动记录和设备可靠性，启停智能管控系统根据顺煤流、逆煤流启动顺序或设备历史启停记录得出最可靠的启动顺序对输送系统智能调整(如先启动可靠性最低的带式输送机，或工作巷带式输送机、大巷带式输送机、主斜井带式输送机和原煤上仓带式输送机按合理的顺煤流输送启动方式等)。

(3) 智能管控系统的自主学习功能可以确定不同负载情况下(空载、半载、满载等)顺利完成启动时的最优曲线及参数情况。启停时，根据停机前带式输送机负载状况，选择相应启动模式，并根据实际运行情况进行自适应调整，以提高启动成功率、缩短启动时间，降低对启动、制动设备的要求，降低系统运行噪声，减少扬尘，提高物料在输送带上的稳定性。

(4) 智能管控系统根据生产情况，结合产运销计划，优化调整矿井产量，实现以销定产。

(5) 根据设备管理模块提供的历史维修数据，确定最佳停产时间，合理安排停产维修和生产作业时间。

(6) 智能管控系统能通过数据分析自动生成主煤流输送系统的供电损耗曲线，并通过与电网峰谷用电数据的结合，给出主煤流输送系统的最佳运行时间，使系统实现错峰用电，合理利用阶梯电价，实现降低生产成本的目的。

(7) 智能管控系统根据开采方式，地测系统数据，监测到的采煤机信息、三机信息以及支架的信息，通过后台运算，测算出工作面煤量，经自动分析、智能调速，即根据管控的带式输送机输送煤流量变化，按照煤流量适时调整带式输送机带速，实现设备的智能调速，能够解决不必要的能源浪费，进一步实现降低生产成本的目的。

二、自主学习

通过建立正常生产情况下的生产标准化作业模板——按矿井主煤流输送系统布置情况、各条带式输送机负载记录、各主要设备可靠性数据等，分析得出主煤流输送系统的最佳启动模板，也可以通过相应规则自主学习，得出设备运行状态最优模板、设备故障维修最优模板、设备维护保养最优模板等，并将各项最优模板整合为标准模板。智能管控系统通过对主煤流输送系统的运行数据进行采集，在经过实时分析后，生成相应的曲线图或数据表，并对比系统自主学习整合的各项标准模板，评价当前主煤流系统各设备的运行状态、维护保养情况、故障维修情况是否符合标准模板要求，并给出相应的改进建议。智能管控系统通过界面显示的方式，实时反映主煤流系统在启动过程中各个环节的状态、命令执行过程、主要技术参数，同时，与正常启动模板比较后自动调整至最佳启动参数，实现整个系统在最优模式下启动。智能管控系统通过不断地自主学习，针对当前生产方式或设备运行情况，可以形成新的模板替换历史模板，自主整合生成更加合理的标准模板，从而指导主煤流输送系统在不同负载情况下（空载、半载、满载等）顺利完成启动时的最优曲线及参数情况，指导各带式输送机根据停机前带式输送机负载状况，选择相应启停模式，提高启动成功率、缩短启动时间，降低对启动、制动设备的要求，降低系统运行噪声，减少扬尘，提高物料在输送带上的稳定性，从而保证主煤流输送系统实现最优的运行状态。

三、智能负载监测及视频预警

每个监控系统都要将监控数据发送到集中控制器或上位机，由控制器或上位机统一调配控制：① 安装带式输送机计量设备，实时计算各带式输送机负载及负载分布情况；② 通过各落煤点视频信号，结合带式输送机速度，实时把握带式输送机负载，动态计算各带式输送机、各区域负载；③ 视频预警，通过对数字高清摄像机获得图像进行处理，显示输送带上煤流的轮廓，当出现异常物体（如违规人员、锚杆、大块物料等）时，及时报警，提示相关人员及时采取合适的措施，以防止事故的发生。

四、主煤流输送控制系统监控范围

（1）所有运输系统带式输送机均采用保护控制装置，实现对主运系统各带式输送机、给煤机等设备的启停控制及紧急闭锁、二级跑偏、输送带打滑、纵向撕裂、超温洒水、烟雾、电机故障等信号的显示、分析和报警功能。

（2）实时在线检测系统故障参数，如过流，短路，电机堵转，主电机超温，功率不平衡度超限，带式输送机保护系统中打滑超温、急停等故障信息。

（3）监测运输系统相关的破碎设备、输送带的各项技术参数。智能化主煤流输送系统可实现带式输送机运行过程的智能化管控。在矿井调度室实现矿井主煤流输送系统各带式输送机的远程在线监控。调度室操作员经授权后可以在监控画面上通过点击软按钮实现在非 PLC 程序联锁控制条件下的远程启停控制功能。另外，矿井各带式输送机监控系统的画面和数据均可连接到企业管理网，任意一个具有权限的办公电脑均可在任意时刻查看监控系统的运行参数，了解系统各设备运行情况。

项目三　矿用无轨运输车辆

任务一　矿用无轨运输车

煤矿井下无轨辅助运输设备以防爆低污染柴油机或防爆蓄电池为动力，以抗静电胶轮或履带为行走机构，主要用于煤矿井下运送人员、设备、锚喷材料、混凝土等物料，以及进行巷道工程和采煤工作面搬家等运输作业。本任务讲述的是以防爆柴油机为动力、以抗静电胶轮为行走机构的防爆无轨胶轮车。

微课资源

一、防爆无轨胶轮车的特点

与轨道辅助运输相比较，无轨胶轮车运输主要有以下特点：

（1）可实现一次装载后从地面至工作面或工作面至地面作业场所，无须转载。从而简化了辅助运输系统，减少了从事辅助运输的工作人员，提高了生产效率。

（2）可实现一机多用，并可实现集铲装、运输、卸料功能于一机。有利于文明生产，又能提高生产效率，降低劳动强度。

（3）机动灵活、操作简单、安全性好，特别适合于沿煤层开采的多分支巷道辅助运输。

二、防爆无轨胶轮车的分类

（一）按用途分类

按用途无轨胶轮车可分为运送人员、物料、设备的运输类车辆，以铲、运、卸物料为主的铲运类车辆和具有专项功能的特种类车辆三种。

1. 运输类车辆

该类车辆主要用于人员、材料和设备的运输。使用时车辆在井口或井底车场装载后把人员或物料运输到工作面或卸料点，可自行完成卸料或用铲运类车辆来配合卸载。该类车辆是井下车辆中需求量最大的车型。其代表车型有 WC3J、WC20R、WC3E、WC5E、WC8E 等。

2. 铲运类车辆

该类车辆是以铲斗、铲板或铲叉等作为工作装置，给运输类车辆装卸载，也可在井下进行短距离设备和物料的铲装运输，完成清理巷道和参与巷道工程的运输工作，并可加装升降平台或小吊臂后完成顶板作业和其他辅助作业。其代表车型有 FBZL16、FBZL30 防爆装载机，WJ-4FB、WJ-6FB 防爆铲运机，ED25 铲板式支架搬运车等。

3. 特种类车辆

该类车辆是用于完成井下辅助性或特殊性任务的车型，如用来喷灭巷道中灰尘的洒水车、进行人员救护的救护车、用于给设备加注油料的加油车、用于设备吊装维修的维修（工具）车以及特大型设备运输的专用运输车（生产服务中心特种车辆）等。

（二）按结构特征分类

按结构特征无轨辅助运输设备可分为铰接式车架类车辆和整体式车架类车辆两大类。

1. 铰接式车架类车辆

该类车辆的结构类似地面工程机械类车辆：前、后机架通过中央铰接轴连接成一体，使用液压缸一推一拉来实现车辆水平范围内的折腰转向。其特点是机架刚性大、抗碰撞能力强、转弯半径小。其代表车型主要有 WC3、WC3Y（D）、WC3E、WC5、WC5E、WC8E、ZL16EFB、ZL30EFB、WJ-4FB、WC25EJ、WC40Y 等。图 2-3-1 所示为铰接式车架类车辆结构。

图 2-3-1　铰接式车架类车辆结构

2. 整体车架类车辆

该类车辆类似普通汽车，或直接将地面使用的普通汽车进行防爆改装。由于结构类似普通汽车，所以采用了 70%～80%普通汽车的零部件，如车架、传动、悬挂、操纵和驾驶室等，然后更换了防爆柴油机动力装置、加装了防爆安全保护监控系统。另外，将照明灯、信号灯、发电机、调节器等所有电气元件全部改用有安全标志准用证的防爆电气件。其代表车型有 WqC2J、WC3J、WC20R 等。图 2-3-2（a）所示为防爆无轨胶轮车，图 2-3-2（b）所示为 WC7RE 防爆指挥车。

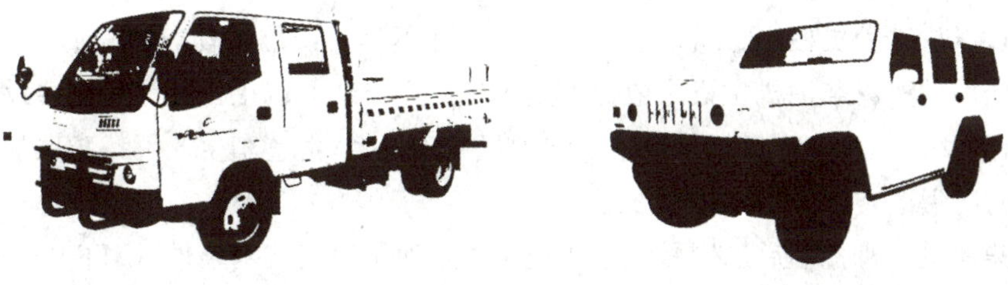

(a) 防爆无轨胶轮车　　(b) WC7RE 防爆指挥车

图 2-3-2　整体车架类车辆

任务二　基本工作原理与结构特征

微课资源

防爆无轨胶轮车大部分是以防爆柴油机为动力，以轮胎为行走系，加装防爆电气元件、防爆安全保护监控系统的煤矿辅助运输设备，主要由防爆动力系统、传动系统、机架、液压系统和电气系统组成。

一、动力系统

防爆动力系统主要是由防爆柴油机主机、进气系统、排气系统、冷却系统和自动保护监控装置组成，如图 2-3-3 所示。

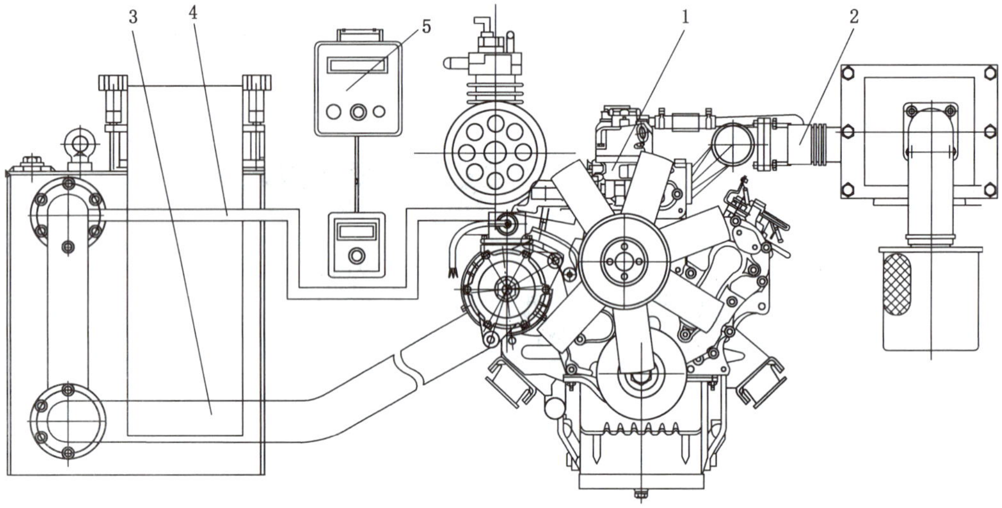

1—防爆柴油机主机；2—进气系统；3—排气系统；4—冷却系统；5—自动保护监控装置。

图 2-3-3 防爆动力系统

1. 防爆柴油机主机

防爆柴油机是可用于爆炸性气体环境，具有防爆性能，在爆炸性环境中工作不会点燃环境气体，且排放气体指标符合标准的要求。目前国内生产的柴油机主机原服务对象都是针对汽车、拖拉机、工程机械、农用机械等地面车辆，并不具备防爆功能，所以国产无轨辅助运输设备上使用的防爆柴油机主机一般是由整车生产厂与柴油机主机生产厂联合设计改进研制的，即由柴油机主机生产厂提供合适的柴油机基础机型，由整车生产厂按防爆规定提出要求联合进行防爆改装。

选定柴油机主机机型后，必须按照《矿用防爆柴油机通用技术条件》(MT 990—2006)中规定的有关条款进行严格防爆改造后方可使用。

2. 进气系统

进气系统由空气滤清器、进气箱(内有阻火器)、进气波纹管、进气关断阀等组成，如图 2-3-4 所示。进气系统的作用是将外界的新鲜空气吸入柴油机气缸中，与适时喷入的燃油形成混合气体进行爆燃。

进气阻火器由阻火器外壳和阻火元件组成，按照结构可以分为两种：栅栏型(图 2-3-5)和珠型(图 2-3-6)。其作用是防止柴油机气缸可能返回的火星直接通向大气而引燃工作环境中的可燃气体。

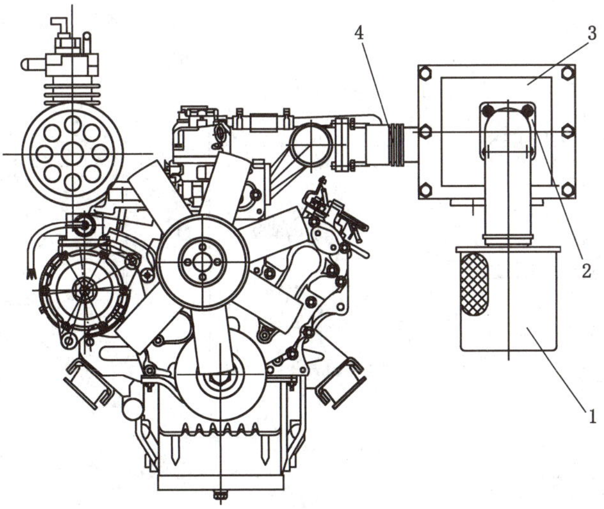

1—空气滤清器；2—空气关断阀；3—进气箱；4—进气波纹管。

图 2-3-4　进气系统

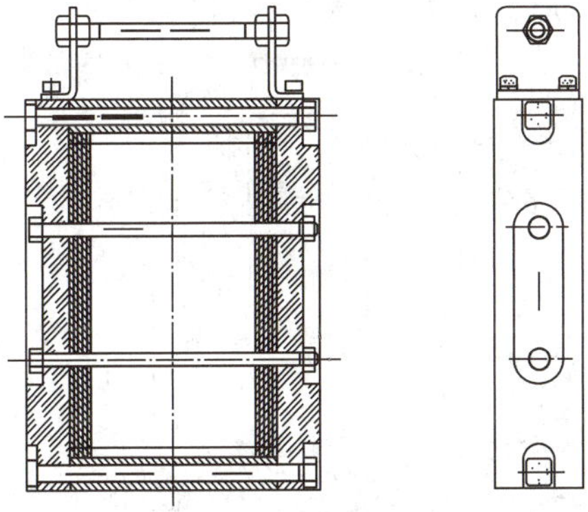

图 2-3-5　栅栏型阻火器结构图

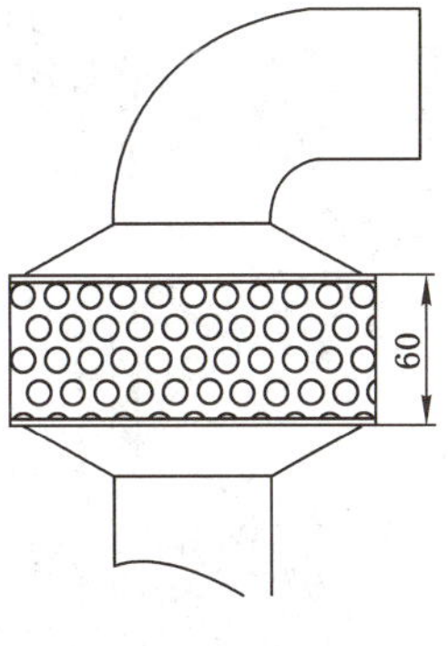

图 2-3-6　珠型阻火器结构图

进气关断阀（图 2-3-7）是安全保护中的执行机构之一，其作用是在车辆检测到某一项保护指标超标时切断进气，如车辆飞车（柴油机失速）时切断进气，强行将柴油机熄火停车。

3. 排气系统

排气系统由水冷式排气歧管（对增压柴油机必须还有水冷式涡轮增压器）、水冷排气波纹管、废气处理箱、排气阻火器和补水箱等组成，如图 2-3-8 所示。排气系统的作用是将防爆柴油机气缸燃烧后的废气通过排气歧管→排气波纹管→排气管→废气处理箱排向大气的。

水冷式排气歧管的结构与普通柴油机排气歧管结构的不同点是防爆柴油机水冷式排气歧管为双层结构，即其外层和内层之间是封闭的水通道。通过水通道内循环水的冷却，一方面初步冷却了排出的废气，另一方面确保了排气歧管的外表面温度不超过 150 ℃。排气波

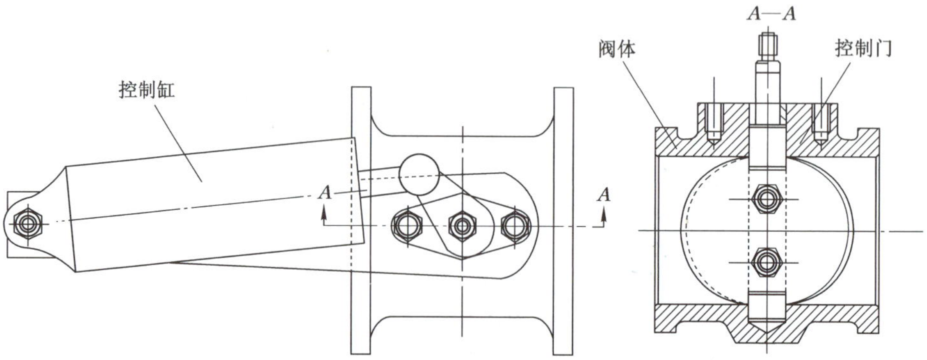

图 2-3-7 空气关断阀结构图

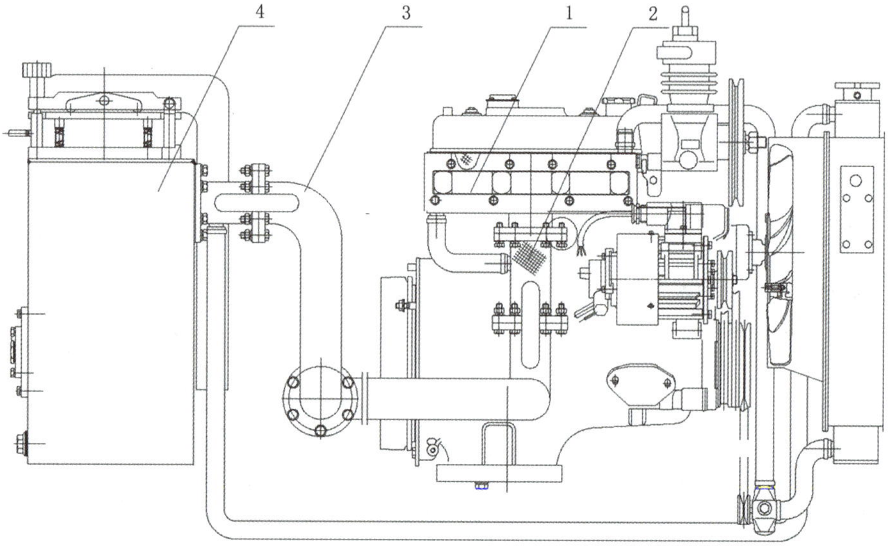

1—水冷式排气歧管；2—水冷式排气波纹管；3—排气管；4—废气处理箱。

图 2-3-8 排气系统

纹管是带水套的双层波纹管，其作用是将柴油机排出的废气引入废气处理箱(图 2-3-9)，并进一步对排出的废气进行冷却。废气处理箱的作用是进一步冷却和洗涤废气，清除炭烟及溶解废气中的部分有害气体。排气阻火器的作用是阻挡废气中的火焰，保证排气安全。补水箱能及时自动给废气处理箱补水，使废气处理箱内的水位始终保持在一定的深度。

4. 冷却系统

冷却系统分为两部分：防爆柴油机主机冷却系统和排气冷却系统。

(1) 防爆柴油机主机冷却系统的作用是在防爆柴油机工作时，有控制地冷却防爆柴油机，使防爆柴油机在一个适当的温度范围内工作，主要包括散热器、风扇、离心式水泵、节温器和进、出水管等零部件，如图 2-3-10 所示。

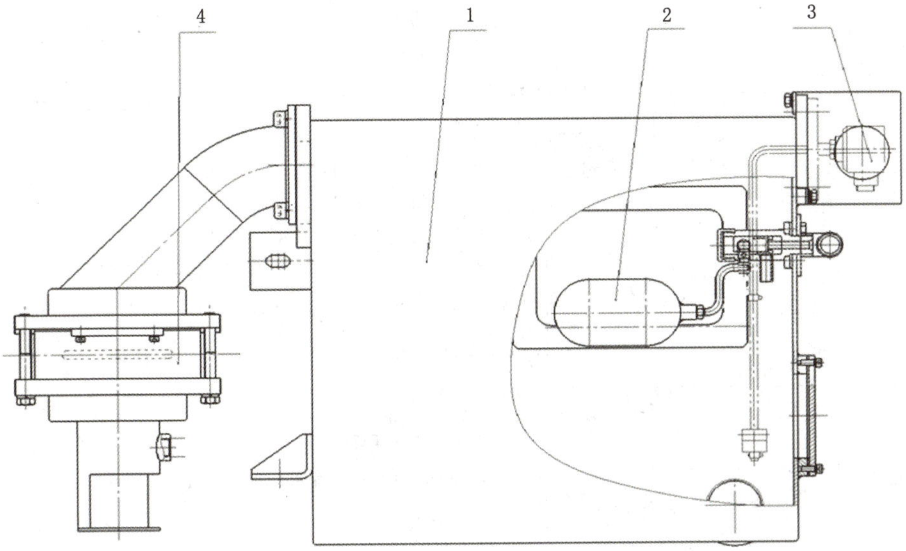

1—废气处理箱箱体;2—水位控制装置;3—缺水保护装置;4—排气阻火器

图 2-3-9 废气处理箱结构图

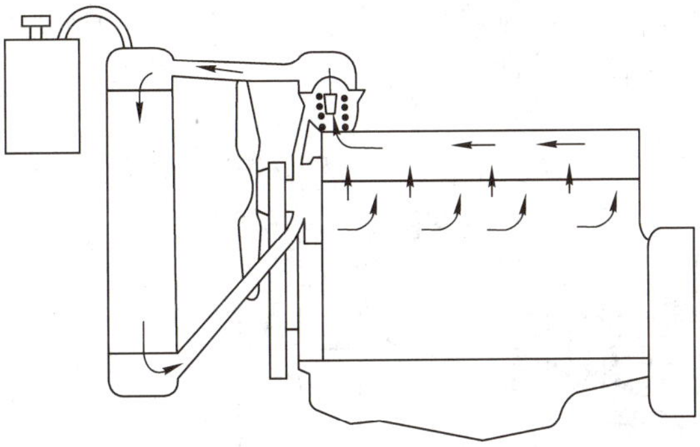

图 2-3-10 防爆柴油机主机冷却系统

(2) 排气冷却系统的作用是冷却和过滤废气,使排气温度和废气排放指标达到《矿用防爆柴油机通用技术条件》(MT 990—2006)的相关要求。排气冷却系统与防爆柴油机冷却系统共用一个散热器,但是冷却水走各自的进、出水口。排气歧管、排气弯管、排气波纹管都带有双层冷却水夹层,各部件的冷却水通过胶管相连通,如图 2-3-11 所示。

二、传动系统

防爆无轨胶轮车的传动方式有机械传动、液力机械传动、静液压机械传动等。

1. 机械传动

如同普通汽车采用的传动方式,即由防爆柴油机→防爆离合器→机械变速箱→传动轴→前、后驱动桥等组成传动链。机械传动具有结构简单、工作可靠、重量轻、价格低廉、传动效率高等特点。目前国产的无轨胶轮车中的多种机型,特别是整体式车架类无轨胶

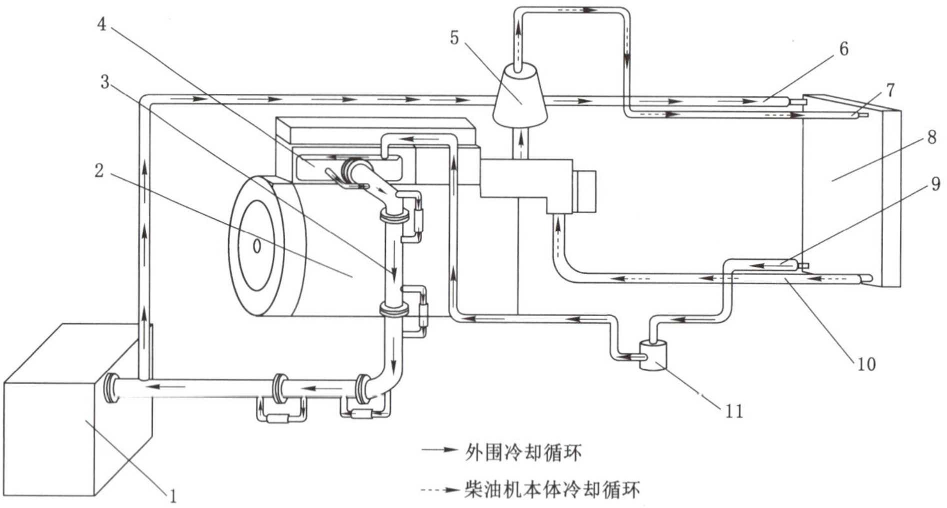

1—废气处理箱；2—防爆柴油机；3—排气管；4—排气歧管；5—节温器；
6、7—散热器回水口；8—散热器；9、10—散热器出水口；11—附加水泵。

图 2-3-11 防爆柴油机排气冷却水循环系统

轮车普遍采用该传动方式。但普通机械传动（干式摩擦离合器等）不防爆，必须把干式摩擦离合器等改进成防爆型的。目前神东在用的 WqC2J、WC3J、WCQ-3B、WC20R 型防爆无轨胶轮车采用的就是机械传动的传动方式，如图 2-3-12 所示。

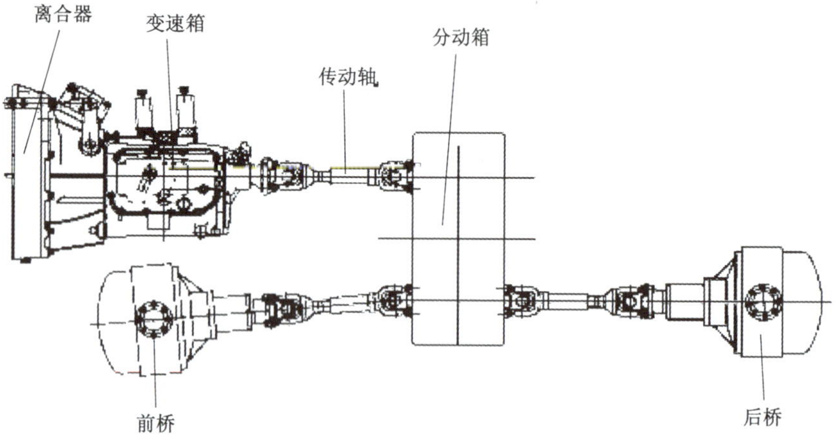

图 2-3-12 机械传动

防爆型离合器装置（图 2-3-13）由离合器操纵机构和防爆型离合器组成，防爆型离合器是单片干式膜片弹簧离合器，主要包括防爆栅栏、膜片弹簧、压盘和干式摩擦片等。

2. 液力机械传动

液力机械传动指的是变矩器液力机械传动，其由防爆柴油机→液力变矩器→上传动轴→动力换挡变速箱→前、后传动轴→前、后驱动桥等组成传动链。液力机械传动具有

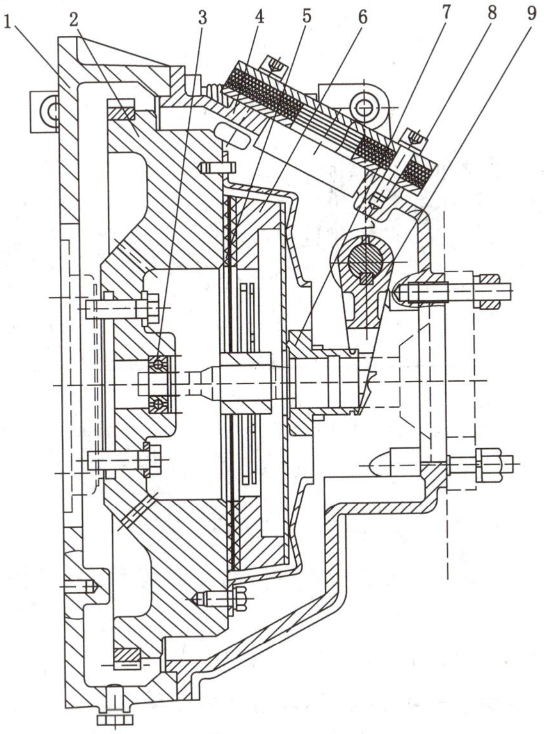

1—飞轮壳；2—飞轮及齿圈；3—轴承；4—离合器壳；5—摩擦片；6—压盘；7—分离套筒；8—栅栏；9—拨叉。

图 2-3-13　防爆型离合器装置结构图

无级、自动变速和变矩的自动适应、传递功率大、爬坡能力强、操作方便、可靠性高等特点。目前在神东使用的液力机械传动胶轮车分为两轮驱动（图 2-3-14）和四轮驱动（图 2-3-15）两种。

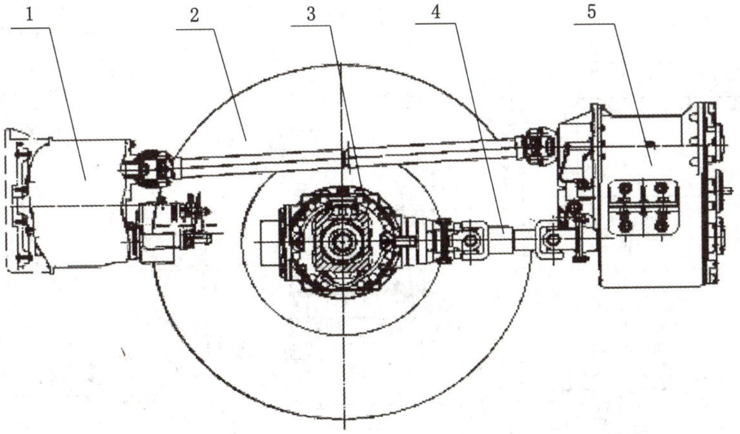

1—液力变矩器；2—轮胎；3—驱动桥；4—传动轴；5—动力换挡变速箱。

图 2-3-14　液力机械传动两轮驱动车传动布置图

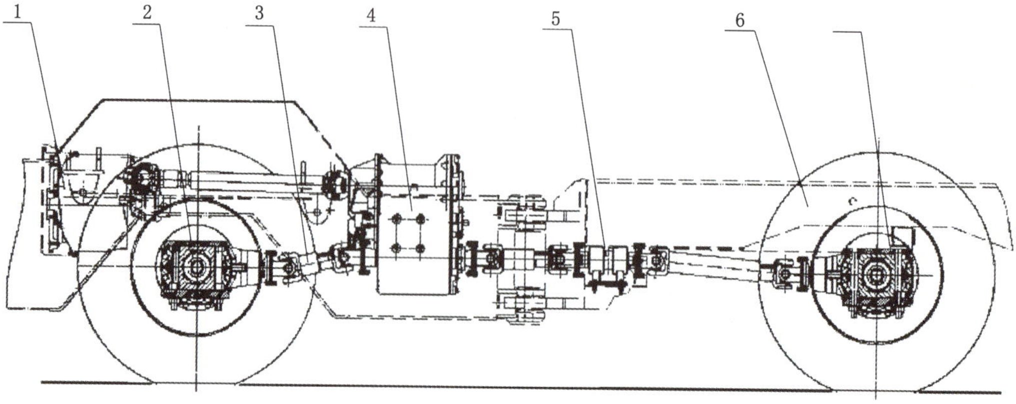

1—液力变矩器；2—前驱动桥；3—传动轴；4—动力换挡变速箱；5—过桥；6—轮胎；7—后驱动桥。

图 2-3-15 液力机械传动四轮驱动车传动布置图

3. 静液压机械传动

静液压机械传动由静液压传动装置和机械传动装置两大部分组成。

(1) 静液压传动装置

静液压传动装置由通轴式轴向柱塞变量泵、弯轴式柱塞变量马达、补油泵、方向控制换向阀、液压油箱、滤油器、液压油散热器、液压软管和其他附件组成。发动机通过弹性联轴器带动变量泵转动，变量泵和变量马达之间通过管路连接，组成一个闭式系统，变量马达与分动箱连接以输出扭矩。

静液压机械传动的传动路线是：防爆动力装置→液压泵→高速小扭矩马达→分动箱→前、后传动轴→前、后驱动桥，如图 2-3-16 所示。它具有结构紧凑、体积小、传动效率高、无级调速、操作方便、容易实现双向驾驶等特点。目前神东在用的双向巷道运输车采用该传动方式。

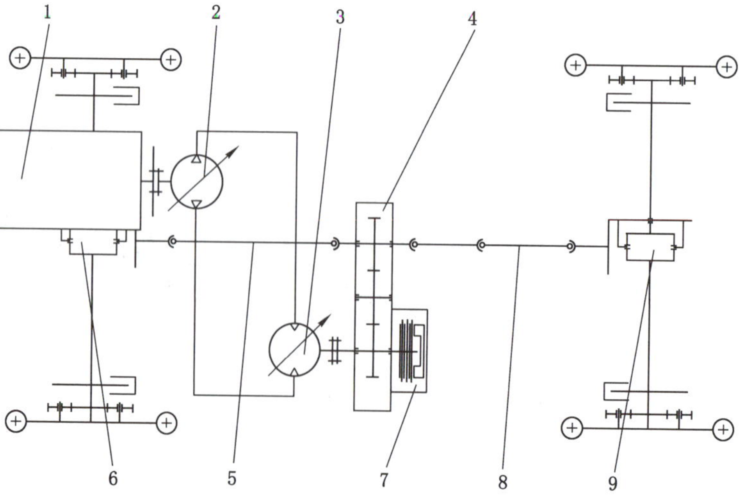

1—发动机；2—变量泵；3—变量马达；4—分动箱；5—前传动轴；6—前桥；7—停车制动；8—后传动轴；9—后桥。

图 2-3-16 静液压机械传动原理图

（2）机械传动装置

机械传动装置包括分动箱，前、后传动轴，前、后驱动桥。静液压传动装置马达输出的扭矩通过分动箱与前、后传动轴传给前、后驱动桥，经驱动桥再次减速后驱动前、后车轮旋转。

三、液压系统

防爆无轨胶轮车的液压系统主要包括转向液压系统、制动液压系统、工作液压系统和行驶液压系统。

近几年来，轻型车的转向系统和制动系统均采用独立的液压泵和液压控制回路，共用一个液压油箱和回油过滤器。液压系统原理如图 2-3-17 所示。该液压系统结构简单、性能可靠，非常适合于煤矿井下的使用环境，在轻型车中已实现通用化。

1. 液压助力转向系统

采用动力转向系统的汽车，在正常情况下汽车转向所需能量的大部分由发动机通过转向加力装置提供，只有一小部分由驾驶员提供。在转向加力装置失效时，转向系统仍能工作，但这时转向所需能量则完全由驾驶员承担。因此，动力转向系统是在机械转向系统的基础上加设一套转向加力装置。

动力转向系统由动力转向装置（包括转向器、转向液压泵、储液罐及油管等）、转向操纵机构（包括转向盘和转向管柱等）和转向传动机构（包括转向摇臂、转向拉杆、横拉杆、转向节臂等）三部分组成。

转向泵位于发动机齿轮室的右端（从风扇端看），发动机启动后，转向泵运转，它输出的压力油进入液压助力转向器，液压助力转向器的回油通过回油过滤器回到油箱。

需要注意的是：① 对于一体式防爆车，当汽车直线行驶时，转向盘的自由转动量向左向右都不大于 15°，若转向盘的自由转动量超过 15°，应调整转向机构；对于铰接式防爆车，应检查转向泵及液压管路及液压缸是否有渗漏，转向液压缸轴承是否完好。② 动力转向系统更换液压油之后和检查储油罐中油位时，发现有气泡冒出时，说明系统内有空气，将会引起转向沉重、前轮摆动、转向油泵产生噪声等故障，必须将系统内的空气排放干净。

2. 液压制动系统

轻型防爆胶轮车装有两套制动装置：一套是行车制动装置，采用多盘湿式制动器，用脚踏板控制，将高压油作用到制动器活塞上压紧摩擦片，对车辆进行制动；另一套是驻车/紧急制动装置，采用安全型中央多盘湿式制动器，布置在变速箱输出轴上，用液压阀远距离操纵，供车辆停止或半坡起步时使用。

（1）全液压制动系统

制动系统用液压泵位于发动机齿轮室的左端（从风扇端看），发动机启动后，油泵运转，它输出的压力油通过充液阀给三个蓄能器进行充液，当每个蓄能器内的油压都达到规定的压力后，液压油直接从充液阀通过回油过滤器流回油箱，油泵卸载；当任何一个蓄能器内的油压低于规定的压力后，液压油重新通过充液阀对该蓄能器进行充液，直至该蓄能器内的油压达到规定的压力。

前、后轮制动采用单独的制动回路，每个制动回路使用各自的蓄能器，当司机踩下脚制动踏板时，两个蓄能器的高压油分别通过脚制动踏板阀进入前、后轮制动器，作用到制动器活塞上压紧摩擦片，对车轮实施制动；当放松脚踏板时，制动器内的高压油流回油箱，解除制动。

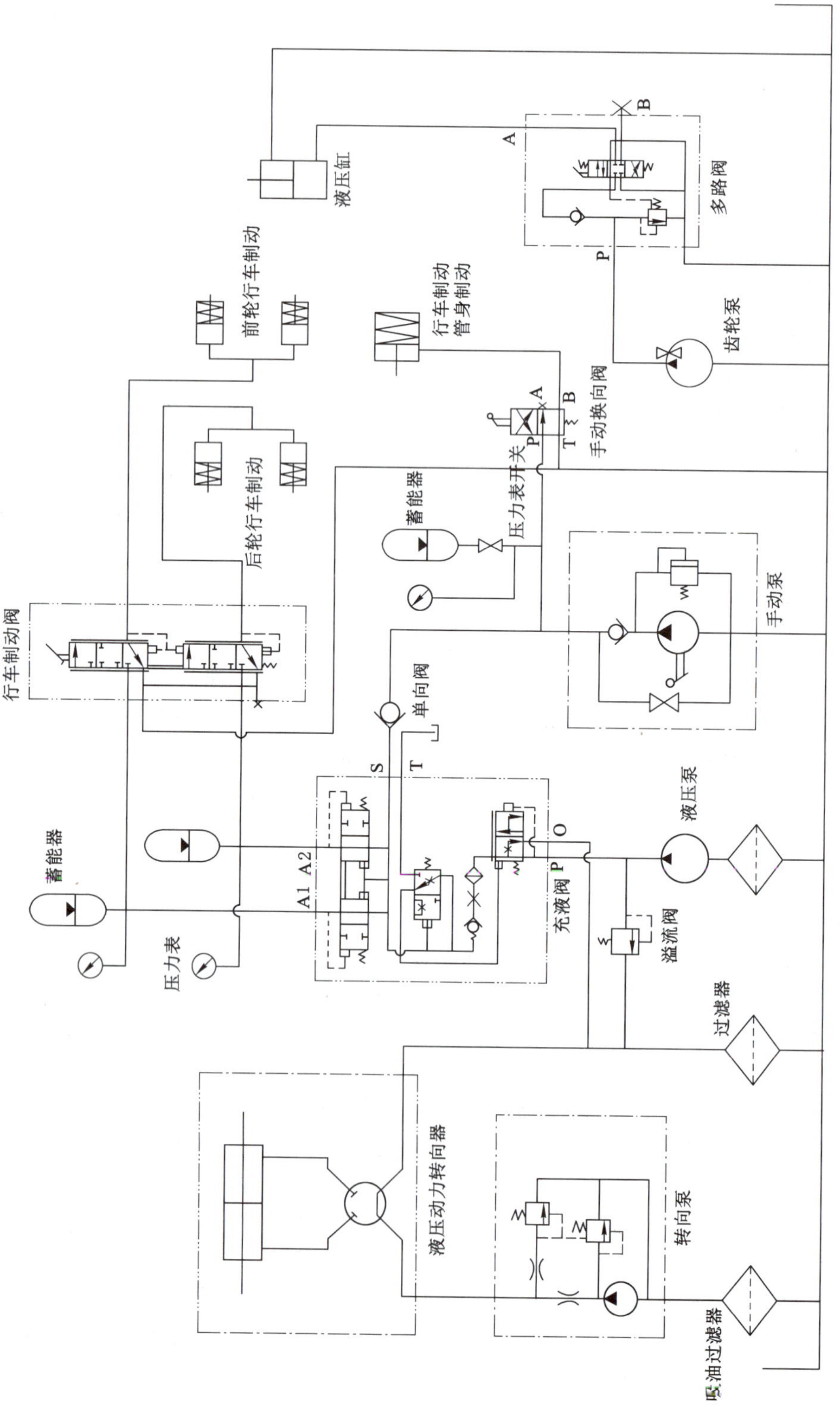

图 2-3-17　液压系统原理图

驻车制动采用弹簧制动液压释放的形式，通过手动换向阀换向将蓄能器的高压油通入中央制动器内解除车辆的制动；需要驻车制动时，手动换向阀换向，中央制动器内的高压油回到油箱，制动器在弹簧力的作用下对车辆实施制动作用。

（2）气顶液制动系统

气顶液制动系统由装在柴油发动机上的空气压缩机产生高压气体，发动机启动后，空气压缩机工作，经由空滤吸入空气，压缩后将高压空气储存于两个独立的气罐中，气罐中气体的压力由调压阀调定，当达到规定的压力后，空气压缩机卸载；当储气罐内的气压低于规定的压力后，空气压缩机再次对气罐进行充气直至达到规定的压力。

气顶液制动系统采用了双回路制动系统，其工作原理如图 2-3-18 所示。前、后轮制动采用单独的制动回路，每个制动回路使用各自的气罐，当司机踩下制动踏板时，两个气罐的压缩空气经踏板阀进入前、后加力器，经过加力器的压力放大作用，输出的高压制动液分别进入前、后湿式多盘制动器中，推动制动器活塞压紧摩擦片，产生制动作用；当放松脚踏板时，压缩空气经踏板阀卸压，制动器内的制动油流回油杯，解除制动。

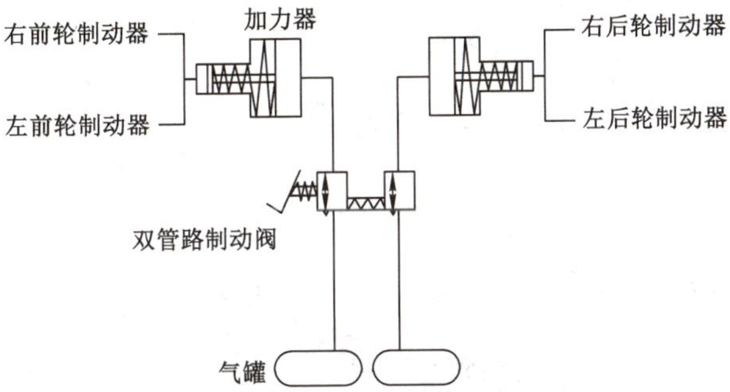

图 2-3-18　气顶液制动系统工作原理

（3）制动器

轻型防爆胶轮车的前、后制动器基本相同，主要由粉片、钢片、压盘、活塞、动壳、静壳、回位弹簧等零件组成。钢片和静壳、粉片和动壳分别通过花键连接，粉片和钢片相间排列。制动器采用液压制动，弹簧复位。当对制动器实施制动时，首先轻轻踩下脚踏板阀，高压油进入制动器的活塞腔中，迫使活塞向左移动，复位弹簧被压缩，活塞将钢片和粉片压紧，从而实施制动。当松开脚踏板阀时，制动器中的高压油回到油箱，活塞在复位弹簧的作用下回位，使得钢片和粉片脱离，从而解除制动。制动器结构简图如图 2-3-19～图 2-3-21 所示，分别为前制动器结构简图、后制动器结构简图和中央制动器结构简图。

3. 自卸系统

液压自卸机构由取力器、齿轮泵、分配器、伸缩式套筒液压缸、油管和液压油箱等组成。齿轮泵由取力器从发动机取得动力，将液压油压入液压缸而推动活塞升起货厢。

齿轮泵由壳体，前、后盖，主、被动齿轮，轴套组成。主动齿轮经取力器取得的变速器动力驱动。由于被动齿轮是和主动齿轮相啮合的，因此被动齿轮在主动齿轮的带动下旋转，油从吸油口进入并充满齿轮的齿谷，在齿谷的油被两侧轴套、齿轮相邻两齿及壳体三者形成的空间所封闭，随着齿轮旋转，这一封闭容积内的油被带至齿轮泵的压油腔，齿轮泵的压油腔

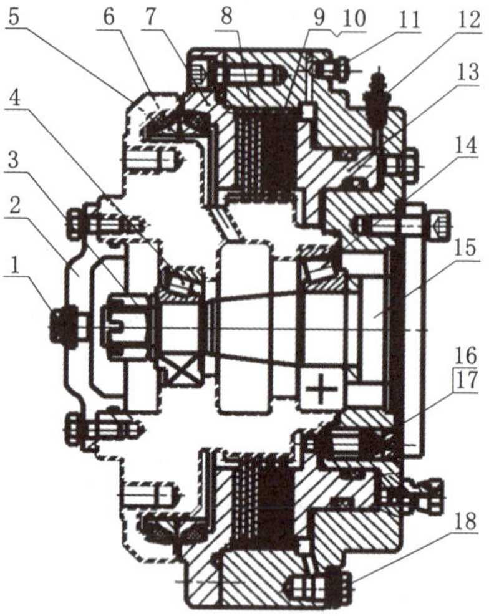

1—注油塞;2—端盖;3—螺母;4—轴承;5—动壳;
6—浮动油封;7—压盖;8—静壳;9—摩擦片;10—摩擦片;
11—透气塞;12—排气塞;13—活塞;14—轴承;
15—轴;16—螺栓;17—弹簧;18—放油塞。

图 2-3-19 前制动器结构简图

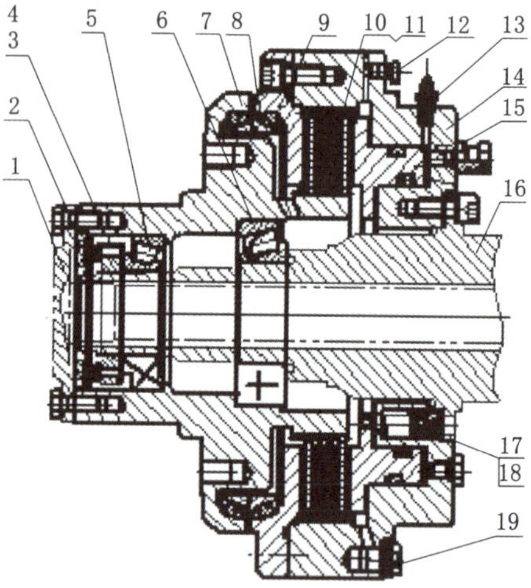

1—半轴;2—油封;3,4—锁母;5,6—轴承;7—动壳;
8—浮动油封;9—压盖;10,11—摩擦片;12—透气塞;
13—排气塞;14—静壳;15—活塞;16—桥壳;
17—螺栓;18—圆柱压缩弹簧;19—放油塞。

图 2-3-20 后制动器结构简图

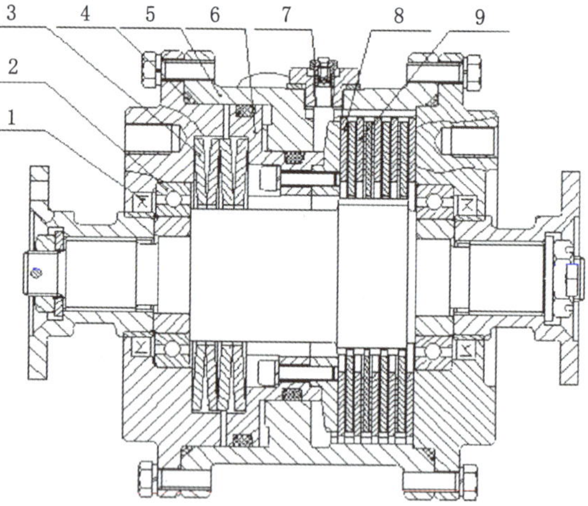

1—油封;2—轴承;3—蝶簧组;4—O 形圈;5—壳体;6—活塞;7—放气塞;8,9—摩擦片。

图 2-3-21 中央制动器结构简图

和吸油腔被主动齿轮和被动齿轮的啮合面隔开,被带至压油腔的油不能返回吸油腔,因此当齿轮不断旋转时油就从齿轮泵的出油口输出。

分配器是由手动换向阀和安全阀组合而成的液压控制阀。液压缸是单作用双伸缩套筒液压缸。自卸机构工作原理图如图 2-3-22 所示。

需要注意的是:① 液压回路中,各元件在车辆出厂前厂家已调定,在使用中不需再做调整。如有变化,需要厂家专业人员进行调整。② 如果在使用中发现管路破损、漏油或其他异

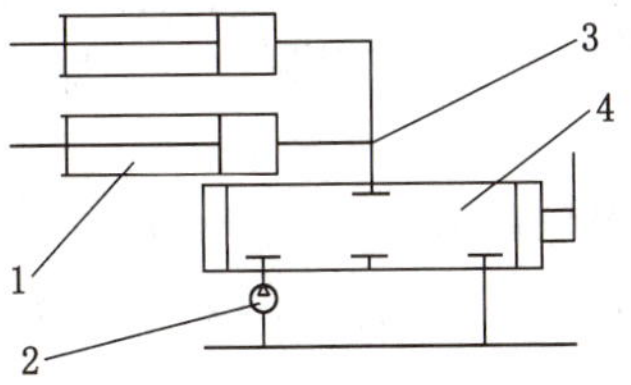

1—伸缩式套筒液压缸；2—齿轮泵；3—油管；4—分配器。

图 2-3-22 自卸机构工作原理图

常情况，应立即停机检查，确认排除故障后，才允许重新启动车辆。③ 定时检查液压油箱的液位，定时检查和更换过滤器的滤芯。定时更换符合要求的液压油。④ 定时检查蓄能器的氮气压力，如压力不足，应及时补充。⑤ 定期检查制动器中的齿轮油，不足时应及时补充。

四、电气系统

电气系统由隔爆型永磁发电机（100 mm 双槽带轮）、隔爆型发电机调节器、矿用隔爆型电气控制箱、矿用隔爆型照明灯、矿用隔爆型信号灯、柴油机车用隔爆兼本质安全型安全保护装置、煤矿车辆用隔爆型雨刷电机、矿用隔爆型输送机械照明灯、矿用语音灯光告警装置、矿用隔爆型电源箱和连接电缆组成。

1. 电启动系统

防爆启动电机工作原理如图 2-3-23 所示。当启动开关接通，电流由蓄电池正极经启动开关、启动电机吸铁线圈与蓄电池的负极构成回路，另一路由吸铁线圈经启动电机线圈至蓄电池负极构成回路。此时继电器线圈有电流流过，产生电磁力将触点闭合，使电源接通电磁开关。此时吸拉线圈和保持线圈同时接通电源，吸拉线圈和保持线圈电流方向一致。活动铁芯在两个线圈电磁力的作用下，克服弹簧张力向左移动，经拉杆拉动传动叉，使启动电机齿轮向右移动，吸拉线圈的电流经过磁场和电枢绕组构成回路。但启动电机产生小转矩缓慢旋转，启动电机齿轮在传动叉和电枢低速旋转的作用下，柔和地啮入飞轮齿圈。当启动电机齿轮啮入后，接触盘将两触点接通，主电流进入启动电机磁场和电枢，启动电机便以正常转矩驱动飞轮旋转。此时吸拉线圈两端的电位变为同电位，不产生吸力，仅保持线圈使铁芯保持在左侧位置。

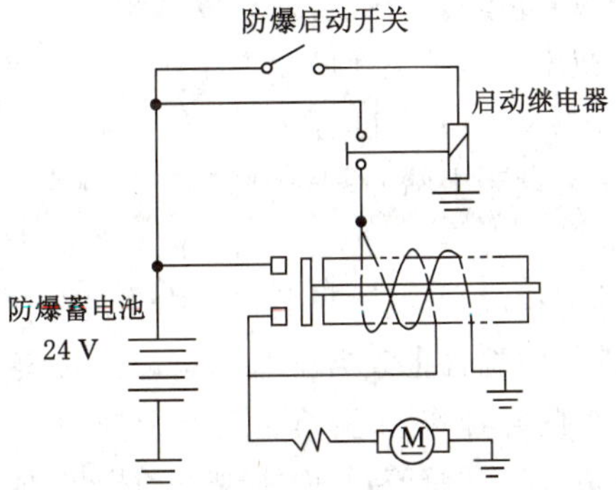

图 2-3-23 启动电机工作原理图

发动机启动后，断开启动开关，此时吸拉线圈和保持线圈电流方向相反，磁场相互抵消，由于弹簧的作用力使吸铁开关恢复原位，使主触点迅速断开，启动电机停止工作。

2. 气启动系统

气启动系统用于车辆启动，主要由空压机、安全阀、气包、单向阀、球阀、主启动阀、启动按钮、启动马达、压力表、管路等组成，其原理如图 2-3-24 所示。

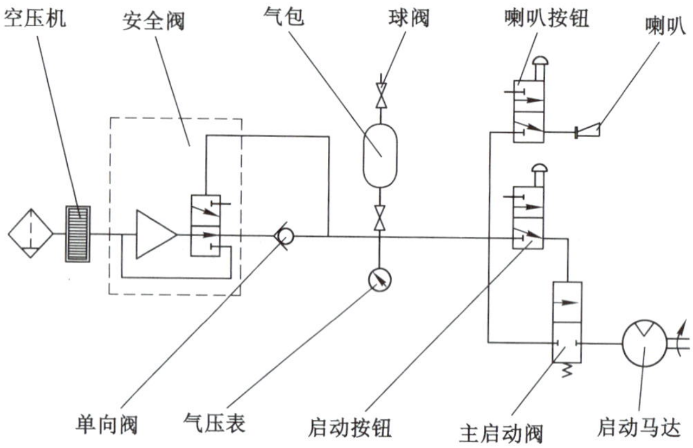

图 2-3-24　气启动系统

空压机装置在柴油机取力口上，为系统提供气源并储存在气包中，空压机出口限压阀设定为 0.8 MPa。气包储气一路通过气喇叭按钮作用于气喇叭，当车辆需要鸣笛时，按动气喇叭按钮即可；另一路则供车辆启动，当车辆需要启动时，按下启动按钮，气包储气以较小流量通过启动按钮作用于启动马达，使之与发动机齿圈预啮合，此时此路压缩空气再作用于主启动阀使之打开，大流量的压缩空气通过主启动阀作用于启动马达以启动柴油机。

3. 自动保护监控系统

当防爆无轨胶轮车在煤矿井下运行时，由于矿井本身地质原因，或者通风量不足和循环不畅等原因，巷道中会中有不同程度的瓦斯和其他易燃易爆物，而防爆柴油机本身有可能产生诸如高温和火花等危险因素，因此为了提高车辆运行的安全性，无轨胶轮车必须配备自动保护监控装置，当车辆在运输过程中遇到这些上述情况时，必须能够及时预警，并在事故发生之前自主采取措施停止发动机运转，以确保煤矿安全生产。

目前，设置在煤矿井下使用的各种无轨胶轮车上的自动保护监控装置均是利用设置在发动机等元器件上警戒点（表 2-3-1）的温度、压力等传感器来实时检测防爆柴油机的工作情况。速度元件通过感应铁质齿盘产生脉冲，通过脉冲计数来完成车速/转速的监测；通过监测液位开关和油压开关的开关状态完成对水箱水位和机油压力的监测；对于排气管温度、水箱温度和发动机表面温度的测量，均通过测量监控仪自带的铂热电阻的阻值来完成；通过甲烷变送器监测柴油车辆周围的甲烷含量。当有监测量超过规定值时，显示器上的蜂鸣器发出响声，液晶屏上显示出报警内容，同时报警灯也随着闪烁，并进而自动驱动保护气缸（或液压缸）来切断柴油机燃油通道或进气通道，从而实现发动机自动熄火，达到安全保护、消除安全隐患的目的。

表 2-3-1 自动保护监控装置的传感元件

传感器	用途	安装部位	保护动作值
热电阻	柴油机表面温度保护	柴油机缸头排气口外表面	(148±2) ℃
	冷却水温度保护	柴油机冷却水管路	(98±2) ℃
	排气温度保护	废气处理箱排气口	(68±2) ℃
	变矩器油温保护	变矩器出油口	(118±2) ℃
压力开关	机油压力保护	机油压力接口	0.08 MPa
水位传感器	补水箱最低水位保护	补水箱	最低水位
速度传感器	柴油机最高转速保护	柴油机曲轴胶带轮处等	2 500 r/min 3 500 r/min
甲烷传感器	甲烷浓度超标保护	空气流通处	0～4%

任务三 常用矿用无轨运输车

目前，国内外矿井无轨辅助运输车辆品种繁多，每种车辆在设计时一般具有多种功能。

一、按主要功能分类

无轨辅助运输按主要功能分可分为以下几种：

1. 液压支架搬运车

在装备长壁式工作面时，要用较多的人力和时间来搬运液压支架，影响整个开采效率。液压支架搬运车是一种主要用来搬运工作面液压支架的运输车辆。支架搬运车具有载重能力大、运行速度快、机动灵活等特点。当一个工作面设备搬运完毕后，支架搬运车可作为一般井下多功能车，此时可拆去铲板，换成不同的选装件，可用来从铁轨转运点将材料运至工作面；可用作人车，运送工人到工作地点；可用已配上的绞车来辅助维修井下重型设备，帮助吊运；当液压泵站出故障时，可用支架搬运车将移动式液压泵站运至工作面，作为便携式液压顶板钻机、采面钻机等设备的临时液压泵站；装上铲斗，可作为铲车用。液压支架搬运车外形如图 2-3-25 所示。

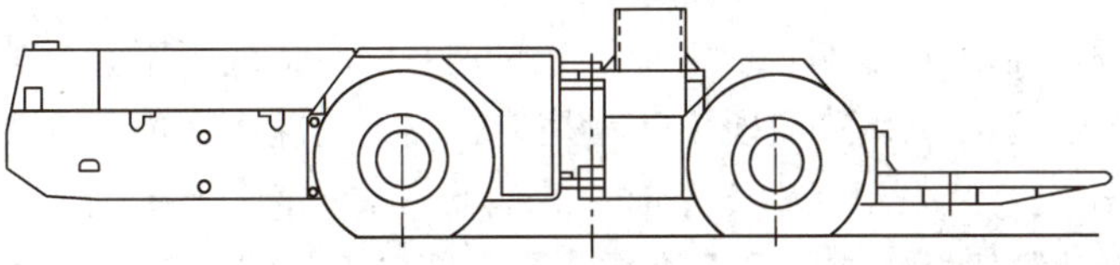

图 2-3-25 液压支架搬运车外形图

2. 人车及客货两用车

在高产高效矿井中，人车用来运送人员以提高工时利用率，有的人车还兼运材料，兼运材料的人车称为客货两用车。

3. 多功能车

在高产高效矿井中，多功能车主要用来装卸和清除物料，可更换辅助工具完成多种作业，铲斗是最普遍的附属工具。多功能车的外形如图 2-3-26 所示。

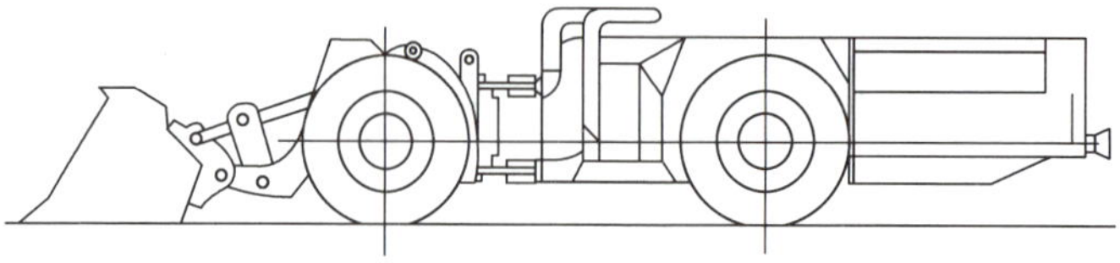

图 2-3-26 多功能车的外形图

以上几种无轨辅助运输车，主要由动力机、车轮、变矩器组成的动力传动系统，转向系统，制动系统和车架等组成。动力传动系统和制动系统的结构及工作原理基本相同。

二、按使用动力不同分类

1. 蓄电池式无轨辅助运输车辆

这种车辆的动力是蓄电池，具有运转、行走灵活，机动性和适应性强，且不受行走距离的限制；蓄电池组与驱动电机均装在车辆尾部，结构紧凑，蓄电池组还为蓄电池式无轨辅助运输车辆增加了配重；蓄电池组为防爆特殊型，能够防止淋水和异物进入，对煤矿井下生产和人身安全有利；蓄电池组的使用寿命正常情况下可达 3～5 年，每次充电可连续工作 8 h；蓄电池组的平均过载能力为额定值的 3.5 倍，所以特别适合煤矿井下恶劣环境中使用；蓄电池工作时，对井下生产作业环境没有污染；每辆车只需一名司机，包括充电时更换蓄电池组的操作，因而不需要辅助工作人员；蓄电池式无轨辅助运输车辆在上井大修时，因其自身有行走能力，不需人工推拉机器，省工省时。但蓄电池式无轨辅助运输车辆造价高，同时还需要配备充电机。

综上所述，尽管蓄电池式无轨辅助运输车辆造价高，但从长远生产效益来分析，这种车辆仍有着明显的经济效益。因此，近年来蓄电池式无轨辅助运输车辆在煤矿辅助运输中获得广泛使用。

2. 内燃机式无轨辅助运输车辆

这种车辆具有机动性强、行走距离不受限制的优势。机身长为 10.7 m，机体重 23.2 t，所以要求巷道断面大，转弯半径不小于 8 m，底板坚硬。尽管柴油机是低污染的，但总有一定的废气，且噪声大，所以要求巷道的通风量要符合要求。

选用和使用无轨辅助运输车辆时需要注意的是：① 巷道底板不宜过软，坚硬度 $f>4$ 为宜，否则易造成道路损毁。② 路面硬化问题是无轨辅助运输车辆能否使用成功的关键。运输大巷和辅助运输大巷宜采用混凝土路面。其他巷道应严格沿底板开掘，不留浮煤，修简易排水沟和集水坑，对局部松软地段采用混凝土或其他措施加固。③ 道路坡度应在 12°以下，如果巷道底板坚硬、光滑而又有淋水时，则坡度还要减小，否则重载车辆爬坡困难。④ 由于无轨辅助运输车辆的车体长 2～3 m 左右，车辆行驶时巷道两侧需要留 220～300 mm 的间隙，因而需要巷道尺寸较宽，巷道采用锚喷支护或锚杆支护最为理想。⑤ 无轨辅助运输车辆的转弯半径为 3～6 m，巷道转弯及汇交处应满足这一要求，对长距离无轨运输系统应考虑设置调车和错车场。⑥ 采用无轨辅助运输的矿井，井下应设置油库、车库、修理间并配备用于修理和平整路面的车辆。⑦ 轮胎是无轨辅助运输车辆的易损件，其成本相当高，须正确选用。人车应选加厚的充气轮胎，其他车辆尤其是支架搬运车应选用充填轮胎。⑧ 严格按操作规程驾驶运行，做到经常检查，定期保养、注油和检修。

任务四 无轨运输车智能管理系统

煤矿井下无轨胶轮车运输智能管理系统是将现代网络、数据通信、GIS 地理信息（GIS 透明地质模型及动态信息系统）、计算机、多媒体技术相融合，形成综合的信息处理和管理平台。主要目的是实现人员入井管理、车辆综合信息管理、统一调度指挥、交通信号集中管控、运输安全监控和应急救助等五大功能。该系统建立了两个平台——综合业务通信网子系统（通信平台）、综合管理子系统（管控平台）；四个子系统综合业务通信网子系统（相关数据采集和传输）、车辆定位子系统（车辆检测定位及导航）、交通信号控制子系统（交通信号指示）和综合管理子系统（管理系统、GIS 管理、设备管理、报警管理系统、信息管理等功能）。

一、技术要求

硬件设备必须选用符合国家标准、用于爆炸环境的设备，还必须通过国家煤安认证中心认定的检测机构的防爆检验，取得“防爆合格证”及煤矿安全标志证书。要充分考虑满足防尘、抗高温潮湿和电磁干扰的要求。地面系统还要考虑防雷和抗电磁干扰。

二、系统功能

（1）定位及调度功能：调度员能监视到矿井运输各主要区域内所有车辆运行状况及实时位置信息，基于 UWB 的精确定位技术对煤矿井下车辆进行精确定位管理。井下定位系统覆盖范围同 4G 无线通信系统覆盖范围相同的区域，利用综合分站的定位模块实现车辆及人员的精确定位，可根据需要随时分进路、分车辆实施调度，即可实现自动和半自动调度。

（2）交通判断功能：系统能够判断出车辆在井下某一岔口或者错车道的行进方向，判断将要进入的区域，并对相应的区域实行交通控制。

（3）闭锁功能：包括了区间闭锁、敌对进路闭锁、信号灯闭锁等类似“信、集、闭”系统的全部功能。

（4）交通诱导功能：可以通过井下 LED 点阵显示屏显示文字信息，方便与司机进行沟通，便于司机了解交通情况。

（5）显示功能：显示实时和历史车辆行驶轨迹；车辆行驶轨迹回放，车辆编号、行驶方向；井下和区域实时车辆数量；车辆每天、每月、每季下井时长等。

（6）管路功能：实现多个不同权限的用户在网络终端上同时运行软件，查询井下实时车辆运行信息，并对软件进行分级别的修改，井下实时数据也可以上传到 Web 服务器上，用户可以通过互联网实时查询井下车辆分布情况。

（7）统计查询功能：系统能够自动统计周期内车辆的运行状况，包括运行路线、驾驶司机、运货、运人、使用效率、维修信息等，形成报表供决策参考；按照一定检索条件可查询车辆分布情况、闭锁信息等。

（8）报警功能：当发生井下人员或车辆下井时间超过预先设定值、人员或车辆进入特定的危险区域、特定危险区域超过预先设定的车辆数量或者车辆未按照规定路线行走等情况时，系统应能发出警报，并提供相应驾驶人员和车辆信息。

（9）车身状态检测及上传功能：对胶轮车自身状态，如水温、油压、行车速度、所处地点的瓦斯浓度等检测及数据进行上传。必要时可以报警和制动，以达到安全行车的目的。

(10) 诊断功能:系统具备设备巡检功能,设备故障或者网络故障能及时进行报警。

(11) 联网功能:能方便地与矿井互联网、集团互联网实现资源互享。

三、系统主要设备

系统主要由车辆定位服务器、矿用可编程控制柜(包含主控 PLC 系统,要求预留与矿井综合自动化系统相连的网络接口及免费开放相关软件上传协议)、矿用可编程控制箱、矿用隔爆兼本质安全型数据采集箱、矿用隔爆型交换机、矿用本安型通信基站、矿用隔爆型本安电源箱、矿用本安型标识卡、信号灯、LED 显示器、操作员站(调度中心站)等组成。

四、系统基本原理

1. 组成结构

无轨胶轮车信号系统分地面中心站及井下测控两部分,其中地面中心站包括上位机、显示设备、打印机等,井下部分包括车辆定位调度分站、读卡器、车辆标识卡、信号灯、以太网通信平台及线缆等。

2. 工作原理

矿井无轨胶轮车监测及信号灯控制系统分为三级控制网络。其中,监控主机、监控备机、网络服务器及地面交换机等设备组成的地面监控中心作为第一级网络,该级网络负责数据的汇集、分析处理、存储、显示、发布、调度任务编制及执行;第二级网络由井下以太网通信平台、车辆定位分站组成,该层设备在井下采用分布式布局,增强其信息传输的可靠性和稳定性,负责把采集的信息及时上传,地面命令快速转发;第三层网络由读卡器和信号灯组成,该层网络负责实时采集井下车辆位置信息并上传至定位分站,接收分站调度命令控制井下红绿灯显示状态。

无轨胶轮车运输智能管理智能系统已在部分矿井进行了初步尝试,通过合理科学的安排车辆运行时间及路线,提高了运输效率,避免了交通堵塞现象的发生,规范了司机的行车行为,降低了辅助运输事故的发生率,为辅助运输系统安全平稳运行、为实现全矿井智能化进程奠定了坚实的基础。

项目四　多绳摩擦提升设备

任务一　多绳摩擦提升系统

随着矿井开采深度的增加和一次提升量的增大，如仍采用单绳缠绕式提升，就必须制造和选用更大的提升机滚筒及直径更粗的钢丝绳，不但会使设备的尺寸加大，投资增加，并带来制造、使用和维护上的一系列问题。正是在这种背景下，制成了单绳与多绳摩擦式提升机。摩擦式提升与单绳缠绕式提升的不同之处在于钢丝绳不是缠绕在滚筒上，而是搭放在主导轮上。两个提升容器分别悬挂在钢丝绳的两端（或一端悬挂提升容器，另一端悬挂平衡锤），当提升电机通过减速器带动主导轮转动时，主导轮上的摩擦衬垫与钢丝绳之间的摩擦力便带动钢丝绳随着主导轮一起转动，完成提升和下放重物的任务。

一、多绳摩擦提升发展概述及设备类型

微课资源

摩擦提升可分为单绳摩擦提升和多绳摩擦提升。1877 年，世界上第一台摩擦提升机只有一根钢丝绳搭放在主导轮上，因而其宽度与缠绕式提升机滚筒宽度相比就明显变窄。由于减少了机器的质量和回转力矩，也相应地降低了提升电机的容量。单绳摩擦提升虽然解决了滚筒宽度的问题，但是对于深井提升来说，主导轮直径还是很大的，因为全部终端载荷由一根钢丝绳承担，钢丝绳直径仍很大。

例如，我国某矿单绳摩擦提升机使用的提升钢丝绳直径为 70 mm，主导轮直径为 7 m。这样的钢丝绳无论在制造、运输和悬挂上都是相当困难的。生产的需要为提升机的改进提出了新的要求，结果就出现了多绳摩擦提升机。

目前广泛使用的多绳摩擦提升（图 2-4-1）是利用数根较细的钢丝绳（一般是 4 或 6 根）来代替一根较粗钢丝绳工作的。对于深井及大提升量的提升设备，不但解决了钢丝绳过粗的问题，同时也解决了主导轮直径过大的问题。

多绳摩擦式提升设备根据布置方式不同，可分为井塔式和落地式两种类型。井塔式多绳摩擦提升（图 2-4-1）是把整套提升机安置在井塔的顶层，它的优点是不受矿井地形的限制，布置紧凑，节省工业广场用地，天轮、钢丝绳不暴露在雨雪中，改善了钢丝绳的工作条件，但是建造井塔费用较高，初期投资较大。落地式多绳摩擦提升（图 2-4-2）是把提升机安装在地面上，其优点是井架建造费用较小，减少了矿井的初期投资，并且可提高抵抗地震灾害的能力。我国过去多采用井塔式，20 世纪 70 年代以来开始采用落地式。

井塔式多绳摩擦提升可分为无导向轮和有导向轮两种，有导向轮的优点为两提升容器的中心距不受摩擦轮直径的限制，可减小井筒断面，可加大钢丝绳在主导轮上的围包角。缺

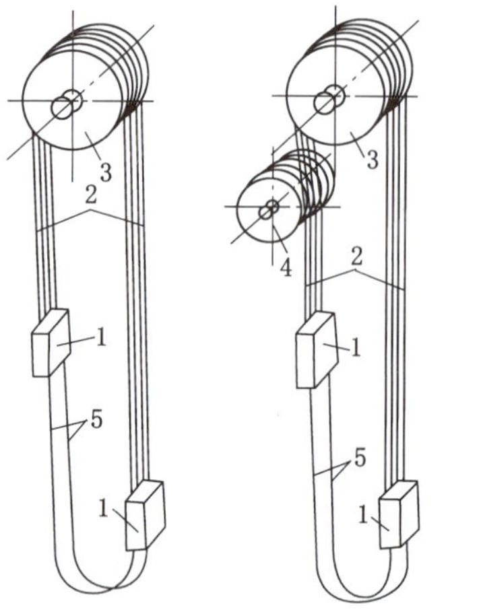

(a) 无导向轮的系统　(b) 有导向轮的系统

1—提升容器或平衡锤；2—提升钢丝绳；
3—摩擦轮；4—导向轮；5—尾绳。

图 2-4-1　多绳摩擦提升原理示意图

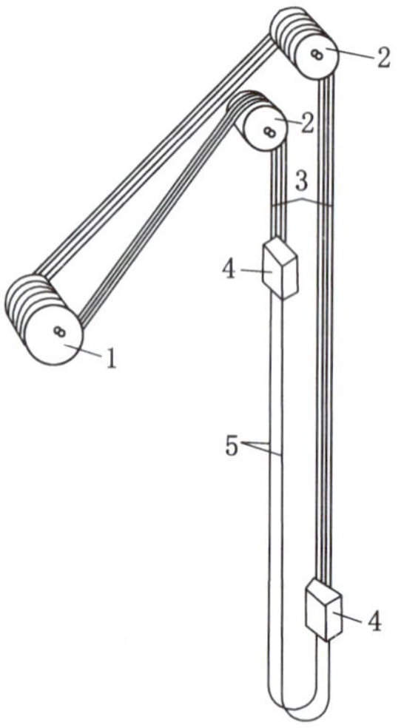

1—主导轮；2—天轮；
3—提升钢丝绳；4—容器；5—尾绳。

图 2-4-2　落地式多绳摩擦提升示意图

点是钢丝绳会产生反向弯曲，影响使用寿命。因此，在设计时应尽可能优先考虑无导向轮系统。

二、多绳摩擦式提升的特点

1. 优点

(1) 多绳摩擦式提升利用多根钢丝绳同时承受载荷，数根钢丝绳同时被拉断的可能性很小，其安全性较高，因此可以不再使用防坠器，并且在钢丝绳的安全系数、材料强度及总截面积相同的情况下，其钢丝绳直径较细。

(2) 由于钢丝绳直径较细，因此其主导轮直径较小。

(3) 由于主导轮直径较小，使提升机尺寸减小、质量减轻，因此易于搬运和布置，且在相同的提升速度下，可使用转速较高的电机和质量较轻的减速器。

(4) 钢丝绳捻向按左、右各半配置，消除了提升容器在提升过程中的转动，减少了容器的罐耳对罐道的摩擦阻力，延长了罐耳和罐道的使用寿命。

2. 缺点

(1) 对钢丝绳的悬挂、调整和检查比较困难，如调整不好，会产生张力不平衡现象。

(2) 使用中的钢丝绳不能做定期试验。

(3) 双钩提升时，不能用于多水平提升。

三、多绳摩擦式提升机的技术规格

国产多绳摩擦式提升机有 JKM、JKMD 和 JKD 系列，在我国大中型及特大型矿井中已得到越来越广泛的应用。JKMD 型落地式多绳摩擦提升机的技术规格见表 2-4-1，JKM(Ⅰ)型多绳摩擦式提升机外形布置如图 2-4-3 所示。

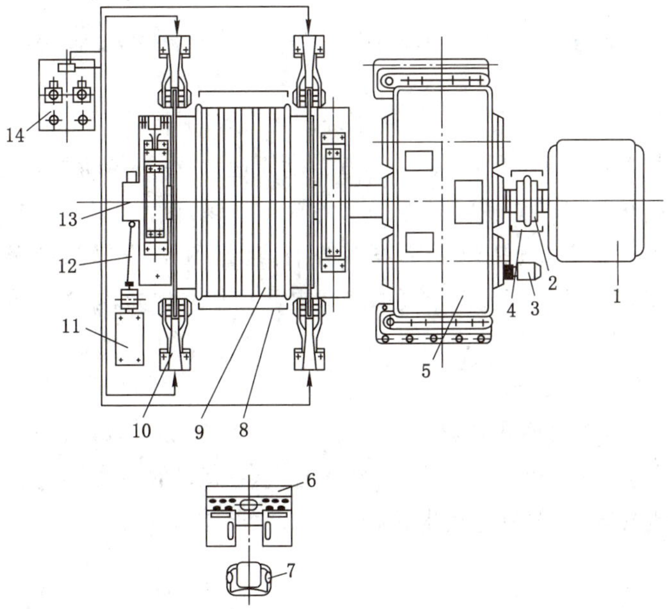

1—电机；2—弹性联轴器；3—测速发电机；4—护罩；5—减速器；6—操作台；7—司机椅子；
8—主导轮护板；9—主轴装置；10—盘形制动闸；11—深度指示器；12—万向联轴节；13—精针发送装置；14—液压站。

图 2-4-3　JKM(Ⅰ)型多绳摩擦式提升机布置图

表 2-4-1　JKMD 型落地式多绳摩擦轮提升机技术规格表

机器型号	主导轮直径/m	钢丝绳数/根	钢丝绳最大静张力差/kN	钢丝绳最大静张力/kN		钢丝绳最大直径/mm	钢丝绳间距/mm	最大提升速度/(m/s)		天轮直径/m
				公称抗拉强度						
				1 700 MPa	1 850 MPa			带减速器	电机直联	
JKMD-2.25×2	2.25	2	25(2.5)	105	115	22	300	10		2
JKMD-2.8×2	2.8	2	45(4.5)	165	180	28	300	10	10	2.5
JKMD-2.8×4	2.8	4	95(9.5)	335	365	28	300	10	10	2.5
JKMD-3.5×2	3.5	2	70(7)	265	285	35	300	10	10	3.0
JKMD-3.5×4	3.5	4	140(14)	525	575	35	300	10	13	3.0
JKMD-4×2	4	2	95(9.5)	340	374	39.5	350	13	12	4.0
JKMD-1×4	4	4	180(18)	680	740	39.5	350	12	14	4.0
JKMD-4.5×4	4.5	4	220(22)	900	98	45	350	14	14	4.0
JKMD-5×4	5	4	270(27)	1 070	116	50	350		14	5
JKMD-5.5×4	5.5	4	340(34)	1 300	142	55	350		14	5
JKDM-6×4	6	4	420(42)	1 570		57	350		14	5

任务二　多绳摩擦提升设备的组成部分

多绳摩擦提升设备的工作原理与单绳缠绕式提升设备不同。因为是“多绳”，就产生了数根钢丝绳的张力如何平衡的问题，又因为其传动原理为“摩擦传动”，亦就产生了如何防滑的问题。以上两个方面构成了多绳摩擦提升的特殊问题，因而其机械结构也有其特殊性。多绳摩擦提升机由主轴装置、制动装置、减速器、深度指示器、车槽装置及其他辅助设备组成。其制动装置、操纵台等与7K型单绳缠绕式提升机基本相同，在此仅介绍其他部件的主要结构特点。

一、主轴装置及导向轮

微课资源

图2-4-4所示为多绳摩擦式提升机的主轴装置。主轴法兰盘(或轮毂)与摩擦轮辐采用高强度螺栓连接，借助螺栓压紧轮辐与夹板间的摩擦力传递扭矩。这种结构便于拆装及运输，但制造要求较高。

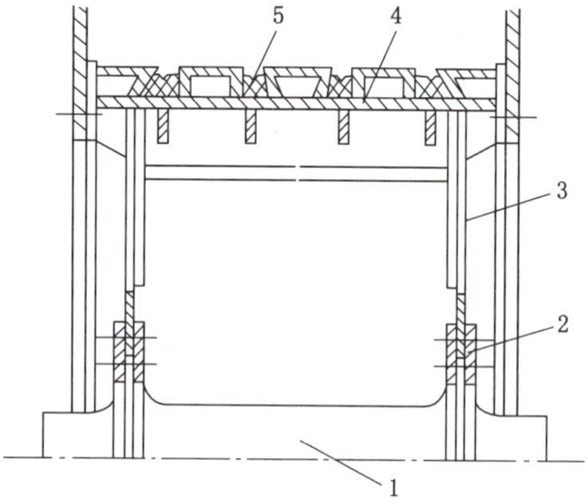

1—主轴；2—法兰盘；3—摩擦轮辐；4—主导轮；5—摩擦衬垫。

图2-4-4　JKM(Ⅰ)型提升机的主轴装置

主导轮采用普通低合金16Mn钢板焊接，钢板厚度为20～30 mm。大型提升机主导轮带有支环，以增加其刚度；小型提升机不带支环，可使结构简单、制造方便。整体铸钢的主导轮轮毂热装在主轴上，靠轮毂与主轴间的过盈配合来传递扭矩。不采用键连接是为了避免键槽对主轴强度的削弱。主轴支承在滚动轴承上，滚动轴承的优点是较滑动轴承效率高、宽度小、维护简单、使用寿命长。

摩擦衬垫用铸铝或塑料制成的固定块压紧在主导轮壳表面上，不允许在任何方向上活动。为安放提升钢丝绳，衬垫上车有绳槽。衬垫之间的间距与钢丝绳和提升容器间连接装置的结构尺寸有关，一般取钢丝绳直径的10倍左右。主轴与减速器输出轴采用刚性联轴器连接。

对于塔式多绳摩擦提升系统，当两个提升容器或提升容器与平衡锤之间的距离小于主导轮直径时，必须采用导向轮。导向轮由轮毂、轮辐和轮缘组成。轮缘绳槽内装有衬垫。导向轮的个数与提升钢丝绳的根数相等，其中一个导向轮固定在轴上，其余采用动配合套在轴上，可以相对于轴自由转动。

二、主导轮的摩擦衬垫及车槽装置

1. 主导轮的摩擦衬垫

摩擦衬垫是摩擦提升机重要部件，它承担着提升钢丝绳重量、容器自重、货载重量、平衡尾绳重量以及运行时的各种动载荷与冲击载荷，所以它必须有足够的抗压强度。此外，它与钢丝绳之间还必须具有足够的摩擦系数，从而使提升机达到设计生产能力，并防止提升过程中的滑动。因此，摩擦衬垫材质的优劣对摩擦提升机的工作性能、应用范围、工作安全等都有直接的影响。

摩擦衬垫材料应具有下列性质：

(1) 与钢丝绳对偶摩擦时有较高的摩擦系数，摩擦系数受水和油的影响较小。

(2) 具有较高的比压和抗疲劳性能。

(3) 磨损较小，磨损时的粉尘对人和机器无害。

(4) 在正常温度变化范围内，能保持其原有性能。

(5) 应具有一定的弹性，能起到调整一定张力差的作用。

提高摩擦系数将会提高提升设备的牵引能力，多年来世界各国都在研究摩擦衬垫的材料性能，目前经常使用的几种摩擦衬垫的材料性能见表 2-4-2。

表 2-4-2　几种常用摩擦衬垫的材料性能

衬垫材料	普通橡胶带	皮革	聚氯乙烯	聚氨基甲酸酯
计算摩擦系数	0.2	0.2	0.25	0.25
许用比压/MPa	1.5	1.5	2.0～2.5	2.0

如果算出的衬垫比压超过表 2-4-2 中的许用比压时，可以考虑采用加大钢丝绳直径、加大主导轮直径或增加钢丝绳数目的办法降低比压，但是这种变动在经济及技术上是否合理必须全面考虑。

2. 车槽装置

摩擦衬垫在使用中会不断磨损，而且各绳槽的磨损程度不同。磨损的原因有以下几种：

(1) 在紧急制动时，提升钢丝绳可能产生滑动，引起摩擦衬垫急剧磨损致使绳槽不圆。

(2) 钢丝绳在主导轮摩擦衬垫上蠕动。

(3) 几根钢丝绳中的一根由于某种缘故使两侧钢丝绳张力差超过了防滑的极限，这时出现单根钢丝绳滑动的现象，该钢丝绳所处的绳槽便很快磨损，结果该绳槽直径越小，滑动越严重，形成恶性循环。所以及时调整各绳槽直径的偏差值，使其不超过 0.05 mm，是十分必要的。

在多绳提升设备中设有专用的车槽装置——车削绳槽，以调节各钢丝绳的张力。图 2-4-5 所示的车槽装置，每个摩擦衬垫都有一个单独进刀的车刀装置 1，它固定在支撑腰架 2 上，车刀装置的结构和车床尾架的结构基本相同。若用手转动车刀装置的手轮时，车刀杆和车刀便垂直上、下移动，切削绳槽或退刀。手轮上有刻度盘，一般每转一格刻度进刀量为 0.1 mm。车槽时应尽量使各绳槽的直径偏差达到最小。

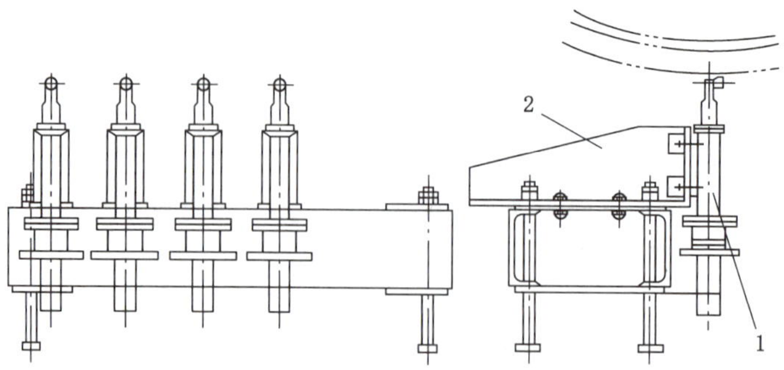

1—车刀装置；2—支撑腰架。

图 2-4-5 车槽装置

三、深度指示器的调零机构

多绳摩擦式提升机在工作过程中，不可避免地会出现钢丝绳的蠕动现象，因此，钢丝绳与主导轮间便产生一相对位移。随着提升次数增多，相对位移量亦不断增大。除了蠕动外，还可能存在着钢丝绳的滑动与伸长等问题。这些都影响深度指示器的准确性，为此，必须在多绳摩擦式提升机的深度指示器上增加一个自动调零机构。目前我国设计的调零机构有两种，一种是用于 JKM 型提升机上立式深度指示器的调零机构，另一种是用于 JKD 型提升机上带水平选择器的调零机构。

1. 立式深度指示器的调零机构

如图 2-4-6 所示，如果提升钢丝绳未发生滑动、伸长及蠕动时，则调零电机 31 并不运转，所以与它连接的蜗杆 30 与蜗轮 29 也不转动。这时提升机主轴和齿轮 23、5、6 使差动轮系的圆锥齿轮 7、8、9 转动，再通过轴 11 和齿轮 12、13 带动圆锥齿轮 15、16 转动。当丝杠 17 转动时，深度指示器的粗针 18 便向上或向下移动，指示容器在井筒中的位置。为了更精确地反映容器在停车前的位置，再经过几级齿轮传动，带动一根精针 27。在井筒中距离提升容器卸载水平前 10 m 处，安装一个控制电磁离合器 25 的磁感继电器。容器在井筒中经过磁感继电器时，电磁离合器合上，使齿轮 24 和轴 26 连接，于是当容器提升到距卸载水平 10 m 时，精针 27 开始转动。精针刻度盘 28 上有刻度，每格表示 1 m 的提升高度，这样就精确地反映了容器在停车前的位置。如果提升钢丝绳发生滑动、伸长或蠕动时，容器已到达卸载水平而指针还未到达零位，或已超过零位时，自整角机 32 的转角与预定零位不对应，电压达到一定的数值，通过电控系统使调零电机 31 运转，带动蜗杆 30 和蜗轮 29 通过差动齿轮使轴 11 转动，直至指针返回预定的零位，这时指针的位置与容器位置一致，自整角机的电压也减少为零，调零电机停止运转，调零完毕。提升容器往返一次调零进行一次。

2. 水平选择器的调零机构

图 2-4-7 所示为水平选择器的传动系统。其传动轴 1 与提升机主轴通过链传动相连接，该传动系统的作用为：

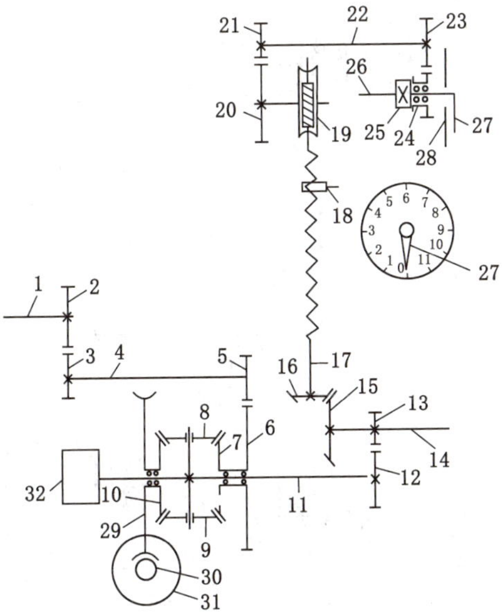

1、4、11、14、22、26—轴；2、3、5、6、12、13、20、21、23、24—齿轮；
7、8、9、10、15、16—圆锥齿轮；17—丝杠；18—粗针；19、30—蜗杆；
25—电磁离合器；27—精针；28—刻度盘；29—蜗轮；31—调零电机；32—自整角机。

图 2-4-6　立式深度指示器及其调零机构

(1) 通过发送自整角机 B 的发送，使在司机操作台上的接收自整角机显示提升机的转动角度，从而指示提升容器在井筒中位置。

(2) 如果钢丝绳因滑动、蠕动或伸长等原因使容器位置与深度指示器不一致时，则在每次提升停车后可以自动调零。

(3) 通过传动轴 3 传动进行限速保护。

这里只讲(1)、(2)两个作用。由图 2-4-7 可以看出，在提升机工作时，传动轴 1 转动，通过齿轮传动而使发送自整角机 B 转动(此时由于调零电机 M 没有通电，所以蜗杆 Z_0 是不动的)。由于发送自整角机与安装在操纵台上的接收自整角机两者间的同步联系，就把信息传到接收自整角机上，从而指示提升容器在井筒中的位置，这是第一个作用。

第二个作用是自动调零。由图 2-4-7 可以看出，立轴 4 和 5 是由提升机主轴通过一系列齿轮、链轮传动的，因而其旋转角度十分严格地与主轴转角相对应。如果钢丝绳不发生滑动，当容器停在卸载位置时立轴 4 和 5 都应停在相对应的一定位置上，这时容器位置与深度指示器的指针位置是一致的，即指针停在零位，无误差；如果钢丝绳发生向前滑动，则当容器停在卸载位置时，提升机便少转若干角度提前停下来，立轴 4 和 5 也随着提前停下来，而没有到达原定的位置；如果钢丝绳发生向后滑动，则提升机要多转若干角度才能使容器停在卸载位置，这时立轴 4 和 5 也随着提升机多转若干角度而停在超过原定的位置上。当立轴 4 和 5 多转或少转的角度超过一定值时，即在一定误差范围以外时，调零电机 M 自动开动并使立轴 4 和 5 转回到原定的位置，即发送自整角机 B 转至零位，消除误差。

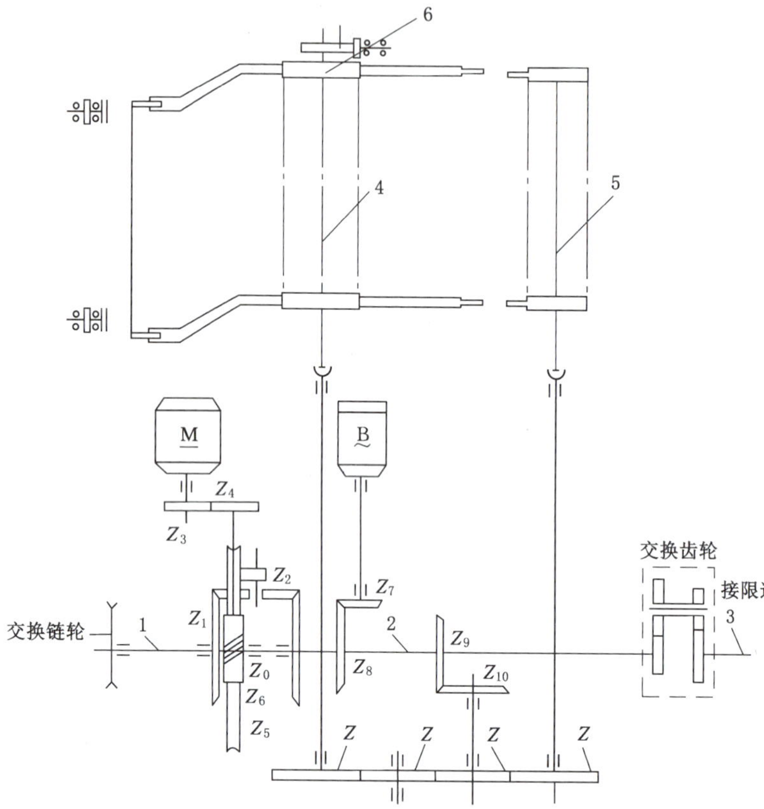

1,2,3—传动轴;4,5—立轴;6—调零控制装置。

图 2-4-7 水平选择器的传动系统

四、多绳摩擦式提升机防过卷装置

多绳摩擦式提升机防过卷装置共分三个部分:一是安装在深度指示器上的终点开关;二是安装在井塔上的过卷开关;三是设置在井塔和井底的两套楔形罐道装置。

当提升容器过卷时,安装在深度指示器上的终点开关首先动作,提升机立即进行工作制动,防止发生过卷事故。但是如果由于控制失灵或误操作,提升速度没有及时减慢下来,再加上钢丝绳的蠕动、滑动与伸长等原因,深度指示器不能正确地反映容器的位置,往往是容器过卷 2～4 m 时深度指示器的终点开头才动作。因此,要想保证容器过卷 0.5 m 即进行安全制动,必须依靠安装在井塔上的过卷开关。但是,实践经验证明只有在过卷速度(通过井塔过卷开关时的速度)低于 2 m/s 时,过卷开关才能保证在过卷 2 m 距离内停住提升容器。如果速度过高,其制动距离势必较长或者尽管提升机已闸住,但安全制动减速度常易于超过防滑条件要求的数值而出现滑动,这时容器因滑动而靠系统的惯性会继续过卷。因此,多绳摩擦式提升设备一般都在井塔和井底设置两套楔形罐道,以保证在较高速度过卷时也能防止严重过卷事故。

图 2-4-8 所示为楔形罐道及罐耳的示意图。井塔上的一对楔形罐道 1 安装时小头向

下，而井底的一对楔形罐道则相反。容器的罐耳上方制成喇叭口形，使 $c=b_3$，并使罐耳的宽度 b 等于楔形罐道的宽度 b_2。这样，当提升容器过卷冲入楔形罐道时，罐耳对楔形罐道只产生挤压和摩擦两种作用，从而可以吸收主导轮上升侧和下放侧的全部能量。

五、多绳摩擦式提升机的减速器

我国多绳摩擦式提升机配套使用的减速器多为弹簧基础减速器。这种减速器的主要优点是可以减少在启动、停车和安全制动过程中动负荷对提升系统的影响，同时也具有简化安装和缩小尺寸等优点。

ZG-80 型弹簧基础减速器是 JKM 型多绳摩擦提升机配套的产品，图 2-4-9 所示为两级共轴式减速器的结构。减速器的输出轴 10 与输入轴 1 安装在同一轴线上。电机的动力经由弹性联轴器传递给输入轴 1 和高速小齿轮 2、两侧对称的两个高速大齿轮 3、两根对称的弹性轴 5，再由低速小齿轮 8 传递到低速大齿轮 12 和低速轴 10，从而带动提升机运转。各轴的支承全部采用滚柱轴承。高速级采用斜齿轮传动，低速级采用人字齿轮传动。

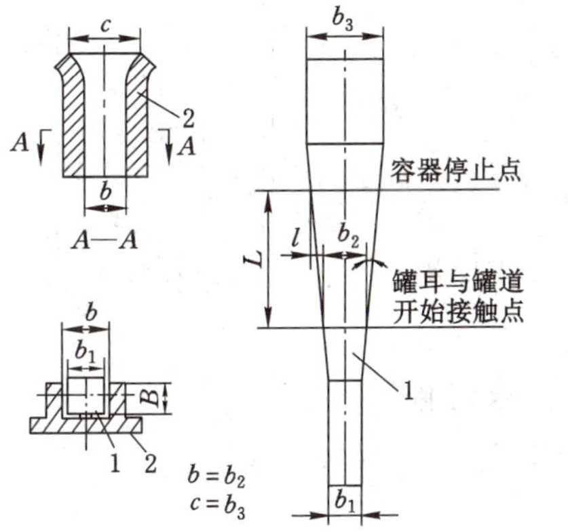

1—楔形罐道；2—罐耳。

图 2-4-8　楔形罐道及罐耳示意图

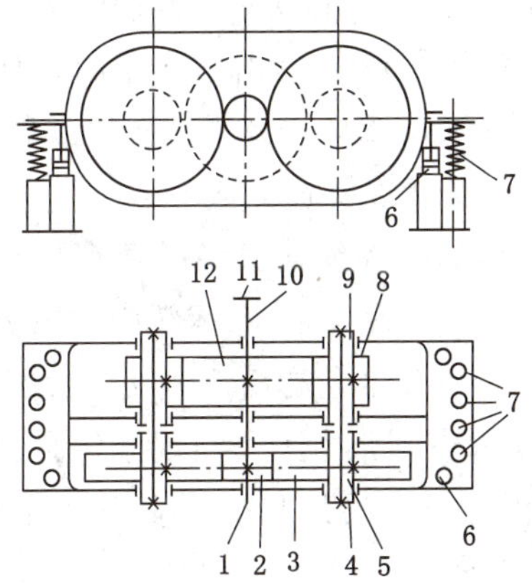

1—输入轴；2—高速小齿轮；3—高速大齿轮；4—高速轴套；5—弹性轴；6—液压减震器；7—弹簧机座；8—低速小齿轮；9—低速轴套；10—输出轴；11—刚性联轴节；12—低速大齿轮。

图 2-4-9　弹性基础减速器示意图

由于齿轮制造误差的原因，一般不容易达到四对齿轮都同时很好啮合。为了消除这一弊病，使两侧中间传动齿轮达到负荷均衡，两侧的传动轴应这样设计：弹性轴 5 两端各套一个轴套 4 和 9，轴套 4 与高速大齿轮 3 键装在一起，轴套 9 与低速小齿轮 8 键装成一体，弹性轴 5 两端用花键与轴套相连。中间轴的弯曲载荷由轴套承担，而其扭矩则完全由弹性轴传递，由于其刚度较小，故弹性轴 5 在承受足够大扭矩时会产生明显的弹性变形。运转时，在弹性轴扭转变形的作用下，中间传动齿轮 3 和 8 之间产生相应的转角差，从而使两侧中间传动齿轮 3 和 8 与相对应的齿轮 2 和 12 紧密啮合，使载荷均衡。弹簧机座 7 和液压减震器 6 可以减少提升机在启动和减速，尤其是在安全制动时减速器对井塔楼板所产生的冲击力。

JKD 型多绳摩擦式提升机采用弹性齿轮的弹簧基础减速器也是两级共轴式减速器。

它采用弹性齿轮来使两侧齿轮的负荷均衡。弹性齿轮安装在两侧的中间轴上,代替了图 2-4-9 中的齿轮 3,也就不需要轴套 4 和 9,可以减轻减速器的重量。

弹性齿轮的结构特点如图 2-4-10 所示。高速小齿轮把动力传递到弹性齿轮的左、右两齿轮圈 1 和 7 上,齿轮圈 1 和 7 以及楔板 5 是用螺栓 3 连接在一起的,因而动力通过螺栓 3 和楔板 5 及弹簧 6 传递给轮辐 4。利用弹簧 6 的弹性变形,可使齿圈 1 和 7 一起对中间传动轴扭转一个角度,也就是对中间传动轴另一端的低速齿轮相对地转动一角度,从而弥补了齿轮制造的误差,使两侧的中间传动装置受力均匀。

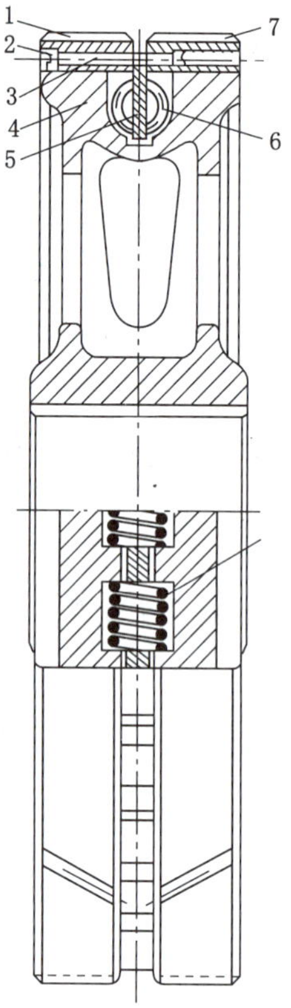

1—左齿圈;2—螺母;
3—螺栓;4—轮辐;
5—楔板;6—弹簧;
7—右齿圈。

图 2-4-10 弹性齿轮

六、多绳摩擦式提升机钢丝绳张力平衡装置

生产实践证明,使各钢丝绳达到均匀受力,是增加钢丝绳和衬垫使用寿命、提高生产率的有效途径。

1. 影响钢丝绳张力不平衡的因素

(1) 绳槽直径的偏差

由于加工各绳槽直径时存在加工误差,其尺寸不可能完全一样。同时,绳槽在运转中磨损程度也不相同,所以绳槽直径大小必然有差别。一般要求各绳槽直径相差不超过 0.05 mm,否则张力不平衡现象将会十分明显,直径越大的绳槽,其上升侧的张力越大,其下放侧的张力越小。

(2) 各钢丝绳的长度偏差

正如前所述,各钢丝绳的两端都是分别连接在两个提升容器上,钢丝绳长度都应该相等。但是在悬挂各钢丝绳时,它们的长度不可能绝对相等,长度较短的钢丝绳就要拉长一些,因此它们之间的弹性伸长就各不相同,结果各钢丝绳的张力也就各不相同。

(3) 各钢丝绳的刚度偏差

由于钢丝绳的材质和加工精度不可能绝对相同,所以各钢丝绳的弹性模数和断面积也不可能完全一样,因而各钢丝绳在载荷作用下的弹性伸长不同,张力也就不同。

实际使用中,多绳摩擦式提升机都要求采用同一规格的钢丝绳,并经严格挑选。当用 4 根钢丝绳时,2 根左捻和 2 根右捻钢丝绳都应当分别由同一根左捻和右捻钢丝绳中截取,这样钢丝绳刚度偏差的影响会减至最小。

在生产实践中,对上述三个因素必须引起足够的重视,特别是绳槽直径的偏差和钢丝绳长度的偏差是难以避免的,更应加以特别重视。

2. 改善各钢丝绳张力不平衡的措施

(1) 采用张力平衡机构

用于多绳摩擦提升的平衡机构有 4 种,如图 2 4 11 所示。

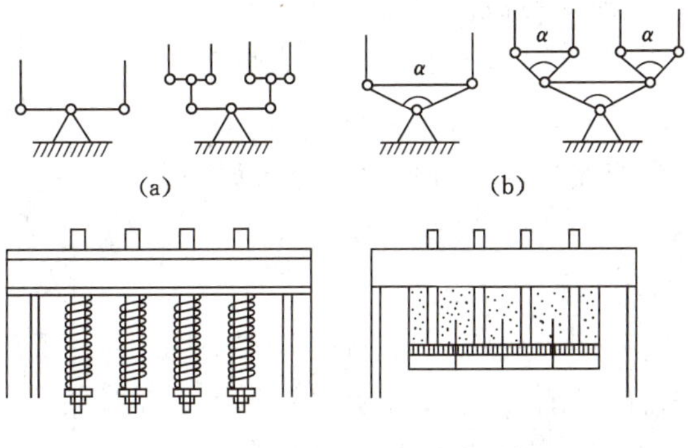

图 2-4-11　平衡机构示意图

① 平衡杆式平衡机构[图 2-4-11(a)]。在多绳摩擦式提升机的平衡机构中，采用最多的是平衡杆式。钢丝绳张力分配的理论研究证明，采用这种平衡机构时，个别钢丝绳受力过载不会超过 10%～15%。其优点是结构简单，质量也不太大。其缺点之一就是对深井提升来说调整距离较小，这是因为受到各钢丝绳之间的间距限制，平衡杆的长度不能随意增大。但在钢丝绳间距不变的条件下，改变平衡杆在容器上的布置位置，也可以使平衡杆的调整距离增加 1 倍或更多一些。

② 角杠杆式平衡机构[图 2-4-11(b)]。这种平衡机构的结构说明，钢丝绳受力平衡的程度，决定于杠杆的长度及其旋转角度。当 $\alpha=180°$ 时，其平衡特性与平衡杆式平衡机构基本相同。

③ 弹簧式平衡机构[图 2-4-11(c)]。这种平衡机构的特点是结构简单，不受钢丝绳根数限制，能减少钢丝绳在提升机启动和制动时的动应力。这种机构广泛应用于电梯提升中，在矿山一般仅用于井深不大于 300 m 的竖井提升中。

④ 液压式平衡机构[图 2-4-11(d)]。这种平衡装置的主要优点是钢丝绳受力能完全平衡，具有较大的调整行程，任何根数的钢丝绳以及任何间距均适用；缺点是结构复杂，重量较大。

综上所述，这几种平衡机构都有一个共同特点，就是使受张力较大的钢丝绳自动减小其弹性变形，同时把张力传给其余几条受力较小的钢丝绳，使各钢丝绳的张力达到平衡。

(2) 定期调整钢丝绳张力差

定期调整钢丝绳的长度，使张力大的放松一些，张力小的拉紧一些。常见的调整钢丝绳长度的调绳器有以下几种：

① 垫块式调绳器(图 2-4-12)。这种调绳器用减少或增加垫块的数量来增长或缩短钢丝绳长度。这种调绳器在国内外均有使用。其缺点是每次调绳长度只能是楔块厚度的倍数，因而调绳效果不理想，其次是垫块易锈死，增减垫块比较困难。

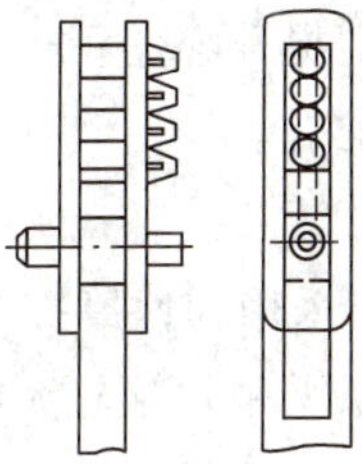

图 2-4-12　垫块式调绳器

② 螺旋式调绳器。这种调绳器是一种螺杆受压式的螺旋调绳器。通过螺杆与螺母的连接来完成长度调节，即人工旋动螺杆就可在一定范围内调整绳的长度。螺旋式调绳器的操作比垫块式方便，而且可以进行微量的调节。其缺点是螺杆有可能因锈蚀而不能旋动，因此应进行防锈层处理。

③ 螺旋液压式调绳器(图 2-4-13)。这种调绳器利用液压缸和螺旋的综合作用，以克服螺旋式调绳器调整费力的缺点。活塞杆 1 上端与楔形绳环连接，下端为梯形齿螺杆，穿过液压缸 4、底盘 5，用圆形螺母 6 顶住。提升钢丝绳的终端载荷由底盘、圆螺母、活塞杆等直接传到提升钢丝绳上。液压缸盖 3 上有输入液体的小孔，每个液压缸之间用高压软管互相连接。调绳时，压力油经由软管同时充入每个液压缸内，油压上升，向下推动活塞 9，下端的圆螺母 6 便离开液压缸底盘 5，此时活塞和压力油代替了圆螺母承受钢丝绳的终端载荷。当所有液压缸底盘下面的圆螺母都离开时，各钢丝绳承受的张力完全相等。然后可以轻易地旋紧不承受载荷的圆螺母 6，使它贴在液压缸底盘下面，释放油压，调绳完毕。

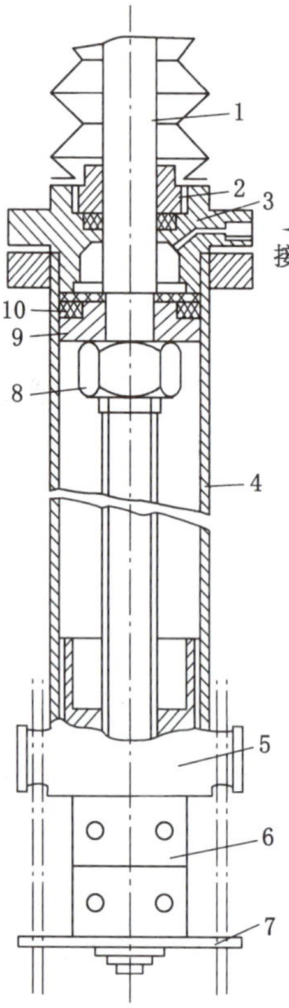

1—活塞杆；2—填料压盖；
3—液压缸盖；4—液压缸；
5—底盘；6、8—螺母；
7—导向盘；9—活塞；
10—密封环。
图 2-4-13 螺旋液压式调绳器

如将所有液压缸内的活塞用油压顶到中间位置，油路系统充满油后，关闭油路闸门，把圆螺母退到螺杆末端，就能实现提升过程中各钢丝绳张力的自动平衡。

上述三种调绳器，都有它们本身的最大调绳距离。例如螺旋液压式调绳器的最大调绳距离不能超过其活塞 9(图 2-4-13)的行程，一般约 400 mm。如果超过其本身的最大调绳距离时，就要利用悬挂装置上方的楔形绳卡进行窜绳。楔形绳卡左、右两侧有挡板，前、后有夹板，中间有楔子，提升钢丝绳从一侧穿入后，绕过楔子下部圆环端，再从另一侧穿出。钢丝绳承受拉力后，楔子上移，便自动卡紧钢丝绳。承受压力越大，卡紧力也越大。调绳时，用手动起重机把提升容器稍稍提起，先解除钢丝绳的拉力，然后利用顶丝杆(在绳卡上部)，将楔子向下顶推，楔子与挡板间的间隙便增大，钢丝绳就能随意窜动。这种楔形绳卡安全可靠，操作方便。

(3) 采用弹性摩擦衬垫

如果采用弹性较大的摩擦衬垫，在很大程度上可以改善钢丝绳张力的不平衡。其原理是：当某根钢丝绳张力增大后，该钢丝绳压向衬垫的压力也增大，因而压缩弹性衬垫使其绳槽直径减小，钢丝绳张力也随之减小。我国制造的聚氨基甲酸酯橡胶摩擦衬垫具有较好的弹性,目前在各矿井中正逐步采用。

七、活动框架式罐笼及其承接装置

在立井提升中,一般都采用罐笼作为辅助提升。因为罐笼提升的载荷是经常变化的,这将使提升钢丝绳产生不同的弹性伸长,再加上钢丝绳的永久伸长以及司机操作误差等,这三者将使罐笼的停罐位置产生不同误差。提升载重越大、提升高度越深,则误差越大。对于双罐笼提升来说,一个罐笼停在井口卸载位置,而另一个罐笼则会因上述原因停在井底,低于装载水平的位置。两罐笼不能同时进行装卸载,需要等到井口的罐笼装卸载完毕之后,二次开动提升机,把井底罐笼提到井下装载水平,才能使井下罐笼进行装卸载。

为了减少频繁调绳或二次提升对罐笼的操作,我国设计制造了几种活动框架式罐笼及其承接装置。图 2-4-14 所示为 GDS 型双层一车多绳罐笼,在罐笼外框架 3 的底部放置有活动框架 1,它上面有轨道,矿车即放在轨道上。在罐笼外框架 3 的两侧各有一条垂直的导向槽 2,当活动框架 1 被顶起时,它可沿着导向槽 2 上升,相对上升的最大距离为 800 mm。图 2-4-15 所示为活动框架式罐笼的承接装置,它是用液压传动的。这种承接装置设在主井各水平的装载位置上。其作用是当罐笼没有准确地停在装卸载水平时,能将罐笼内活动框架及其轨道顶起对准运输巷道轨道,以便车辆或人员进出罐笼,达到装卸载的目的。

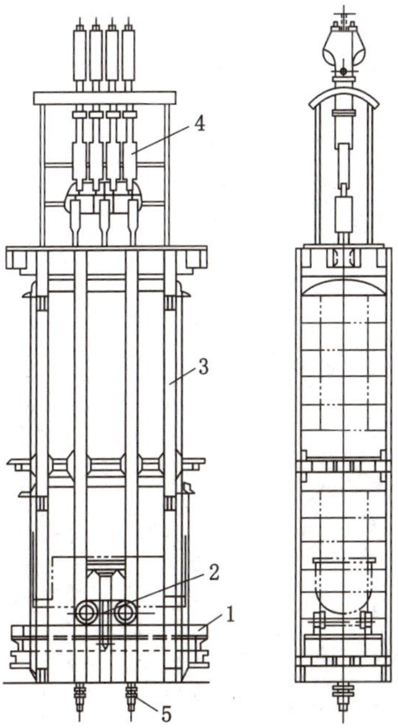

1—活动框架;2—导向槽;3—罐笼外框架;
4—提升钢丝绳悬挂装置;5—尾绳悬挂装置。
图 2-4-14　GDS 型双层一车多绳罐笼

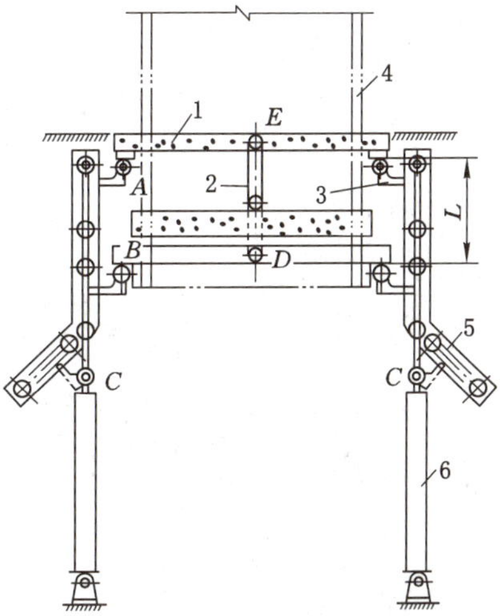

1—活动框架;2—导向槽;3—托座小车;
4—罐笼外框架;5—固定曲轨;6—液压缸。
图 2-4-15　活动框架式罐笼的承接装置

八、尾绳悬挂装置

多绳摩擦式提升机所采用的平衡尾绳,可以采用扁尾绳,因为扁尾绳不易扭结造成事故,但是扁尾绳制造费工、成本高。我国标准系列多绳提升罐笼的平衡尾绳采用的是圆尾绳。因为圆尾绳容易打转、扭结，所以圆尾绳的悬挂装置都采用转环式结构。它容许尾绳绕其垂直轴线松捻，称为“松劲”。尾绳选用交叉捻时，在悬挂前必须预先松劲，再用绞车把钢丝绳拉一下，然后再装上使用。这样可大大减少圆尾绳在使用过程中的打转，提高圆尾绳运行中的安全性。

模块三　智能煤矿排水通风设备

本模块主要介绍了矿山流体机械中排水设备、通风设备、压气设备的原理、结构、性能、调节、操作维护、故障处理等内容。根据煤矿机电技术人员的职业成长规律和认知规律，以煤矿排水、通风、压气系统所需的水泵、通风机、空压机为载体，选择了与煤矿机电技术人员岗位密切相关的操作、运行、维护、故障处理等任务来构建基于工作过程的学习情境。通过情景教学、实操训练等多种方式帮助学生尽快掌握本课程中各种设备的使用、维护等方面的技能。

思政案例

项目一　排水设备

任务一　排水设备的操作

由于煤矿一般都在地表以下的深处，所以在煤矿的建设和生产过程中，会不断有各种来源的水涌入矿井。涌入矿井的水统称为矿水。矿水积聚在巷道中，不但影响生产，还会威胁煤矿安全。因此，每一个矿都必须设置矿井排水设备，以便及时将这些矿水排至地面，为井下生产创造良好的工作环境，保证入井人员的安全工作和机电设备的良好运转。

微课资源

矿水主要来源有大气降水、地表渗透水、含水层水、断层水、采空区的水和工作中灭尘的水等。对于水力采煤和水砂填充的矿井，还包括水力采煤和水砂填充后产生的废水。

矿井涌水量的大小与水文地质、气候条件、地质特征以及开采方法等因素有关，因此各矿涌水量差别很大。即使是同一矿井，在不同季节也不相同。通常在雨季和融雪期会出现涌水高峰，称这时的涌水量为最大涌水量；其他时期的涌水量变化不大，称为正常涌水量。

矿井涌水在穿过岩层和沿坑道流动过程中溶受了各种物质，因此矿水的密度比一般清水大，约为 1 015～1 025 kg/m^3，经过沉淀池和水仓沉淀后再由水泵排出。

由于溶入水中的物质不同，因此矿水有酸性、中性和碱性之分。当矿水中氢离子浓度的 $pH=7$ 时为中性，$pH<7$ 时为酸性，$pH>7$ 时为碱性。酸性矿水对金属有腐蚀作用，因此当矿水 $pH<5$ 时，应根据情况加石灰中和或采用耐酸的排水设备。

排水设备是煤矿大型固定设备之一。根据统计，每开采 1 t 煤，一般要排出 2～7 t 的矿水，有些甚至要排出多达 30～40 t 的矿水。排水设备的电机功率，小的几千瓦或几十千瓦，大的几百千瓦或上千千瓦。如果排水设备不能正常运转，将直接影响井下生产的正常进行，甚至造成淹没矿井的重大事故。因此，《煤矿安全规程》对排水设备的布置、操作、运行、维护等都做了严格的规定。

一、矿井排水设备的组成及工作原理

矿井排水设备分为固定式和移动式两类。固定式排水设备安装在泵房内，负责把全矿或某一水平的矿水排至地面；移动式排水设备一般用于下山掘进工作面、井底水窝或淹没巷道的排水，它可以随水位的下降而移动。

如图 3-1-1 所示，固定式排水设备一般由离心式水泵 1、电机 2、启动设备 3、吸水管 4、排水管 7、阀门、仪表等组成。

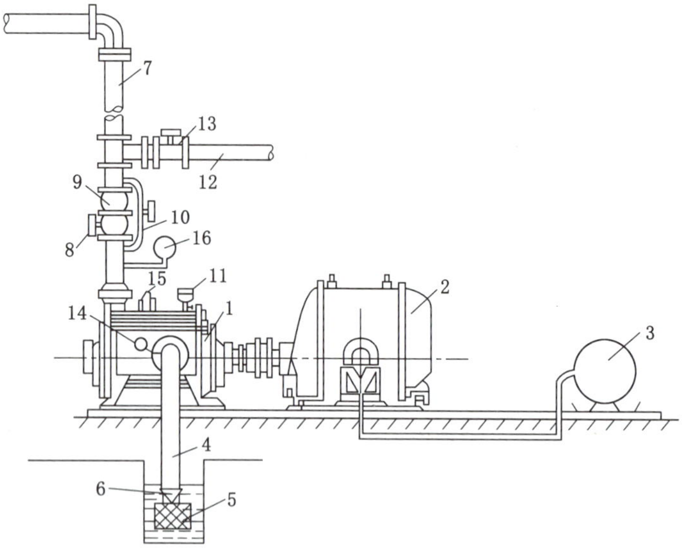

1—离心式水泵；2—电机；3—启动设备；4—吸水管；5—滤水器；6—底阀；7—排水管；8—调节阀门(闸板阀)；
9—逆止阀；10—旁通管；11—灌水漏斗；12—放水管；13—放水闸阀；14—真空表；15—放气栓；16—压力表。

图 3-1-1 固定式排水设备示意图

各组成部件的作用如下：

(1) 启动设备是供电控制装置，给电机提供电能。电机是驱动装置，驱动离心式水泵运转。离心式水泵是排水设备，它将电机输入的能量转换成水的能量，完成排水任务。

(2) 滤水器安装在吸水管末端，其作用是防止将水中的杂质吸入泵内。滤水器中装有底阀，以防止灌引水时或水泵停止运转后，泵内和吸水管中的水漏掉。

(3) 闸板阀安装在排水管上。其作用是：启动水泵时，关闭闸板阀，以便降低启动电流；在水泵运行中用来辅助调节水泵的流量；停止水泵时，关闭闸板阀，以防止出现水击现象，保护水泵不受水力冲击。

(4) 逆止阀安装在闸板阀的上方。其作用是：在水泵运行中由于突然停电而停止运转时，或在未关闭闸板阀而停泵时，防止排水管路中的水对泵体及管路系统造成水力冲击。

(5) 旁通管跨接在逆止阀和闸板阀的两端，若排水管中有水，可通过它向泵和吸水管内灌引水。

(6) 灌水漏斗用于水泵启动前向泵内灌引水，此时应打开放气栓将泵内空气放掉。

(7) 放水闸阀用于检修水泵和排水管路，可通过放水管将排水管路中的水放回到吸水井中。

(8) 压力表和真空表分别用来检测排水管中的压力和吸水管中的真空度，通过仪表指示值可知水泵工作状态是否正常。

我国煤矿使用的水泵有离心式、往复式及喷射式(射水泵)几种，其中最常用的是离心式水泵。往复式和喷射式多用于局部排水或排送泥浆。

图 3-1-2 所示为单吸单级离心式水泵的示意图。叶轮 1 上有一定数量的叶片 2，叶轮固定在泵轴 3 上，泵轴 3 通过轴承支撑在泵壳 4 上，泵壳内部为一蜗壳形扩散室，泵壳外部在

水平方向开有吸水口，垂直方向开有排水口，分别与吸水管5、排水管7连接。

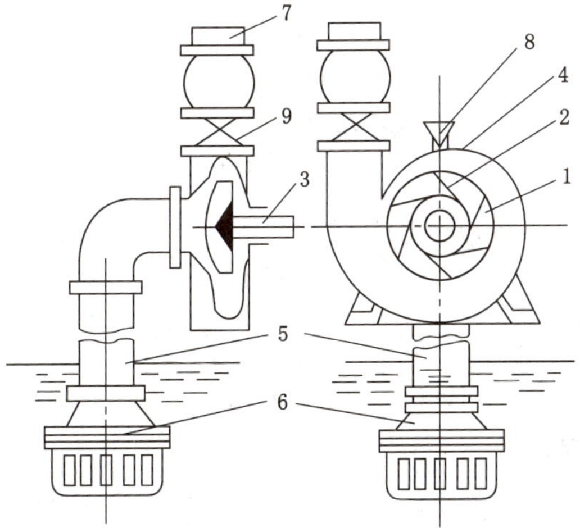

1—叶轮；2—叶片；3—泵轴；4—泵壳；5—吸水管；6—滤水器底阀；7—排水管；8—漏斗；9—闸板阀。

图3-1-2　单吸单级离心式水泵示意图

水泵启动前，应先用水注满泵腔和吸水管，以排除空气。当电机启动后，叶轮即随泵轴旋转，位于叶轮中的水在离心力的作用下被甩出叶轮，经泵壳内部蜗壳形扩散室从排水口流出。此时，叶轮中心进水口处由于水被甩出而形成一定的真空，吸水井中的水在大气压作用下经滤水器底阀6、吸水管5进入水泵，填补叶轮中心的真空。叶轮连续旋转，水被不断地甩出、吸入、甩出，形成连续不断的水流，达到排水的目的。

二、离心式水泵的性能参数

在离心式水泵的铭牌上厂家提供了该水泵的一些性能参数，以方便用户选用。

1. 流量

水泵在单位时间内所排出水的体积，称为水泵的流量，用符号 Q 表示，单位为 m^3/s 或 m^3/h。

2. 扬程

单位重量的水通过水泵后所获得的能量，称为水泵的扬程，用符号 H 表示，单位为m。

根据有能量输入的伯努利方程，表达式如下：

$$H = H_{sy} + \frac{v_p^2}{2g} + h_w \tag{3-1-1}$$

$$H_{sy} = H_x + H_p \tag{3-1-2}$$

式中　H_{sy}——吸水井水面到排水管出口的垂直高度，称为实际扬程，m；

v_p——排水管出口速度，m/s；

h_w——水头损失，m；

H_x——吸水井水面到水泵轴心线的垂直高度，称为吸水扬程，m；

H_p——水泵轴心线到排水管出口的垂直高度，称为排水扬程，m。

流量和扬程是选择水泵时的主要依据。

3. 功率

水泵在单位时间内所做功的大小叫作水泵的功率，用符号 P 表示，单位为 kW。它又可细分为：

（1）水泵的轴功率

电机传递给水泵轴的功率，即水泵的轴功率，也就是水泵的输入功率，用符号 P_z 表示。

（2）水泵的有效功率

水泵实际传递给水的功率，即水泵的有效功率（输出功率），用符号 P_x 表示：

$$P_x = \frac{\rho g Q H}{1\ 000} \tag{3-1-3}$$

式中 ρ——矿水密度，一般取 1 015～1 025 kg/m³；

Q——水泵的流量，m³/s；

H——水泵的扬程，m。

4. 转速

水泵轴每分钟的转速叫作水泵的转速，用符号 n 表示，单位为 r/min。矿用离心式水泵都是用电机直接拖动的，故常用的额定转速有 1 480 r/min 和 2 950 r/min 两种。

水泵的轴功率和转速是选择配套电机的主要数据。

5. 效率

水泵的有效功率与轴功率之比叫作水泵的效率，用符号 η 表示：

$$\eta = \frac{P_x}{P_z} = \frac{\rho g Q H}{1\ 000 P_z} \tag{3-1-4}$$

6. 允许吸上真空度或必需汽蚀余量

在保证水泵不发生汽蚀的情况下，水泵吸水口处所允许的真空度叫作水泵的允许吸上真空度，用符号 H_s 表示，单位为 m。它是用来限制水泵吸水（安装）高度的参数。

必需汽蚀余量是指流体由泵吸入口流至叶轮中压力最低处的压力降低值，用符号 NPSHr 表示，单位为 m。其也是用来限制水泵吸水（安装）高度的参数。

以前我国使用允许吸上真空度，现在都采用必需汽蚀余量。

以上性能参数均由厂家提供。例如，D280-43×3 型水泵的额定工作参数为 $Q=280$ m³/h，$H=122.4$ m，$P_z=120$ kW，$\eta=0.8$，$n=1\ 480$ r/min，$H_s=5.7$ m。

三、离心式水泵的启动与停止

（一）启动

1. 启动前的检查

微课资源

启动水泵前，应先清除机器附近有碍运转的物件，检查基础螺栓及所有连接部分的紧固情况，检查填料压盖的松紧程度，检查轴承情况并加足润滑油，然后用手转动联轴器，判断水泵有无卡阻现象。

2. 灌注引水

关闭排水管上的闸阀，关闭真空表和压力表的旋塞，防止因启动时真空、压力增大而损坏仪表。打开泵壳上的放气栓，向泵腔和吸水管内灌注引水并排尽腔内空气，直至放气栓处冒水为止。为使泵腔内空气排尽，灌水时应用手转动联轴器。然后关闭放气栓，开始启动水泵。

向泵内注水是水泵启动前的必要环节。如水泵在未灌注引水或灌注引水不够的情况下启动，即使水泵达到了额定转速，也会因泵腔内存有空气无法产生将水吸入泵内的真空度而吸不上水。严重时，在无水情况下，填料箱中的填料与泵轴长时间摩擦，有可能发生热胶合事故。

关闭闸阀启动水泵的原因是：离心式水泵在零流量时消耗的轴功率最小，这样可降低电机的启动电流。但水泵也不能长时间在零流量情况下运转，否则会强烈发热，一般空转时间不应超过 3 min。

3. 启动水泵

按下启动设备上的启动按钮，电机通电带动水泵运转，当水泵达到额定转速后，打开真空表和压力表的旋塞，观察示值是否正常。若示值正常，即可逐渐将闸阀打开，使水泵正常运转。然后再将启动设备上的开关转到运行位置。

在打开闸阀过程中，压力表的示值随着闸阀开度的增大而减小，电流表的示值也逐渐增大，真空表的示值同样增大，最后都稳定在相应的示值上。

在启动过程中，应密切注意仪表的指示、泵的声响和振动、轴承的温度等。如有明显的异常情况，应立即停止启动，查明原因且排除故障后才能再次启动。

（二）停止

1. 关闭闸阀

停泵时，应先逐渐关闭排水管上的闸阀，使水泵进入空转状态，而后关闭真空表及压力表的旋塞，再按停电按钮。

2. 停电

按停电按钮，停止电机，再切断电源刀闸。

3. 放水

停机后，如水泵在短期内不工作，为避免锈蚀和冻裂，应将水泵内的水放空。若水泵长期停用，则应对水泵施以油封，同时应定期使电机空运转，以防受潮。空转时，应将联轴器分开，让电机单独运转。

任务二　排水设备的运行与调节

矿井排水设备在煤矿生产中起着非常重要的作用，所以必须全天候正常运转，并且要求能随矿井涌水量的变化及时调节。因此，必须先学习掌握离心式水泵的性能曲线、管路特性曲线以及这两条曲线对离心式水泵工作的影响，然后才能理解掌握离心式水泵的正常运行和调节方法，以便今后在工作中正确地运用这些方法。

一、离心式水泵的性能曲线与管路特性曲线

（一）离心式水泵的性能曲线

根据离心式水泵叶片出口安装角的不同，离心式水泵有前弯叶轮($\beta_2>90°$)、径向叶轮($\beta_2=90°$)和后弯叶轮($\beta_2<90°$)三种。在这三种不同叶轮的离心式水泵中，后弯叶轮的水泵具有流动损失小、效率高、不易过载等优点，在实践中被广泛采用。

离心式水泵的性能曲线是生产厂家在一定转速下通过测试得到的，如图 3-1-3 所示。

离心式水泵的实际性能曲线包括扬程曲线 H(即实际压头曲线)、轴功率曲线 P、效率

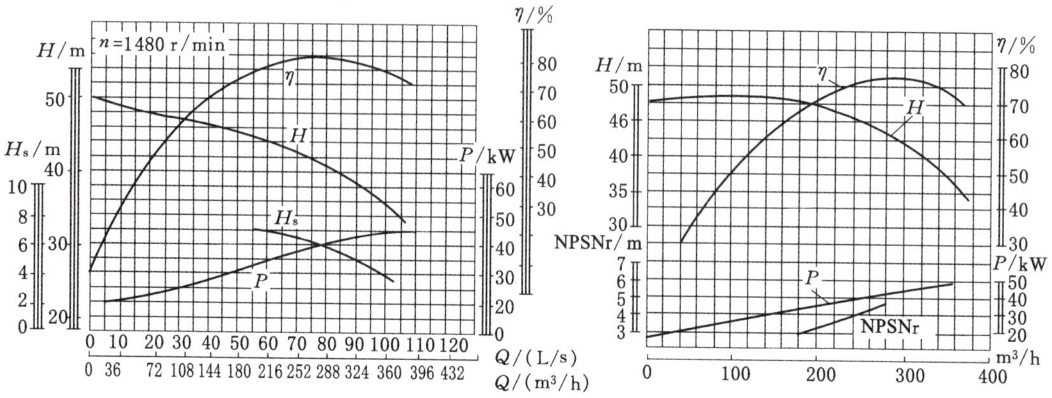

图 3-1-3 离心式水泵的性能曲线

曲线 η、允许吸上真空度曲线 H_s 或必需汽蚀余量曲线 NPSHr。这些曲线表示了单级水泵在额定转速下，上述性能参数随流量 Q 变化的关系。如果是多级水泵，则需将对应流量下的扬程 H 和轴功率 P 乘以级数。

从性能曲线中可以看出：当流量 $Q=0$ 时，轴功率最小，所以离心式水泵要在完全关闭闸板阀的情况下启动。

当流量 $Q=0$ 时，扬程 H 最大，称为零扬程或初始扬程，用符号 H_0 表示。随着流量的增加，水在叶轮流道内流动的损失也随之增加，故扬程 H 逐渐减小。

当水泵的流量和额定流量相吻合时，冲击损失为零，效率最高，所以效率曲线上有一个峰值。水泵铭牌上的性能参数就是效率最高时的参数，也称额定值。

允许吸上真空度曲线 H_s 和必需汽蚀余量曲线 NPSHr 都是用来反映水泵抗汽蚀能力大小的曲线。一般来说，水泵的允许吸上真空度是随着流量的增加而减小的，即水泵的流量越大，它所具有的抗汽蚀能力就越小。必需汽蚀余量 NPSHr 是随着流量的增加而增大的，即水泵的流量越大，它所具有的抗汽蚀能力就越小。H_s 和 NPSHr 值是合理确定水泵吸水高度的重要参数。

（二）比例定律

通常，在泵的性能曲线图的左上角标明了该曲线是在什么转速下测试得到的。由水泵的相似理论可知，对同一水泵，当转速改变时，在相应工况下，其流量之比等于转速之比，扬程之比等于转速之比的平方，功率之比等于转速之比的立方。这三个关系式就是水泵的比例定律，即：

$$\frac{Q}{Q'}=\frac{n}{n'} \tag{3-1-5}$$

$$\frac{H}{H'}=\left(\frac{n}{n'}\right)^2 \tag{3-1-6}$$

$$\frac{P}{P'}=\left(\frac{n}{n'}\right)^3 \tag{3-1-7}$$

式中 Q、H、P——转速为 n 时的流量、扬程、功率；

Q'、H'、P'——转速为 n' 时的流量、扬程、功率。

由比例定律可知，通过改变水泵的转速可改变其性能，从而扩大使用范围，满足生产需要。

改变转速后，水泵性能曲线中的扬程曲线 H' 将上、下平行移动，功率曲线将改变其陡峭程度，如图 3-1-4 所示。

（三）管路特性曲线

每一台水泵都是和一定的管路连接在一起进行工作的。水泵使水获得的压头，不仅用于提高水的位置，还用于克服管路中的各种阻力。因此，水泵的工作状况不仅与水泵本身性能有关，同时也与管路的配置情况有关。所以研究管路特性对用好水泵是很有必要的。

图 3-1-5 所示为一台水泵配置一条管路的排水设备简图。

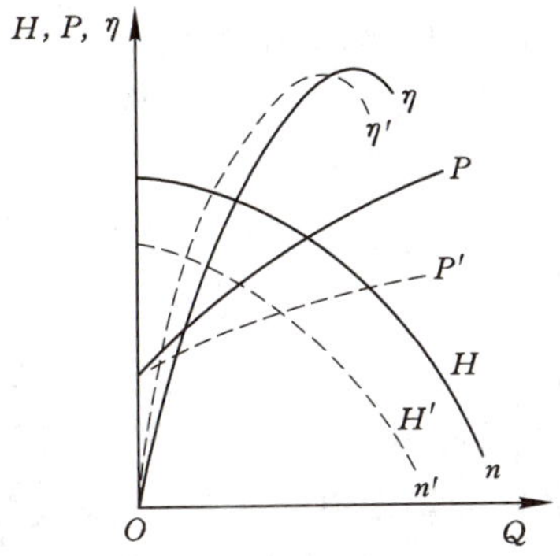

图 3-1-4　转速改变后的水泵性能曲线

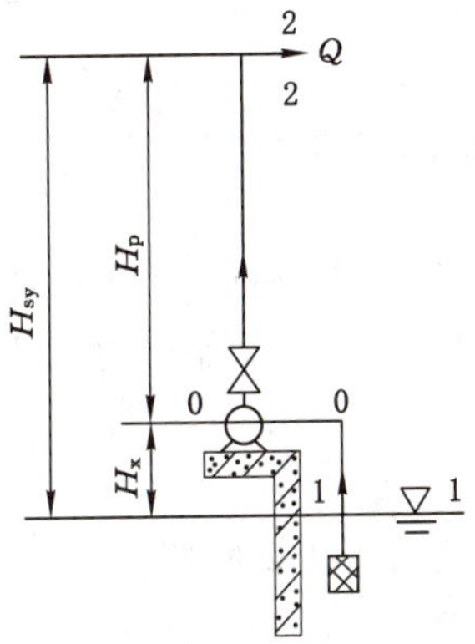

图 3-1-5　排水设备简图

若以 1—1 表示吸水井水面，2—2 表示排水管出口断面，并以水泵轴心线 0—0 为基准，则该系统是一个有能量输入的体系。根据伯努利方程，表达式如下：

$$\frac{p_1}{\gamma}+\frac{\alpha_1 v_1^2}{2g}-H_x+H=\frac{p_2}{\gamma}+\frac{\alpha_2 v_2^2}{2g}-H_p+h_{w_{1-2}}$$

即：

$$H=H_{sy}+\frac{v_p^2}{2g}+h_{w_{1-2}}=(H_x+H_p)+\frac{v_p^2}{2g}+(h_x+h_p) \tag{3-1-8}$$

式中　H_x、H_p——吸水扬程和排水扬程，二者之和为实际扬程，均为已知，m；

$v_p^2/2g$——单位重量水的动能，可通过 $v_p=4Q/\pi d^2$ 计算求得，m；

h_x、h_p——吸水管阻力和排水管阻力，N。

由沿程阻力和局部阻力计算公式可得：

$$h_x+h_p=(\sum\xi_x+\lambda_x\frac{l_x}{d_x})\times\frac{v_x^2}{2g}+(\sum\xi_p+\lambda_p\frac{l_p}{d_p})\times\frac{v_p^2}{2g} \tag{3-1-9}$$

式中　ξ_x、ξ_p——吸水管和排水管的局部阻力系数，可查表；

λ_x、λ_p——吸水管和排水管的沿程阻力系数，可查表；

l_x、l_p——吸水管和排水管的实际长度，m；

d_x、d_p——吸水管和排水管的实际内径，m。

将式(3-1-8)代入式(3-1-9)并整理后得水泵输送给水的能量为：

$$H = H_{sy} + RQ^2 \tag{3-1-10}$$

式中 Q——管路中的流量，m^3/h；

R——管路阻力损失系数，h^2/m^5，见式(3-1-11)。

$$R = \frac{8}{3\,600^2\pi^2 g}\left[\left(\frac{\sum\xi_x}{d_x^4} + \lambda_x\frac{l_x}{d_x^5}\right) + \left(\frac{\sum\xi_p}{d_p^4} + \frac{1}{d_p^4}\right) + \lambda_p\frac{l_x}{d_p^5}\right] \tag{3-1-11}$$

式(3-1-10)称为排水管路特性曲线方程，它表达了通过管路的流量与所需能量(压头)之间的关系。从中可以看出，所需能量(压头)H 取决于实际扬程 H_{sy}、管路阻力损失系数 R 和流量 Q。对于具体矿井来说，其实际扬程 H_{sy}是确定的，因而当流量一定时，所需能量(压头)H 取决于 R，即取决于管长、管径、管壁状况以及管路附件的种类及数量。而当管路一定时，所需能量(压头)H 则取决于流量 Q。

将式(3-1-10)代入不同的流量 Q，得到对应的不同的 H，将其画在 Q-H 曲线图上，则为一条顶点在纵坐标轴上 H_{sy}处的开口向上的二次抛物线。这条二次抛物线称为管路特性曲线，如图 3-1-6 所示。

应该指出，式(3-1-11)中的各种系数与几何尺寸都是针对新管道的。对于管壁挂垢使管径缩小的旧管道，管路阻力系数应乘以 1.7，即：

$$H = H_{sy} + 1.7RQ^2 \tag{3-1-12}$$

(四) 工况点的确定方法

水泵是和管路是连接在一起工作的。水泵的流量就是管路中的流量，水泵提供的扬程就是水流经管路时的总压头消耗。所以，如果把水泵扬程曲线和管路特性曲线按同一比例画在同一坐标图上，所得的交点 M 就是水泵的工作点，称为工况点，如图 3-1-7 所示。M 点所对应的参数称为工况参数，如 Q_M、H_M、η_M、P_M、H_{sM}或 $NPSHr_M$。

微课资源

图 3-1-7 中，当一台确定的水泵和一条确定的管路连接在一起工作时，就有一个确定的工况点 M。在工况点 M，水泵提供给水的能量正好等于水在管路中流动所需的能量，故水泵能够正常地工作。

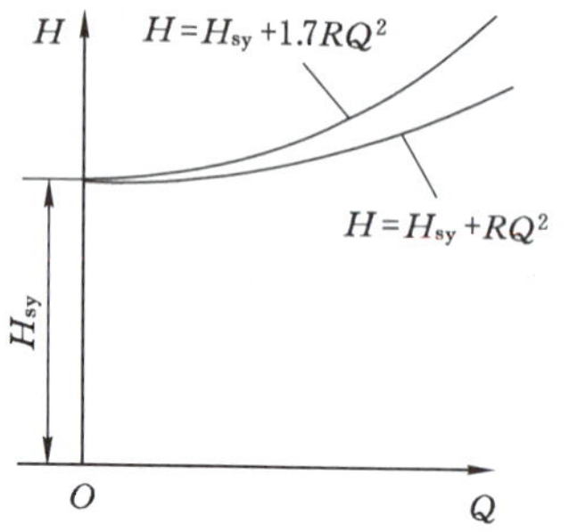

图 3-1-6 排水管路特性曲线

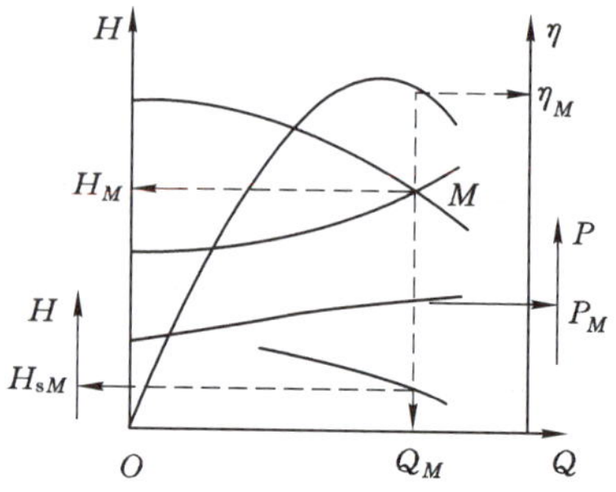

图 3-1-7 水泵的工况点

二、汽蚀及吸水高度的确定

(一) 汽蚀现象

我国煤矿的排水设备大部分是安装在吸水井水面以上的泵房地面，水泵吸水口处压强必须低于大气压一定的值(即真空度)才能将水吸入，如图 3-1-8

微课资源

所示。

取水泵入口为 1—1 面，吸水井水面为 0—0 面，并以 0—0 为基准，列两断面的伯努利方程为：

$$\frac{p_a}{\rho g}+\frac{v_0^2}{2g}=H_x+\frac{p_1}{\rho g}+\frac{v_1^2}{2g}+h_x$$

因 $v_0\approx 0$，$v_1=v_x$，于是有：

$$\frac{p_1}{\rho g}=\frac{p_a}{\rho g}-H_x-\frac{v_x^2}{2g}-h_x \tag{3-1-13}$$

当水泵的吸水高度 H_x 过高、吸水流速 v_x 过大、吸水管阻力 h_x 过大时，泵进水口处的绝对压力 p_1 将减小。如果 p_1 减小到当时水温下的汽化压力 p_n（即饱和蒸气压）时，水就开始汽化。溶解在水中的气体从水中逸出，从而形成许多蒸汽与逸出气体相混合的小气泡。这些小气泡随水流进入高压区时，气泡破裂，周围液体迅速填充原气泡空穴，由于气泡破裂时间很短，所以形成高达几百兆帕的水力冲击。气泡不断地形成与破裂，巨大的水力冲击以每分钟几万次的频率反复作用在叶轮上，时间一长，就会使叶轮的表面逐渐因疲劳而剥落，通常称之为剥蚀；同时，气泡中还夹杂有一些活泼气体（如氧气），对金属起化学腐蚀作用。另外，气泡形成与破裂过程中，会使过流部件两端产生温度差异，其冷端与热端形成电偶而产生电位差，从而使金属表面发生电解作用（即电化学作用），金属的光滑层因电解而逐渐变得粗糙。金属表面粗糙度被破坏后，更加速了机械剥蚀，在机械剥蚀、化学腐蚀和电化学的共同作用下，金属表面很快出现蜂窝状的麻点，并逐渐形成空洞而损坏（图 3-1-9），这种现象称为汽蚀。

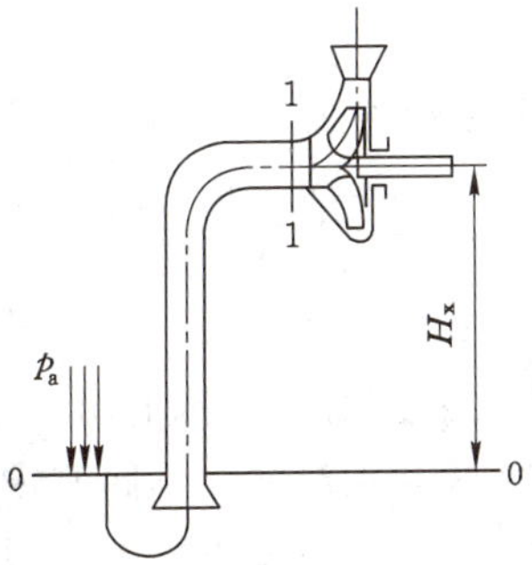

图 3-1-8　离心式水泵吸水管路简图

图 3-1-9　被汽蚀破坏的叶轮

（二）汽蚀的危害

当汽蚀发展到一定程度时，将影响水泵的性能并妨碍其正常运行。水泵汽蚀的危害主要有：

（1）引起振动和噪声。气泡溃灭时，液体质点互相撞击，同时也撞击金属表面，产生各种频率的噪声，严重时可听见泵内有“劈啪”的爆炸声，同时引起水泵机组振动。

（2）降低泵的性能。发生汽蚀时，因水流中有大量气泡，破坏了水流的连续会阻塞流道、增大流动阻力，使水泵的流量、扬程、效率明显下降。随着汽蚀程度的加剧，气泡大量产生，最后造成断流。因此，决不允许水泵在汽蚀情况下运行。

(3) 过流部件表面破坏。机械剥蚀、化学腐蚀和电化学的共同作用会使金属材料发生破坏,通常受汽蚀破坏的部位多在叶轮出口附近。汽蚀初期,表现为金属表面出现麻点,继而表面呈现海绵状、沟槽状、蜂窝状、鱼鳞状等痕迹。严重时可造成叶片或前、后盖板穿孔,甚至叶轮破裂,酿成严重事故。

(三) 不发生汽蚀的条件及水泵吸水高度的确定

由上述分析可知,发生汽蚀的根本原因是水泵吸水口的绝对压力 p_1 降低到当时水温下的汽化压力 p_n(即饱和蒸气压)。因此,要保证水泵不发生汽蚀,就必须保证水泵吸水口的绝对压力 p_1 大于当时水温下的汽化压力 p_n(即饱和蒸气压),即 $p_1 > p_n$,根据式(3-1-13)有:

$$\frac{p_n}{\rho g} < \frac{p_1}{\rho g} = \frac{p_a}{\rho g} - H_x - \frac{v_x^2}{2g} - h_x$$

整理得:

$$H_x < \frac{p_a}{\rho g} - \frac{p_n}{\rho g} - \frac{v_x^2}{2g} - h_x \tag{3-1-14}$$

式中 H_x——泵的吸水高度,m。

由式(3-1-14)可以看出,泵的吸水高度是受到一定限制的,理论上的最大值为 10.33 m,但实际上由于汽化压力 p_n 的存在,再扣除管路上的损失,最后就只有几米了。

老型号的泵,反映其抗汽蚀性能的参数是允许吸上真空度。它是由水泵生产厂家在清水、水温为 20 ℃、大气压为 1.013×10^5 N/m^2、水泵转速 1 480 r/min 的条件下,通过试验测出的水泵吸水口不发生汽蚀时所允许的最大真空度,再考虑 0.3 m 的安全余量得来的,即:

$$H_s = \frac{p_a}{\rho g} - \frac{p_n}{\rho g} - 0.3 \tag{3-1-15}$$

将允许吸上真空度 H_s 替换式(3-1-14)中的最大真空度,得到水泵的允许最大吸水高度为:

$$H_{xM} < H_s - \frac{v_x^2}{2g} - h_x \tag{3-1-16}$$

应当指出的是,H_s 与水泵使用地点的大气压力及水的温度有关。水的温度越高,水泵越容易发生汽蚀;海拔高度越高,大气压力越低,水泵越容易发生汽蚀。不同海拔高度时的大气压力和不同温度时的饱和蒸气压力可从表 3-1-1 和表 3-1-2 中查得。当水泵使用地点的大气压力及水的温度与试验条件不同时,应对水泵性能曲线上查得的 H_s 值进行如下修正:

$$[H_s] = H_s - \left(10 - \frac{p_a}{\rho g}\right) + \left(0.24 - \frac{p_n}{\rho g}\right) \tag{3-1-17}$$

式中 $[H_s]$——修正后的允许吸上真空度,m;

H_s——新管时,水泵工况点所对应的允许吸上真空度,m;

$p_a/\rho g$——水泵使用地点的大气压力,mH_2O(表 3-1-1);

$p_n/\rho g$——工作水温下水的饱和蒸气压力,mH_2O(表 3-1-2);

10——1 个标准大气压,mH_2O;

0.24——水温为 20 ℃时水的饱和蒸气压力,mH_2O。

表 3-1-1　不同海拔高度的大气压　　单位：mH_2O

海拔高度/m	−600	0	100	200	300	400	500
大气压 $p_a/\rho g$	11.3	10.3	10.2	10.1	10.0	9.8	9.7
海拔高度/m	600	700	800	900	1 000	1 500	2 000
大气压 $p_a/\rho g$	9.6	9.5	9.4	9.3	9.2	8.6	8.1

表 3-1-2　水在不同温度下的饱和蒸气压　　单位：mH_2O

温度/℃	0	20	30	40	50	60	70	80	90	100
饱和蒸气压 $p_n/\rho g$	0.06	0.24	0.43	0.75	1.25	2.02	3.17	4.82	7.14	10.33

由此可得到保证水泵不发生汽蚀的合理吸水高度 H_x 为：

$$H_x < [H_x] - \frac{v_x^2}{2g} - h_x \tag{3-1-18}$$

由式(3-1-18)可知：降低 v_x 和 h_x 可增加吸水高度 H_x，故吸水管路上应尽量少安装附件，应尽量沿直线布置，管径应大些为好，所以吸水管直径一般都比水泵的吸水口直径大一些。

新型号的泵，反映其抗汽蚀性能的参数是必需汽蚀余量 NPSHr。即：

$$\text{NPSHr} = \frac{\Delta p}{\rho g} \tag{3-1-19}$$

式中　$\Delta p/\rho g$——流体由泵吸入口流至叶轮中压力最低处所必需的压力降低值。

有效汽蚀余量是指在泵吸入口处单位重量液体所具有的超过汽化压力的富余能量，是可利用的汽蚀余量，与泵的使用安装方式有关，用 NPSHa 表示：

$$\text{NPSHa} = \frac{p_1}{\rho g} + \frac{v_x^2}{2g} - \frac{p_n}{\rho g} = \frac{p_a}{\rho g} - \frac{p_n}{\rho g} - H_x - h_x \tag{3-1-20}$$

若要确保水泵在运行过程中不发生汽蚀，则应满足式下列条件：

$$\text{NPSHa} \geqslant \text{NPSHr} \tag{3-1-21}$$

即：

$$\frac{p_a}{\rho g} - \frac{p_n}{\rho g} - H_x - h_x \geqslant \text{NPSHr} \tag{3-1-22}$$

由式(3-1-22)可得，保证水泵不发生汽蚀的合理吸水高度 H_x 应满足：

$$\frac{p_a}{\rho g} - \frac{p_n}{\rho g} - h_x - \text{NPSHr} \geqslant H_x \tag{3-1-23}$$

需要注意的是，使用允许吸上真空度 H_s 和必需汽蚀余量 NPSHr 计算出的结果是一样的。

(四) 保持水泵正常吸水的措施

影响水泵正常吸水的因素很多，有泵本身的，也有管路系统的，因此应区别对待，采取不同的措施。

1. 保持水泵吸水性能的措施

水泵第一级叶轮的几何形状和尺寸对吸水性能有重要影响。在使用过程中，由于入口磨损将导致吸水性能恶化，因此，应尽量澄清矿水以减少磨损。自行配置叶轮时，注意不要改变入口部分的形状和尺寸。另外，由于填料密封不严而使空气进入吸水段也会影响吸水性能。

2. 保持良好的吸水条件

保持良好的吸水条件，主要是降低吸水阻力，以增大水泵的安全区和节省电能。其方法有以下几种：

(1) 采用无底阀排水

据测定，吸水管路的阻力 70% 来源于底阀，因此采用无底阀排水就成了降低吸水管路阻力的一项重要措施。所谓无底阀排水，就是取消吸水管端滤水器上的底阀，在水泵启动时，利用喷射泵或其他装置排除水泵内和吸水管中的空气，使水泵自动注满引水，然后启动水泵。取消底阀后，常用的注水方法有下列几种：

① 设置专用封闭水箱注水

设置专用封闭水箱使泵经常处于注满水的状态，水箱布置在吸水管路上，箱体高出水泵，水箱与泵布置如图 3-1-10 所示。第一次使用时，要打开水箱顶部的闸阀 2，用漏斗 1 将水灌入水箱 3，待灌到与伸入水箱的水泵进水管齐平后，关闭闸阀，此时即可启动水泵。水泵启动后，水箱中的水位下降，水箱上部形成真空，吸水井与水箱内形成压差，使得吸水井中的水沿着吸水管不断地进入水箱，然后进入水泵，形成连续的水流。停泵后，水泵不再从水箱中吸水，箱中水位上升，最后恢复到吸水管顶部管口高度为止。以后可随时启动水泵，不需要再进行充水。为了顺利启动水泵，水箱的有效容积应不小于 3 倍的泵腔容积。由于水箱要占泵房面积，容积大且笨重，又要求严格密封，所以此法多用于小型水泵。

② 利用真空泵注水

水环式真空泵是最常用的一种，其注水系统如图 3-1-11 所示。真空泵转动后，即可把泵腔和吸水管内的空气抽出，形成真空，泵腔与吸水面形成压差，水就进入水泵腔。此法抽气速度快，可很快使泵注满水，而且不受压力水源的限制，常用于大型水泵的注水。

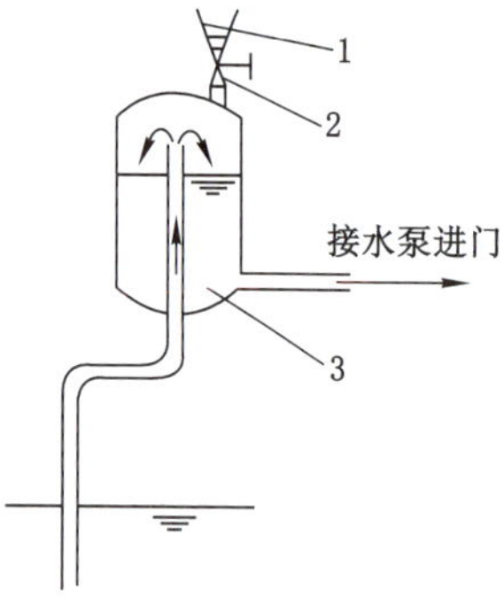

1—漏斗；2—闸阀；3—水箱。

图 3-1-10 设置专用封闭水箱

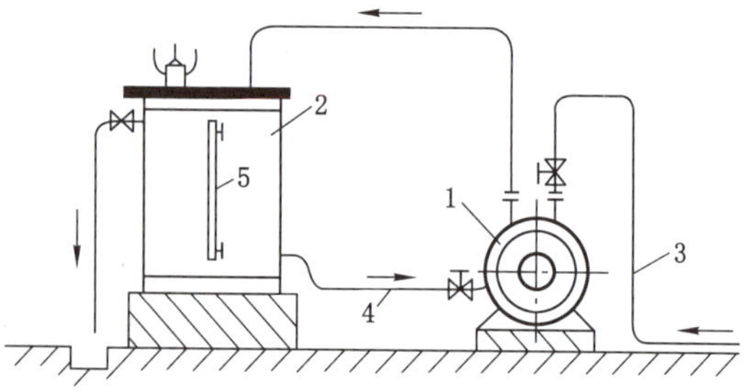

1—真空泵；2—气水分离器；3—来自水泵的抽气管；4—循环水管；5—水位指示玻璃管。

图 3-1-11 利用真空泵注水系统

③ 使用喷射泵注水

图 3-1-12 所示为使用喷射泵实现无底阀排水的示意图。其原理如下：位于水泵主排水管中的高压水，由水经收缩式喷嘴流出，其压力能转变为动能，使水具有很大的运动速度，从而在喷嘴的出口处形成真空，于是水泵内和吸水管中的空气被抽出，吸水井内的水在大气压力作用下，通过无底阀的滤网，沿吸水管吸入泵内，从而达到向水泵灌注引水的目的。因喷射泵无运动构件、结构简单、体积小，所以在排水管中有压力水或有压缩空气的场所得到了广泛的应用。图 3-1-13 所示为 QSP 型喷射泵的结构。

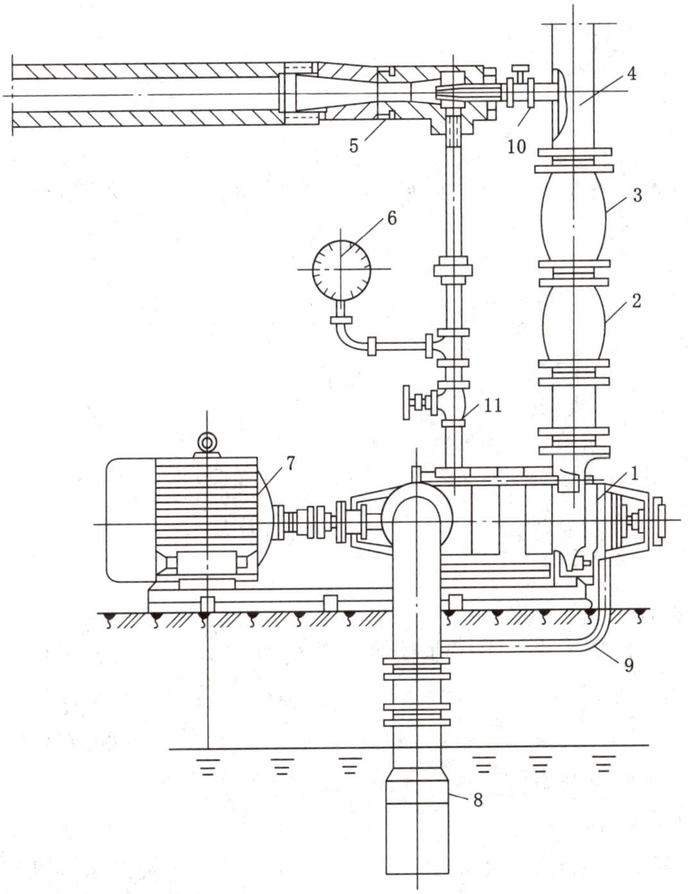

1—水泵；2—闸阀；3—逆止阀；4—排水管；5—喷射泵；6—真空表；
7—电机；8—滤水器；9—放水管；10—高压阀；11—低压阀。

图 3-1-12　采用喷射泵实现无底阀排水系统

（2）正确安装吸水管

安装吸水管时，必须注意以下几点：

① 正确确定吸水高度，以避免发生汽蚀。

② 尽量减少各种附件，同时在吸水管靠近水泵入口处安装一段不小于 3 倍直径的直管，以使水流在水泵入口处的速度均匀。需要安装异径管时，应使用长度等于或大于大小头直径差的 7 倍，且为偏心的直角异径管，如图 3-1-14(a)所示。

③ 吸水管的任何部位都不能高于水泵的入口，以避免吸水管中存留空气。否则吸水

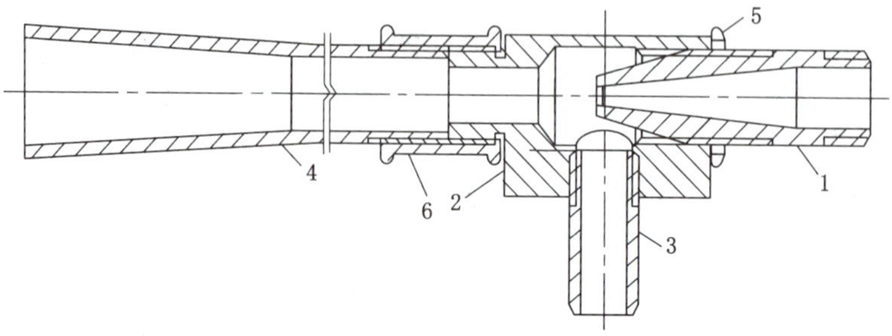

1—喷嘴；2—壳体；3—进气管；4—混合扩散室；5—圆螺母；6—管接头。

图 3-1-13　QSP 型喷射泵的结构

时，这些存气将随周围水的压力降低而膨胀，使吸水困难或中断，如图 3-1-14(b)所示。

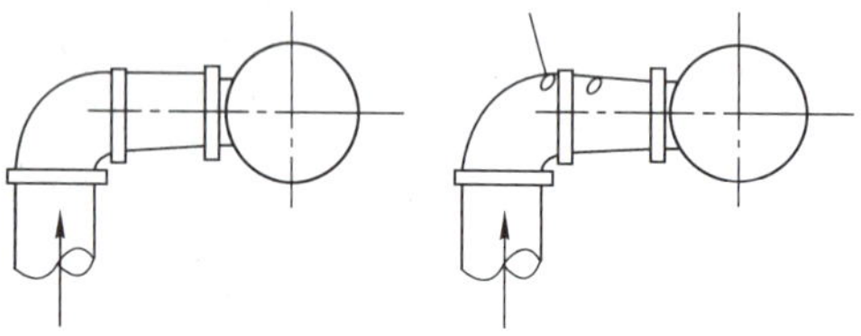

图 3-1-14　吸水管的安装

(3) 升压泵充水

利用升压泵充水，是解决水泵吸水能力过低的可靠方法。如图 3-1-15 所示，升压泵装在吸水管上与主泵串联工作。它的叶轮位于泵的最下端并沉没于水面下，故无须事先充水。启动水泵之前，先启动升压泵，而后再启动主泵，两者一直处于串联方式工作。由于升压泵将水压入主泵内，因而不会出现吸水管上漏气而不能吸上水的问题。

(4) 采用高水位排水

所谓高水位排水，就是在保证安全(不会淹泵)的前提下，提高水仓和吸水井中的水位，减少吸水扬程，达到减小吸水阻力的目的。但这种方法对雨季涌水量大的矿井不宜使用。

三、离心式水泵的运行与调节

(一) 离心式水泵的运行

离心式水泵投入运行后，应定期监测并记录各仪表的指示，监测机器运转的声音、振动，检查平衡盘压差及泵轴的轴向位移以及轴承润滑及密封装置的工作情况。发现不正常的情况时，应查明原因，及时处理，避免事态的扩大。

当出现以下紧急情况时，应立即停机检查：

(1) 用听棒倾听水泵内(各级泵室、轴承、轴封)有明显的摩擦声和碰撞声，并伴随外部发热。

(2) 检查轴承的润滑状态，油量、油质是否合格，油流情况是否正常。一般规定轴承温升：滑动轴承不超过 30 ℃，滚动轴承不超过 40 ℃，否则应立即停机。

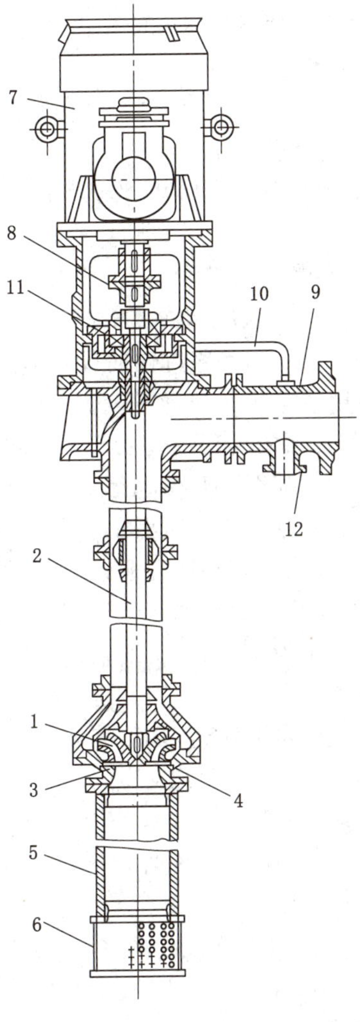

1—叶轮；2—主轴；3—疏流罩；4—进水短管；5—进水管；6—滤网；7—电机；
8—联轴器；9—出水管；10—水管；11—支承；12—接口。

图 3-1-15　升压泵的结构

(3) 定期检查轴封工作情况，当密封水断流、轴封外壳发热且触摸发烫以及轴封漏水严重又不能及时处理时，应立即停机。

运行中的注意事项：

(1) 注意电压、电流的变化。当电流超过额定电流、电压超过额定电压的±5%时，应停止水泵，检查原因，进行处理。

(2) 检查各部位轴承温度是否超限（滑动轴承不得超过 65 ℃，滚动轴承不得超过 75 ℃）；检查电机温度是否超过铭牌规定值；检查轴承润滑情况是否良好（油量是否合适，油环转动是否灵活）。

(3) 检查各部位螺栓及防松装置是否完整齐全，有无松动。

(4) 注意各部位声响及振动情况，特别注意有无汽蚀产生的噪声。

(5) 检查填料密封情况以及填料箱温度和平衡装置回水管的水量是否正常。

(6) 注意观察压力表、真空表和吸水井水位的变化情况，检查底阀或滤水器伸入水下深度是否符合要求(一般以伸入水下 0.5 m 为宜)。

(7) 按时填写运行记录。

(二) 离心式水泵的正常工作条件

矿井生产要求排水设备安全、可靠、经济地工作，为此，水泵必须满足下列工作条件。

1. 稳定工作条件

为保证水泵稳定工作，水泵的零流量扬程 H_0 与实际扬程 H_{sy} 之间应满足下列关系：

$$H_{sy} \leqslant 0.9H_0 \tag{3-1-24}$$

水泵运转时，对于确定的排水系统，管路特性曲线基本上是不变的。但是，电网电压则常常变化，电网电压的升降会导致电机转速的改变。由比例定律可知，转速的改变将使泵的扬程特性曲线发生变化，从而引起水泵工况变化，如图 3-1-16 所示。当水泵在正常转速下运转时，水泵的零流量扬程 H_0 大于实际扬程 H_{sy}，水泵的扬程曲线与管路特性曲线只有一个工况点 1，因而水泵的工作是稳定的。但当电网电压下降，泵的转速由 n 变化为 n'时，则工况点有 2 和 3 两个，扬程上下波动，水量忽大忽小，因此水泵工作是不稳定的。当泵转速进一步下降到 n''时，扬程特性曲线和管路特性曲线无相交点，即无工况点，则水泵的流量为零，效率亦为零。这时，电机输送给水的能量全部转换为热能，使泵内的温度迅速上升而引起水泵强烈发热、损坏，故不允许水泵长时间在零流量下运转。

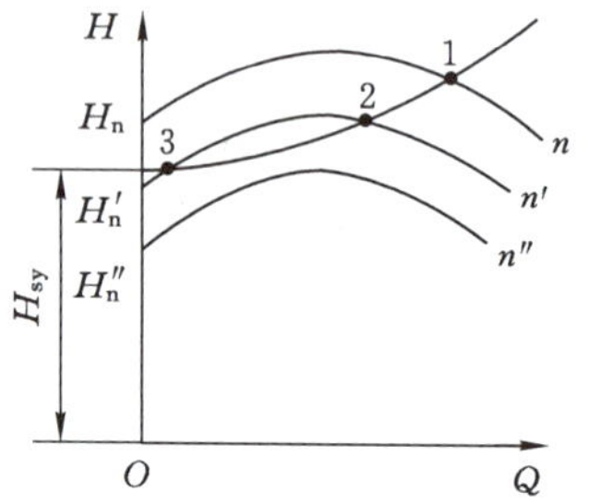

图 3-1-16 水泵工作的不稳定情况

2. 经济运转条件

排水设备运行的经济性一般用吨水百米电耗 $W_{t\cdot 100\,m}$ 来评价，并规定排水设备的吨水百米电耗应小于 0.5 kW · h/t · 100 m。

所谓吨水百米电耗，即水泵将 1 t 水提高 100 m 所消耗的能量。

若水泵工况参数为 Q_M、H_M 和 η_M，水泵与电机间的传动效率为 η_c，电机的效率为 η_d，电网效率为 η_w，实际扬程为 H_{sy}，矿水密度为 ρ，矿井每年正常涌水和最大涌水的天数分别为 Z_H 和 Z_{max}，水泵在正常涌水和最大涌水期间的同时工作台数和工作时间分别为 n_1、n_1+n_2 和 T_H、T_{max}，则年排水的电量为：

$$W = 1.05 \times \frac{\rho g Q_M H_M}{1\,000 \times 3\,600 \eta_M \eta_c \eta_d \eta_w}[n_1 Z_H T_H + (n_1 + n_2) Z_{max} T_{max}] \tag{3-1-25}$$

年排水量为：

$$V = \frac{\rho Q_M}{1\,000}[n_1 Z_H T_H + (n_1 + n_2) Z_{max} T_{max}] \tag{3-1-26}$$

用年耗电量 W 除以年排水量 V 和实际扬程 H_{sy}，再乘以 100 m，即得排水设备的吨水百米电耗 $W_{t\cdot 100\,m}$：

$$W_{t\cdot 100\,m} = \frac{W}{VH_{sy}} \times 100 = 1.05 \times \frac{H_M}{3.67 \eta_M \eta_c \eta_d \eta_w H_{sy}}$$

$$=1.05\times\frac{1}{3.67\eta_M\eta_c\eta_d\eta_w\eta_g}<0.5\ \mathrm{kW\cdot h/t\cdot 100\ m} \tag{3-1-27}$$

式中　η_g——管路效率，显然某一工况下的管路效率为：

$$\eta_g=\frac{H_{sy}}{H_M}=1-\frac{RQ_M^2}{H_M} \tag{3-1-28}$$

通常，又将水泵的工况效率 η_M、传动效率 η_c、电机效率 η_d、电网效率 η_w 和管路效率 η_g 的乘积称为排水系统效率，用 η_p 表示，即：

$$\eta_p=\eta_M\eta_c\eta_d\eta_w\eta_g \tag{3-1-29}$$

由式(3-1-27)和式(3-1-29)可知，排水系统效率越高，吨水百米电耗就越低，经济性越好；反之，经济性越差。也可以用系统效率 η_p 来表示排水设备运行的经济性。

一般来说，传动效率 η_c、电机效率 η_d 和电网效率 η_w 在水泵运行期间变化很小，可近似视为常数。于是，吨水百米电耗 $W_{t\cdot 100\ m}$ 和系统效率 η_p 就主要受水泵工况效率 η_M 和管路效率 η_g 的影响。因此，欲提高排水设备运行的经济性，就必须设法提高 η_M 和 η_g。

3. 不发生汽蚀的条件

由式(3-1-21)可知，为保证水泵不发生汽蚀，离心泵装置的有效汽蚀余量应大于泵的必需汽蚀余量。泵的吸水高度必须小于由式(3-1-18)或式(3-1-23)求出的合理吸水高度。

总之，要保证水泵正常工作，所确定的工况点必须同时满足稳定工作条件、经济工作条件和不发生汽蚀的条件。

（三）离心式水泵的调节

当离心式水泵在工作过程中由于外界情况(如电压、电源频率、涌水量、管路特性等)的变化，使得其工况点发生变化而不能满足上述三个条件时，就需要对其工况点进行调节。调节的目的有两个：一是使水泵的工况点满足上述三个条件；二是使水泵的流量和扬程满足实际工作的需要。

因工况点是由水泵的扬程特性曲线与管路特性曲线的交点决定的，所以要改变工况点，可以采用改变管路特性或水泵扬程特性的方法来实现。

1. 改变管路特性曲线调节法

(1) 闸门节流法

在排水管路上一般都装有调节闸阀，适当关闭闸阀的开启度，可增加局部阻力，使管路的阻力损失系数增大，管路特性曲线变陡，如图 3-1-17 所示，泵的工况点就沿着扬程曲线朝流量减小的方向移动。闸门关得越小，局部阻力损失越大，流量就变得越小。这种通过改变闸阀开度来改变水泵工况点位置的方法，称为闸门节流法。闸门关小时存在如下关系：

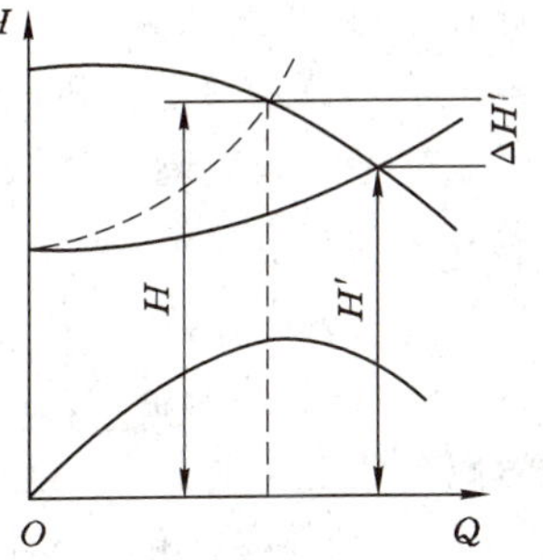

图 3-1-17　闸门节流调节法

$$H=H'+\Delta H' \tag{3-1-30}$$

式中　H'——调节前的扬程；

$\Delta H'$——关小闸阀引起的水头损失，它的数值由闸阀的开启度确定。

由此可知，水泵需额外增加一部分能量用于克服由闸阀关小所增加的局部阻力损失。如果调节前泵的工况点位置在水泵的最高效率点或最高效率点的左边，则关小闸阀不仅增大了管路的阻力，而且使水泵的效率下降，显然这是不经济的。如果调节前泵的工况点位于最高效率点的右边，关小闸阀虽然增大了管路阻力，却使水泵的效率提高了。然而，水泵效率的增加不足以补偿管路阻力的损失，所以也是不经济的。这种调节方法虽简便易行，但不经济，矿山排水原则上不采用。只有在某些特殊情况下，如因工况流量过大可能导致电机过载时，为了在更换电机前既能继续排水又能减小负载，可使用该法作为临时调节措施。

(2) 管路并联调节法

矿山排水管路至少设置两趟，其中一趟工作，一趟备用。

管路并联调节法是在正常涌水期间也将备用管路投入运行，即工作管路和备用管路并联工作，这样可增大管子过水断面，降低管路阻力，从而使水泵的工况点向大流量右移。如图3-1-18所示，若某一条排水管路的特性曲线为1，另一条排水管路的特性曲线为2，把两管路特性曲线按“等扬程下流量相加”的原则处理，便可得管路并联之后的等效特性曲线3。水泵工况点从 M_1 点或 M_2 点变为 M_3 点，水泵流量由原来的 Q_1 或 Q_2 增大为 Q_3。可以看出，等效特性曲线3较1或2要平缓，在水泵的实际扬程 H_{sy} 不变的情况下，管路阻力减小，从而使克服管路阻力的无用功耗减少。故此调节方法是一种有效的节能措施。

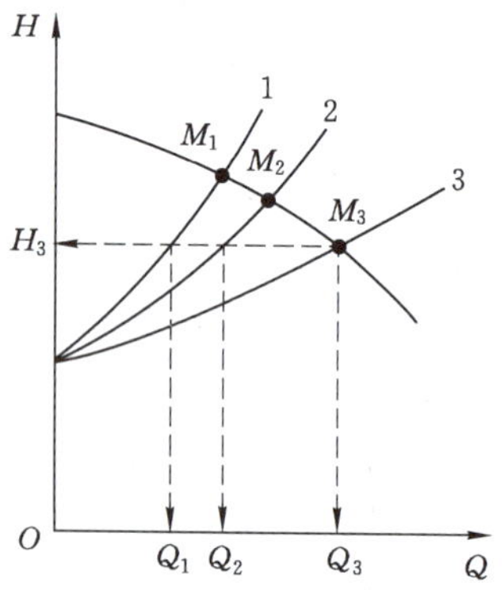

图3-1-18 管路并联调节法

采用管路并联调节时，必须注意如下两个问题：一是防止电机过载；二是防止产生汽蚀。因为管路并联后，水泵的工况点右移，使流量增大，若原电机的功率富余度不大，就可能造成电机过负荷；同时，随着工况点的右移，水泵的必需汽蚀余量加大，有可能发生汽蚀，所以管路并联的趟数不可太多，应先进行验算。

为避免电机过载和水泵汽蚀，在采用这种调节方法时，要逐步打开并联管路的阀门。在逐步打开阀门的同时，要注意看压力表、电流表，看振动，听噪声。若振动和噪声增大，各连接螺栓完好，压力表读数又减小，就可能发生了汽蚀。这时，应将并联管路的阀门关小一些；若电流表的读数接近电机的额定电流，就不再继续打开并联管路的阀门。

(3) 旁路分流调节

在泵运行过程中，有时会由于泵的选型不当，如管路阻力计算结果比实际偏大较多，使泵的扬程选择偏高，余量过大；或在运转过程中由于生产流程需要，对管路系统做了调整，使管路阻力减小，主管路流量偏大，而主管路上又无阀门，这时可采用旁路分流调节。即在泵出口设一旁路分流管与吸水井相连，分流管上装有阀门，通过调节旁路阀门的开启度，使旁路特性曲线变化，从而使旁路和主管路的并联合成特性曲线变化，起到调节主管路流量的作用。值得注意的是，采用此法调节，泵的流量比无旁路分流时不是小了而是增大了。由于泵的流量的增加，其轴功率也增加了。故这种调节方法是一种不经济的做法，对水泵来说是不适合的。

2. 改变水泵特性曲线调节法

(1) 减少叶轮数目调节法

减少叶轮数目调节法适用于多级泵，尤其是凿立井时排水采用较多。因为凿立井时，随着井筒的延伸，所需的扬程随之增加，为适应使用需要，往往采用先拆除几个叶轮，然后再逐个增加的办法来解决。

如果水泵排水所需的总扬程为 H，每个叶轮产生的扬程为 H_i，则水泵所需的叶轮数目 i 为：

$$i=\frac{H}{H_i} \tag{3-1-31}$$

求得所需叶轮数目 i（i 需圆整，并取偏大的整数）后，可从水泵中拆除多余的叶轮。拆除叶轮时应注意，只能拆除最后或中间一级，而不能拆除吸水侧的第一级叶轮。因为第一级叶轮的吸水口直径要大些，拆除后增加了吸水侧的阻力损失，将使水泵提前发生汽蚀。

减少叶轮数目的方法有两种：一是把叶轮相应的中段去掉，缩短泵轴和拉紧螺栓；二是泵壳及轴均保持原状不动，在泵轴上加一个与拆除叶轮轴向尺寸相同的轴套，以保持整个转子的位置固定不动。两种方法各有优缺点，前者调整工作量大，但对效率影响较小；后者调整方便，操作简单，工作量较小，但对效率有一定的影响。

当减少叶轮数目时，水泵特性曲线则相应下降，工况点即随之变动，如图 3-1-19 所示。减少叶轮数目后，水泵工况点由 1 变为 2。这样将节约扬程 ΔH，同时，水泵的必需汽蚀余量也减小，提高了运行的经济性和安全性。

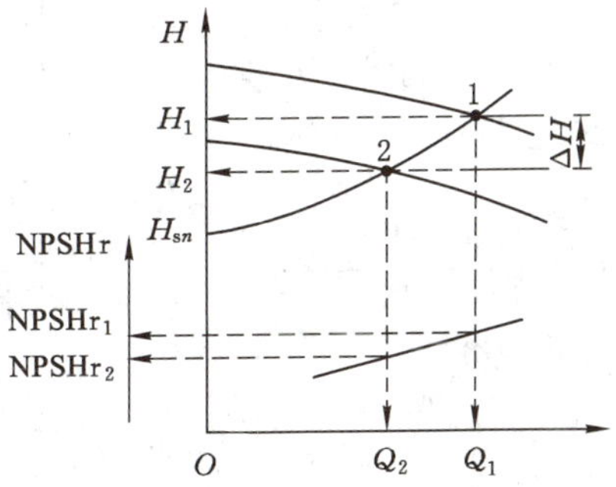

图 3-1-19　减少叶轮数目调节法

（2）改变叶轮转速调节法

当泵的转速变化时，其特性将按比例定律变化。对此，已在前文述及（图 3-1-4）。这里应当指出的是，矿山主排水泵一般与电机之间通过联轴器直接连接，通常选用交流电机，且功率较大。况且，主排水设备的参数一般不变，故主排水泵的转速恒定，一般不做调节。但对于掘进排水或其他用途的排水，由于其排水高度不断变化，所以初期可用低速电机拖动，后期用正常转速的电机，以适应各时期排水的需要。

改变转速的方法有以下几种：

① 改变胶带轮直径大小调速。若泵与电机之间采用三角带传动，则可通过改变泵或电机的带轮直径大小来进行调速。这种方法使用广泛，但调速范围有限，且不能随时自动调速，需要停机更换带轮。

② 采用变频调速器调速。利用变频调速器，通过改变电源频率来改变电机转速，从而改变泵的转速。该方法的优点是能实现泵转速的无级调节，调节的经济性好。

③ 采用变速电机调速。由于这种电机较贵，且效率较低，故应用并不广泛。

改变转速有一定的限制，若采用提高转速的办法来增加流量、扬程，则转速的提高不宜超过 10%，以免损坏泵体、叶轮等。若采用降低转速的办法来改变泵的性能，则转速的降低以不超过 20%为宜，否则换算误差较大，特别是效率相差较大。

（四）中央水泵房的自动控制

目前，随着控制理论和现代检测技术取得了一定发展，自动化排水系统在煤矿已获得广泛应用。在矿井排水系统中，采用 PLC 自动监测排水系统的运行状况，自动进行数据采集、自动记录、故障报警、事故分析、多台水泵启动的自动切换等，控制的可靠性高。具体以西门子 S7-200 系列 PLC 为例，介绍其对矿井水泵房设备实时监控，可实现水泵房的无人值守。该系统具备的特点有：

1. 安全可靠性

本系统采用高可靠性的多线制开关量接口星形结构模式，具有不受周围环境干扰的特点，同时这种结构具有极高的可靠性，系统结构如图 3-1-20 所示。

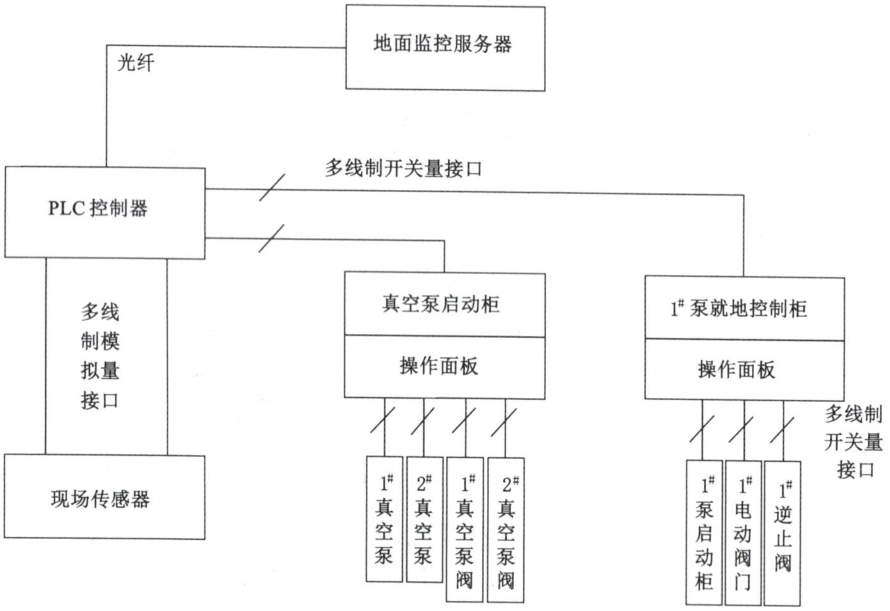

图 3-1-20　多线制开关量接口星形结构模式

2. 先进性和适用性

本系统采用了光纤环网通信技术取代了原来的总线传输技术，使得数据传输更加快捷、可靠，而且遵循矿井综合监控系统标准子系统接口规范，使得该系统可以非常容易地并入矿井综合监控系统中，与其他子系统实现数据的共享。

3. 经济性

由于本系统是按照无人值守的原则进行设计的，所以现场无须人员进行值守，这样就节省了大量的人力资源。将电价的避峰填谷原则引入水泵启动算法中，使得水泵耗能处于最经济的状态。通过对水仓水位的启动水位、报警水位、超限水位、停机水位进行设定，在保障水仓水位绝对安全的前提下，使水泵的启动次数达到了最少。

任务三　排水设备的维护与故障处理

为了使排水设备能够稳定、高效地工作，就要学习掌握离心式水泵的结构，按规定对其进行日常的维护保养，以减少故障的发生。当设备出现故障时，能够正确地分析故障的原因，找到解决处理的方法，迅速进行修复，尽量减少对生产造成的影响和损失。

一、离心式水泵的结构

离心式水泵的种类很多，按叶轮数量分为单级泵和多级泵；按吸水口数量分为单吸泵和双吸泵；按泵轴的位置分为卧式泵和立式泵；按泵壳的结构分为蜗壳式、分段式和中开式；按输送介质分为清水泵、耐腐蚀泵、耐磨泵、泥浆泵；等等。下面介绍煤矿常用的 D 型、MD 型泵的结构。

D 型泵是单吸、多级、分段式离心泵。它可输送水温低于 80 ℃的清水或物理性能类似于水的液体，其流量范围和扬程范围大。D 型泵经多年的发展已形成系列，其结构形式基本相同，只是尺寸大小不同。以前矿井主排水泵多采用 D 型泵，目前矿井主排水泵多采用 MD 型泵。MD 型泵是在 D 型泵的基础上改进设计的一种耐磨多级离心泵，适用于输送介质温度不高于 80 ℃的清水及固体颗粒（粒度小于 0.5 mm）含量不大于 1.5%（体积浓度）的中性矿井水以及类似的其他污水，特别适用于煤矿等矿山排水。

（一）型号含义

水泵型号表示了水泵的结构类型、性能和尺寸大小，其编制方法尚未完全统一，故水泵型号的组成和含义在水泵样本及使用说明书上都有专门说明。目前，我国多数泵的结构类型及特征是用汉语拼音字母表示在水泵型号中的。表 3-1-3 给出了部分离心式水泵型号中汉语拼音字母表示的意义。

表 3-1-3　离心式水泵型号中汉语拼音字母表示的意义

拼音字母	意义	拼音字母	意义
D	分段式多级泵	KD	中开式多级泵
DG	分段式多级锅炉给水泵	QJ	井用潜水泵
DL	立式多级泵	S	单级双吸离心泵
DS	首级用双吸叶轮的分段式多级泵	M	耐磨泵
F	耐腐蚀泵	WB	微型离心泵
JCV	长轴深井泵	WG	高扬程横轴污水泵

例如：

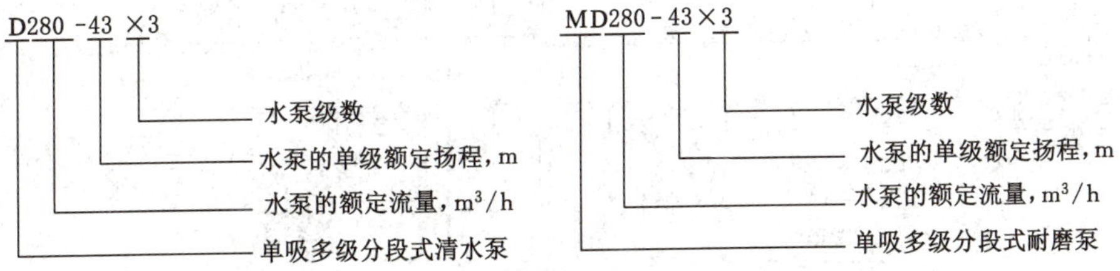

（二）结构

图 3-1-21 所示为 D280-43×3 型水泵的结构图。图 3-1-22 所示为 MD280-43×3 型水泵的结构图。

它们主要由转动部分、固定部分、轴承部分、密封部分等组成。

1. 转动部分

转动部分是水泵的工作部件，主要由泵轴及装在泵轴上的数个叶轮和一个用以平衡轴向推力的平衡盘组成。叶轮用平键与泵轴连接，叶轮之间用轴套定位。

(1) 叶轮

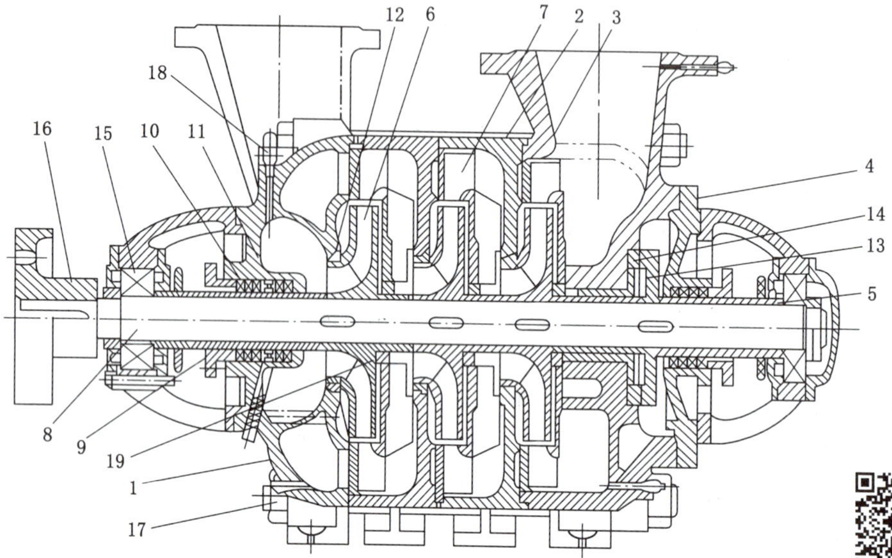

1—进水段；2—中段；3—出水段；4—尾盖；5—轴套；6—叶轮；7—导叶；8—泵轴；9—填料压盖；10—填料；11—水封环；12—大口环；13—平衡盘；14—平衡环；15—轴承座；16—联轴节；17—拉紧螺栓；18—放气栓；19—小口环。

图 3-1-21 D280-43×3 型水泵结构图

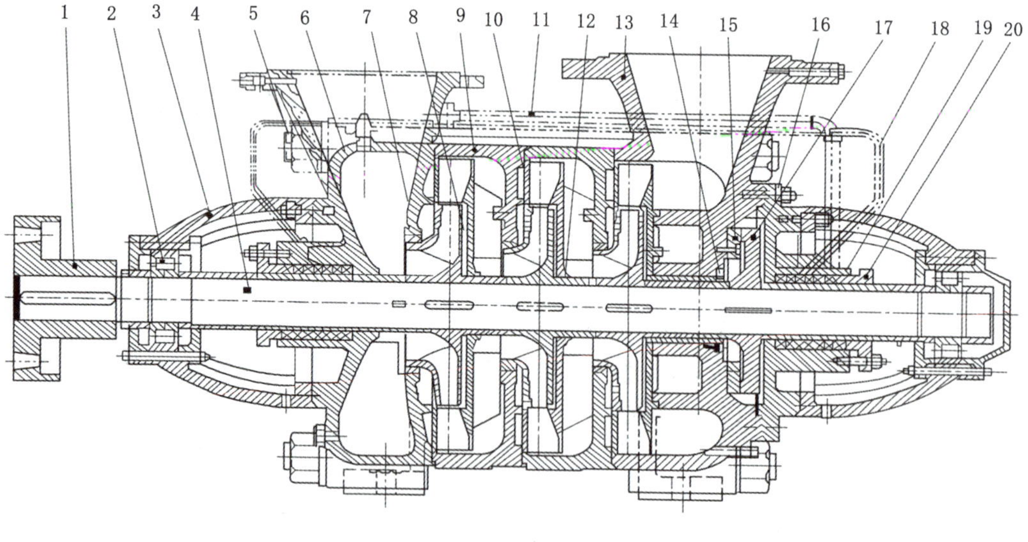

1—柱销弹性联轴器；2—滚动轴承；3—轴承体；4—轴；5—拉紧螺栓；6—进水段；7—密封环；8—叶轮；9—中段；10—导叶；11—平衡水管部件；12—导叶套；13—出水段；14—平衡套；15—平衡环；16—填料函体(尾盖)；17—平衡盘；18—水封管部件；19—填料；20—填料压盖。

图 3-1-22 MD280-43×3 型水泵结构图

叶轮是离心式水泵的主要部件。其作用是将电机输入的机械能传递给水，使水的压力能和动能得到提高。它的尺寸、形状和制造精度对水泵的性能影响很大。

D型、MD型水泵的叶轮剖视图如图3-1-23所示。叶轮由前轮盘、后轮盘、叶片和轮毂组成，通常铸造成一个整体。叶片绝大多数为后弯叶片，出口安装角为15°～40°，常选用20°～30°。叶片的数量一般为5～12片。叶片数目太多，会增加水在叶轮中的摩擦阻力，太少又容易产生涡流。

D型、MD型水泵第一级叶轮的入口直径大于其余各级叶轮的入口直径，这样可以减小水进入首级叶轮的速度，提高水泵的抗汽蚀性能；同时，叶轮叶片的入口边缘呈扭曲状，以保证全部叶片入口断面都适应入口水流，从而减少水流对入口的冲击损失，这是这种水泵零扬程较高和效率曲线平坦的原因之一。

(2) 泵轴

泵轴常用45号钢锻造加工而成，其主要作用是传递扭矩和支承套装在它上面的其他转动部件。为防止泵轴锈蚀，泵轴与水接触的部分（即两叶轮之间）装有轴套，轴套锈蚀和磨损后能够更换，这样可以延长泵轴的寿命。

(3) 平衡盘

平衡盘的作用是平衡水泵的轴向推力。图3-1-24所示为D型、MD型水泵平衡盘的剖视图。它通过键与泵轴连接，盘背面有拆卸用的螺丝孔。

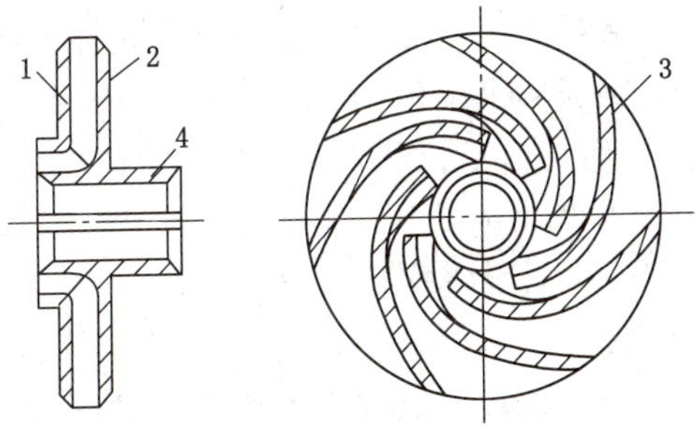

1—前轮盘；2—后轮盘；
3—叶片；4—轮毂。
图3-1-23　叶轮剖视图

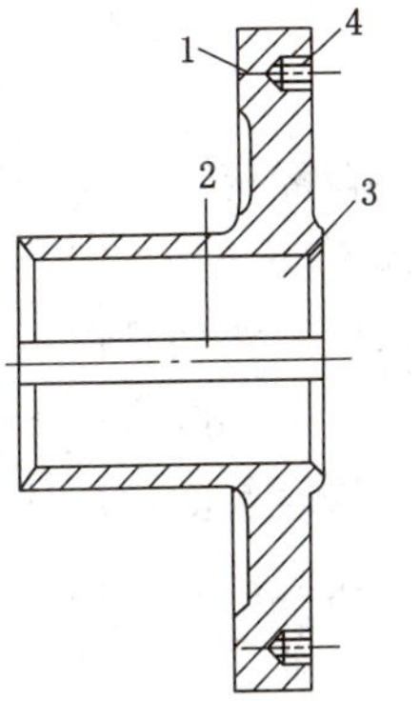

1—盘面；2—键槽；
3—轴孔；4—拆卸用螺丝孔。
图3-1-24　平衡盘剖视图

2. 固定部分

固定部分主要包括进水段（前段）、出水段（后段）和中间段等部件，并用拉紧螺栓（穿杠）将它们连接在一起。吸水口位于进水段，为水平方向；出水口位于出水段，为垂直向上。在单吸多级离心式水泵中，水由进水段的吸入室均匀地进入叶轮，经由叶轮甩出后，水流具有相当大的动压。为了提高克服管路阻力的能力，必须将此项动压尽可能地转变为静压。D型、MD型水泵动压的转变是由导水圈和返水圈所组成的中段（图3-1-25）与位于出水段（图3-1-26）中的环形压出室共同实现的。导水圈由若干叶片组成，水在叶片间的流道中通过。图3-1-25中，$A—A$截面前一段流道的作用是接受由叶轮流出的水，并以匀速送入$A—A$截面以后的流道；$A—A$截面后一段流道的断面逐渐扩大，因而流速降低，使一部分动压转换为静压。返水圈的作用是以最小的损失把水引入次级叶轮的入口。

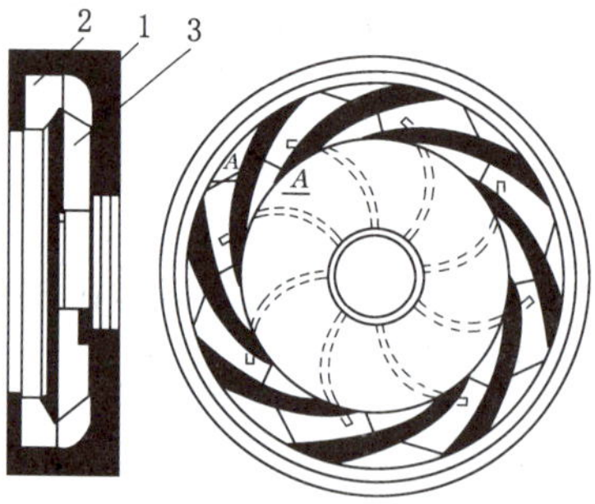

1—中段；2—导水圈叶片；3—返水圈叶片。

图 3-1-25 水泵中段

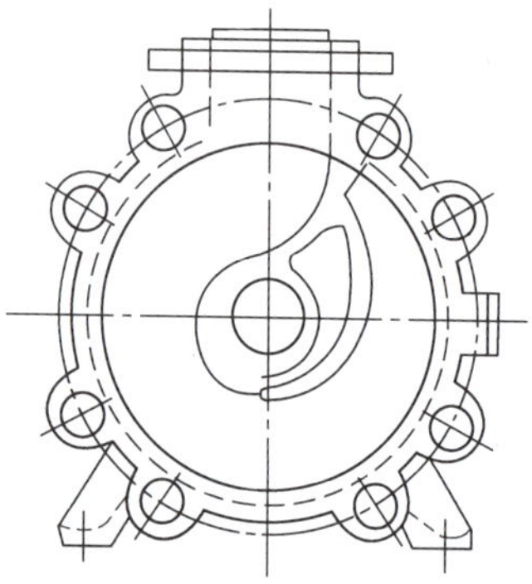

图 3-1-26 水泵出水段

导水圈叶片数应比叶轮叶片数多一片或少一片，使其互为质数，否则会出现叶轮叶片与导水圈叶片重叠的现象，造成流速脉动，产生冲击和振动。

需要指出的是，导水圈中流道的形状是按泵处于额定工况设计的。当水泵在额定工况工作时，叶轮出口处水的绝对速度方向与导叶流道的形状相吻合，能使水从叶轮中无撞击地进入导水圈。

当不在额定工况工作时，叶轮出口处水的绝对速度方向发生了变化，但是导水圈中流道的形状却不变，因而产生冲击，加大水力损失，使水泵的效率下降。

出水段的作用是以最小损失将导水圈中流出的水汇集起来并均匀地引至出水口，在此过程中，将一部分动压变为静压。D型、MD型水泵出水段流道呈螺壳形，如图 3-1-26 所示。它可以将从导水圈散流出来的水先后均匀地导入总流，并缓慢减速至出口。因而这种螺壳形的出水段流道较非螺壳形的出水段流道冲击损失小，效率更高。

离心式水泵的进水段、中间段、叶轮和出水段总称为水泵的过流部件。过流部件的形状和材质的好坏是影响水泵性能和寿命的主要因素。

离心式水泵的级数与泵的总段数、中段数、段与段的接缝数之间有如下关系：

$$泵的级数=\begin{cases}总段数-1\\中段数+1\\段与段的接缝数\end{cases}$$

3. 轴承部分

水泵转子部分支承在泵轴两端的轴承上。D型、MD型水泵采用单列向心滚柱轴承，用3号通用锂基润滑脂(即黄油)润滑。为了防止水进入轴承，泵轴两侧采用了O形耐油橡胶密封圈和挡水圈。这种轴承允许少量的位移，有利于平衡装置改变间隙，以平衡轴向推力；同时，由于采用了滚动轴承，因此减少了静阻力矩和机械摩擦损失。

4. 水泵的密封

水泵各段之间的静止接合面采用纸垫或二硫化钼来密封，转动部分与固定部分之间的间隙是靠密封环及填料来密封的。

(1) 密封环

密封环又称口环。叶轮的吸水口和水泵固定部分之间、叶轮尾端轮毂和中段导叶内孔之间有环形缝隙，高压区的水经过这些缝隙进入低压区并形成循环流，从而使叶轮实际排入次级的流量减少，并多消耗部分能量。为了减少缝隙的泄漏量，应在保证转子正常转动的前提下，尽可能减小缝隙。为此，在每个叶轮前、后的环形缝隙处安装了磨损后便于更换的密封环，如图 3-1-27 所示。装在叶轮入口处的密封环 1 叫作大口环，装在级间缝隙处的密封环 3 叫作小口环。

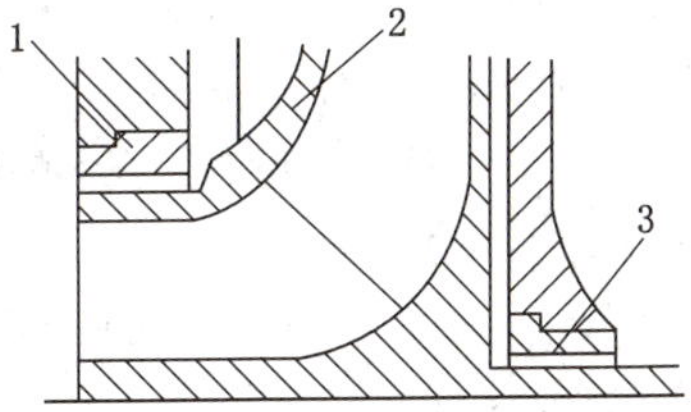

1—大口环；2—叶轮；3—小口环。
图 3-1-27　水泵的密封环

D 型、MD 型水泵的密封环为圆环形，用螺钉固定在泵壳上，它承受着转子的摩擦，故密封环是水泵的易损零件之一。当密封环被磨损到一定程度后，水在泵腔内将发生大量的窜流，使水泵的排水量和效率显著下降，此时应及时更换。

(2) 填料装置

在水泵轴穿过泵壳的地方设有填料装置(又称填料箱或填料函)，以实现泵轴的密封。

在泵轴穿过进水段处，外侧是大气压，内侧是首级叶轮入口的低压，如不进行密封，则外部大气将窜入泵内从而影响水泵的正常吸水；在泵轴穿过出水段处，外侧是大气压，内侧是高压水，如不进行密封，高压水将沿泵轴间隙向外泄漏，使水泵的流量减少。可见，吸水侧填料装置的作用是防止空气进入泵内，排水侧填料装置的作用是防止高压水向外泄漏。

D 型、MD 型水泵吸水侧填料装置如图 3-1-28 所示。它由填料箱、填料、水封环(填料环)及压盖等组成。填料密封所用的填料，其材料视使用条件而不同，有软填料、半金属填料和金属填料等几种。

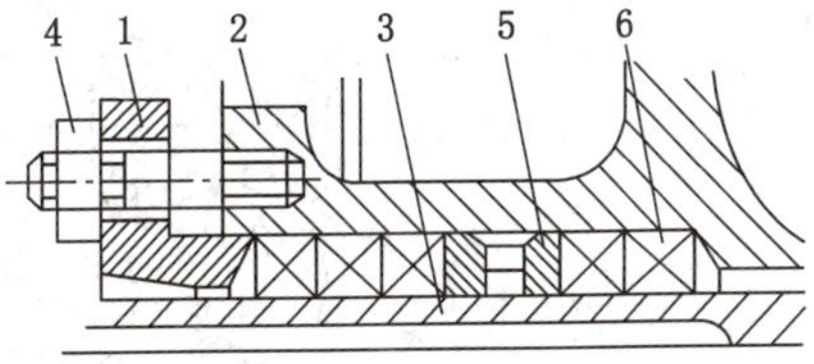

1—填料压盖；2—进水段；3—轴套；
4—压盖螺栓；5—水封环；6—填料。
图 3-1-28　水泵吸水侧填料装置

软填料就是由非金属材料制成的填料。它是用石棉、棉纱、麻等纤维经纺线后编结而成的，再浸渍润滑脂、石墨或聚四氟乙烯树脂，以适应于不同的液体介质。这种填料只用于温度不高的液体。

半金属填料是由金属和非金属材料组合制成的。它是将石棉等软纤维用铜、铅、铝等金属丝加石墨、树脂编织压制成型的，这种填料一般用于中温液体。

金属填料则是将巴氏合金或铜、铝等金属丝浸渍石墨、矿物油等润滑剂压制而成的，一般为螺旋形。金属填料的导热性好，可用于温度低于 150 ℃、圆周速度小于 30 m/min 的场合。

D 型、MD 型水泵一般用油浸石棉绳作填料。将填料弯成圆形后，一圈一圈地装入填料箱内。填料压盖是用来压紧填料的，它穿在两条双头螺栓上，把螺母拧进拧出，便可调节填料松紧。为防止填料发热和增大摩擦阻力，填料压盖不可拧得太紧，一般以滴水不成串为宜(每分钟 10～20 滴)。

水封环装在进、出水侧填料箱的中部，它由两个半环拼合组成，其四周钻有若干小孔，如图 3-1-29 所示。从水封管引来的高压液体，通过环上的槽和孔渗入填料处，起液封、润滑冷却及轴套的作用。

D 型水泵排水侧填料装置的密封效果不如吸水侧要求高，故不设置水封环。其他结构与吸水侧相同。

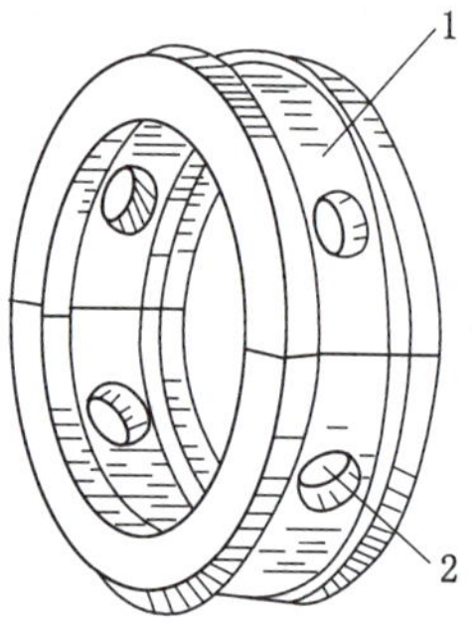

1—环圈空间；2—水孔。

图 3-1-29 水封环

（三）单级水泵

只有一个叶轮的泵称为单级泵。按其转子支承方式不同，分为悬臂式和两端支承式两类。

1. 悬臂式单级水泵

(1) 悬架式悬臂泵

我国设计生产的 IS 型泵如图 3-1-30 所示。其组成主要包括泵体、叶轮、泵盖、主轴、密封环、悬架、轴承、轴套等。该泵泵脚与泵体 1 铸为一体，轴承置于悬臂安装在泵体上的悬架 11 内。因此，整台泵的质量主要由泵体承受（支架 13 仅起辅助支撑作用）。

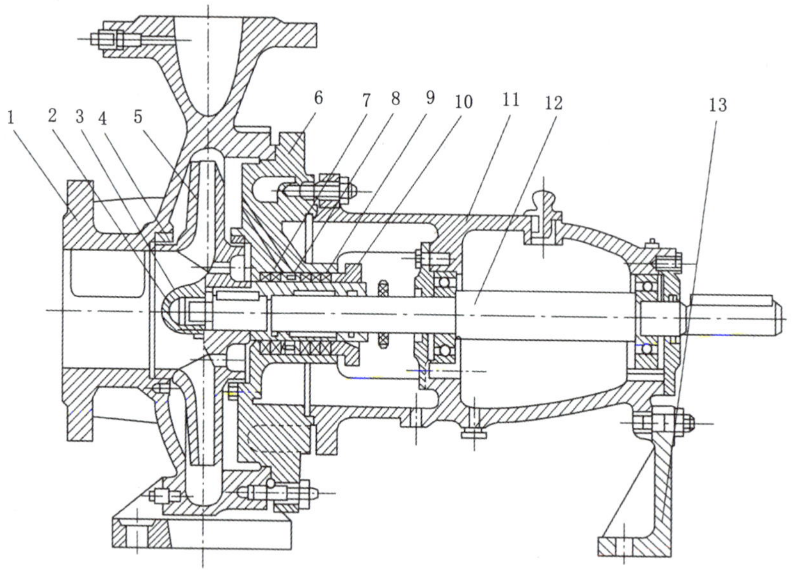

1—泵体；2—叶轮螺母；3—止动垫圈；4—密封环；5—叶轮；6—泵盖；7—轴套；8—填料环；9—填料；10—填料压盖；11—悬架；12—泵轴；13—支架。

图 3-1-30 悬架式悬臂泵

IS 型泵的泵体和泵盖为后开门的结构形式，即检修时不用拆卸泵体、管路及电机，只需拆下加长偶合器的中间连接件，便可退出转子部件。悬架轴承部件支撑着泵的转子部件。为了平衡泵的轴向力，在叶轮 5 前、后盖板处设有密封环，叶轮后盖板上开设有平衡孔。滚动轴承承受泵的径向力以及残余轴向力。泵的密封为填料密封，由填料压盖 10、填料环 8 和填料 9 等组成，防止进气或漏水。在轴通过填料环的部位装有轴套 7，以保护轴不被磨损。轴套和轴之间装有 O 形密封圈，目的同样是防止进气和漏水。泵的传动形式为通过加长弹性偶合器与电机相连。从原动机方向看，泵一般为顺时针方向旋转。

IS 型泵广泛适用于工矿企业、城市给水、农田排灌，输送清水或物理、化学性质类似于清水的其他液体介质，其性能范围为：流量 $Q=6.3\sim400\ m^3/h$，扬程 $H=5\sim125\ m$，工作介质温度不大于 80 ℃。

现以 IS100-80-125 型泵为例，说明其型号意义：

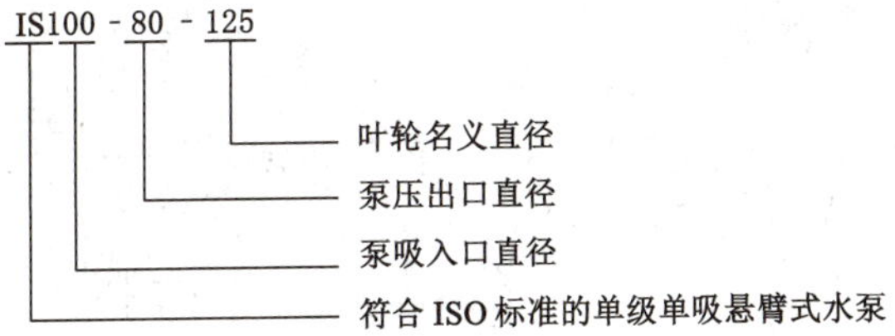

其特性曲线如图 3-1-31 所示。

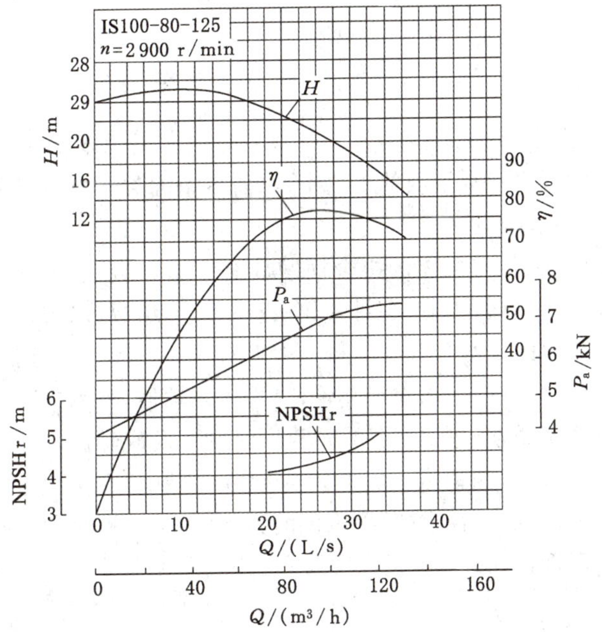

图 3-1-31　IS100-80-125 型泵的特性曲线

(2) 托架式悬臂泵

图 3-1-32 所示为 B 型单级单吸式离心泵。其泵脚与托架铸为一体，泵体悬臂安装在托架上，故称为托架式悬臂泵。

B 型泵的泵体相对于托架可以有不同的安装位置，以便根据管路的布置情况，用泵体转动相应角度的方法，使泵的排水口朝上、朝下、朝前或朝后。检修此水泵时，需要将吸水管路和排水管路与泵体分离，同悬架式悬臂泵相比，显然是不方便的。再加上这种泵的全部质量主要靠托架承受，托架较笨重，故我国近年来生产的单级单吸式离心泵使用托架式悬臂结构的不多。但这种结构的泵应用历史较长，泵的出口又可以调换位置，对泵壳采用贵重材料制造的泵，用托架式悬臂结构还能大大降低成本。

B 型泵的泵体由铸铁铸成，其内铸有逐渐扩散至水泵出水口的螺旋形流道。在出水口

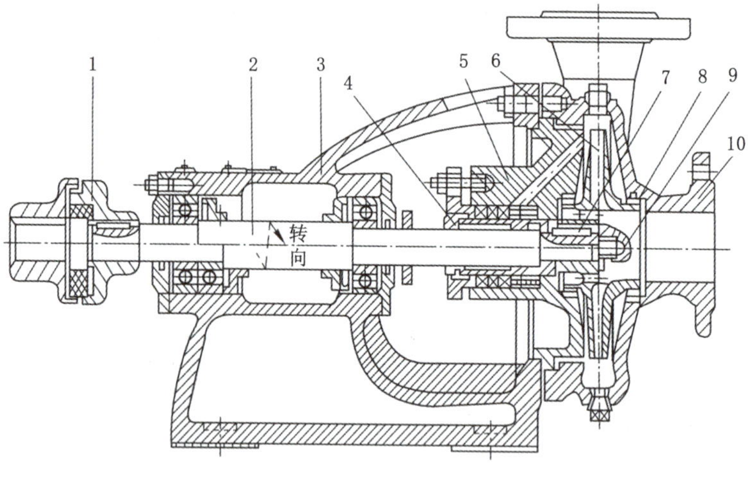

1—联轴器；2—泵轴；3—托架；4—轴套；5—泵盖；6—叶轮；7—键；8—密封环；9—叶轮螺母；10—泵体。

图 3-1-32 托架式悬臂泵(B 型)

法兰盘上，有安装压力表用的螺孔(不安装压力表时用四方螺塞堵住)。泵体下部有一放水孔，当水泵停止使用时，可将水泵内的水放走，以防冬季冻裂。泵体与泵盖用止口结合，并用双头螺栓连接在托架上。

泵盖用铸铁铸成，泵盖与泵体的接合面间放有纸垫，以防止漏水。泵盖用填料装置密封。填料装置由填料室、填料压盖、水封环和油浸石棉绳组成，以防止空气窜入和水的渗出。少量高压水通过泵盖内的窜水孔流入填料室中的水封环，起水封作用。

泵轴用优质碳素钢制成，一端固定叶轮，一端接联轴器，支承在装于托架内的球轴承上。轴承用润滑脂润滑。从联轴器一端看，泵轴为顺时针方向旋转。

叶轮用铸铁制成，是单侧进水。它的密封有单口环(只有大口环)和双口环(既有大口环，也有小口环)两种，一般口径小的、扬程低的为单口环；口径大的、扬程高的为双口环。双口环的叶轮后盘上靠近轴孔处钻有若干平衡孔，用以平衡轴向推力。单口环叶轮由轴承承受轴向推力。

叶轮靠叶轮螺母和外舌止退垫圈固定在轴的一端，外舌止退垫圈能防止叶轮螺母松动。托架为铸铁铸成，内有轴承室。轴承室用来安装轴承，两端用轴承压盖压紧。

(3) 连体泵

连体泵结构如图 3-1-33 所示。叶轮 5 直接装在电机轴 2 的一端，由泵体 4 和泵盖 3 组成的泵壳与电机 1 的机壳直接相连。可以看出，这种泵的电机轴虽然要加长，但它的整机结构紧凑、质量轻，故 WB 型微型离心泵以及多种型号的潜水泵和屏蔽泵均采用连体泵的结构形式。

2. 两端支承式单级泵

大多数单级双吸式离心泵采用双支承结构，即支承转子的轴承位于叶轮两侧，且一般都靠近轴的两端。图 3-1-34 所示的 S 型泵为单级双吸卧式双支承泵。它的转子为一单独的装配部件。双吸式叶轮 3 靠键 20、轴套 6 和轴套螺母 11 固定在轴 4 上。泵装配时，可用轴套螺母调整叶轮在轴上的轴向位置。泵转子用位于泵体两端的轴承体 12 内的两个轴承 15

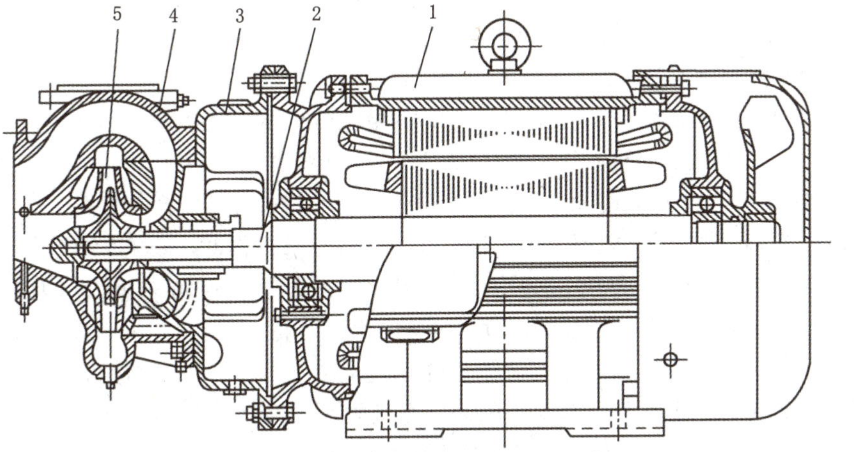

1—电机;2—电机轴;3—泵盖;4—泵体;5—叶轮。

图 3-1-33　双吸式悬臂连体泵

实现双支承。当联轴器 16 处有径向力作用在泵轴上时,远离联轴器的左端轴承所受的径向载荷较小,应将其轴承外圈进行轴向紧固,以使它承受转子的轴向力。

(a)

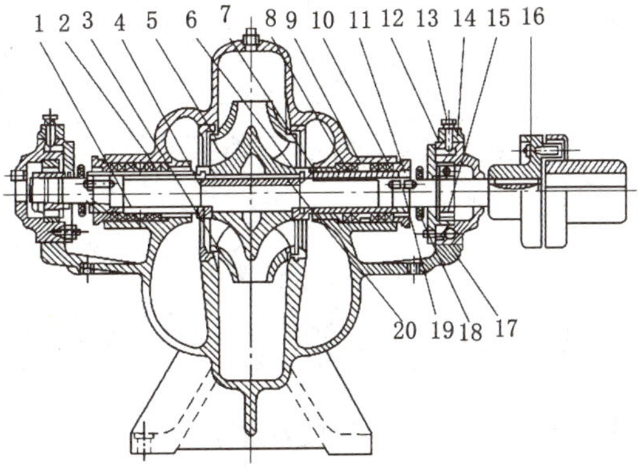

(b)

1—泵体;2—泵盖;3—叶轮;4—轴;5—密封环;6—轴套;7—填料套;
8—填料;9—填料环;10—填料压盖;11—轴套螺母;12—轴承体;13—连接螺钉;
14—轴承压盖;15—轴承;16—联轴器;17—轴承端盖;18—挡圈;19—螺栓;20—键。

图 3-1-34　单级双吸卧式双支承泵

S 型泵是侧向吸入和压出,采用水平中开式泵壳,即泵壳沿通过轴线的水平中开线剖分。它的两个半螺旋形吸水室和螺旋形压水室都是由泵体 1 和泵盖 2 在中开面处对合而成的。泵的吸水口和排水口均与泵体铸为一体。此结构的泵检修时无须拆卸吸水管和排水管,也不要移动电机,只要揭开泵盖即可检修泵内各零件。

S 型泵在叶轮吸水口的两侧都要设置轴封。该轴封用填料密封。它由填料套 7、填料 8、填料环 9 和填料压盖 10 等组成。轴封所用的水封压力是通过在泵盖中开面上开出的凹槽从压水室引到填料环的。但有的中开式双吸泵要通过专设的水封管将水送入填料环。

应该指出的是，双支承结构不仅能用于双吸泵，也可用于单吸泵。

二、轴向推力及平衡方法

（一）产生轴向推力的原因

泵在工作时，作用在叶轮及转子组件上的沿泵轴方向的分力叫作轴向推力。产生轴向推力的原因有三个：

微课资源

（1）单吸式叶轮在工作时，由于叶轮两侧作用力不相等，产生了一个从泵腔指向吸入口的轴向推力 F_1，如图 3-1-35 所示。在泵尚未工作时，泵内过流零部件上的液体压力都一样，不会产生轴向推力。但当泵正常工作时，叶轮吸入口处液体压力为 p_1，叶轮出口处液体压力为 p_2，压力为 p_2 的液体除经叶轮出口排出外，尚有很少量的液体经间隙流到泵壳与叶轮前、后盖板之间的空隙处。从图中可以看出，叶轮两侧在密封环直径 D_w 与叶轮外径 D_2 之间的环形面积上压力分布是对称的，轴向作用力抵消。而在轮毂直径 d_h 与密封环直径 D_w 之间的吸入口处，环形投影面积上却存在着压力差，于是便产生了轴向推力 F_1。这是总轴向推力的主要部分。

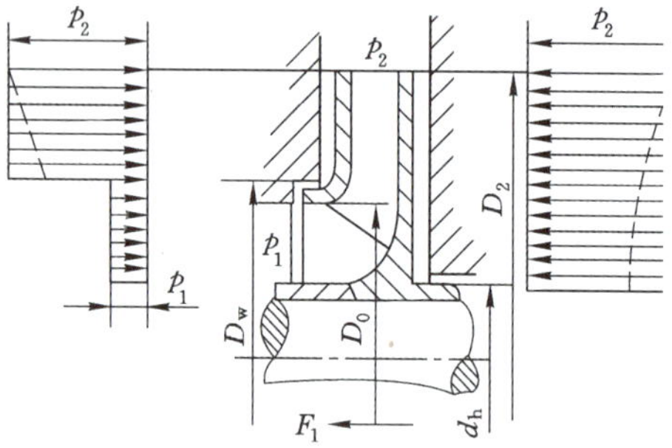

图 3-1-35 轴向推力的产生

实际上压力的分布如图 3-1-35 中虚线所示的那样，是按抛物线分布的，越靠近轮毂越小。

（2）由于叶轮内水流的动量发生变化而产生的轴向推力。水在叶轮内流动过程中，速度方向是由轴向逐渐变为径向的。由于速度的变化，必然引启动量的变化，结果对叶轮产生一个反冲力 F_2，该力方向由进水口指向后轮盘。

在泵正常工作时，F_2 与 F_1 相比数值很小，可以忽略不计。但在启动瞬间，由于泵的正常压力尚未建立，所以反冲力的作用较为明显，泵在启动时转子向后窜动就说明了这一点。为此泵操作中应注意避免频繁启动。

（3）由于大、小口环磨损严重，泄漏量增加，使前、后轮盘上的压力分布规律发生变化，从而引起轴向推力增加。在正常状态下，增加的数值可以不予考虑，但在非正常状态下，这个数值可能很大。

由此可见，叶轮前、后轮盘上所受压力不平衡，是产生轴向推力的主要原因。总轴向推力的方向，是由泵的排水侧指向吸水侧。总轴向推力的大小与扬程成正比。

（二）轴向推力的危害

多级离心式水泵的轴向推力有时可达几十千牛，这个力将使整个转子向吸水侧窜动。如不加以平衡，将使高速旋转的叶轮与固定的泵壳接触，造成破坏性的磨损。另外，过量的轴向窜动会使轴承的轴向负荷加大而发热，电机负载也相应加大；同时使互相对正的叶轮出水口与导水圈的导叶进口发生偏移，引起冲击和涡流，降低水泵的效率，严重时将使水泵无法工作。

（三）平衡轴向推力的方法

1. 平衡孔法

如图 3-1-36 所示，在叶轮的后轮盘上设一外凸的圆环 K，其直径与吸水口外径相同，在 K 与叶轮轮毂间必形成一小室 E。外凸圆环 K 与泵体上的固定环配合工作，将阻止外侧的高压水向 E 室泄漏。小室 E 通过 4～8 个平衡孔 A 与叶轮入口相通，则 E 室内的压力与叶轮入口压力基本相等，从而减少了叶轮轮盘前、后侧的压力差，使轴向推力趋于平衡。

这种平衡方法结构简单，但平衡效果不佳，而且增加了流量损失，同时经过平衡孔返回的水会扰乱进口水流的正常流动，增大涡流和冲击损失，使泵的效率下降 2%～5%。因此，这种平衡方法一般用于单级泵。

2. 双吸叶轮法

如图 3-1-37 所示，由于叶轮结构尺寸对称，因此叶轮两侧的压力作用面积相等，理论上可使产生的轴向力互相抵消。但由于在制造上很难做到叶轮两侧过流部分的几何形状完全相同，两侧密封环的间隙也很难完全相等，所以仍会有较小的轴向推力作用在转子上。这种结构多用在流量较大的单级离心泵上。

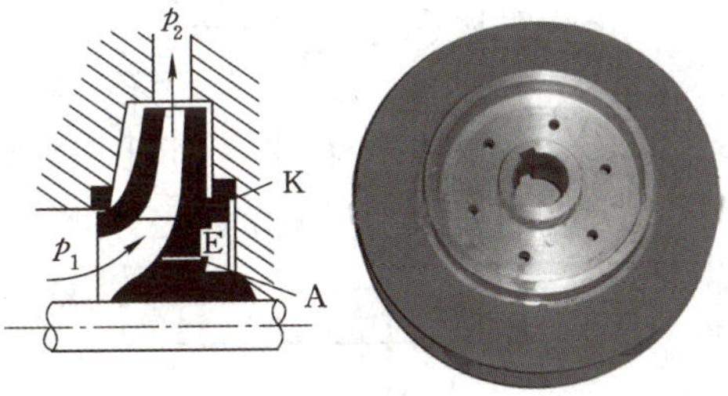

图 3-1-36　平衡孔

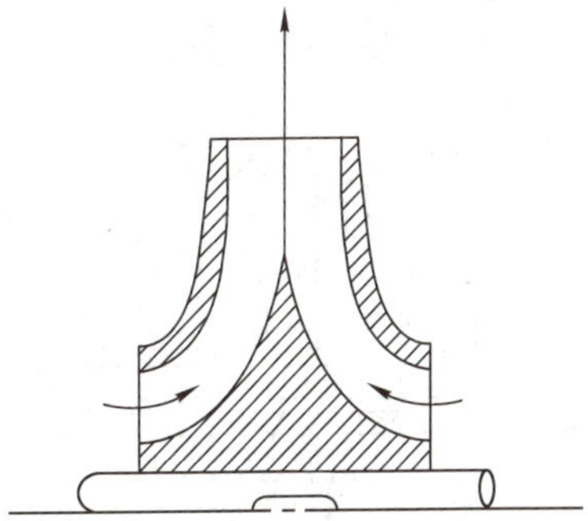

图 3-1-37　双吸叶轮

3. 平衡叶片法

如图 3-1-38 所示，在叶轮后盖板的背面对称安置几条径向叶片，如同泵叶片一样使叶轮背面的水加快旋转，离心力增大，使叶轮背面的压力显著下降，从而使叶轮前、后侧的压力趋于平衡。这种平衡方法会使泵的效率有所降低，其平衡程度取决于平衡叶片的尺寸和叶轮与泵体的间隙，通常在杂质泵上采用。

4. 平衡鼓法

如图 3-1-39 所示，平衡鼓是装在末级叶轮后面与叶轮同轴的圆柱体，其外圆表面与泵体上的平衡鼓套之间有一很小的径向间隙 δ。平衡鼓右侧用连通管与泵吸水口相连，这样平衡鼓右侧 C 的压力接近泵吸水口压力，左侧 A 的压力接近最后一级叶轮后腔的压力，从而在平衡鼓两侧形成一个从左向右的推力，这个推力称为平衡力。显然，平衡力的方向与轴

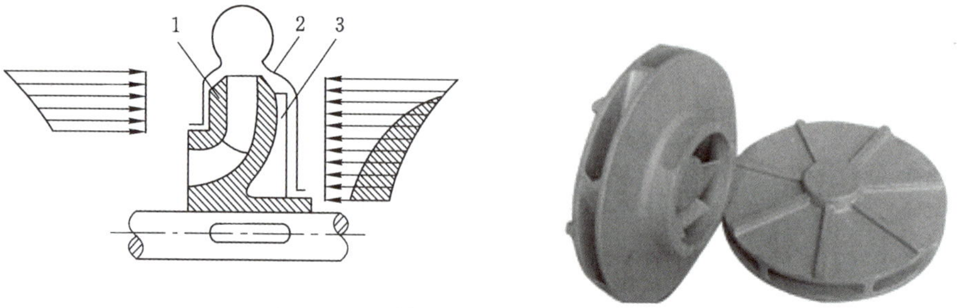

1—叶轮；2—螺壳；3—平衡叶片。

图 3-1-38 平衡叶片

向推力的方向相反。这种方法不能完全平衡轴向推力，因此要采用止推轴承来承受剩余的轴向推力。

5. 平衡盘法

如图 3-1-40 所示，在多级水泵最后一级叶轮的后面装配一平衡盘，并用键将它固定在泵轴上，随叶轮一起旋转。泵体 3 上固定有支承环 2 和平衡环 4。平衡盘与支承环间形成不变的径向间隙 δ_0，与平衡环间形成可变的轴向间隙 δ'。平衡盘左侧充水腔 A 为平衡腔，右侧充水腔 B 为回流腔。回流腔经回水管与水泵吸水口或大气相通。

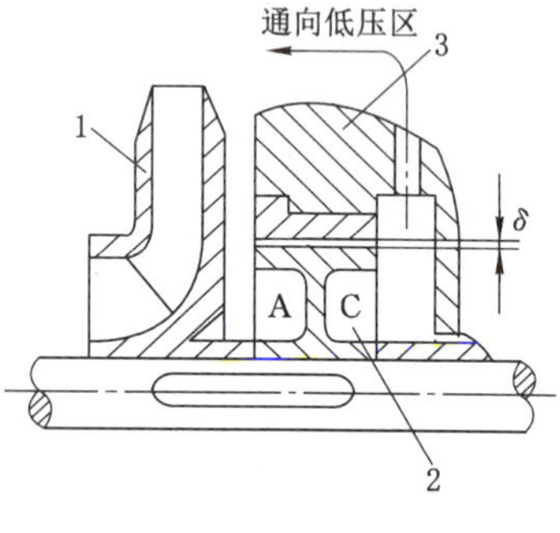

1—叶轮；2—平衡鼓；3—出水段。

图 3-1-39 平衡鼓

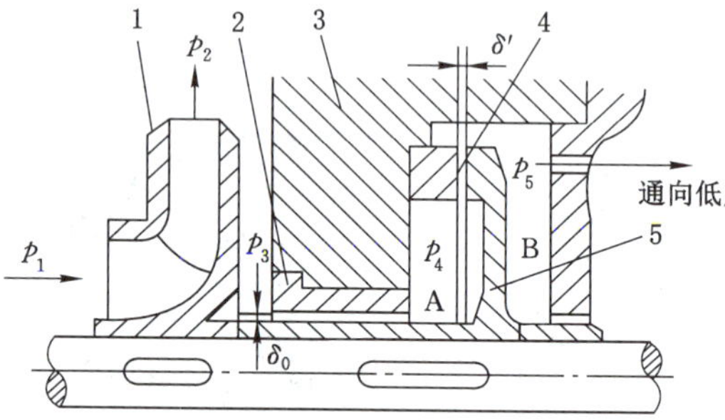

1—水泵末级叶轮；2—支承环；3—泵体；
4—平衡环；5—平衡盘。

图 3-1-40 平衡盘示意图

设水泵最后一级叶轮的出口压力为 p_0，径向间隙为 δ_0，前面的压力为 p_3，水泵正常工作时 $p_2 \approx p_3$，可认为是不变的。当水流过径向间隙 δ_0 后，由于水力损失的存在，平衡腔 A 内的压力降为 p_4。当水流过轴向间隙 δ'后，压力再下降至 p_5，$p_5 \approx p_1$，也认为是不变的。这样，平衡盘左、右两侧形成压力差 $p_4 - p_5$，产生平衡力 F_p，F_p 的方向与轴向推力 F_z 的方向相反。当平衡力 F_p 等于轴向推力 F_z 时，水泵便处在平衡状态下运转。

轴向推力 F_z 的大小与扬程的高低有关，因此，水泵的工况变化时，轴向推力 F_z 也要相应变化。当轴向推力 F_z 大于平衡推力 F_p 时，转子就向吸水侧移动，使轴向间隙 δ'减小，通过间隙 δ'的泄漏量也就减少，A 腔内的压力 p_4 增大，由于 p_5 基本不变，所以平衡盘两边的压力差增加，平衡推力 F_p 也就相应增大。当转子继续向左移动时，平衡推力 F_p 不断增加，直到平衡推力 F_p 和轴向推力 F_z 相等而达到平衡。

但由于惯性，运动着的转子不会立刻停止在新的平衡位置上，而要继续向左移动，轴向间隙 δ' 继续减小，使得平衡推力 F_p 超过轴向推力 F_z，以阻止转子继续左移，直到停止。但是，转子停止移动的位置并非平衡位置，此时的平衡推力 F_p 大于轴向推力 F_z，从而使转子向右移动，又开始了从不平衡到平衡的运动。

平衡盘的工作过程如下（以 $F_z>F_p$ 为例）：

$\rightarrow F_z>F_p$（开始）$\rightarrow$ 平衡盘左移 $\rightarrow \delta'\searrow \rightarrow p_4\nearrow \rightarrow F_p\nearrow \rightarrow F_z=F_p$（平衡位置）$\rightarrow$ 平衡盘继续左移 $\rightarrow \delta'\searrow \rightarrow$
$p_4\nearrow \rightarrow F_p\nearrow \rightarrow F_z<F_p \rightarrow$ 平衡盘右移 $\rightarrow \delta'\nearrow \rightarrow p_4\searrow \rightarrow F_p\searrow \rightarrow F_z=F_p$（平衡位置）$\rightarrow$ 平衡盘继续右移 $\rightarrow \delta'\nearrow \rightarrow$
$p_4\searrow \rightarrow F_p\searrow \rightarrow F_z>F_p$ —（返回开始）

综上所述，平衡盘的平衡状态是动态的，也就是说泵轴是在平衡位置左、右做轴向移动。由于平衡盘的这种自动平衡轴向推力的特点，因而被广泛地应用在多级水泵上。

用平衡盘平衡轴向推力的效果好，但在水泵的启动过程中，因水泵的流量小、扬程大，所以水泵的轴向推力较大；而这时的平衡力较小，故会引起泵轴向吸水侧窜动，使平衡盘和平衡环接触而造成磨损。为了减少这种磨损，应尽量减少水泵的启停次数。同时，为了增加平衡盘与平衡环的耐磨性，在平衡盘的材料选择和热处理加工方面都有严格要求，以保证工作面具有足够的硬度且耐磨。

一般从平衡盘中流出的水量应不超过水泵流量的 1.5%～3%，否则水泵的效率会大大降低。因此，为了减少从平衡盘中流出的水量，应使平衡盘和平衡环之间的轴向间隙在 0.5～1 之间。泵轴的自由窜量不小于 1 mm 且不大于 4 mm，但绝不能因此堵死与平衡盘右侧相通的回水管。因为一旦堵死回水管，平衡盘两边就不存在压力差，从而失去平衡轴向推力的作用。因此，在维修水泵时，要注意疏通回水管，以保证回水管畅通。

使用平衡盘，就不能同时使用推力轴承。因为推力轴承将限制水泵转子的轴向位移，从而使平衡盘失去自动平衡轴向推力的优点。

三、离心式水泵的维护与故障处理

（一）离心式水泵的日常维护

1. 日常检查

日常检查的主要内容有：真空表、压力表、电流表和电压表是否正常和稳定；轴承温度是否正常；机体有无异常声响和振动；盘根松紧是否合适；管路是否漏水漏气；平衡装置工作是否正常；滤水器是否堵塞；电机温度是否正常。

2. 日常维护

（1）轴承润滑：

① 滑动轴承一般用 20 号机械油，滚动轴承一般用钙基润滑脂。

② 水泵采用滑动轴承时，每周应加油一次，每运行 2 000～2 500 h 换油一次；若采用滚动轴承，应用黄油杯加油，每班拧紧油杯丝扣 1～2 转，每 3～4 个月换油一次。

（2）更换填料：

① 填料磨损、老化后应及时更换。

② 新填料的安装要求：填料接口互错 120°，接口两端间隙越小越好。填料压盖压紧到最大限度后拧回 0.5～2.5 扣，至填料有水滴滴出为止(每分钟 10～20 滴为宜)。

③ 更换填料应在停泵时进行，但松紧可在开泵后做最后调整。

(3) 定期清扫滤水器，清除吸水井杂物。

(4) 工作泵、备用泵、检修泵应轮换运行。

(二) 离心式水泵的拆装

1. 泵的拆卸

(1) 拆卸泵时应注意做好下列准备事项：

① 按停泵程序停泵。

② 将泵壳内的液体放掉。

③ 如果轴承部件是润滑油润滑时，应将润滑油放掉。

④ 拆去妨碍拆卸的附属管路，如平衡盘水管、水封环水管和仪器仪表等。

⑤ 拆卸泵与电机的联轴器。

⑥ 安装好起吊设备。

(2) 拆卸泵的顺序：

泵的拆卸步骤应从拆下出水侧的轴承部件开始，其顺序大体如下：

① 拧下出水侧轴承压盖上的螺栓和出水段、填料函体(尾盖)、轴承体三个部件之间的连接螺母，卸下轴承部件。

② 拧下轴上的圆螺母，依次卸下轴承内圈、轴承压盖和挡套后，卸下填料函体或尾盖(包括填料压盖、填料环、填料等在内)。

③ 依次卸下轴上的 O 形密封圈、轴套、平衡盘和键，然后卸下出水段(包括末级导叶、平衡环等在内)。

④ 卸下末级叶轮和键后，卸下中段(包括导叶在内)。

⑤ 按同样方法，继续卸下其余各级的叶轮、中段和导叶，直到卸下首级叶轮为止。

⑥ 拧下进水段和轴承体的连接螺母，拧下轴承压盖上的螺栓后，卸下轴承部件(在这之前应预先将泵联轴器卸下)。

⑦ 将轴从进水段中向后抽出，拧下轴上的固定螺母，依次将轴承内圈、O 形密封圈、轴套、挡套等卸下。

至此拆卸工作基本完成，但在上述拆卸过程中，还有部分零件互相是连接在一起的，一般情况下拧下连接螺栓或螺母后即可卸下。

(3) 清洗和检查：

① 用煤油清洗全部的零件，在空气中干燥或用布擦干。

② 检查全部零件的磨损情况，对不能确保正常运转的零件应更换新的。

③ 检查泵轴是否有灰尘或生锈，用千分表检查轴的不直度(轴的径向跳动值不大于 8 级精度)。

④ 当密封间隙超过推荐最大值的 50%时，应更换密封元件。

2. 泵的装配

D 型、MD 型泵装配质量的好坏对泵的性能及运行稳定性影响显著，在装配时务必注意以下几点：

(1) 叶轮出口中心与导叶进口中心的对准。如果对不准时,应在叶轮轮毂与轴肩通过加设垫片调整,应将两中线控制在 0.5 mm 的范围内。

(2) 泵的转子部分与定子部分的各个密封间隙值大小及均匀。稍有偏差,就会使泵的性能受到影响,流量减小、扬程降低、效率差,以致降低泵的使用寿命。各个密封间隙值大小见表 3-1-4。

表 3-1-4 泵体密封环与叶轮密封环的名义径向间隙 单位:mm

名义尺寸	30～90	>90～120	>120～180	>180～250	>250～500	>500～800	>800～1 250	>1 250
直径间隙	0.3～0.4	0.4～0.5	0.5～0.6	0.6～0.7	0.7～0.85	0.85～1.2	1.2～1.6	1.6～2.0

(3) D 型、MD 型泵必须有良好的同心度,故在装配时务必使装配好的转子部件及各零件的径向跳动满足表 3-1-5 的要求。

表 3-1-5 各零件的径向跳动允许误差 单位:mm

部位	公称直径				
	≤50	>50～120	>120～260	>260～500	>500～800
叶轮密封环外圆	0.06	0.06～0.08	0.07～0.09	0.08～0.10	0.10～0.13
轴套外圆	0.04	0.04～0.06	0.06～0.07	—	—
平衡套外圆	0.05	0.06	0.07	—	—
平衡盘外圆	0.03	0.04	0.05	0.06	—

(4) 泵的装配顺序,可按拆卸顺序反向进行。装配完毕后,用手转动转子,检查泵内是否有摩擦声或转动不灵活等不正常现象。除了 MD6-25 和 MD12-25 型泵以外,其余泵型的转子应有轴向窜动量。

(三) 水泵完好标准

主水泵和一般水泵的完好标准见表 3-1-6、表 3-1-7。

表 3-1-6 主水泵的完好标准

项目	完好标准	备注
螺栓、螺母、背帽、垫圈、开口销、护罩、放气阀	齐全、完整、紧固	1. 包括从底阀到逆止阀的管路。 2. 每台水泵不少于一个放气阀
泵体与管路	无裂纹、不漏水;泵体和泵房内排水管路防腐良好;吸水管径不小于水泵吸水口径;平衡盘调整合适,轴窜量为 1～4 mm(或按厂家规定);填料滴水不成线;填料箱不过热	
逆止阀、闸板阀、底阀	齐全、完整、不漏水;闸门操作灵活	底阀以自灌满引水起 5 min 后能启动水泵为合格

表 3-1-6(续)

<table>
<tr><th>项目</th><th>完好标准</th><th>备注</th></tr>
<tr><td>轴承</td><td>油圈转动灵活，油质合格，不漏油；滚动轴承温度不超过 75 ℃，滑动轴承温度不超过 65 ℃；轴承最大间隙不超过以下规定：
单位：mm
<table>
<tr><th>轴颈直径</th><th>滑动轴承</th><th>滚动轴承</th></tr>
<tr><td>30～50</td><td>0.24</td><td>0.2</td></tr>
<tr><td>>50～80</td><td>0.30</td><td>0.20</td></tr>
<tr><td>>80～120</td><td>0.35</td><td>0.30</td></tr>
<tr><td>>120～180</td><td>0.5</td><td>0.30</td></tr>
</table></td><td></td></tr>
<tr><td>联轴器</td><td>端面间隙比轴的最大窜量大 2～3 mm，径向位移不大于 0. 2 mm，端面倾斜不大于 1‰，胶圈外径和孔径差不大于 2 mm</td><td>螺栓有防脱装置</td></tr>
<tr><td>电气与仪表</td><td>电机和开关柜应符合其完好标准；压力表、电压表、电流表齐全、完整、准确</td><td>仪表校验期不超过一年</td></tr>
<tr><td>运转与出力</td><td>运转正常、无异常振动；水泵每年至少测定一次；排水系统综合效率：立井不低于 45%，斜井不低于 40%</td><td>测定记录有效期不超过一年</td></tr>
<tr><td>整洁与资料</td><td>设备与泵房整洁，水井无杂物，工具、备件存放整齐；有运行日志和检查、检修记录</td><td></td></tr>
</table>

表 3-1-7　一般水泵的完好标准

项目	完好标准	备注
螺栓、螺母、背帽、垫圈、开口销、护罩、放气阀	齐全、完整、紧固	
泵体与管路	无裂纹、不漏水；泵体和泵房内排水管路防腐良好；吸水管径不小于水泵吸水口径；平衡盘调整合适，轴窜量为 1～4 mm(或按厂家规定)；填料滴水不成线；填料箱不过热	
逆止阀、闸板阀、底阀	齐全、完整、不漏水；闸门操作灵活	排水垂高低于 50 m 的可以不装逆止阀
轴承	油圈转动灵活，油质合格，不漏油；滚动轴承温度不超过 75 ℃，滑动轴承温度不超过 65 ℃	
联轴器	端面间隙比轴的最大窜量大 2～3 mm，径向位移不大于 0. 2 mm，端面倾斜不大于 1.5‰	
电气	电机符合其完好标准；启动设备齐全、可靠；接地装置合格	
整洁	设备无油垢，周围无杂物	

（四）常见故障分析与排除方法

1. 启动时水泵不出水，或者启动时吸不上水

微课资源

产生这种故障的原因不同，解决的办法也不一样，通常有：

（1）启动时水泵没有注满水，水泵内的空气没有完全排除，所以启动后水泵不出水。解决的办法很简单，那就是重新向水泵注水，直到打开水泵上的放气塞冒水为止。

（2）因底阀漏水，虽然向水泵内持续注水，但一直注不满，所注的水都经底阀漏掉了。解决的办法是使底阀阀板与阀座接触严密。

（3）水龙头堵塞：虽然吸水管中已经注满水，水泵也已经注满水，但启动时仍不出水。需要观察真空表指示，如果指示值比正常值大，有可能是龙头被堵塞。解决的办法就是清除龙头的堵塞物。

（4）吸水管漏水：吸水管接头不严密漏入空气或者安装真空表的地方漏水，使吸水管中空气排不尽，有可能会出现压力表和真空表激烈摆动。解决的办法是更换吸水管接头橡胶垫圈，重新拧紧连接螺栓或真空表丝扣。

（5）吸水高度过大：在移动式排水时，经常由于疏忽造成吸水高度过高而吸不上水。解决的办法就是降低水泵的安装高度至规定值以下。

（6）排水高度太大：排水高度超过水泵的扬程造成排水口不出水。解决的办法是通过计算降低排水高度，不超过水泵可能的范围或更换大扬程的水泵。

2. 水泵振动大，声音不正常

（1）水泵吸入口的真空高度超过允许的吸上真空度，水泵产生汽蚀并伴随着振动和噪声。解决的办法是及时停泵，查明原因，进行处理。

（2）安装质量不好，两联轴器不同心，所以产生振动。解决的办法是重新调整电机与水泵的同心度，使之符合质量标准。

（3）泵轴弯曲，泵内零件磨损引起振动。解决的办法是校正或者重新更换泵轴。

（4）轴承磨损严重或者轴承损坏，引起水泵振动。解决的办法就是更换轴承。

（5）水泵或电机底座地脚螺栓没有紧固，机座下基础不实，运行时水泵不稳。解决的办法是必须拧紧地脚螺栓，加固机座下基础。

3. 轴承发热

（1）轴承缺油或油太多。解决的办法是保持适量的润滑油。

（2）油脂使用时间过长，油脂过脏。解决的办法是润滑油脂使用必须符合规定，油脂必须清洁。

（3）滑动轴承油环不转动或不灵活，带不上油，也引起轴承发热。解决方法是经常检查是否有轻微阻碍造成转动不灵活或者时停时转，遇到问题及时处理。

（4）轴承安装不良，引起轴承发热。解决的办法是重新安装，保证安装精度。

（5）平衡盘与平衡环磨损严重，水泵轴向吸水侧移动。解决的办法是及时调整平衡盘尾部垫圈或者更换平衡盘及平衡环。

（6）轴承损坏。解决的办法是更换轴承。

4. 其他常见故障分析及排除方法

水泵常见故障分析与排除方法见表 3-1-8。

表 3-1-8 水泵常见故障分析与排除方法

序号	故障现象	原因分析	排除方法
1	水泵不吸水，吸入真空表指示高度真空	底阀没有打开或已淤塞	检查或更换底阀
		吸水管阻力太大，吸水高度太高	清洗或更换吸水管，降低吸水高度
2	流量不足	电机转数不足	检查电源电压或改变转速
		填料箱漏气	拧紧填料箱压盖
		密封环磨损过多，内泄漏严重，水泵叶轮局部淤塞	更换密封环，清洗水泵叶轮
		叶轮出水口与导水圈进水口没对正	调整导水圈安装位置
3	水泵运转功率过大	填料压盖压得太紧，填料室发热	拧松填料压盖或更换填料
		泵旋转部分发生摩擦	检查泵内各旋转零件并加以修正
		平衡盘平衡效果差	检查平衡盘及回水管
		密封环间隙过大，使轴向推力增大	检查密封环间隙或更换
		水泵排水量增加	调节闸阀，降低流量
4	水泵内部声音反常，水泵不上水	吸水管内阻力过大，吸水高度过高	检查吸水管和底阀，降低吸水高度
		在吸水处有空气渗入	查找漏气处
		所输送液体温度过高	降低输送液体温度
		发生汽蚀现象	消除汽蚀现象
5	平衡水中断，平衡室发热，电机功率增加	水泵在大流量、低扬程下运转	关小出口闸阀，至泵的规定参数范围内运转
		平衡盘与平衡环产生研磨	拆卸平衡盘与平衡环进行检修
6	填料箱或泵壳发热	长时间关闭排水闸阀使泵壳发热	打开排水闸阀或停泵待冷却后再启动
		平衡盘歪斜或无水使平衡室发热	检查平衡盘及回水管
		填料箱压盖歪斜或压得太紧	检查调整填料箱压盖
		填料失水	检查水封管及水封环是否堵塞
7	水泵不启动	叶轮与导水圈的间隙太小，摩擦阻力太大	检查叶轮与导水圈的间隙是否符合标准，然后修理
		填料箱压盖歪斜或压得太紧	调整压盖松紧
		转子窜量太大使叶轮与泵体摩擦	调整转子窜量
		电机缺相	检查电源及熔断器
		启动器有故障	检查启动器
8	启动时功率过大	未关闭排水闸阀	关闭排水闸阀再启动
		平衡盘不正或无水	停泵检查平衡盘间隙及回水管
		转动部分与固定部分间阻力太大	停泵检查转动部分与固定部分各处间隙并修理调整
		电网压降太大	待电压稳定后再启动

(五) 常用简易的故障诊断方法

常用简易的水泵状态监测方法主要有听诊法、触测法和观察法等。

1. 听诊法

设备正常运转时，伴随发生的声响总是具有一定的音律和节奏。只要熟悉和掌握这些正常的音律和节奏，通过人的听觉功能就能对比出设备是否出现了重、杂、怪、乱的异常噪声，以此来判断设备内部出现的松动、撞击、不平衡等隐患。例如，用手锤敲打零件，听其是否发生破裂杂声，可判断有无裂纹产生。

听诊可以用螺丝刀尖(或金属棒)对准所要诊断的部位，用手握螺丝刀把，贴耳细听。这样可以滤掉一些杂音。

现在使用的电子听诊器是一种振动加速度传感器。它将设备振动状况转换成电信号并进行放大，工人用耳机监听运行设备的振动声响，以实现对声音的定性测量。通过测量同一测点、不同时期、相同转速、相同工况下的信号并进行对比，来判断设备是否存在故障。当耳机出现清脆尖细的噪声时，说明振动频率较高，一般是尺寸相对较小的、强度相对较高的零件发生局部缺陷或微小裂纹。当耳机传出混浊低沉的噪声时，说明振动频率较低，一般是尺寸相对较大的、强度相对较低的零件发生较大的裂纹或缺陷。当耳机传出的噪声比平时增强时，说明故障正在发展，声音越大，故障越严重。当耳机传出的噪声是杂乱无规律地间歇出现时，说明有零件或部件发生了松动。

2. 触测法

用人手的触觉可以监测设备的温度、振动及间隙的变化情况。人手上的神经纤维对温度比较敏感，可以比较准确地分辨出 80 ℃以内的温度。当机件温度在 0 ℃左右时，手感冰凉，若触摸时间较长会产生刺骨痛感。10 ℃左右时，手感较凉，但一般能忍受。20 ℃左右时，手感稍凉，随着接触时间延长，手感渐温。30 ℃左右时，手感微温，有舒适感。40 ℃左右时，手感较热，有微烫感觉。50 ℃左右时，手感较烫，若用掌心按的时间较长，会有汗感。60 ℃左右时，手感很烫，但一般可忍受 10 s 左右的时间。70 ℃左右时，手感烫得灼痛，一般只能忍受 3 s 左右的时间，并且手的触摸处会很快变红。触摸时，应试触后再细触，以估计机件的温升情况。用手晃动机件可以感觉出 0.1～0.3 mm 的间隙大小。用手触摸机件可以感觉振动的强弱变化和是否产生冲击。

用配有表面热电偶探头的温度计测量滚动轴承、滑动轴承、主轴箱、电机等机件的表面温度，具有判断热异常位置迅速、数据准确、触测过程方便的特点。

3. 观察法

人的视觉可以观察设备上的机件有无松动、裂纹及其他损伤等；可以检查润滑是否正常，有无干摩擦和跑、冒、滴、漏现象；可以查看油箱沉积物中金属磨粒的多少、大小及特点，以判断相关零件的磨损情况；可以监测设备运动是否正常，有无异常现象发生；可以观看设备上安装的各种反映设备工作状态的仪表，了解工况的变化情况，可以通过测量工具和直接观察表面状况，判断设备工作状况。把观察的各种信息进行综合分析，就能对设备是否存在故障、故障部位、故障的程度及故障的原因做出判断。

项目二　通风设备

任务一　通风设备的操作

通风机是将原动机的机械能转变为气体能量的机械，广泛应用于国民经济的各个方面。在煤矿生产系统中，通风机的作用是：向井下输送足够的新鲜空气，稀释并排出有害气体，调节井下的温度和湿度，保证工人的身体健康和矿井安全生产。通风机是矿井重要的四大固定设备之一，被誉为矿井“肺脏”。

煤矿生产是井下作业，随着工作面的推进，有毒、有害及可燃、爆炸性气体以及地热会大量涌出，加之飞扬的煤尘，对人身健康和矿井安全都会构成极大威胁。为了安全生产，《煤矿安全规程》对矿井通风做出了严格规定。例如：

(1) 采掘工作面进风流中，氧气浓度不低于 20%，二氧化碳浓度不得超过 0.5%。

(2) CO 的浓度≤0.002 4%；NO_2 的浓度≤0.000 25%；SO_2 的浓度≤0.000 5%；H_2S 的浓度≤0.000 66%；NH_3 的浓度≤0.004%。

这些规定都是通过通风机向井下输送新鲜气流来达到的。如果通风设备不能正常运转，将直接影响井下生产的进行，甚至造成瓦斯爆炸、煤尘爆炸等重大安全事故。因此，学习掌握通风机的操作与维护是非常必要的。

一、矿井通风设备的组成及工作原理

(一) 矿井通风方式及通风系统

为了掌握矿井通风设备的操作方法，必须先了解矿井通风方式及通风系统。

微课资源

1. 矿井通风方式

矿井通风方式分为抽出式通风和压入式通风两种。

图 3-2-1 所示为压入式通风，即通风机的出风侧与巷道相接，通风机向井下压送新鲜空气，井下巷道的污浊气体从井口排出。在压入式通风矿井中，井下巷道的空气压力高于井外同标高点的大气压力，故称为正压通风。

图 3-2-2 所示为抽出式通风，即通风机的进风侧与巷道相接，通风机将井下污浊气体抽至地面排出，新鲜空气从井口进入。在抽出式通风矿井中，井下任何一点的空气压力都小于井外同标高点的大气压力，故称为负压通风。

我国矿井基本都采用抽出式通风。因为这种通风方式在正常通风时，井下巷道里的压力略低于大气压，有利于煤层瓦斯的排放；而一旦通风机发生故障停止运转，井下空气压力将自行升高，抑制有害气体的涌出，安全性较好。

2. 矿井通风系统

矿井通风设备与通风网路组成的系统称为矿井通风系统，按进、出风井的布置方式可分

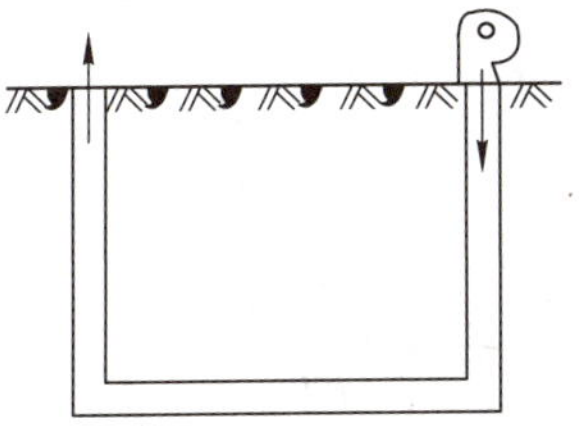

图 3-2-1　压入式通风

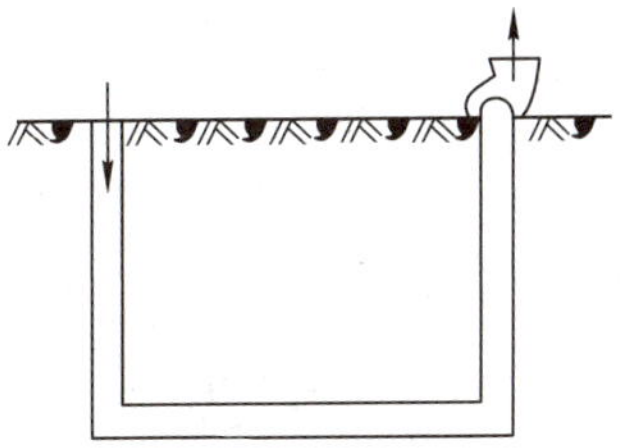

图 3-2-2　抽出式通风

为中央式、两翼对角式和混合式。

(1) 中央式：出风井与进风井大致位于矿井井田走向中央。中央式又分为中央并列式和中央边界式。中央并列式如图 3-2-3(a)所示，无论沿井田走向或倾斜方向，进、出风井均并列于井田中央，且布置在同一工业广场内。中央边界式如图 3-2-3(b)所示，进风井仍在井田中央，出风井在井田上部边界走向中央。

(2) 两翼对角式：进风井位于井田中央，出风井分别位于井田走向的两翼，如图 3-2-3(c)所示。

(3) 混合式：井田内有两种或两种以上通风方式组成的通风系统，如图 3-2-3(d)所示。

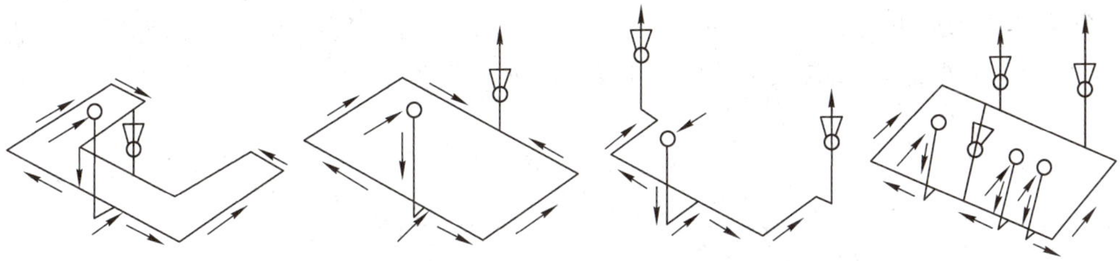

(a) 中央并列式　(b) 中央边界式　(c) 两翼对角式　(d) 混合式

图 3-2-3　矿井通风系统示意图

(二) 通风设备的组成及工作原理

矿井常用的通风设备是离心式通风机和轴流式通风机。它们都属于叶片式通风机，都是利用高速旋转的叶轮来进行能量的传递和转换。

1. 离心式通风机的组成及工作原理

图 3-2-4 所示为离心式通风机的结构简图。它主要由叶轮 1、螺线形机壳 4、进风口 3 及锥形扩散器 6 组成。叶轮 1 与轴 2 固定在一起，形成通风机的转子，并支承在轴承上。当叶轮 1 逆时针方向旋转时，叶轮 1 中的空气在叶片的作用下随同叶轮一起旋转。叶片对空气的动力作用使叶轮中的空气获得能量，并由叶轮中心流向外缘，最后经螺线形机壳 4 和锥形扩散器 6 排至大气中。与此同时，叶轮中心处形成负压，外部空气在大气压的作用下不断地经进风口 3 进入叶轮。由于气流在这种通风机中是受到离心力的作用产生的连续风流，故称为离心式通风机。有的离心式通风机在叶轮前面安装有前导器 5，使入口的气流发生预旋，以达到调整风量和风压的目的。

离心式通风机有单吸离心式通风机和双吸离心式通风机两种类型。单吸离心式通风

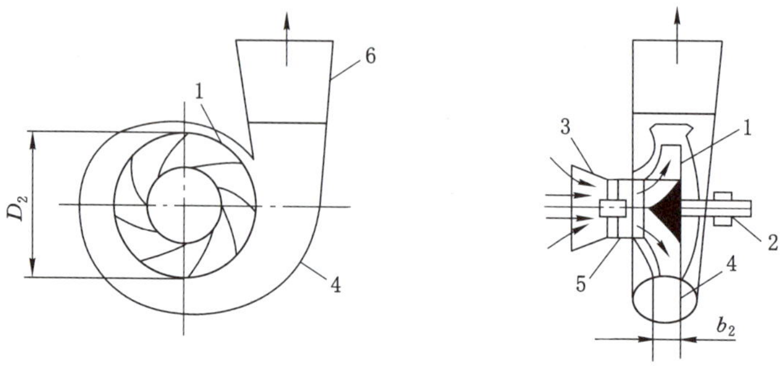

1—叶轮；2—轴；3—进风口；4—螺线形机壳；5—前导器；6—锥形扩散器。

图 3-2-4 离心式通风机结构示意图

机的进风口布置在主轴的一侧，如 G4-72-11 型、G4-73-11 型等。双吸离心式通风机的进风口布置在主轴的两侧，如 K4-73-1 型。

2. 轴流式通风机的组成及工作原理

如图 3-2-5 所示，轴流式通风机主要由圆筒形外壳 4、集风器 5、流线体 6、导叶 7、扩散器 8 以及叶轮等组成。集风器 5 和流线体 6 构成通风机的进风口，可使气流平滑地进入，以减少流动阻力。叶轮由轮毂 1 和叶片 2 组成，叶轮与轴 3 固定在一起成为通风机的转子，并支承在轴承上。当电机驱动叶轮旋转时，就有气流通过每一个叶片，如图 3-2-6(a)所示。

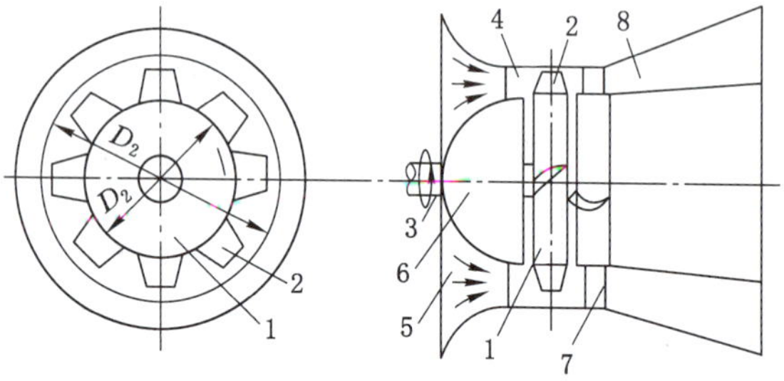

1—轮毂；2—叶片；3—轴；4—圆筒形外壳；5—集风器；6—流线体；7—导叶；8—扩散器。

图 3-2-5 轴流式通风机结构示意图

为了分析工作原理，现取一个叶片断面(机翼形)进行研究。

如图 3-2-6(b)所示，翼形叶片上表面为凸面、下表面为凹面，两端连线与水平面的夹角为安装角 θ。由于气流在同一瞬时相对流过上、下表面的路程不同，所以流经较长路程的上表面的气流速度比下表面大。根据伯努利方程，气流对下表面的压力大于对上表面的压力，这样叶片的上、下表面就存在一个压差 Δp。Δp 可分解为两个分力：一个与轴平行推动叶轮向上的升力 Δp_y，另一个与叶轮旋转方向相反的阻力 Δp_x。因为轴流式通风机的轴端有止推轴承，限制了叶轮沿轴向移动，于是就给气流一个与 Δp_y 大小相等、方向相反的力，使气流沿轴向向下移动，从而在进风口形成负压，叶轮连续转动，气流就被连续推出。由于气流在这种通风机中是沿轴向流动，故称为轴流式通风机。

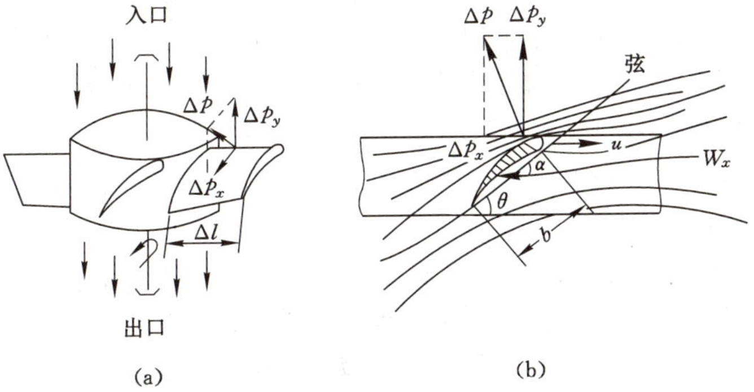

图 3-2-6　轴流式通风机工作原理图

二、通风机的性能参数

1. 风量

单位时间内通风机输送的气体体积量称为风量，用 Q 表示，单位为 m^3/s、m^3/min、m^3/h。

2. 风压

单位体积的空气流经通风机后所获得的总能量称为风压，以 H 表示，单位为 Pa。

3. 功率

(1) 轴功率：电机传递给通风机轴的功率，即通风机的输入功率，用 P 表示，单位为 kW。

(2) 有效功率：单位时间内空气自通风机所获得的实际能量，即通风机的输出功率，用 P_x 表示：

$$P_x=\frac{QH}{1\ 000} \tag{3-2-1}$$

式中　P_x——通风机的有效功率，kW；

Q——通风机的风量，m^3/s；

H——通风机的风压，Pa。

4. 效率

由于通风机在运转过程中要产生流动损失、泄漏损失和机械损失，因此通风机的轴功率不可能全部变为有效功率。其有效功率与轴功率之比，叫作通风机的效率，用 η 表示：

$$\eta=\frac{P_x}{P}=\frac{QH}{1\ 000P} \tag{3-2-2}$$

5. 转速

通风机轴每分钟的转数，用 n 表示，单位为 r/min。

三、通风机的启动与停止

(一) 启动

1. 通风机的启动方式

微课资源

由于离心式通风机和轴流式通风机的工作原理不同，因而其启动方式也有所不同。对于风压特性曲线上没有不稳定段的离心式通风机，因其流量为零时功率最小，故应在风门完全关闭的情况下进行启动。对于风压特性曲线上有不稳定段的轴流式通风机，若由于不稳定而产生的风压波动量不大时，也可选择功率最低点为启动工况点，此时风门应半开，流量约为正常流量的 30%～40%；若不稳定段使风压波动太大，也允许在全开风门的情况下启动，但启动工况点应落在稳定区域内。即离心式通风机必须关闭风门启动，而轴流式通风机必须在风门全开或半开的情况下启动。

2. 通风机启动前的检查

通风机启动前要进行认真的检查，检查的内容有：

(1) 检查润滑油的名称、牌号、注油量是否符合技术文件规定。

(2) 检查轴承的润滑系统、密封系统是否完好。

(3) 联轴器(或传动胶带)附近是否有妨碍转动的物体。

(4) 通风机、轴承座、电机的地脚螺栓是否有松动。

(5) 将通风机转子盘动 1～2 次，检查转子是否有卡阻和摩擦现象。

(6) 检查电源及启动设备是否正常。

3. 通风机启动

通风机启动的一般顺序是：

(1) 关闭通风机入口风门(离心式通风机)或打开通风机入口风门(轴流式通风机)。

(2) 启动润滑系统油泵(有润滑系统的通风机)。

(3) 启动冷却水泵或打开冷却水阀门(有冷却系统的通风机)。

(4) 启动通风机。

启动通风机时还要注意观察电压表、电流表、功率表、测压计等仪表，发现异常需立即停机，以免造成重大事故。

(二) 停止

通风机的停止操作是启动操作的逆过程，其操作顺序如下：

(1) 停止通风机。

(2) 停润滑油泵(有润滑系统的通风机)。

(3) 停冷却水泵或关闭冷却水阀(有冷却系统的通风机)。

(4) 切断电源。

任务二　通风设备的运行与调节

由任务一的学习可知，矿井通风设备在煤矿生产中起着非常重要的作用，所以必须全天候地正常运转，并且要求能随矿井巷道的延伸、井下所需风量的变化及时调节。因此，必须先学习掌握通风机的性能曲线、通风网路的特性曲线及两者之间的关系以及两条曲线对通风机工作的影响，然后才能理解掌握通风机的正常运行和调节方法，以便今后在工作中正确地运用这些方法。

一、通风机的性能曲线与通风网路特性曲线

(一) 通风机的性能曲线

1. 通风机的个体性能曲线

微课资源

通风机的个体性能曲线是反映某一台风机在某一转速下，风量、风压、功率、

效率和转速等性能参数之间变化关系的曲线。它是生产厂家通过测试获得的。

(1) 轴流式通风机的个体性能曲线

轴流式通风机根据结构的不同,分为传统的轴流式通风机和对旋式轴流通风机;根据机壳内叶轮个数的不同,分为单级和两级通风机。对旋式轴流通风机均为两级通风机。

轴流式通风机的理论风压曲线是一条向下的直线,实际风压特性曲线呈马鞍形,如图 3-2-7 所示。图中 C 点的左侧是通风机的不稳定工作区,当通风机工作在此区域时,会发生喘振啸叫。因此,应避开在此区域工作。这就是为什么轴流式通风机要半开或全开风门启动的原因。

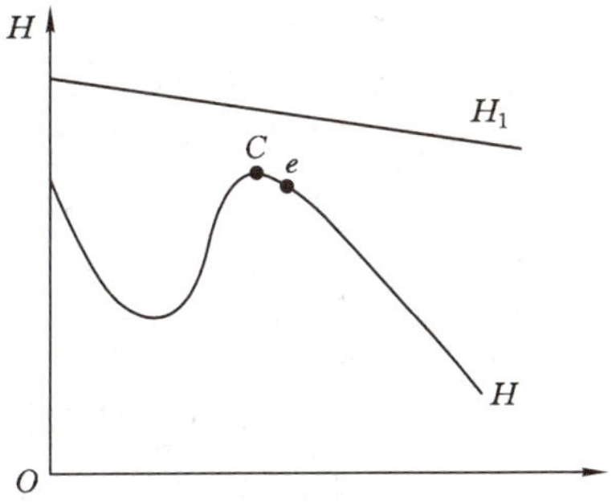

图 3-2-7　轴流式通风机的理论和实际风压特性曲线

为保证通风机高效稳定工作,通风机的工况点一般应位于图 3-2-7 中 e 点的右侧。

轴流式通风机的叶片安装角可在一定范围内调节。叶片安装角不同,通风机的性能也不同。

为满足不同用户的需要,生产厂家一般会提供通风机不同叶片安装角的个体性能曲线。图 3-2-8(a)、(b)所示分别为传统轴流式通风机和对旋式轴流通风机在某一转速下的个体性能曲线。

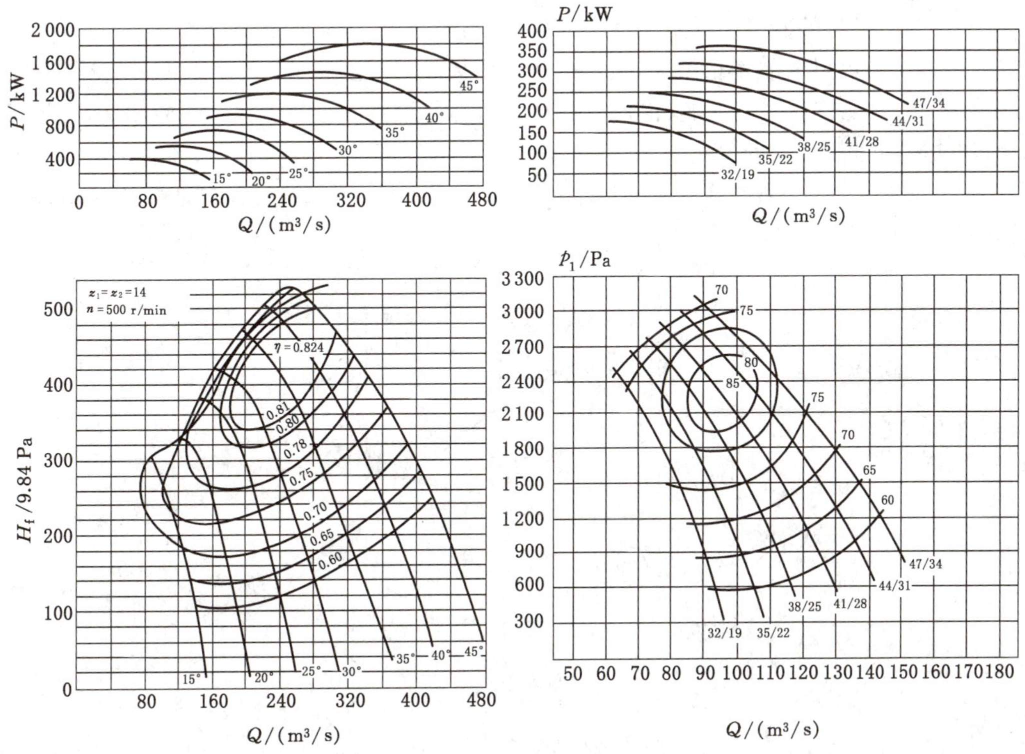

(a) 传统轴流式通风机　　(b) 对旋式轴流通风机

图 3-2-8　轴流式通风机的个体性能曲线

轴流式通风机的个体性能曲线分上、下两部分。曲线的上半部分是在某一转速下不同叶片安装角的功率曲线，反映了通风机的轴功率与风量之间的变化关系。从功率曲线看，随着风量的增加，轴功率是减小的，这也是轴流式通风机要半开或全开风门启动的又一原因。曲线的下半部分是轴流式通风机在某一转速下不同叶片安装角的风压曲线和等效率曲线。风压曲线反映了通风机静压与风量之间的变化关系。等效率曲线是指在同一条效率曲线上，每一点的效率均相等。若某工况点位于 70%和 75%两条等效率曲线之间，则该工况点的效率 $\eta \in (70\%, 75\%)$。

在读轴流式通风机的个体性能曲线时，必须首先核对通风机的实际转速与曲线图上标定的转速是否一致。若一致，再根据叶片的安装角在图上找对应的风压曲线和功率曲线。若转速不一致，则需按比例定律进行换算。

对旋式轴流通风机两个叶轮的叶片安装角是不同的。图 3-2-8(b)中风压曲线和功率曲线上所标的 32/19 表示一级叶轮的叶片安装角是 32°、二级叶轮的叶片安装角是 19°。

(2) 离心式通风机的个体性能曲线

与离心式水泵一样，离心式通风机的叶轮按叶片出口安装角 β_2 的不同，分为前弯叶轮($\beta_2 > 90°$)、径向叶轮($\beta_2 = 90°$)和后弯叶轮($\beta_2 < 90°$)三种。在实践中，常用后弯叶轮的通风机。

离心式通风机的个体性能曲线也是生产厂家在某一转速下通过测试得到的。图 3-2-9 所示为某一转速下离心式通风机的个体性能曲线。图中的风压曲线反映了通风机的全压与风量之间的变化关系：风量为零时，全压最大；随着风量的增加，通风机的全压将减小。效率曲线反映了通风机的效率与风量之间的变化关系：当风量为零时，通风机的效率为零；随着风量的增加，通风机的效率也增大；当风量为额定风量时，通风机的效率最大；风量再增大，效率则减小。因此，为使通风机在较高效率下工作，其风量不可过大。功率曲线反映了通风机的轴功率与风量之间的变化关系：当风量为零时，通风机的轴功率最小；随着风量的增加，功率也将增大。因此，离心式通风机应在风门关闭的情况下启动，这样启动电流最小，不易烧电机。

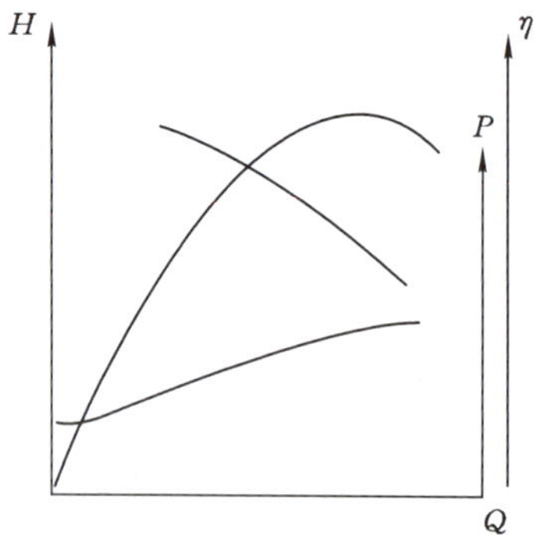

图 3-2-9　离心式通风机的个体性能曲线

若通风机的实际转速与厂家所提供曲线的转速不同，则应按比例定律进行换算。图 3-2-10 所示为 K4-72-11No.16B、No.20B 型离心式通风机在不同转速下的特性曲线。

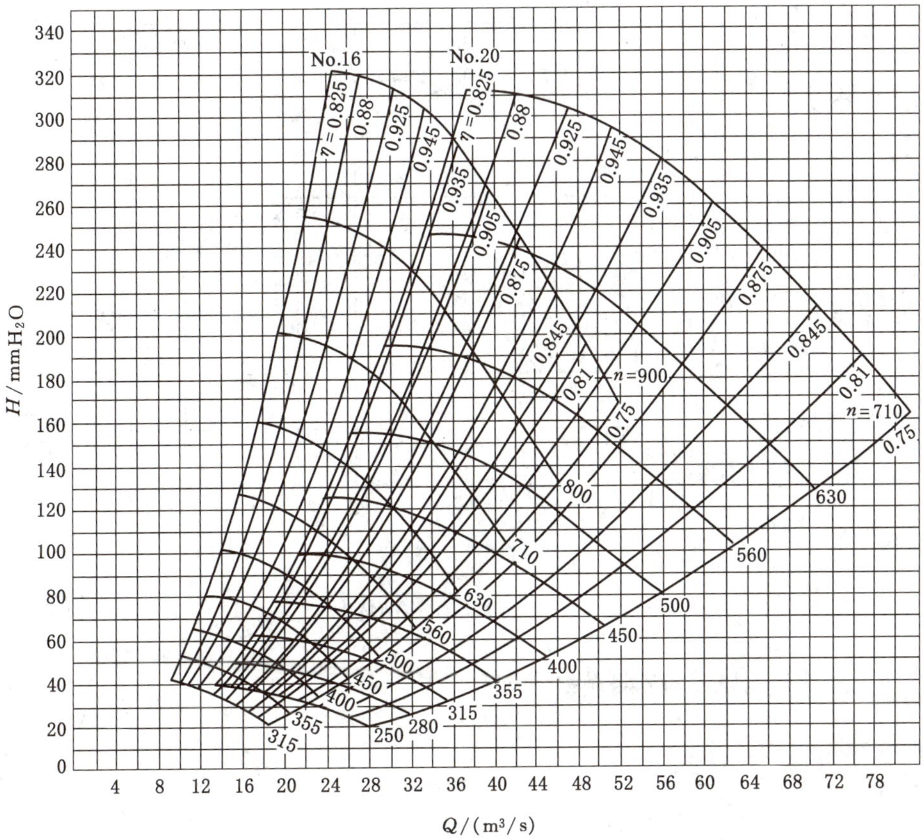

图 3-2-10　K4-72-11No.16B、No.20B 型离心式通风机在不同转速下的特性曲线

2. 通风机的类型特性曲线

凡满足相似条件的通风机，便称为同系列或同类型风机。同类型风机必有其共同特性，反映同类型风机共同特性的曲线称为类型特性曲线。它是以无量纲的风量系数为横坐标，以风压系数、功率系数、效率为纵坐标绘制出来的，故又称为无因次特性曲线，如图 3-2-11 所示。

类型特性曲线的作用有：

(1) 推算该类型通风机任意机号(包括新机号)的性能数据，而不需要再进行验证。

(2) 比较不同类型通风机的性能。

(3) 方便地选取最有利的通风机。

(4) 利用该曲线可以方便地算出通风机性能规格表以外的性能数据。

3. 类型特性曲线与个体性能曲线的换算

对于离心式通风机，厂家一般提供类型特性曲线，而在实际工作中常常需要了解通风机实际的风量、风压是多少。因此，需要将通风机的类型特性曲线换算为某一风机在某一转速的个体性能曲线。

(1) 类型系数

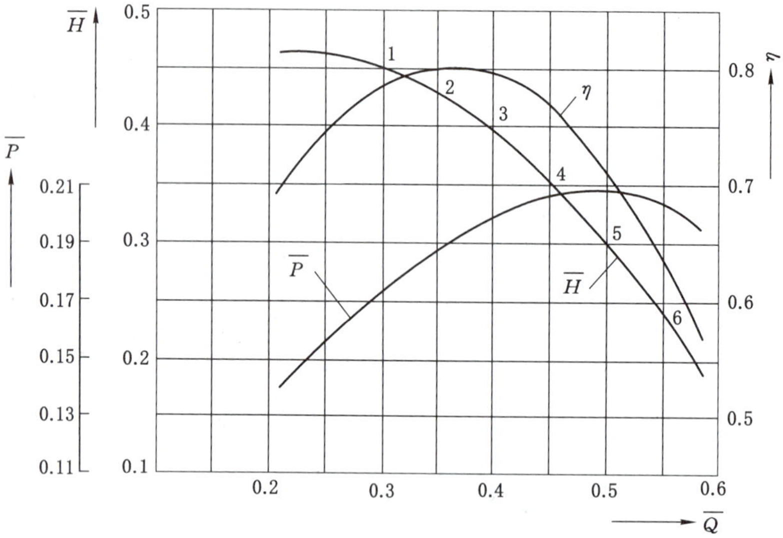

图 3-2-11 通风机的类型特性曲线

由通风机的相似原理知风量系数等的表达式,具体如下:

风量系数:
$$\bar{Q}=\frac{Q}{\frac{\pi}{4}D_2^2u_2} \tag{3-2-3}$$

由此得通风机的风量 Q:
$$Q=\frac{\pi}{4}D_2^2u_2\bar{Q} \tag{3-2-4}$$

风压系数:
$$\overline{H}=\frac{H}{\rho u_2^2} \tag{3-2-5}$$

由此得通风机的风压 H:
$$H=\rho u_2^2\overline{H} \tag{3-2-6}$$

功率系数:
$$\overline{P}=\frac{P}{\frac{\pi}{4}\rho D_2^2u_2^3}=\frac{\bar{Q}\overline{H}}{\eta} \tag{3-2-7}$$

由此得通风机的功率 P:
$$P=\frac{\pi}{4}\rho D_2^2u_2^3\overline{P} \tag{3-2-8}$$

式中 $\bar{Q}$、$\overline{H}$、$\overline{P}$——某一工况下的风量系数、风压系数和功率系数;

Q、H、P——某一工况下的风量、风压和功率;

D_2——通风机叶轮外径,m;

u_2——通风机叶轮的圆周速度,m/s;

ρ——空气密度,标准状况下 $\rho=1.2$ kg/m^3;

η——某一工况下的效率。

(2) 类型特性曲线与个体性能曲线的换算

图 3-2-11 所示为 K4-73-01No.25 型通风机的类型特性曲线。现求 K4-73-01No.25 型通

风机在 600 r/min 时的个体性能曲线。

在图 3-2-11 的风量系数曲线上选取若干个点(如取 6 个点),分别读出这 6 个点所对应的 $\bar{Q}$、$\bar{H}$、$\bar{P}$ 和 η 值,并将所读出的 6 组参数列于表 3-2-1。

微课资源

表 3-2-1　通风机的类型特性曲线

	1	2	3	4	5	6
$\bar{Q}$/(m/s)	0.3	0.35	0.4	0.45	0.5	0.55
$\bar{H}$/Pa	0.45	0.428	0.4	0.35	0.3	0.237
$\bar{P}$/kW	0.173	0.187	0.198	0.207	0.208	0.202
η	0.782	0.8	0.8	0.771	0.711	0.635

K4-73-01No.25 型通风机的叶轮外径 $D_2=2.5$ m,转速 $n=600$ r/min,则叶轮圆周速度 u_2 为:

$$u_2=\frac{n\pi D_2}{60}=\frac{600\times3.14\times2.5}{60}=78.5\ (\text{m/s})$$

将表 3-2-1 中各组数据和 $D_2=2.5$ m、$u_2=78.5$ m/s、$\rho=1.2$ kg/m^3 分别代入式(3-2-4)、式(3-2-6)和式(3-2-8),并将计算结果列于表 3-2-2 中。

表 3-2-2　换算的数据

	1	2	3	4	5	6
Q/(m/s)	115.54	134.80	154.06	173.31	192.57	211.83
H/Pa	3 327	3 165	2 958	2 588	2 218	1 753
P/kW	492.70	532.58	563.90	589.54	592.38	575.30
η	0.782	0.8	0.8	0.771	0.711	0.635

将表 3-2-2 中各组数据画于图 3-2-12 中,即得 K4-73-01No.25 型通风机在转速为 600 r/min 时的个体性能曲线。

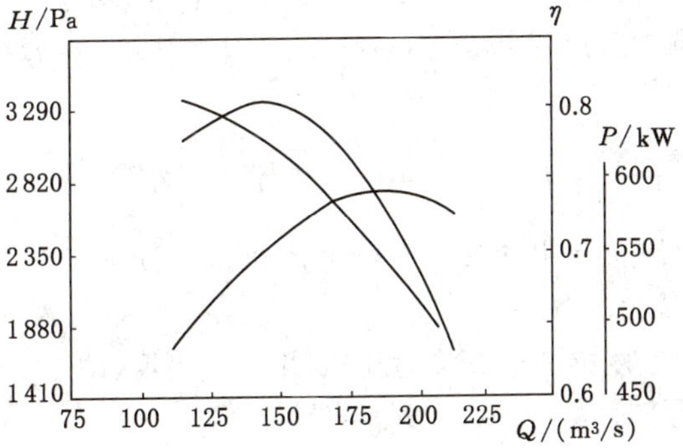

图 3-2-12　K4-73-01No.25 型通风机的个体特性曲线

(二) 通风网路特性曲线

每一台通风机都是和一定的通风网路连接在一起进行工作的。气流在网路中流动时，因克服网路中的各种阻力需要消耗能量，而通风机则是给空气提供能量补给的设备。因此，通风机的工作状态不仅决定于通风机本身，同时决定于网路的各种参数(如长度、截面等)，所以有必要对通风机在网路上的工作进行分析研究。

1. 通风机在网路上的工作分析

通风机在网路上工作的示意图如图 3-2-13 所示。根据伯努利方程可知，单位体积的气体在Ⅰ—Ⅰ和Ⅱ—Ⅱ断面上的能量关系为：

$$p_a = p_2 + \rho \times \frac{v_2^2}{2} + h \quad (3\text{-}2\text{-}9)$$

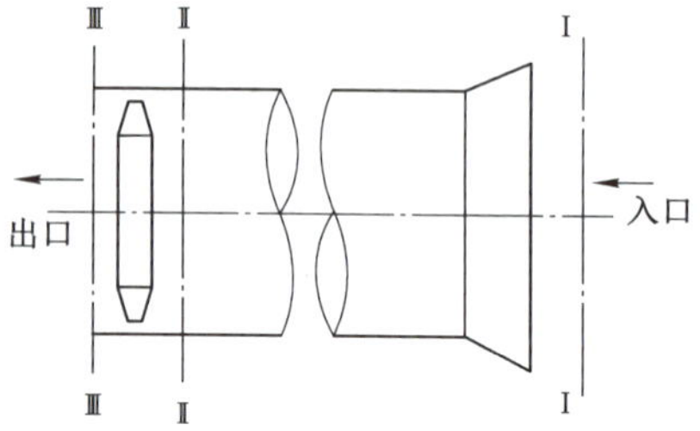

图 3-2-13 通风机在网路上工作的示意图

单位体积的气体在Ⅱ—Ⅱ和Ⅲ—Ⅲ断面上的能量关系为：

$$p_2 + \rho \times \frac{v_2^2}{2} + H = p_a + \rho \times \frac{v_3^2}{2} \quad (3\text{-}2\text{-}10)$$

联立式(3-2-9)和式(3-2-10)可得：

$$H = (p_a + \rho \times \frac{v_3^2}{2}) - (p_a - h) = \rho \times \frac{v_3^2}{2} + h \quad (3\text{-}2\text{-}11)$$

式中 H——通风机产生的风压，Pa；

h——通风网路阻力，N。

由式(3-2-11)可以看出：通风机产生的风压 H，一部分用于克服网路阻力 h，另一部分则消耗在空气排入大气时的速度能 $\rho v_3^2/2$ 的损失上。通常，将通风机产生的全部风压 H 称为全压，用于克服网路阻力的有益风压称为静压，用 H_j 表示，即 $H_j = h$。

由式(3-2-9)可知：

$$H_j = h = (p_a - p_2) - \rho \times \frac{v_2^2}{2} \quad (3\text{-}2\text{-}12)$$

式(3-2-12)表明通风机产生的静压等于通风机入口断面的负压($p_a - p_2$)与该断面的速度能 $\rho v_3^2/2$ 之差。

通风机出口断面的速度能 $\rho v_3^2/2$ 称为动压，用 H_d 表示，即：

$$H_d = \rho v_3^2/2$$

于是有：

$$H = H_j + H_d = h \times \rho \times \frac{v_3^2}{2} \quad (3\text{-}2\text{-}13)$$

上述两式表明，通风机产生的全压包括静压和动压两部分，静压所占比例越大，这台通风机克服网路阻力的能力也就越大。因此，在设计和使用通风机时，应努力提高通风机产生静压的能力。同时，应尽量减少动压，即降低出口速度 v_3。

若用静压 H_j 代替效率公式(3-2-2)中的全压 H，所得的效率称为通风机的静压效率 η_j：

$$\eta_j = \frac{P_x}{P} = \frac{QH_j}{1\ 000P} \tag{3-2-14}$$

2. 网路特性曲线和等积孔

(1) 网路特性曲线

由式(3-2-13)可以看出：通风机产生的风压 H，一部分用于克服网路阻力 h，另一部分则消耗在空气排入大气时的速度能 $\rho v_3^2/2$ 的损失上，而网路阻力 h 又包括沿程阻力和局部阻力。由通风网路总阻力计算公式得网路阻力 h：

$$h = h_f + h_j = R_f Q^2 + R_{jb} Q^2 = R_j Q^2 \tag{3-2-15}$$

式中　R_f——巷道摩擦风阻；

R_{jb}——网路局部风阻；

R_j——网路静阻力损失常数，$N \cdot s^2/m^8$。

空气排入大气时的速度能 $\rho v_3^2/2$ 损失又可表示为：

$$\rho \times \frac{v_3^2}{2} = \rho \times \frac{Q^2}{2S_3^2} \tag{3-2-16}$$

将式(3-2-15)、式(3-2-16)代入式(3-2-13)得：

$$H = (R_j + \frac{\rho}{2S_3^2}) \times Q^2 = RQ^2 \tag{3-2-17}$$

式中　R——网路总阻力损失常数，$N \cdot s^2/m^8$。

式(3-2-15)和式(3-2-17)分别为通风网路的静阻力特性方程和总阻力特性方程。将它们画在以 Q 为横坐标、H 为纵坐标的坐标系中，即得通风网路的静阻力特性曲线和总阻力特性曲线，如图 3-2-14 所示。

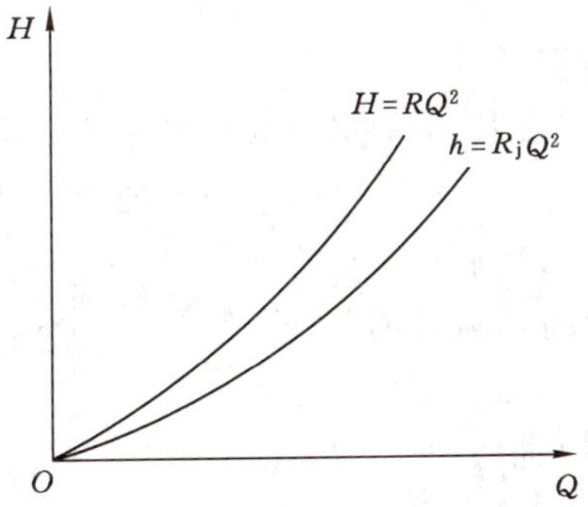

图 3-2-14　通风网路特性曲线

(2) 等积孔

在研究通风网路的阻力时，为了在概念上更形象化，有时采用网路等积孔来代替网路风阻。所谓等积孔，就是设想在薄壁上开一面积为 A_c 的理想孔口，流过该孔口的流量等于网路的风量，孔口两侧的压差等于网路的阻力。

由流体力学可知，流过薄壁孔口的流量为：

$$Q=\mu A_c\sqrt{\frac{2h}{\rho}} \tag{3-2-18}$$

式中 Q——流过薄壁孔口的流量，m^3/s；

μ——流量系数，一般取 0.65；

A_c——孔口面积，mm^2；

h——孔口两侧的压差，Pa；

ρ——通过孔口的介质密度，kg/m^3。

将 μ 值和标准状况下的空气密度值 $\rho=1.2\ kg/m^3$ 代入上式，并令 Q 和 h 分别为网路的风量和阻力，即可解得该网路的等积孔面积为：

$$A_c=\frac{1.19Q}{\sqrt{h}} \tag{3-2-19}$$

或

$$h=\frac{1.42Q^2}{A_c^2} \tag{3-2-20}$$

显然，式(3-2-20)中的 $1.42Q^2/A_c^2$ 相当于式(3-2-15)中的网路静阻力损失常数 R_j。当网路风量一定时，等积孔面积越大，网路阻力越小，则通风越容易；反之，等积孔面积越小，网路阻力越大，则通风越困难。可见，利用等积孔的概念来判断和比较矿井通风网路阻力的大小及通风的难易程度简便易行，为矿井常用方法。

(三) 通风机的工况点与正常工作条件

1. 通风机的工况点

如前所述，每一台通风机都是和一定的网路连接在一起进行工作的。此时通风机所产生的风量就是网路中流过的风量，通风机所产生的风压就是网路所需要的风压。所以，将通风机的风压特性曲线与网路特性曲线按同一比例尺画在同一坐标图上所得的交点 M，即为通风机的工况点。工况点 M 所对应的各项参数，称为工况参数，分别以 Q_M、H_M、P_M、η_M 和 n_M 表示。

(1) 离心式通风机的工况点

通常，在离心式通风机的产品说明书中，只会给出全压特性曲线，因此在确定工况点时，应按式(3-2-17)画出网路的总阻力特性曲线，与风机的全压特性曲线相交，此时得到的工况点称为全压工况，以 M 表示；从通风机的全压特性曲线中扣除动压，可获得通风机的静压特性曲线，然后按式(3-2-15)画出网路的静阻力特性曲线，与风机的静压特性曲线相交，此时得到的工况点称为静压工况，以 M_j 表示。如图 3-2-15 所示，全压工况点和静压工况点流量相等，M 的位置略高于 M_j。

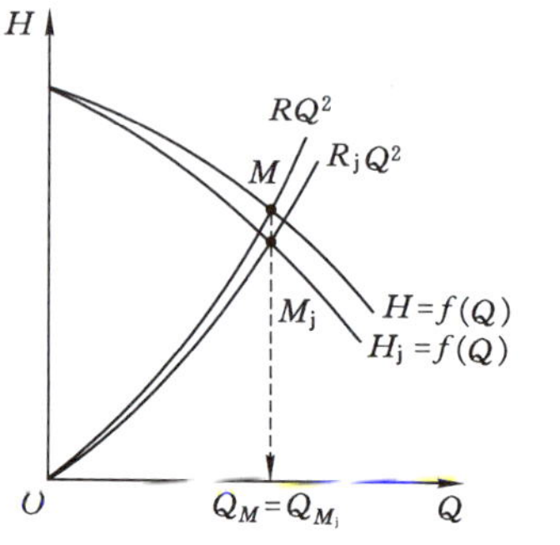

图 3-2-15 离心式通风机的工况点

(2) 轴流式通风机的工况点

对于轴流式通风机，厂家提供的曲线是静

压特性曲线，因此网路特性亦应采用静阻力特性曲线直接获得静压工况点 M_j。

2. 通风机的正常工作条件

(1) 稳定工作条件

微课资源

如前所述，轴流式通风机的特性曲线呈马鞍形，某些离心式通风机的特性曲线也有折断部分。因此，当通风机的工况点进入风压曲线最高点左侧下凹部分或折断部分时，其风量、风压和功率等性能参数会出现振荡，忽高忽低、忽大忽小，引起机器的振动，噪声也急剧增加，使通风机不能正常工作甚至毁坏，这种现象称为不稳定现象。

为保证通风机稳定工作，工况点应始终位于风压曲线最高点右侧。但电网电压是有波动的。当电网电压下降时，会使电机转速下降，引起通风机转速下降。根据比例定律，通风机转速下降会使通风机的风压曲线近似向左下方平移，这样会出现多工况或无工况的情形，即出现不稳定现象。此外，网路阻力增大也会使工况左移到风压曲线最高点左侧的不稳定区。因此，为保证通风机稳定工作且留有安全余量，通风机的工况风压不得大于最大静压的90%，且应保证只有单一工况（不允许出现多工况点），即通风机稳定工作条件为：

$$H_{Mj} \leqslant 0.9H_{Mjmax} \text{ 且只有单一工况} \tag{3-2-21}$$

(2) 经济工作条件

通风设备运行的经济性一般用百万立方米帕电耗 $W_{10^6\ m^3\cdot Pa}$ 评价。对于离心式通风机，其百万立方米帕电耗 $W_{10^6\ m^3\cdot Pa}$ 应低于 0.41 kW·h/(10^6 m^3·Pa)；对于轴流式通风机，其百万立方米帕电耗 $W_{10^6\ m^3\cdot Pa}$ 应低于 0.44 kW·h/(10^6 m^3·Pa)。

所谓百万立方米帕电耗，即通风机克服 1 Pa 阻力输送 10^6 m^3 气体所消耗的能量。

若通风机工况参数为 Q_M、H_M 和 η_M，风机与电机间的传动效率为 η_c，电机的效率为 η_d，电网效率为 η_w，则年通风的电耗为：

$$W = \frac{Q_M H_M}{1\,000\eta_M\eta_c\eta_d\eta_w} \times 24 \times 365 \tag{3-2-22}$$

年通风量为：

$$V = \frac{Q_M}{10^6} \times 3\,600 \times 24 \times 365 \tag{3-2-23}$$

用年耗电量 W 除以年通风量 V 和风压 H_M，即得通风设备的百万立方米帕电耗 W_{10^6} m^3·Pa：

$$W_{10^6\ m^3\cdot Pa} = \frac{W}{VH_M} = \frac{1}{3.6\eta_M\eta_c\eta_d\eta_w} \leqslant \begin{cases}0.41\\0.44\end{cases} \tag{3-2-24}$$

二、通风机的运行与调节

(一) 通风机的运行

通风机在正常运行过程中，主要靠监视通风机的电流表、电压表、功率表、测压计等仪表的指示来监视通风机的负荷及运行状况。其次要经常检查通风机的振动、轴承温度、润滑及冷却系统的运行状况，并按规定做好记录。

在正常运行过程中，每隔 10～20 min 检查一次电机和通风机的轴承温度、电机和励磁机的温度以及 U 形压差计、电流表、功率因数表的读数。如遇下列情况应立即停机：

微课资源

(1) 发现通风机有强烈振动和噪声（通风机允许的振幅值见表 3-2-3）。

(2) 滑动轴承温度超过 70 ℃，滚动轴承温度超过 80 ℃，或轴承冒烟。

(3) 冷却水中断。

(4) 电机冒烟。

表 3-2-3 通风机允许的振幅值

转子转速/(r/min)	≤500	>500～750	>750～1 000	>1 000～1 500	>1 500～3 000
正常振幅/mm	≤0.20	≤0.14	≤0.10	≤0.08	≤0.05

(二) 通风机的调节

随着矿井开采的进行，网路阻力将不断增加，但所需风量在各个时期或要求保持不变，或要求有所增加。因此，通风机的工况点必须根据实际需要和稳定、经济条件进行必要的调节。调节通风机工况点的途径有两条：一是改变网路特性曲线；二是改变通风机特性曲线。

1. 改变网路特性曲线

在通风机吸风道上都装有调节闸门，用适当改变闸门开度大小的方法来改变网路阻力，以达到调节风量、风压的目的。这种方法称为闸门节流调节法。

如图 3-2-16 所示，开采初期和末期的网路特性曲线分别用 1 和 2 表示。在开采初期，如不进行调整，通风机将在工况点 M_1 工作，送入井下的风量 Q_1 比矿井所需的风量 Q_2 大得多。这不仅多消耗功率(P_1-P_2)，浪费能量，还会因风量过大而导致煤尘飞扬，给矿工的身体健康和矿井安全生产带来隐患。为此，可先将调节闸门适当关小，使网路特性曲线由 1 变为 2，通风机在工况点 M_2 工作。随着巷道的延伸，网路阻力将不断增加，再将闸门逐渐开大，使网路特性曲线始终对应于曲线 2，以保持通风机的供风量等于矿井所需的风量 Q_2。

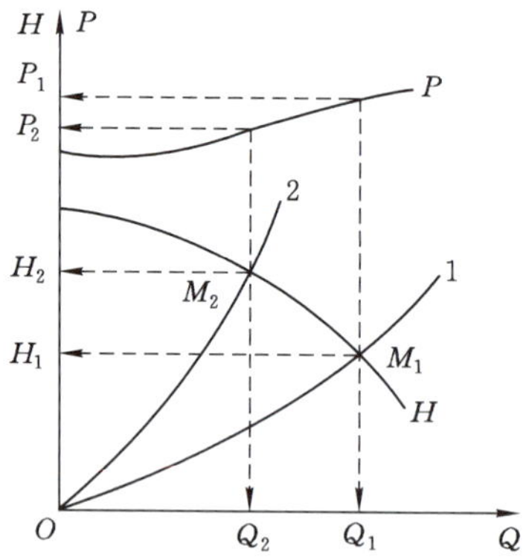

图 3-2-16 闸门节流调节法

这种调节方法设备简单，调节方便，但从图中可看出：$H_2>H_1$，即调节后的风压大于调节前的风压，$\Delta H=H_2(H_1>0)$，ΔH 是人为增加的闸门阻力，由此引起的 $\Delta P=\Delta HQ_1$ 是无用的能量损失，所以这是一种不经济的调节方法，只能作为一种暂时的应急方法使用。

2. 改变通风机的特性曲线

(1) 改变叶轮转速调节法

由比例定律可知，当通风机的转速变化时，其特性曲线将相应地上、下移动。如图 3-2-17

所示，曲线1、2、3、4分别为开采初期、中期和末期的网路特性曲线。在矿井开采初期，网路特性曲线为1，通风机若以最大转速 n_{max} 运转，所产生的风量 Q_1 将大大超过矿井所需的风量 Q_2。为了避免浪费，通风机先以最小转速 n_{min} 运行，此时通风机特性曲线为5，工况点为Ⅰ，风量为 Q_2。随着时间的推移，网路阻力逐渐增大，网路特性曲线变为2，工况点将左移变为Ⅱ，风量将减小。为了不使风量减小，必须将通风机的转速由 n_{min} 增加到 n_1，使通风机特性曲线由5变为6，工况点由Ⅱ变为Ⅲ，以保证风量为 Q_2。随着时间的继续推移，网路阻力继续增大，网路特性曲线变为3、4，依次调节通风机转速为 n_2、n_{max}，使工况点由Ⅲ→Ⅳ→Ⅴ→Ⅵ→Ⅶ，始终保持风量为 Q_2。

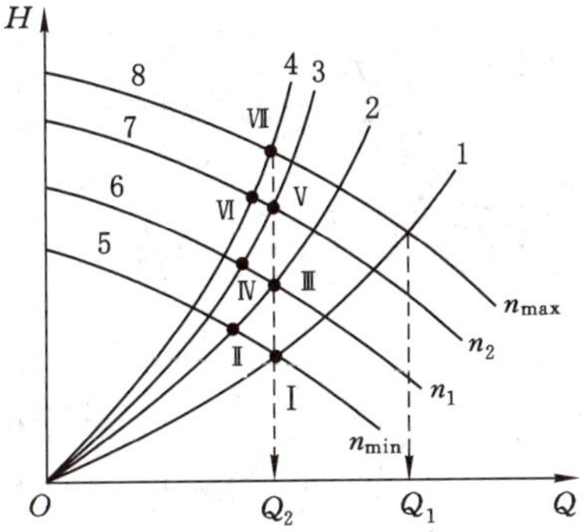

图 3-2-17　改变叶轮转速调节法

改变通风机转速的方法有以下几种：

① 用三角带传动的通风机，可更换不同直径的带轮来改变通风机的转速。这种方法简单易行，但只有部分小功率的离心式通风机才使用三角带传动。

② 更换不同转速的电机或采用多速电机来改变通风机的转速。这种方法适用于轴流式通风机和直联的离心式通风机，但应注意叶轮的圆周速度不能大于允许值。

③ 采用绕线式异步电机的通风机，用可控硅串级调速的方法来改变通风机转速。这种调速方法的实质是在电机转子回路上外加一个与转子电势反相的附加电势，得到低于同步转速的串级调节转速实现调速的。这种方法把转差功率大部分反馈到电网，因而可以节约电能。其缺点是功率因数较低，调速范围不宜过大，使用维护技术也比较复杂。此法在国内早已应用，但未得到推广。

④ 采用液力偶合器传动，以改变通风机转速。这种方法的特点是因液力传动具有一套比较复杂的油、水系统，增加了运行维护工作量；随着转差率的增大，转差率损耗也增大。此法目前在国内应用不多。

⑤ 采用变频调速的方法来改变通风机转速。即根据井下风量风压的变化，利用变频器自动改变电源频率，从而达到调速的目的。这种方法具有系统效率高，调速精度高、范围广，易操作等优点，是一种理想的调速方法。目前已在通风机调速中得到广泛使用。

(2) 前导器调节法

前导器是由安装在叶轮前面，本身不随叶轮旋转但角度可调的若干叶片组成。其作用是改变气流进入通风机叶轮的方向，从而改变通风机的性能。

离心式通风机的前导器，是由若干均布在风机进风管中的扇形叶片组成的，每个叶片可以同时绕自身轴旋转，旋转的方向和角度由装在外壳上的操作手柄控制。这样就可以在不停机的情况下进行调节。

图 3-2-18 所示为离心式通风机的前导器具有不同叶片角时的特性。由图可知，前导器叶片角为负值(朝叶轮旋转方向转动)时，经过它的气流朝叶轮旋转方向旋转，此时风压将降低，负的角度越大，风压则越低；反之，当前导器叶片角度为正值(逆叶轮旋转方向转动)时，经过它的气流朝相反的方向旋转，此时风压上升。

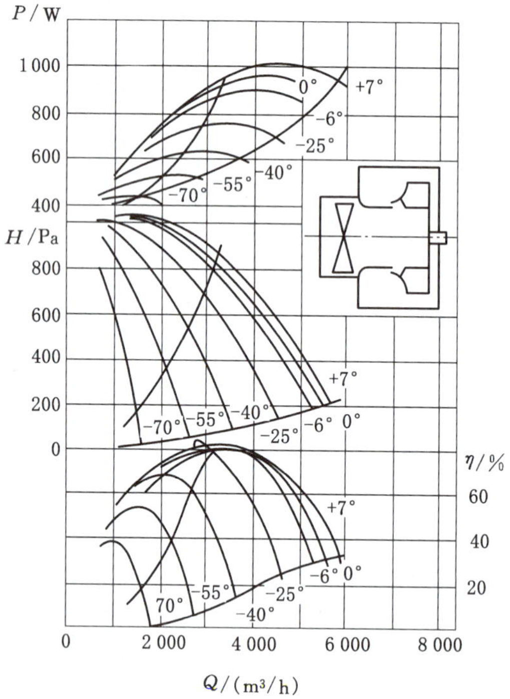

图 3-2-18　利用前导器调节离心式通风机特性

为此，在开采初期，因巷道短、风阻小、需要的风压小，可将前导器调为较大的负叶片角；随着开采的进行，巷道长了、风阻大了，再将前导器调为较小的负叶片角，甚至叶片角为零或为正。

装有前导器的两级轴流式通风机如图 3-2-19 所示。前导器不随叶轮转动，它的叶片可制成弧形或机翼形，每个叶片可以同时调节到需要的角度。前导器叶片有两种可调形式：一种是轴向的，如图 3-2-20(a)所示，可以左、右偏转，产生反转向或顺转向旋绕；另一种是只能单向偏转的，如图 3-2-20(b)、(c)所示。

前导器角度不同，风压特性也不同，如图 3-2-21 所示。

用前导器调节工况时，通风机效率略有降低。它的经济性不及改变叶轮转速调节法，但优于闸门节流调节法。这种调节方法结构简单、操作方便、使用可靠，因此作为辅助调节措施在通风机调节中得到广泛应用。

(3) 改变叶轮叶片安装角度调节法

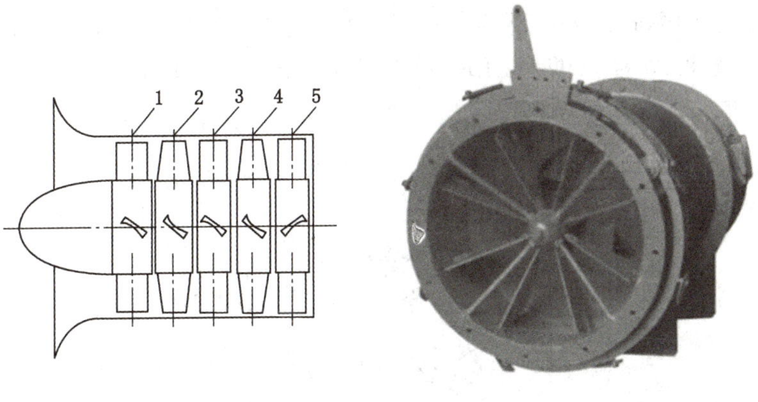

1—前导器；2—第一级叶轮；3—中导叶轮；4—第二级叶轮；5—后导叶轮。

图 3-2-19　带前导器的两级轴流式通风机示意图

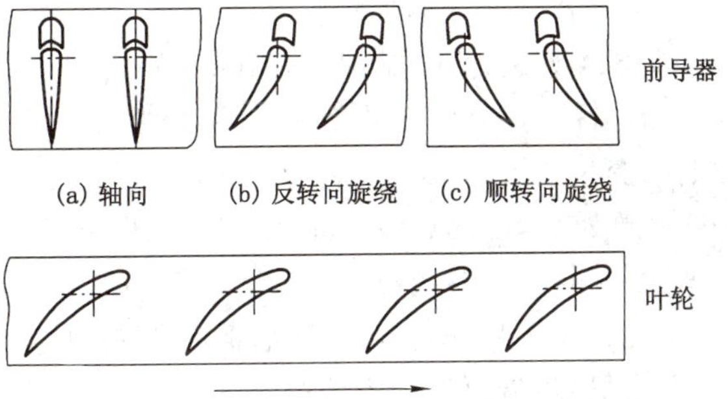

图 3-2-20　各种形式的前导器

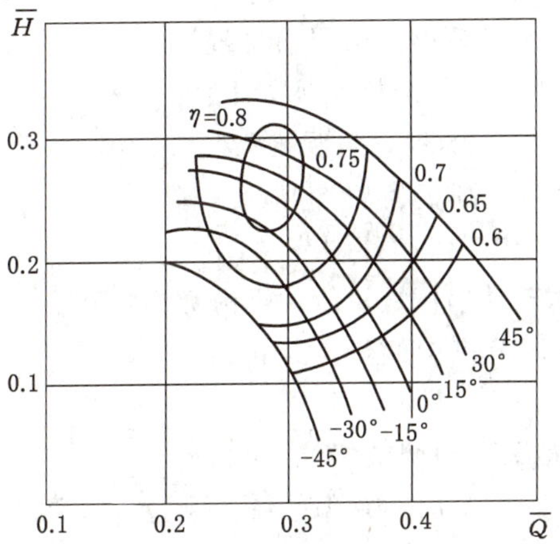

图 3-2-21　前导器各种角度时的轴流式通风机特性

对于轴流式通风机，叶片在轮毂上的安装角是可调的。当改变叶轮叶片安装角度时，气流出口速度的方向、大小都将发生变化，从而改变通风机的风压与风量。在一定范围内，叶片安装角越大，通风机产生的风压也越高；反之，风压越低。因此，可以通过改变叶轮叶片安装角度来改变通风机的特性，以达到调节工况的目的，其调节过程如图 3-2-22 所示。

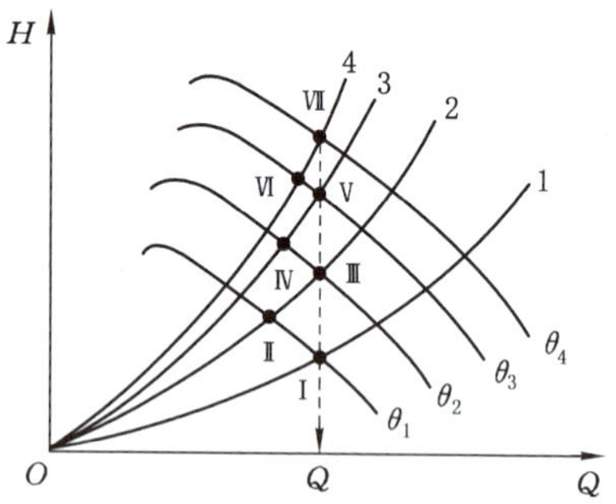

图 3-2-22　改变叶轮叶片安装角度调节法

图 3-2-22 中曲线 1、2、3、4 分别为开采初期、中期和末期的网路特性曲线。在矿井开采初期，叶片可在安装角 θ_1 的位置工作，其工况点为Ⅰ，风量为 Q。随着开采的进行，网路阻力逐渐增大，网路特性曲线变为 2，工况点将左移变为Ⅱ，风量将减小。为了不使风量减小，可将叶片的安装角由 θ_1 调整为 θ_2，工况点将由Ⅱ变为Ⅲ，以保持风量为 Q。随着开采的继续进行，网路阻力继续增大，网路特性曲线由 2 变为 3、4，则依次调节叶片的安装角由 θ_2 调整为 θ_3、θ_4，工况点将由Ⅲ变为Ⅳ→Ⅴ→Ⅵ，最后移至Ⅶ，以保持风量为 Q。

改变叶片安装角的方法很多，最原始的方法是在停止风机的情况下，用人工一片一片地完成各叶片的调节工作。此种调节方法存在的问题是：难以保证所有叶片都调到相同的角度，且费时。

图 3-2-23 所示为一种可以在停止通风机情况下同时调节各叶片安装角的机构。其结构原理如下：在叶片 1 的叶柄 2 上装有圆锥齿轮 3，它与圆锥齿轮 4 啮合。后者装有圆柱齿轮 5 与圆柱齿轮 6 啮合。圆柱齿轮 6 靠蜗杆蜗轮传动机构 7 传动。调节时，由机壳上的窗孔伸入操作手柄，转动蜗杆蜗轮传动机构 7，使各叶片同时转动。这种调节机构的优点是可以保证各叶片角度相同。

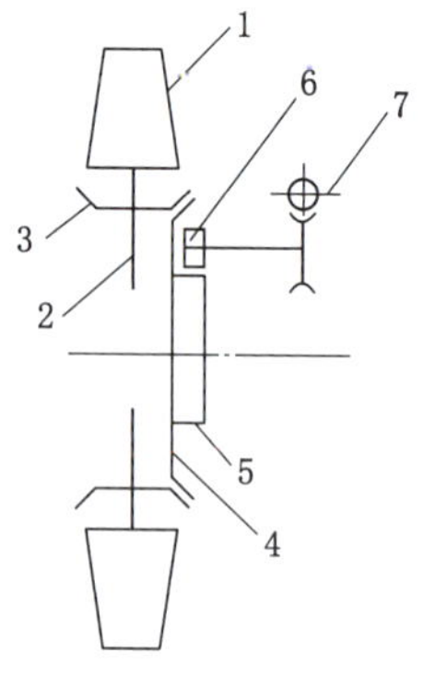

1—叶片；2—叶柄；3、4—圆锥齿轮；5、6—圆柱齿轮；7—蜗杆蜗轮传动机构。

图 3-2-23　同时转动各叶片角度的机构

除此之外，还有一种液压自动调节机构，可以在风机运转过程中实现高精度的自动调节，但系统复杂、投资高，在大型发电机组的通风机中应用较多。

(4) 改变叶片数目调节法

轴流式通风机可以将其叶轮上的叶片对称地取下来对其特性进行调节。根据风机工作理论可知，相同的叶轮，叶片数目不一样时，叶片之间的距离不等，通过叶片间的气流状态会发生变化，受力情况将产生相应的改变，表现出不同的特性。

图 3-2-24 所示为某两级叶轮风机的风机特性曲线。原两级叶轮各装有 14 支叶片，其特性如图中实线所示。若对称地取掉一半，则各级叶轮均保留 7 支叶片，此时的特性如图中点画线所示。通过对比可以看出：当安装角较大时，特性曲线有明显变化，随着安装角的减小，叶片数目的变化对通风机特性曲线的影响逐渐减弱。若保持首级叶轮不动，只减少次级叶轮叶片，其安装角为 45°时的风压特性如图中虚线所示，它介于全叶片特性曲线和半数叶片特性曲线之间。减少叶片数目后，风机效率有所下降，但不明显。

(5) 各种调节方法比较

改变前导器叶片角度调节的机构比较简单，可以在不停止风机的情况下完成操作，通常只能达到有级调节的目的，在网路特性不变的情况下调节时，效率有所变化。由于调节范围比较窄，较为适宜作为其他有级调节的补充。

有级变速调节的机构简单，调节范围较宽，但必须在停机时操作。在网路特性不变的情况下调节时，效率不变。若配合其他可以在不停机时完成操作的调节机构，可弥补各级之间的调节空当，增加可调密度。图 3-2-25 所示为有级调速配合前导器联合调节时的特性。由图可以看出，$n=600$ r/min 时，用前导器调节可填补它与 $n=575$ r/min 之间的空当。

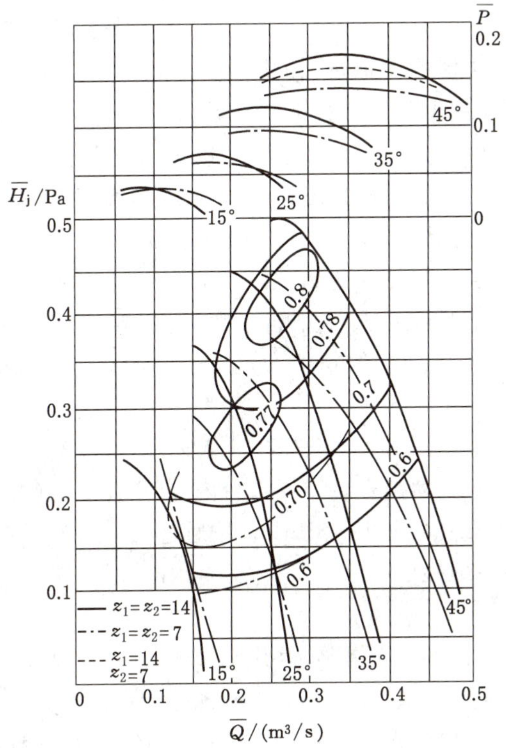

图 3-2-24　改变轴流式通风机叶片数目调节特性

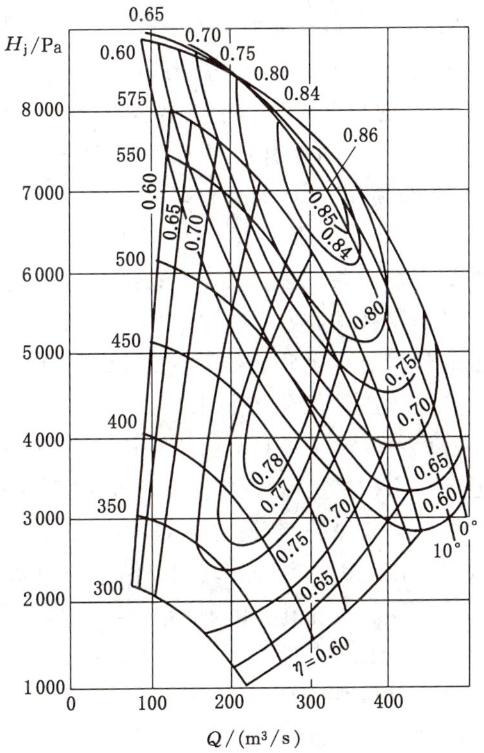

图 3-2-25　有级调速与前导器联合调节离心式通风机的特性

无级变速调节的当前措施是采用变频调速系统，可以在不停机的情况下完成调节工作，网路正常情况下效率不变。调节范围较宽，在可调范围内可以得到覆盖全部范围的特性曲线，是一种较为理想的调节方式。

停机调节叶片安装角的机构简单，理论上可以实现无级调节，但由于必须停机操作，实际上只能做到有级调节，调节范围较宽，调节中效率有所变化。这种调节方法是矿井轴流式通风机普遍采用的方法。

动叶调节安装角的调节机构比较复杂，可在不停机的情况下完成操作并实现无级调节，调节范围广，而且可以得到覆盖全调节范围的特性，调节时效率有所变化。采用这种机构便于实现自动化。

（三）矿井主通风机集中控制

随着PLC和变频技术的快速发展，PLC和变频器已经广泛应用于各种自动化控制领域。PLC在矿井通风机上的应用，主要使用的是PLC的逻辑控制、过程控制、模拟量控制、数据处理和通信联网的功能。使用PLC的逻辑控制可以实现井下多台通风机的顺序替换，风机变频和工频的切换以及风机有故障时的调换等；使用PLC的过程控制可以实现对风机风量、风压等的PID调节，使工作面上的瓦斯浓度稳定在《煤矿安全规程》规定的安全范围内；使用PLC的模拟量控制可以把风机运行时的压力、流量、温度以及瓦斯浓度等模拟量信号采集到A/D转换模块，然后转换成PLC可以处理的数字量，这些数字量可以在PLC内部进行逻辑比较或数据运算，也可以根据一定的控制算法或拟合关系对数字量进行运算处理，并把处理的结果经过D/A转换成模拟量，输出控制外部智能设备；使用PLC的数据处理功能主要是在控制过程中对一些设定参数进行转换、传送、比较、运算等处理，实现对矿井通风机某些参数的实时监控、修改以及与各种外部设备之间的通信等功能；使用PLC的通信联网功能，可以使用不同的协议如PPI协议、MPI协议、PROFIBUS协议、自用通信协议及USS协议实现PLC与计算机、PLC与PLC以及PLC与各种外部智能设备如变频器、智能仪表等的通信连接。在矿井通风系统中，利用PLC和人工神经网络技术，或者把PROFBUS-DP现场总线和以太网技术结合使用，可以对矿井通风机的运行进行远程在线监控，形成“集中管理、分散控制”的功能布局，大大提高煤矿通风系统的人工智能化控制水平。

以芦岭煤矿矿井主通风机控制为例，其系统采用西门子MP377-19″触摸屏一台，安装于通风机房控制室操作台上；PLC采用西门子S7-300一台，安装于操作台内；高压控制柜内设置智能综合保护器，通过PROFIBUS总线与PLC主机通信；PLC总站通过工业以太网将数据上传至矿调度网。其网络结构框图如图3-2-26所示。

该控制系统具有以下特点：

(1) 该系统送电时间短，且具有“五防”保护，避免了误操作而引起的电气事故，提高了供电的可靠性、安全性。

(2) 启动(停止)通风机方便、迅捷。在突发掉电情况下，恢复风机工作用时大大缩短，正常时间在5 min以内，给矿井通风安全提供更可靠的保证。

(3) 智能故障诊断功能为排除故障提供了极大方便，大幅度缩短排查时间，为及时恢复风机运行赢得时间。

(4) 实时数据动态显示功能，为司机及时了解各种设备参数提供了便利，有利于风机的

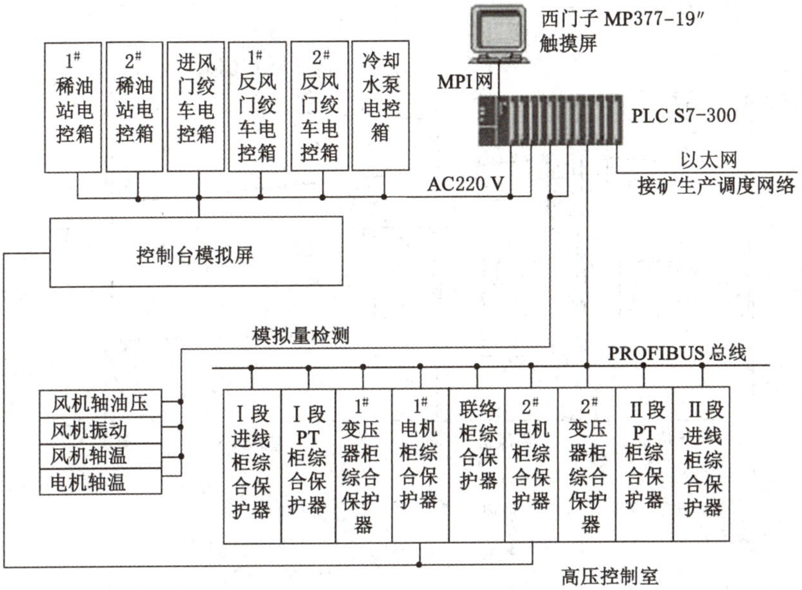

图 3-2-26　网络结构框图

安全、可靠运行。

(5) 该系统人机交互界面简单，操作维护方便。

任务三　通风设备的维护与故障处理

为了使通风设备能够稳定、高效地工作，就要学习掌握离心式通风机和轴流式通风机的结构，按规定对其进行日常的维护保养，以减少故障的发生。当设备出现故障时，能够运用所学知识正确地分析故障的原因，找到解决处理的方法，迅速进行修复，尽量减少对生产造成的影响和损失，这就是本任务要达到的目的。

一、通风机的构造及工作原理

微课资源

(一) 轴流式通风机的构造

1. 轴流式通风机的主要结构

如图 3-2-27 所示，轴流式通风机主要零部件有叶轮 3 和 4、机壳 5、集流器 1（集风器）、疏流罩 2(流线体)、扩散器 6 和 7、支架 8、传动部分等。

(1) 叶轮

叶轮是对流体做功以提高流体能量的关键部件。主要由叶片和轮毂组成，叶片多为机翼形扭曲叶片，如图 3-2-28 所示。叶轮外径、轮毂比（即轮毂直径与叶轮外径之比）、叶片数、叶轮结构和叶片叶形对风机性能有着重要影响，各主要参数均通过试验确定。对于矿井主通风机的叶轮，一般要求风机反转时，反风量大于正常风量的 40%。

(2) 导叶

根据叶轮与导叶的相对位置，在第一级叶轮前的导叶叫前导叶，最后一级叶轮后的导叶叫后导叶，两级叶轮间的导叶叫中导叶。导叶的作用是确定流体通过叶轮前或后的流动方

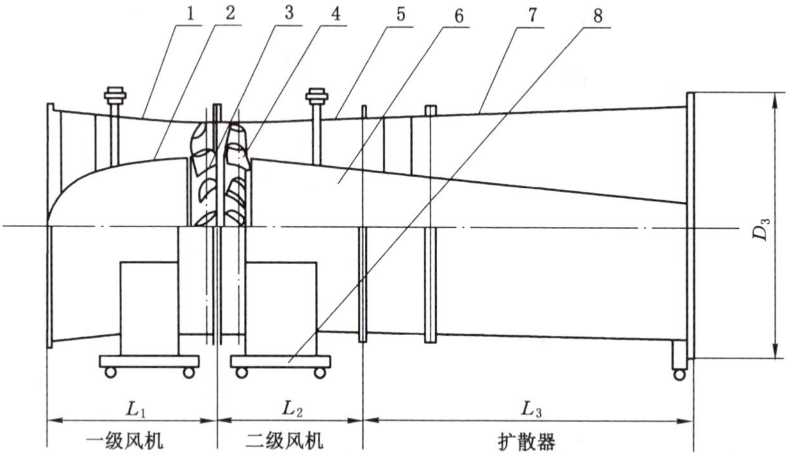

1—集流器;2—疏流罩;3,4—叶轮;5—机壳;6—扩散器内锥筒;7—扩散器外锥筒;8—支架。

图 3-2-27 轴流式通风机结构

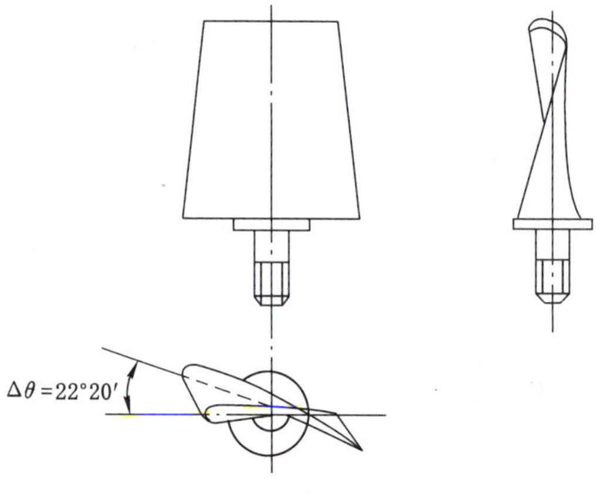

图 3-2-28 机翼形扭曲叶片

向,减少气流流动的能量损失。后导叶还有将叶轮出口旋绕速度的动压转换成静压的作用。前导叶若为可调的,还可以改变风机的工况点。为避免气流通过时产生同期扰动引起强烈噪声,导叶叶片数和动叶叶片数应互为质数。导叶叶形有机翼形和等厚度圆弧板形。导叶高度与动叶要相适应,安装在风机的外壳上。导叶与动叶的布置如图 3-2-29 所示。

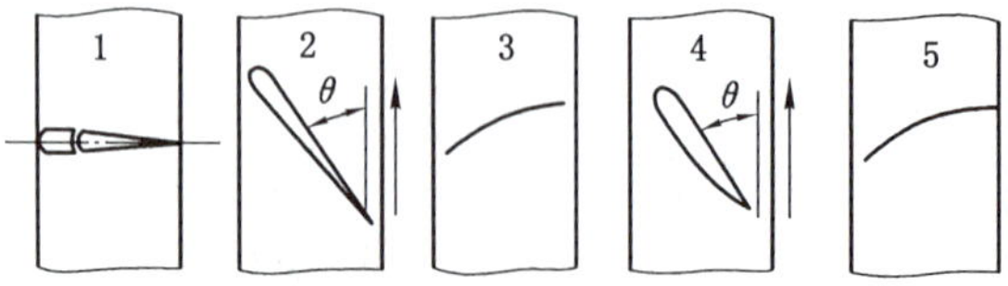

1—前导叶;2,4—动叶叶片;3—中导叶;5—后导叶。

图 3-2-29 导叶与动叶叶片的布置图

(3) 集流器和疏流罩

集流器(集风器)是叶轮前外壳上的圆弧段。疏流罩(流线体)罩在轮毂前面,其形状为球面或椭球面。集流器和疏流罩的作用是改善气体进入风机的条件,使气体在流入叶轮的过程中过流断面变小,以减少入口流动损失,提高风机效率。

(4) 扩散器

扩散器的作用是将流体的部分动压转换为静压,以提高风机静效率。其结构形式有筒形和锥形两种。

轴流式通风机可以通过调整叶片安装角度来调节风机风量和风压,同时又可反转反风,不需设反风道、反风门等装置,减少了基建费用,方便了风机的安装和运行,在煤矿生产中得到广泛应用。

20 世纪 80 年代初,我国研制了扭曲叶片 2K-60 型轴流风机,随后引进德国 TLT 公司技术生产了 GAF 型风机以及丹麦诺文科公司的技术生产了 K66、K55、K50 型风机;20 世纪 90 年代,我国又新研制了 2K-56 型风机、FBCDZ 型防爆抽出式对旋轴流式通风机等。下面选择有代表性的几种风机做简要介绍。

2. 几种常用轴流式通风机的结构

(1) FBCDZ 型防爆抽出式对旋轴流式通风机

FBCDZ 型防爆抽出式对旋轴流式通风机具有效率高、噪声低、结构紧凑、性能可靠、安装便利等特点,是一种新型的轴流式通风机,适用于煤矿用作主要通风机,是一种高效节能、低噪声新型主通风机,其外形如图 3-2-30 所示。这种通风机是由集流器、第一级主机、第二级主机、扩散器、扩散塔、托车等六部分组成,如图 3-2-31 所示。

图 3-2-30　对旋轴流式通风机外形图

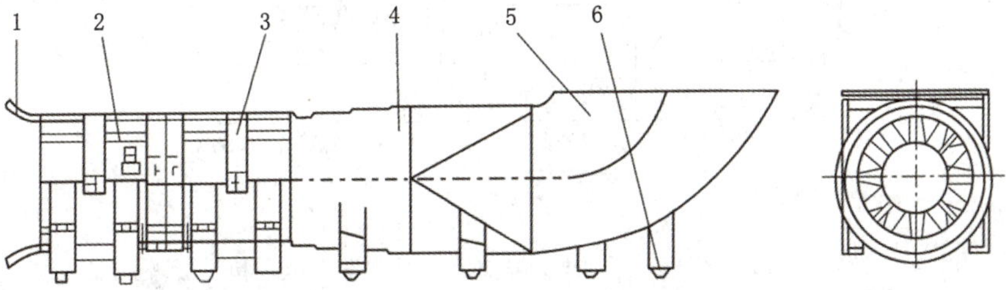

1—集流器;2—第一级主机;3—第二级主机;4—扩散器;5—扩散塔;6—托车。

图 3-2-31　FBCDZ 型防爆抽出式对旋轴流式通风机结构示意图

FBCDZ 系列通风机具有以下特点：

① 该系列通风机为 BD 系列通风机的第二次设计，其叶片采用弯掠组合正交三维扭曲技术，大大提高了通风机的性能参数：效率提高 5%～10%，噪声降低 10～20 dB。

② 该系列通风机结构紧凑、简单，运转平稳，维护方便。摒弃了一般轴流式主通风机的长轴传动方式，消除了传动装置易于损坏变形的现象。

③ 该通风机采用了两级叶轮对旋式结构，两级叶轮分别由容量及型号相同的隔爆专用电机驱动，两个叶轮旋转方向相反，即从进风口看，第一级叶轮顺时针方向旋转，第二级叶轮则逆时针方向旋转。当空气流入第一级叶轮获得能量后并经第二级叶轮排出，第二级叶轮兼备着普通轴流通风机中导叶的功能，在获得整直圆周方向速度分量的同时增加气流的能量，从而达到普通轴流式通风机不能达到的高效率、高风压。

④ 选用隔爆型电机，电机安装在通风机隔流腔内。隔流腔具有良好的密封性能，保证电机与通风机流道中含有瓦斯的气体相互隔绝，隔流腔中有扁管与机壳外大气相通，使新鲜空气不断进入，流经电机表面使之散热后流出，并使腔内空气在通风机运行时保持正压状态，确保通风机主流道内的爆炸性气体在通风机工作时不进入隔流腔。

⑤ 叶片安装角度可根据需要调节。用户可根据矿井通风网路参数的变化，结合通风机空气动力性能曲线选择合适的叶片安装角度。在调节范围内，叶片安装角度增大时，风量增大，电机功率也随之增大，反之亦然。

⑥ 该系列主通风机可以反转实现反风，在各种工况条件下反风率达到 60%以上，不必另设反风道，具有节约基建投资和反风速度快的优点。

图 3-2-32 所示为 FBCDZNo.28/2×400 型防爆抽出式对旋轴流式风机（$n=740$ r/min）的个体性能曲线图。

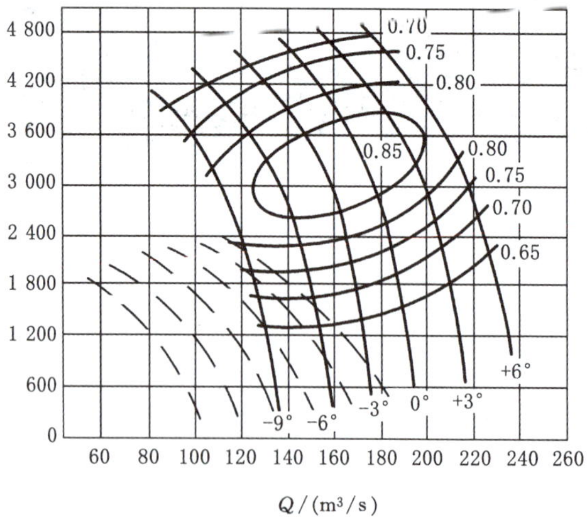

图 3-2-32 FBCDZNo.28/2×400 型防爆抽出式对旋轴流式风机的个体性能曲线图

主通风机经过长途运输或长期搁置未用，在使用前必须测量电机定子绕组的冷态绝缘电阻。绝缘电阻应不低于 50 MΩ。经检查合格后方可接通电源，启动通风机。

通风机在启动前，必须清除流道中特别是进风口前 50 m 内的异物，以防吸入通风机损坏其叶轮。

安装前必须检查通风机是否有损坏或变形，叶片顶部与筒圈间隙是否符合要求(单边间隙不得小于 2.5 mm)。

(2) GAF 型轴流式通风机

GAF 型轴流式通风机是我国引进德国 TLT 公司的技术制造而成的，叶轮直径从 ϕ1 000～ϕ6 300 分 32 种；轮毂直径分 7 种；叶轮有单级、双级两种；形式有卧式和立式。基本型号分 4 个系列 896 种规格，叶片数目 6～24 片，叶片调节分不停车调节和停车调节两种。图 3-2-33 所示为 GAF31.6-15s-1 型通风机的结构示意图。

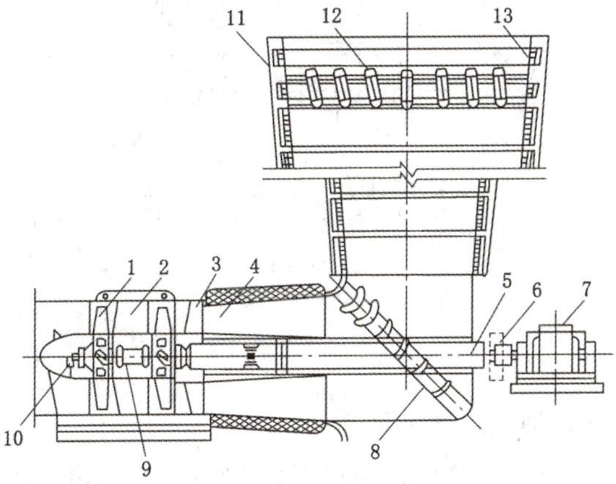

1—叶轮；2—中导叶；3—后导叶；4—扩散器；5—传动轴；6—刹车机构；7—电机；
8—整流叶栅；9—轴承箱；10—动叶调节控制头；11—立式扩散器；12—消声器；13—消声板。

图 3-2-33 GAF 型轴流式通风机结构简图

该风机采用轴承箱内置的卧式结构，双级叶轮，动叶机械式停车集中可调，电机置于排气侧的弯道外侧，经刚挠性联轴器中间轴与风机转子直接传动。风机组成包括进口闸门、进气圆筒、整流环、机壳、叶轮、主轴承箱、中间轴、刚挠性联轴器、扩散器、带导流叶片的弯道、垂直扩散器、出口消声器、制动器、润滑油站、电机等部件。

进口闸门的作用是在风机停车或维修时将风道和风机隔开。整流环为筒形焊接件，内装流线型整流罩，用于减小气流进入叶轮时的冲击损失。

机壳由内筒、外壳、后导叶及轴承箱支承环等组成，采用水平剖分结构，在机壳内壁叶片旋转处镶嵌有铜板。风机叶轮与主轴采用过盈和键配合，动叶片采用铸铝合金，中间轴为空心传动轴。

扩散器流道为沿气流方向内筒收缩、外壳扩张的锥形钢板焊接构件。垂直扩散器顶部装有 8 片吸音片消声器。

制动器用来制动转子，减少转子停车时间，以便迅速对动叶进行机械调节。

GAF 型轴流式通风机的性能范围是：全压 300～8 000 Pa；流量 30～1 800 m^3/s；全压

效率 0.3～0.9。由于该机规格较多，厂家不提供全部通风机性能曲线，使用单位须将风量和风压的变化范围提交厂家，由厂家选型后提供风机性能曲线。图 3-2-34 所示为某风机的性能曲线，图中的风量和全压是以额定参数的百分数给出的。

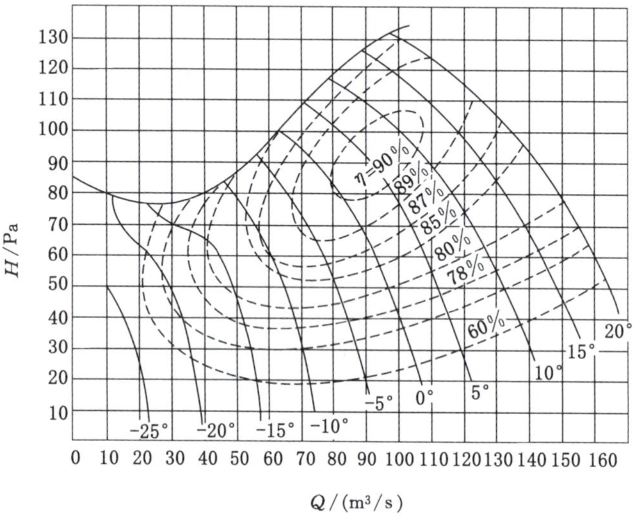

图 3-2-34　GAF 型轴流式通风机特性曲线

(3) K66、K55、K50 型轴流式通风机

我国于 1985 年从丹麦诺文科公司引进了大型轴流式通风机生产技术，设计制造了适合我国矿井通风的新型轴流式通风机 K66、K55 和 K50。这三种风机叶轮外径分别为 1.875 m、2.25 m 和 2.5 m，轮毂直径均为 1.25 m；焊接结构，单级叶轮，叶片为机翼扭曲形，安装角可在 10°～ 55°范围内调整。该风机的特点为高效区域广，最大静压效率可达 0.85。图 3-2-35 所示为 K66-1No.18.75 型矿用轴流式通风机简图，其特性曲线如图 3-2-36 所示。该机能实现直接反转反风，反风量可达 60%以上。

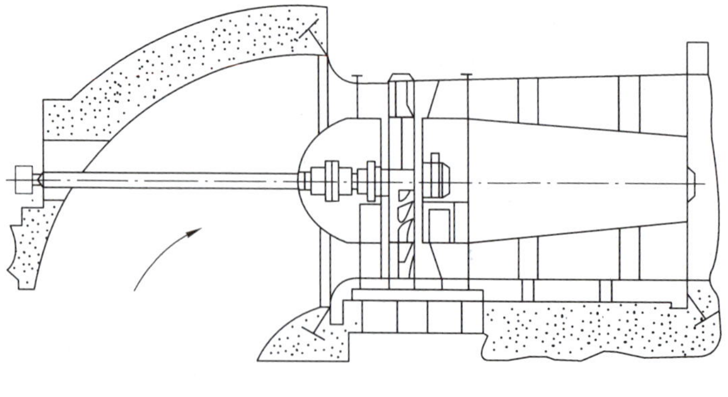

图 3-2-35　K66-1No.18.75 型矿用轴流式通风机简图

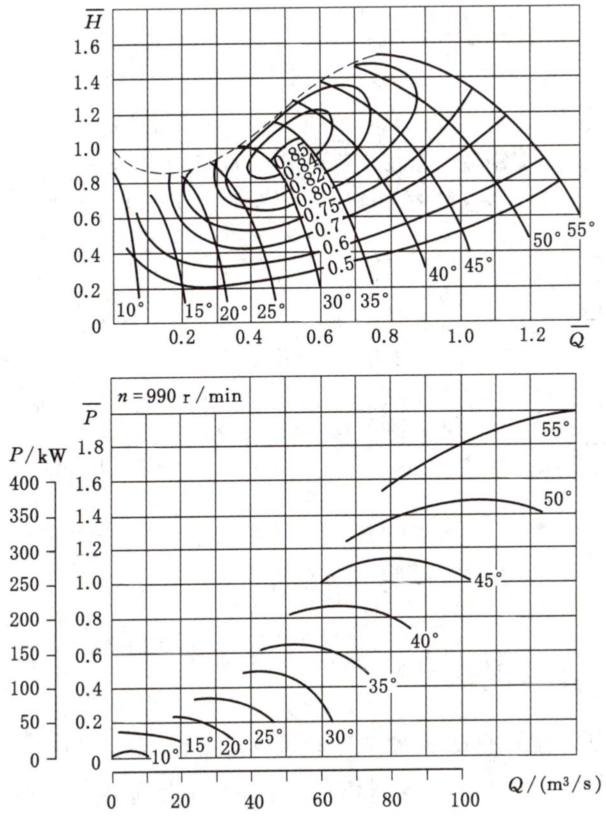

图 3-2-36 K66-1No.18.75 型矿用轴流式通风机特性曲线

（二）离心式通风机的构造

1. 离心式通风机的主要结构

离心式通风机一般由机壳、进风口集流器、叶轮和传动轴等组成，如图 3-2-37 所示。

微课资源

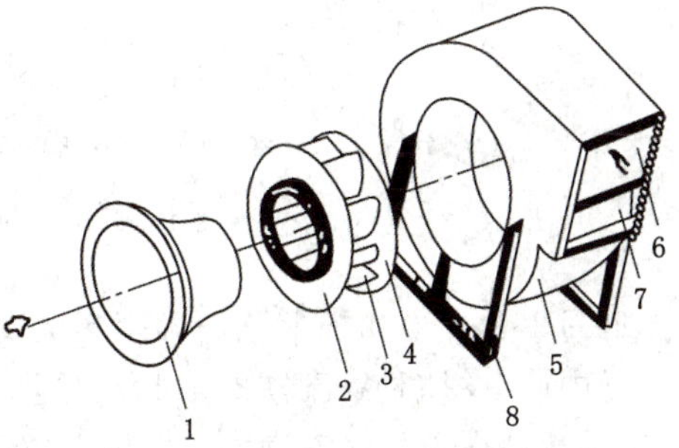

1—吸入口；2—叶轮前盘；3—叶片；4—后盘；5—机壳；6—出口；7—截流板；8—支架。

图 3-2-37 离心式通风机主要结构分解示意图

(1) 叶轮

叶轮是离心式通风机的关键部件,它由前盘、后盘、叶片和轮毂等零件焊接或铆接而成。前盘的几何形状有平前盘、锥形前盘、弧形前盘和弧锥形前盘等几种,如图 3-2-38 所示。平前盘叶轮因气流进入叶道时转弯过急,因此损失较大,但叶轮制造工艺简单。弧形前盘叶轮因气流流动无突变,损失小、效率较高,但制造工艺较复杂。锥形前盘叶轮的效率、工艺性均居中。弧锥形前盘的前半部分为弧形,后半部分为锥形,现代离心式通风机大都采用弧锥形前盘的叶轮。

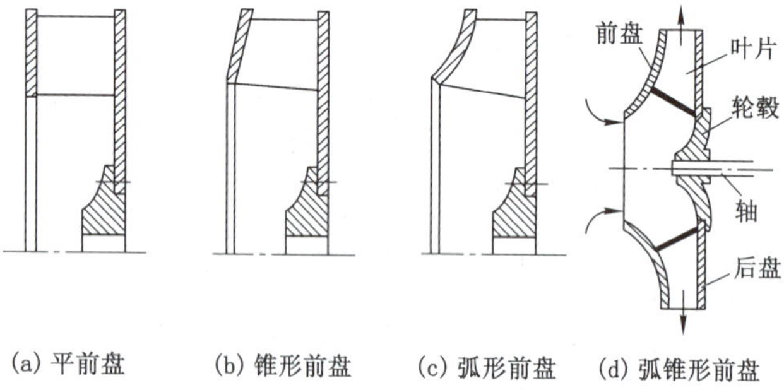

图 3-2-38 叶轮结构及前盘形式

根据叶片出口安装角不同,叶片可分为前弯、径向和后弯三种。大型通风机均采用后弯叶片,出口安装角为 15°～ 72°。

叶片的形状大致可分为平板形、圆弧形和机翼形几种。新型风机多为机翼形,叶片数目一般为 6～10 片。我国生产的 G4-72 型和 G4-73 型离心式通风机采用弧形、弧锥形前盘和机翼形后弯叶片,叶片出口安装角为 15°～45°,叶片数目为 10 片左右。

(2) 集流器

离心式通风机一般均装有进风口集流器(也称集风器),它的作用是保证气流均匀、平稳地进入叶轮进口,减少流动损失和降低进口涡流噪声。集流器的结构形式如图 3-2-39 所示。

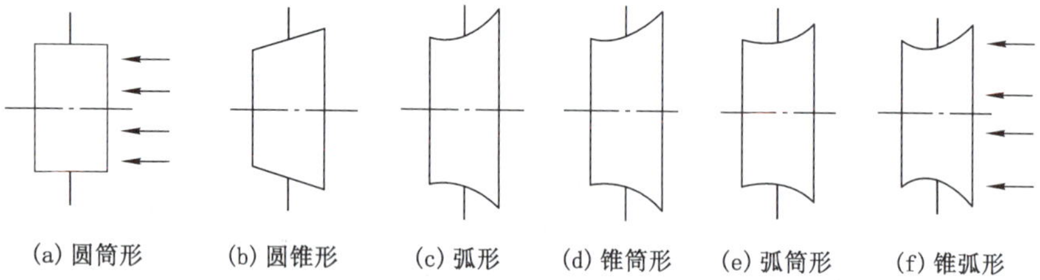

图 3-2-39 不同形式的集流器

集流器有筒形、锥形、弧形与组合形等几种形式。确定集流器性能的好坏,主要视气流充满叶轮进口处的均匀程度。因此,设计时集流器的形状应尽可能与叶轮进口附近气流形状相一致,避免产生涡流而引起流动损失和涡流噪声。从流动方面比较,可以认为锥形比筒形好,弧形比锥形好,组合形比非组合形好。从图 3-2-40 所示进气口形式对涡流影响程度可知,采用锥弧形集流器(因其接近流线型,也称流线体)的涡流最小。锥弧形集流器由锥形的收敛段、过渡段和近似双曲线的扩散段三部分组成。气流进入集流器后,首先是缓慢加速，在喉部形成高速气流，然后均匀扩散充满整个叶轮流道。从制造工艺上比较，筒形较简单，而流线型较复杂。目前的大型离心式通风机上多采用弧形或锥弧形集流器，以提高风机效率和降低噪声。中小型离心式通风机多采用弧形集流器。

集流器与叶轮间存在着间隙，其形式可分为径向间隙和轴向间隙两种，如图 3-2-41 所示。径向间隙气体的泄漏不会破坏主气流的流动状态；轴向间隙因气体泄漏与主气流相垂直，会影响主气流的流动状态，因而选用径向间隙比较妥当，尤其对后弯叶轮来说更有必要，但这种结构的工艺较为复杂。

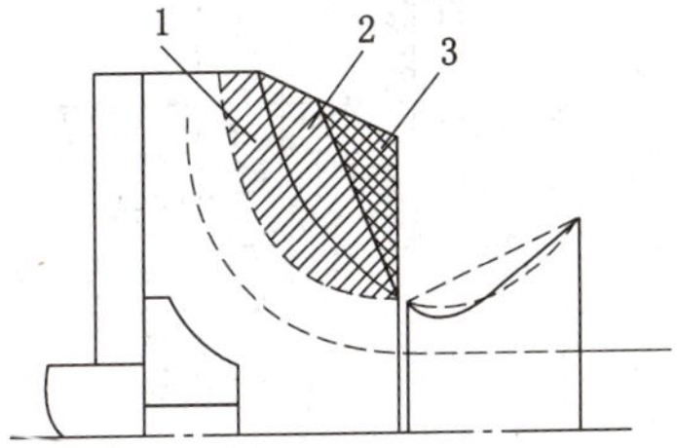

1—锥形时的涡流影响区；2—弧形时的涡流影响区；3—锥弧形时的涡流影响区。

图 3-2-40　进气口形式对涡流影响程度简图

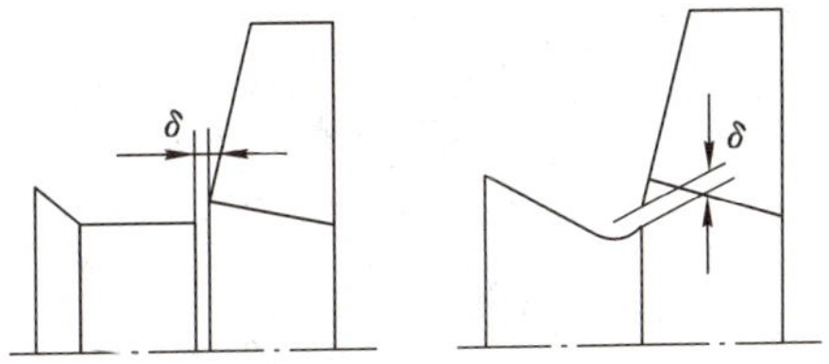

(a) 轴向间隙　　(b) 径向间隙

图 3-2-41　进气口与叶轮之间的间隙形式

(3) 机壳

机壳的作用是将叶轮出口的气体汇集起来，引导至通风机的出口，并将气体的部分动压转变为静压。离心式通风机机壳的工作原理与离心式水泵机壳的工作原理相同，结构上也是由一个截面逐渐扩大的螺壳形流道和一个扩压器组成，如图 3-2-42 所示。机壳截面形状为矩形，扩压器向蜗舌方向扩散，出口扩压器的扩散角以 $\theta=6^\circ\sim8^\circ$ 为宜，有时为了减少其长度，也可把 θ 增至 $10^\circ\sim12^\circ$。离心式通风机机壳出口附近设有蜗舌，其作用是防止部分气体在机壳内循环流动。蜗舌的结构形式常见的有深舌、短舌、尖舌和平舌四种。

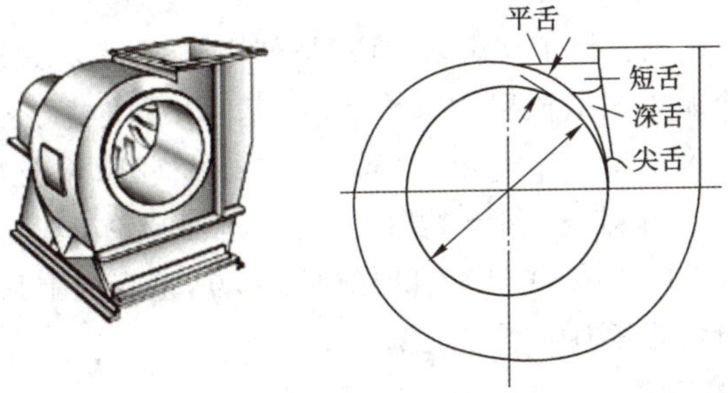

图 3-2-42　机壳和不同蜗舌形式

(4) 进气箱

进气箱一般应用于大型离心式通风机进口之前需接弯管的场合（如双吸离心式通风机）。因进气流速度方向变化，会使叶轮进口的气流很不均匀，故在进口集流器之前安装进气箱，以改善这种状况。进气箱通道截面最好做成收敛状，并在转弯处设过渡倒角，如图 3-2-43 所示。

(5) 进口导流器(前导器)

大型离心式通风机为扩大使用范围和提高调节性能,在集流器前或进气箱内装设有进口导流器,如图 3-2-44 所示。进口导流器分为轴向[图 3-2-44(a)]与径向[图 3-2-44(b)]两种。借助改变导流器叶片的开启度控制进气口大小、改变叶轮进口气流方向,以满足调节要求。导流叶片可采用平板形、弧形或机翼形。导流叶片数目一般为 8~12 片。

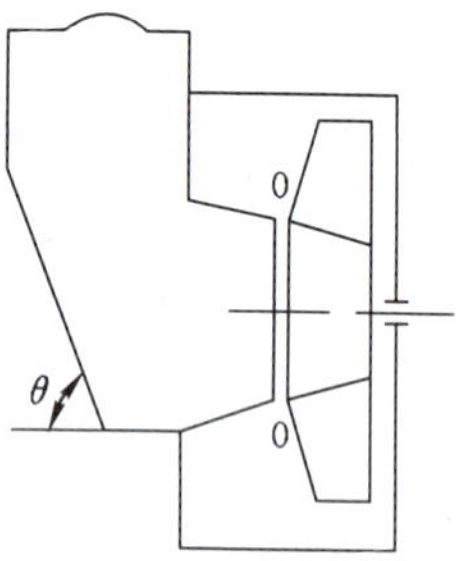

图 3-2-43 进气箱形状

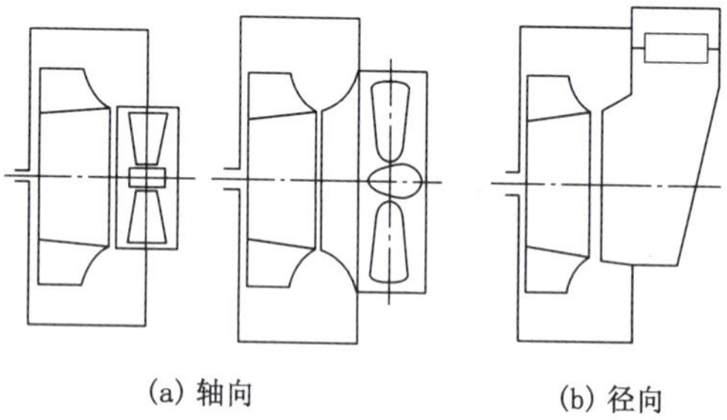

图 3-2-44 进口导流器示意图

(6) 离心式通风机的结构形式

① 离心式通风机的旋转方式

离心式通风机叶轮只能顺机壳螺旋线的展开方向旋转,因此根据叶轮旋转方向不同分为左旋、右旋两种。从电机一端看风机,机壳螺旋线按顺时针方向展开(即叶轮按顺时针方向旋转)的称为右旋,以"右"表示;机壳螺旋线按逆时针方向展开(即叶轮按逆时针方向旋转)的称左旋,以"左"表示。

② 离心式通风机的进气方式

离心式通风机的进气方式有单侧进气(单吸)和双侧进气(双吸)两种。在同样条件下,双吸风机产生的流量约是单吸的 2 倍,因此,大流量风机采用双吸式较为适宜。

③ 离心式通风机的出风口位置

我国对离心式通风机位置做了规定,根据现场使用要求,离心式通风机机壳出口方向可从图 3-2-45 规定的 8 个基本出口位置中选取,如果基本出口位置还不能满足要求,可以从下列补充角度 15°、30°、60°、75°、105°、120°、150°、165°、195°、210°中选取。

煤矿使用的 No.16(叶轮外径 1.6 m)及以上通风机的叶轮出口一般为三种固定位置:0°(出风口在轴线下方,水平向外)、90°(出风口在轴线上方,垂直向上)、180°(出风口在轴线上方,水平向外),不能调整,订货时需予以说明。

④ 离心式通风机的传动方式

离心式通风机的传动方式有多种,主要根据风机转速、进气方式和尺寸大小等因素而定。

目前,我国对离心式通风机的传动方式进行了规范,其具体形式如图 3-2-46 所示,有 A、B、C、D、E、F 等 6 种传动结构形式。

小功率离心式通风机多采用 A 式,将叶轮直接安装在电机轴上。这样可以使结构简单、紧凑。功率较大时,多用联轴器连接(D、F 式)。当离心式风机的转速与电机的转速不相同时,可采用胶带轮变速传动方式(B、C、E 式)。将叶轮装在主轴的一端,称为悬臂

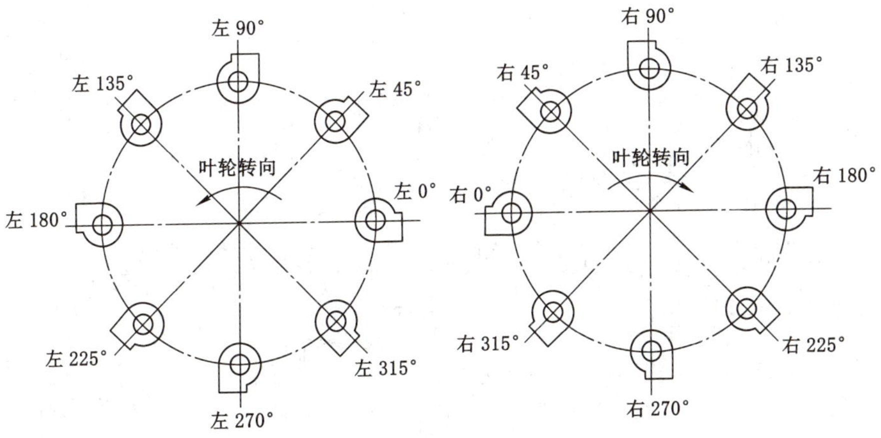

(a) 逆时针（左旋）　　(b) 顺时针（右旋）

图 3-2-45　出风口位置示意图

式(B、C、D 式)，其主要优点是拆卸方便。对于双吸离心式风机或大型单吸离心式风机，一般将叶轮放在两轴承的中间，称为双支承式(E、F 式)，其主要优点是运转比较平稳。

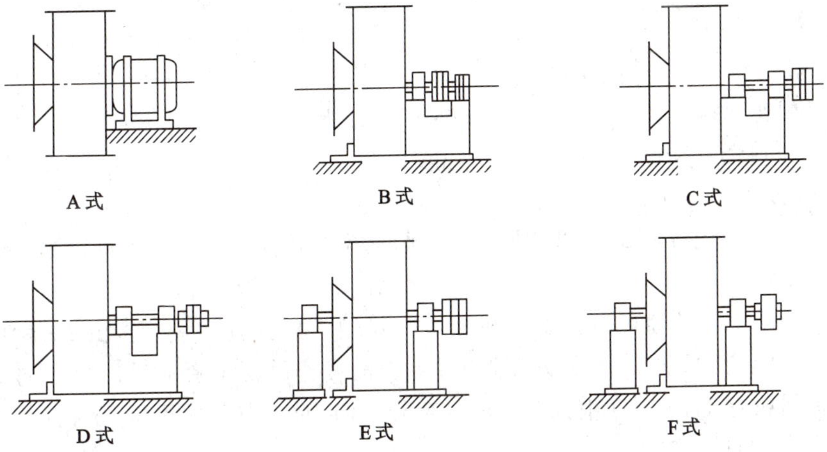

图 3-2-46　离心式通风机传动结构形式

2. 离心式通风机的结构

离心式通风机的结构形式繁多，现以 G4-73-11 系列离心式通风机为例介绍离心式通风机的特点和结构：

G4-73-11 系列离心式通风机系锅炉用风机，也可用于矿井通风。其由叶轮、机壳、进风口、前导器和传动部分组成，如图 3-2-47 所示。

(1) 叶轮

叶轮由 12 个后弯机翼形斜切叶片、弧锥形前盘和平板形后盘组成，并经过动静平衡试验，所以运转平稳、噪声低、强度高，全效率高达 93%。其风压和风量较 G4-72-11 型大，适用于中小型矿井通风。

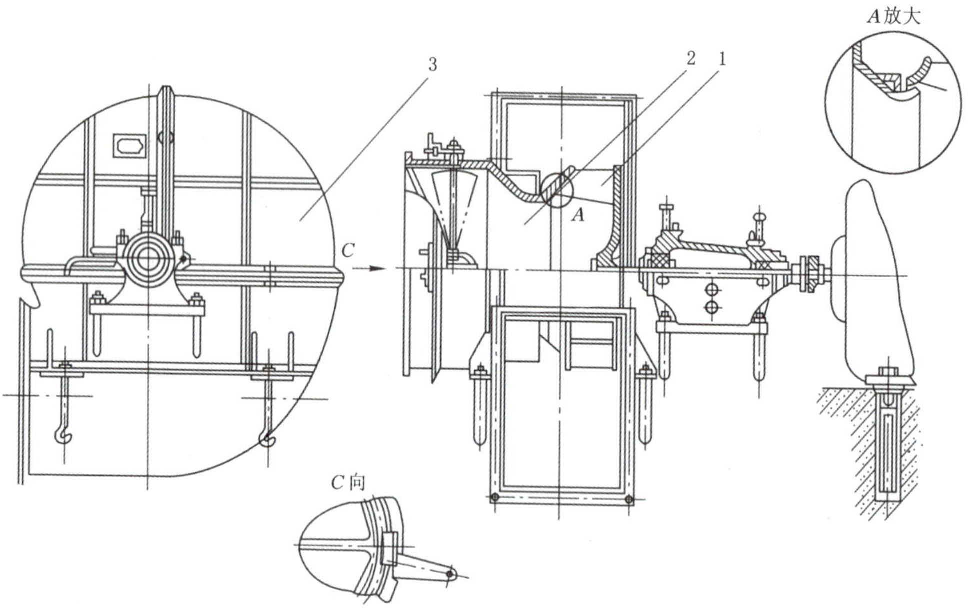

1—叶轮；2—进风口；3—机壳。

图 3-2-47 G4-73-11 型离心式通风机的结构

（2）机壳

机壳是用普通钢板焊接而成。No.8～No.12 的机壳为整体结构；No.14～No.16 的机壳做成两开式；No.18～No.28 的机壳做成三开式。

（3）进风口

进风口的形式与 G4-72-11 型相同，为锥弧形，用螺栓固定在通风机入口侧。

（4）前导器

前导器是用来调节通风机工况的机构，轴向安装在进风口的前面，由 11 片叶片组成。调节范围由 90°（全闭）到 0°（全开）。轴向导流器的操作手柄位置从进风口方向看在右侧。对于右旋通风机，手柄由下向上推是全闭到全开方向；对于左旋通风机，手柄由上向下拉则是全闭到全开方向。

（5）传动部分

传动部分的主轴用优质碳钢制成，采用滚动轴承支承。轴承箱有两种形式：No.8～No.16为整体的筒式轴承箱，No.18～No.28 为两个独立的枕式轴承箱。轴承箱上装有温度计。

该型通风机的传动方式为 D 式，即叶轮为悬臂支撑，电机与通风机采用弹性联轴器连接。

图 3-2-48 所示为这种通风机的无因次特性曲线。

（三）通风机的反风

1. 反风的概念及要求

矿井通风有时需要改变风流的方向，即将抽出式通风临时改为压入式通风。例如，当采用抽出式通风时，在进风口附近、井筒或井底车场等处发生火灾或瓦

微课资源

斯、煤尘爆炸时，必须立即改为压入式通风，以防灾害的蔓延。像这种根据实际需要，人为地临时改变通风系统中的风流方向，叫作反风。用于反风的各种装置，叫作反风设施。

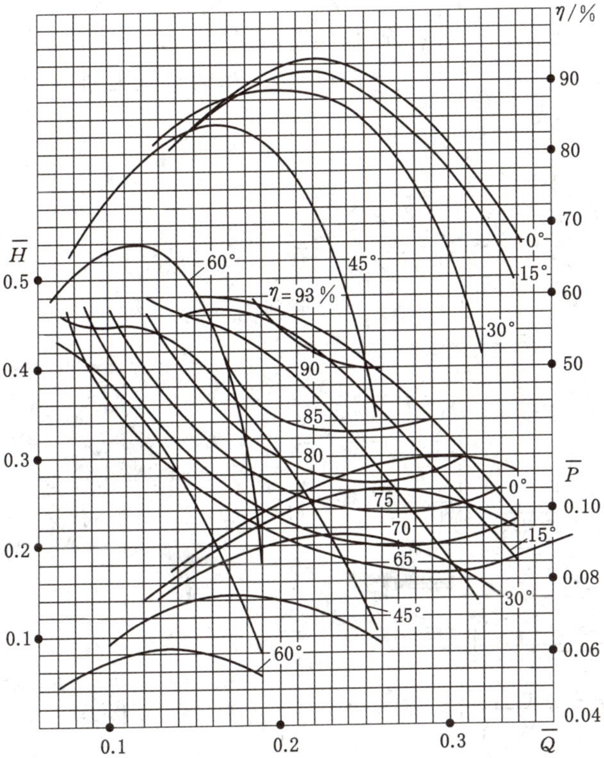

图 3-2-48　G4-73-11 型离心式通风机无因次特性曲线（轴向导流）

《煤矿安全规程》规定：矿井主要通风机必须装有反风设施，并能在 10 min 内改变巷道中的风流方向。当风流方向改变后，主要通风机的供给风量不应小于正常风流的 40%。

当通风机不能反转反风时，一般采用反风道反风；当通风机能反转反风时，采用反转反风，但供给风量必须满足《煤矿安全规程》的要求。

当反风门的开启力大于 1 t 时，应采用电动、手摇两用绞车，并集中操作；开启力小于 1 t 时，可用手摇绞车。风门绞车应集中布置。

2. 轴流式通风机的反风

(1) 反转反风

我国现在生产的轴流式通风机，当叶轮的旋转方向改变后，其风量均大于正常风量的 60%，满足《煤矿安全规程》对反风风量的要求。因此，轴流式通风机大多数常采用反转反风。

(2) 改变叶轮叶片安装角反风

有的轴流式通风机可在不改变叶轮旋转方向的情况下，通过改变叶轮叶片安装角度实现反风。如 GAF 型轴流式通风机就可不改变中、后导叶角度和叶轮旋转方向，将叶轮叶片安装角调至反风位置（轮毂上有标注），就可改变风流方向而实现反风。

为减少转子的停车时间，设有刹车装置，以便在 10 min 钟内完成停机→调整叶片安装角→启动风机→改变风流方向的各项操作事项。

3. 离心式通风机的反风

图 3-2-49 所示为两台离心式通风机作为矿井主要通风设备时的反风系统布置图。两台通风机对称布置，一台左旋、一台右旋，扩散器由屋顶穿出。正常通风时，电机驱动叶轮旋转，使井下风流由出风井经进风道进入通风机入口，然后由通风机经扩散器排出，风流按实线箭头方向流动。

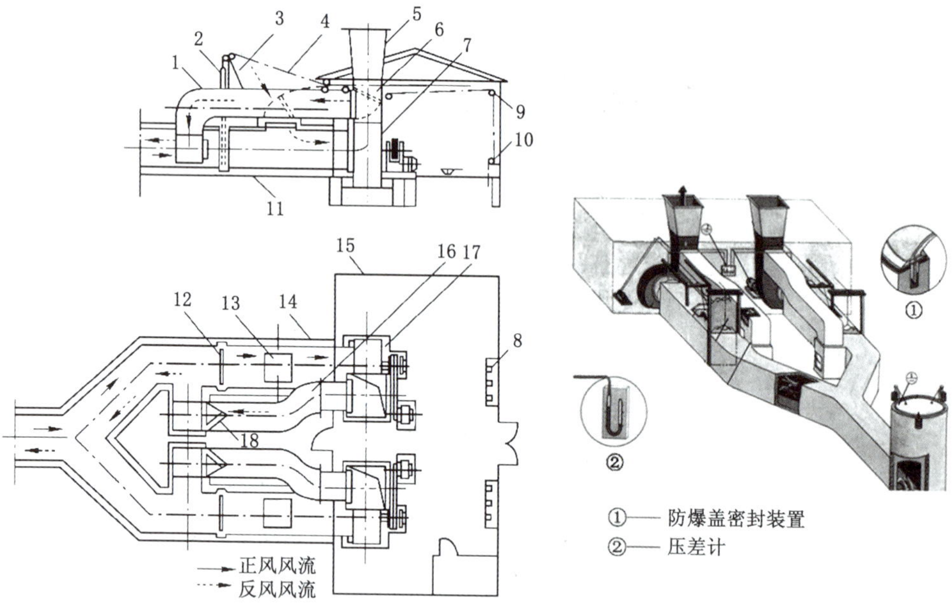

1,16—反风道；2,12—垂直风门；3—闸门架；4—钢丝绳；5—扩散器；6—反风门；7,17—通风机；8,10—手摇绞车；9—滑轮组；11,14—进风道；13—水平风门；15—通风机房；18—检查门。

图 3-2-49 两台离心式通风机布置图

当矿井需要反风时，首先用手摇绞车或电动绞车 8 和 10，通过钢丝绳关闭垂直风门 2 和 12，打开水平风门 13，并将扩散器中的反风门 6 提起，关闭扩散器出口，同时打开通风机与反风道 16 间的联络通道。此时，大气由水平风门进入进风道 11 和 14 以及通风机入口，再由通风机出口进入反风道 1 和 16，然后下行压入风井，达到反风目的。风流在此过程中按虚线箭头方向流动。

4. 各种反风方法的比较

(1) 反风道反风

反风后通风机的性能不变，反风量较大，适用于各种通风机。但它的基建费和维护费高，且风门不易维护好，漏风严重，操作也比较复杂。

(2) 反转反风

不需构筑反风道，土建工程量小，风门和风门绞车少，漏风少，基建费和维护费低。但这种反风方法只适用于反转风量满足反风要求的轴流式通风机。同时，通风机反转风量较正转小，且通风机反转时的性能将发生一定的变化。

(3) 改变叶轮叶片安装角反风

这种方法需设置刹车装置，同时需停机调整叶片安装角，反风操作相对于反转反风复杂，但电控相对于反转反风简单。与反转反风一样，也具有不需构筑反风道、土建工程量小、风门和风门绞车少、漏风少、基建费和维护费低的优点。

5. 反风设施

反风设施是引导正常风流反向流动的装置，它是由反风道、各种反风风门、滑轮组和风门绞车等组成。

反风风门一般用厚度为 2～3 mm 的钢板与型钢(角钢或槽钢)制成。为减少漏风，在风门四周固定有橡胶垫。

(四) 通风机的扩散器

通风机出口处气流具有较高的动压，当其脱离风机进入大气时，其动压随之散失于大气，无益于通风。若将动压的一部分转换为静压，可以减少损失。这就是通风机出口处装设扩散器的目的。

1. 轴流式通风机的扩散器

轴流式通风机的扩散器可以是筒式或弯头式，如图 3-2-50 所示。由于气流在弯头中的损失较大，因而装置效率比筒式低，由图中效率曲线的差别可以看出：比值 $\overline{Q}/4\overline{H}_2$ 越大，相差越多。因此，通常只有在受到客观条件限制时，才采用弯头扩散器。但此时不必再加装直段扩散器，即可把气流引向上空。轴流式通风机的扩散器一般由生产厂家提供。

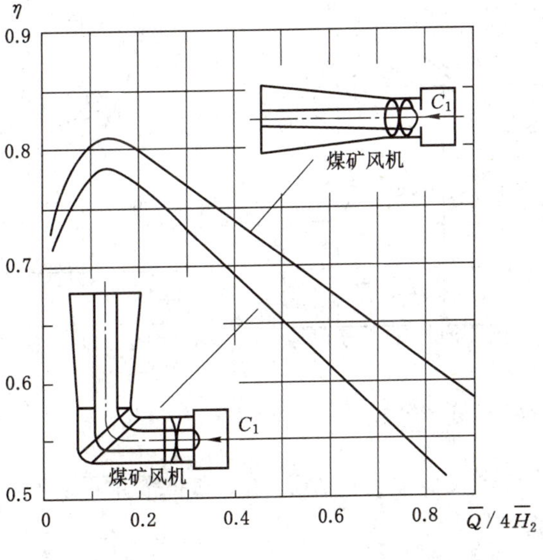

图 3-2-50　轴流式通风机扩散器形式与装置效率的关系曲线

2. 离心式通风机的扩散器

离心式通风机的生产厂家一般不提供扩散器，需要用户根据通风机出口尺寸自行设计。

离心式通风机常见的扩散器形式有平面扩散器和塔式扩散器两类。从侧面看，平面扩散器又分等宽不对称型和等宽对称型两种。扩散器类型不同，所产生的能量损失也不同。

扩散器能量损失的大小常用扩散器损失系数 ξ_k 来反映。ξ_k 越大，气流通过扩散器时的能量损失也越大。

扩散器损失系数 ξ_k 与扩散器的扩散角 α、扩散器面积比 $n=F_2/F_1$（扩散器出口面积与入口面积之比）、扩散器长宽比 $T=l/B_1$（l 为扩散器的高，B_1 为扩散器入口宽，也即通风进、出口宽）等因素以及扩散器类型有关。

图 3-2-51 和图 3-2-52 分别为等宽不对称的平面扩散器和塔式扩散器的扩散器损失系数曲线图。

由图 3-2-51 和图 3-2-52 可以看出：若两种扩散器的扩散器面积比 n 均取 3，扩散角 α 均取 10°，等宽不对称平面扩散器的 $\xi_k=0.22$，而塔式扩散器的 $\xi_k=0.34$。说明等宽不对称平面扩散器的能量损失比塔式扩散器的能量损失小，扩散效果好。因此，常采用等宽不对称平面扩散器。

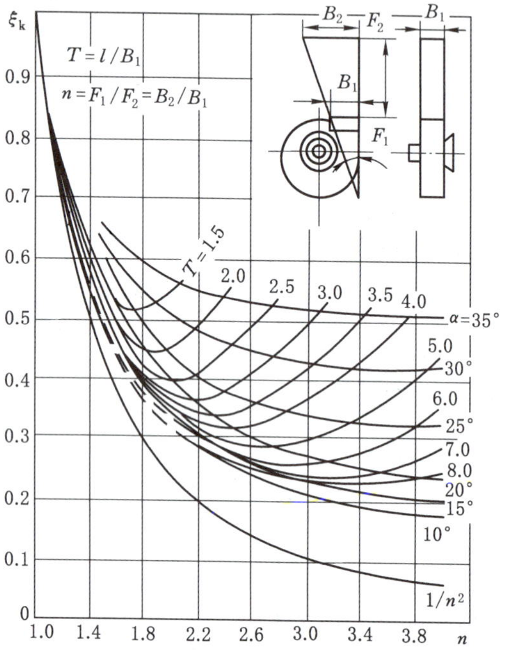

图 3-2-51 等宽不对称的平面扩散器损失系数

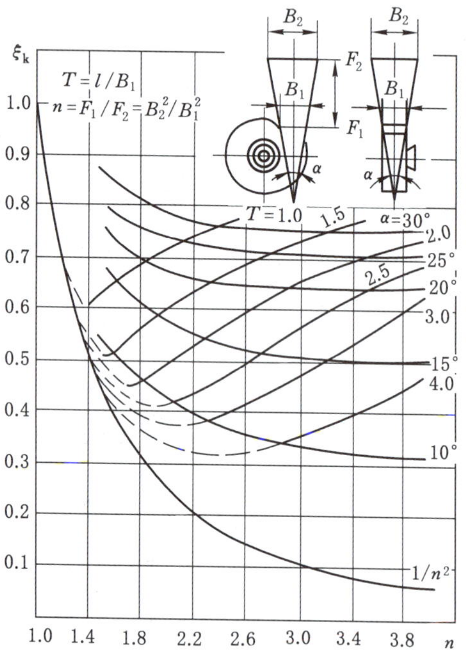

图 3-2-52 塔式扩散器损失系数

扩散器的扩散效果取决扩散器的面积比 n 和扩散角 α。通常取扩散器的面积比 $n=F_2/F_1=2.5\sim3$，扩散角 $\alpha=8°\sim10°$。

二、通风机的维护与故障处理

通风机同其他机械设备一样，需要正常的维护。通风机的维护贯穿于通风机运转的始终。其主要内容就是严格按照有关技术要求和操作规程，对运转中出现的问题进行及时的处理。

（一）通风机的完好标准

通风机的完好标准是判断通风机是否应进行检修的依据，当通风机的某项指标达不到标准规定时，就需要进行检修。煤炭行业制定的通风机完好标准见表 3-2-4。

表 3-2-4　通风机的完好标准

<table>
<tr><th>项目</th><th>完好标准</th><th>备注</th></tr>
<tr><td>螺栓、螺母、背帽、垫圈、开口销、铆钉、护罩</td><td>齐全、完整、紧固</td><td></td></tr>
<tr><td>机壳、叶轮</td><td>机壳不漏风，防锈良好；
叶片、辐条齐全、紧固、无裂纹；
轴流式风机叶片安装角度一致，误差不超过±1°</td><td>用样板检查</td></tr>
<tr><td>传动装置</td><td>联轴器的端面间隙及同心度误差符合下表规定：
<table>
<tr><th rowspan="2">联轴器类型</th><th colspan="2">端面间隙/mm</th><th colspan="2">同心度误差/mm</th></tr>
<tr><th>直径</th><th>间隙</th><th>径向位移</th><th>端面倾斜</th></tr>
<tr><td rowspan="2">齿轮联轴器</td><td>30～500</td><td>7～8</td><td rowspan="2">0.2</td><td rowspan="2">1.2‰</td></tr>
<tr><td>500～700</td><td>11～14</td></tr>
<tr><td>弹性联轴器</td><td colspan="2">轴最大窜量+(2～3)</td><td>0.15</td><td>1.2‰</td></tr>
</table>
胶带轮平行对正，两胶带轮轴向错位不超过 2 mm，端面偏摆不大于轮径的 2‰，胶带松紧程度适宜。三角带和带轮槽底应有间隙，胶带根数符合厂家规定；
齿轮联轴器的齿厚磨损不超过原齿厚的 30%；
弹性联轴器的橡胶圈外径与孔径差不大于 2 mm</td><td>记录有效期为 1 年</td></tr>
<tr><td>轴及轴承</td><td>主轴及转动轴的水平偏差不大于 0.2‰；
轴承间隙不超过下表规定：
<table>
<tr><th>轴径/mm</th><th>滑动轴承/mm</th><th>滚动轴承/mm</th></tr>
<tr><td>50～80</td><td>0.20</td><td>0.17</td></tr>
<tr><td>>80～120</td><td>0.24</td><td>0.20</td></tr>
<tr><td>>120～180</td><td>0.30</td><td>0.25</td></tr>
<tr><td>>180～260</td><td>0.30</td><td>0.30</td></tr>
</table>
滚动轴承温度不大于 75 ℃，滑动轴承温度不大于 65 ℃；
油质合格，油量合适，油圈转动灵活，不漏油；
运转无异常声音、无异常振动</td><td></td></tr>
<tr><td>电气设备</td><td>电机、启动设备、开关柜符合其完好标准，接地装置合格</td><td></td></tr>
<tr><td>测量仪表</td><td>水柱计、温度计、电压表、电流表等指示正确</td><td>1. 水柱计测点位置应符合设计规定；
2. 水柱计应有两套，同时能测静压及全压或动压；
3. 仪表记录有效期一年</td></tr>
<tr><td>反风装置</td><td>反风门关闭严密，风门绞车操作灵活</td><td>无反风装置的不进行要求</td></tr>
<tr><td>整洁与资料</td><td>设备与机房整洁，风道、风门、电缆沟内无杂物，有反风系统图、运转日志和检查、检修记录</td><td></td></tr>
</table>

（二）通风机的维护、保养

1. 通风机的日常维护

对主要通风机进行巡回检查，是通风机司机对设备进行维护的一种主要方式。

(1) 运行检查

运转中的主要通风机应每小时检查一次，并做好记录。一般包括下列内容：

① 观察各处螺纹连接、铆钉连接、键连接是否松动。对静止部位螺纹连接的螺母可用手锤轻轻敲击，发现松动的应及时紧固；转动部位的连接件要待停机后紧固；铆钉连接、键连接的松动，则应向有关领导汇报，请示处理。各紧固件如螺母、背帽、开口锁、弹簧垫圈如不全或有损坏，则应补充或更换。

② 注意观察轴承温度指示仪表是否正常，在室内的轴承、电机温度也可用手感来判断其温度是否正常，有无振动。

③ 各润滑部位润滑油量是否合适，必要时应予以补充，有无漏油现象。

④ 注意水柱计、电流表、电压表、功率表等仪表是否指示正常。

⑤ 联轴器零部件是否齐全；齿轮联轴器润滑状况怎样，有无漏油；弹性圆柱销联轴器的胶圈是否磨损。

⑥ 各风门是否严密。

⑦ 风门绞车零部件是否齐全，润滑状况是否良好。

⑧ 风门牵引钢丝绳是否磨损，有无断丝及严重的锈蚀情况。

⑨ 通风机外壳有无严重锈蚀或强烈振动。

⑩ 检查高压开关柜。

(2) 通风机日常维护的注意事项

① 只有在设备完全正常的情况下才能运转。

② 加强机器在运转期间的外部检查，注意机体有无漏风和不正常振动。

③ 每隔 10～20 min 检查一次电机和通风机的轴承温度、电机和励磁机的温度，以及 U 形压差计、电压表、电流表和功率因数表的读数。

④ 定期检查轴承内的润滑油量，轴承的磨损情况，叶片有无弯曲和断裂以及叶片的紧固程度。

⑤ 机壳内部和叶轮上的灰尘，应每季清扫一次，以防锈蚀。对轴流式通风机，为了防止支撑叶片的螺杆日久锈蚀，在螺帽四周应涂石墨油脂。

⑥ 在检查机壳内部时，应严防工具和杂物掉入其间。

⑦ 注意检查胶带松紧或联轴器的连接螺栓，必要时进行调整或更换。

⑧ 按规定时间检查风门及其传动装置是否灵活。

⑨ 处理电气设备故障时，必须首先断开电源；清扫电机尤其是绕组时更应注意。

⑩ 露在外面的机械传动部分和电气裸露部分，要加装保护罩或遮拦。

⑪ 备用通风机和电机必须经常处于完好状态，并保证能在 10 min 内进行启动。

(3) 停机时的检查

在停机情况下，要对主要通风机进行全面的检查，主要有：

① 轴流式通风机的叶轮及导叶的检查维护

通风机司机应独立或协助维修钳工在停机的情况下对叶轮及导叶进行如下检查维护：

a. 清扫动叶、导叶上的积尘，并擦拭干净。

b. 检查动叶、导叶、叶柄有无裂痕、严重锈蚀，如发现有的动叶已损坏，应更换，新动叶与原动叶质量差不能超过 100 g，否则应重新做平衡试验。新更换动叶的叶柄螺纹部分应涂抹石墨润滑脂，以防锈死。

c. 动叶顶部与外壳的间隙、根部与轮毂的间隙可用塞尺检查，并应符合表 3-2-5、表 3-2-6的规定。

表 3-2-5　叶片顶部与外壳的间隙

叶轮直径/mm	1 200	1 800	2 400	2 800
间隙/mm	1～2	2～2.5	3～3.5	3～4

表 3-2-6　叶片根部与轮毂的间隙

叶轮直径/mm	1 200	1 800	2 400	2 800
叶片根部与轮毂的间隙	2.0	2.5	3.0	3.5

d. 检查叶轮的平衡状况，叶轮应能停在任何位置，采用手扳动叶轮或用短时开机的方法均可。

e. 对于 KZS 型及 2K60 型通风机应小心检查中、后导叶传动系统，包括绳轮、导向轮、钢丝绳、链条及链轮情况，应进行一次清洗涂油。

f. 对于 GAF 型通风机的叶轮转动系统，包括大(小)伞齿轮、圆柱齿轮，应进行一次清扫、检查，检查齿面接触情况，应着重检查其锈蚀、润滑情况。在寒冷地区冬季应考虑防冻，润滑油脂应选择凝点低的。

g. 对于 BDK65 系列对旋式通风机，还应对主电机进行检查，其轴承润滑旧油脂应清除冲洗，擦拭干净，并换上新的二硫化钼基脂。对 WZP 型铂热电阻元件及传导系统进行检查。

② 离心式通风机叶轮的检查维护

通风机司机应独立或协助维修钳工在停机状态下对叶轮进行如下检查维护：

a. 清扫叶片上的煤尘，擦拭叶轮及轮毂。

b. 检查叶片有无裂纹和严重锈蚀情况。

c. 检查叶轮平衡状况，看叶轮是否可停在任何位置。

d. 检查叶轮与进风口的间隙及搭接长度是否符合规定。

e. 清扫干净进风口内圆表面的煤尘。

2. 主要通风机及其附属设备的润滑

主要通风机及其附属设备的注油部位、油脂品种和注油方式见表 3-2-7。

表 3-2-7　主要通风机注油部位、油脂品种和注油方式

序号	主要通风机及设备型号	注油部位	注油方式	油脂种类	备注
1	GAF	主轴承	强迫润滑	N46 机械油	
		制动装置销轴	油枪	2 号钙钠基脂	
		叶片调整装置	手工	2 号钙钠基脂	
2	2K56	主轴承	手工	2 号二硫化钼复合钙基脂	
3	BDK65	主电机轴承	手工	2 号二硫化钼锂基脂	
4	K4-73No.32	主轴承	手工	钙钠基脂	
		传动轴轴承	手工	钙钠基脂	
		定心联轴器	手工	钙钠基脂	
5	G4-73No.18-28	主轴承	倾注	N46 机械油	
		调节门销轴	油枪	钙钠基脂	
6	G4-73No.18-16	主轴承	手工	钙钠基脂	
7	主电机轴承	轴承	手工	2 号钙钠基脂	
8	主电机	主轴承	倾注	N46 机械油	
9	JFM 型风门绞车	电机轴承	手工	2 号锂基脂	
		蜗轮减速器	倾注	N46 机械油	
		蜗杆轴承	手工	2 号锂基脂	

（三）通风机常见故障及处理方法

通风机在运转过程中，难以避免会发生故障。对通风机常见故障进行归类，查找故障原因并进行排查。

1. 机体的整体振动

（1）由于灌浆不良、基础断裂、基础重量轻、尺寸小、基础螺栓松动，或与机座脱节，或与基础连接不牢等引起机座不牢。解决办法是适当补修和加固，拧紧螺母，填充间隙。

微课资源

（2）机座的刚度不够，促使转子不平衡，引起剧烈的强迫振动。解决办法是施以适当的补修和加固，拧紧螺母，填充间隙。

（3）与风机连接处的管道未加支撑或安装固定。解决办法是调整和修理，加装支撑装置。

2. 轴承温升过高

（1）润滑油（脂）质量低劣或变质（如黏度不适、杂物过多、抗乳化能力差）以及油质选择不当，使得轴承温升过高。解决办法是更换润滑油（脂），选用 1 号或 2 号钙钠基润滑脂，冬季可选用钙基润滑脂，滑动轴承可选用 30 号机械油。

（2）轴承注油过多、过少或中断。解决办法是注油适量，一般滚动轴承充油脂量：当轴转数小于 1 500 r/min 时，不超过轴承空间的 1/2；当轴转数大于 1 500 r/min 时，可装轴承空间的 1/3 左右。

(3) 轴承与轴承箱孔之间的间隙过大或轴承箱螺栓过紧或过松,使轴承与轴的间隙过小或过大。解决办法是调整轴承与轴承箱孔间的垫片和轴承箱与座之间的垫片。

(4) 滚动轴承损坏,轴承保护架与其他机件碰撞。解决办法是修理或更换轴承。

3. 其他常见故障分析及排除方法

通风机常见故障、原因及排除方法见表3-2-8。

表3-2-8　通风机常见故障、原因及排除方法

序号	现象	原因	处理措施
1	流量不够或增大,压力不够或过高	矿井通风网路的阻力计算与实际相差较大	重新计算、校核
		矿井通风网路中局部阻塞	清除阻塞
		通风机有泄漏损失,如叶轮径向间隙偏大,法兰连接不严	调整、补漏
		电源电压、频率波动,引起转速波动	调整电源
		气体中灰尘、杂质的含量增加,使空气的混合密度增大	净化、除尘
2	主通风机强烈振动	主通风机叶轮轴歪斜、安装水平度超差	调整水平度
		主通风机基础刚度不够或地脚螺栓松动	加固、紧定
		动叶轮转动部件与机壳碰擦	修理、调整
		动叶片铆钉松动或轮盘变形	更换铆钉或叶轮
		叶轮、叶柄螺母松动	重新配换
		机座与筒体焊接不牢	紧固
		电机轴承不合格或损坏	调整或更换
		叶轮不平衡	重新做动平衡
3	电机轴承温升过高	主通风机的强烈振动	按上述方法消除振动
		润滑脂质量不良或变质	更换润滑脂
		轴承损坏或安装位置不正确	更换或调整
		叶轮安装水平超差较大、歪斜	重新调整找正
4	电机电流过大或定子绕组温升过高	电机过载	调节主通风机叶片安装角
		电流单相断电	检修线路

项目三　压气设备

任务一　压气设备的操作

空气压缩机是一种用来压缩空气、提高气体压力或输送气体的机械设备，是将原动机的机械能转化为气体压力能的动力机械，简称为空压机。

空压机广泛应用于采矿、石油、化工、建筑等行业，为气动机具提供动力。在煤矿中，以压缩空气为动力的设备主要有：风镐(用来采煤)、风钻(气动凿岩机)、凿岩台车、锚杆钻机、锚喷机(用来喷混凝土浆)、气动装岩机等气动机械。

微课资源

使用压缩空气的最大好处是不产生火花，不怕超负荷，在湿度大、温度高、灰尘多的环境中能很好地工作，同时气动机械排出的空气还有助于改善井下的通风状况。因此，气动机械特别适合于含有瓦斯、煤尘爆炸危险的煤矿使用，适合于负载变化大的冲击式机械设备使用。但气动机械的运转效率低、噪声大，故一般只在没有电力或不能使用电力的场合使用。

现在，空压机不仅是产生压缩气体的动力设备，更是一种安全设备。按照煤矿安全生产的要求，每个矿都必须建设井下压风自救系统，以便矿井发生灾变时利用压风自救系统及时向受灾区提供新鲜空气，使受灾害威胁的人员达到安全自救的目的。而井下压风自救系统的核心设备就是空压机。

空压机的种类很多，近年来煤矿广泛使用的是螺杆式空压机。本任务就是学习掌握这种空压机的操作方法。

一、螺杆式空压机的组成与工作原理

(一) 螺杆式空压机的组成

螺杆式空压机的外观如图 3-3-1 所示。其主要组成部分有电机、螺杆式空压机、空气过滤器、冷却器、油气分离器、进气阀、容调控制阀、油温控制阀、压力控制阀等组成，如图 3-3-2 所示。

各组成部件的作用如下：

(1) 空气过滤器的主要功能是过滤空气中的尘埃和杂质。为确保空压机能有足够的进气通道，空气滤清器应保持清洁，当空气滤清器的压差达到压差开关设定值时，压差开关动作，控制面板提示报警，此时应清洗空气过滤器。

(2) 进气阀的主要功能是通过进气阀伺服汽缸控制进气阀门动作，使空压机空载运行和全载运行。空压机启动时进气阀门关闭，确保不带负荷启动。当空压机带负荷运行时，由

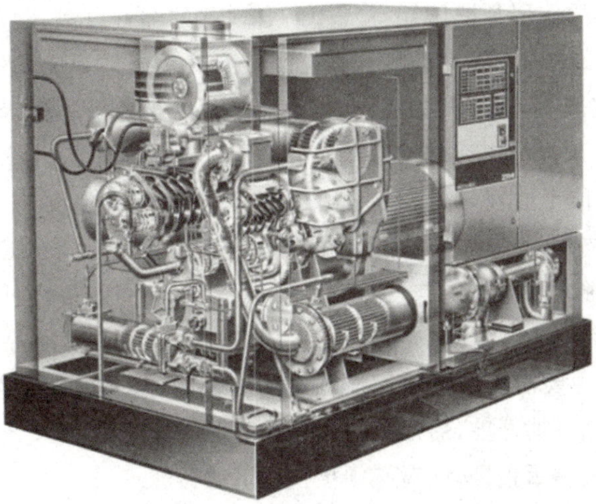

图 3-3-1　螺杆式空压机外形图

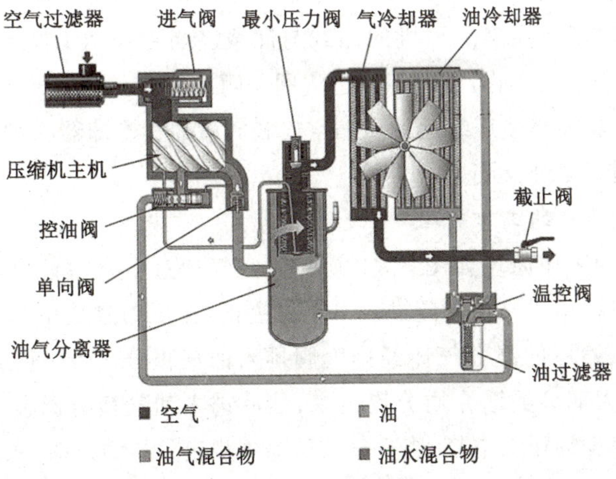

图 3-3-2　螺杆式空压机的组成及工作原理图

电磁阀和容调控制阀通路过来的气体进入进气阀伺服汽缸，推动阀杆，使阀门全开，以达到全负荷运行。当压力达到压力开关设置值时，压力开关动作，把进气阀伺服汽缸压力释放，进气阀阀门关闭，形成空载运行。

(3) 容调控制阀的主要功能是根据系统压力去控制进气阀的开启程度，从而控制空压机的进气量。当系统压力上升到容调控制阀设定压力时，容调控制阀开启，伺服汽缸将进气阀门关闭，使进气量逐渐减少，这时进入容调状态。如果压力持续上升，进气阀门开启程度越小；反之，进气阀的开启程度越大。

(4) 排气阀的主要功能是防止停机时油气分离器内的压缩空气倒流回主机体内造成螺

杆反转，损坏主机。

(5) 油气分离器的作用是把压缩空气中所含雾状的油气分离，并可将压缩空气的含油量控制在 3～5 ppm(10^{-6})以下。油气分离器上装有一个压差开关，当油气分离器前、后压差达到压差开关设定值时，压差开关动作，表示油气分离器堵塞，控制面板提示报警，此时必须更换油气分离器。确保分离后的空气质量和空压机正常运作。

(6) 最小压力阀位于油气分离器上方出口处，开启压力设定在 0.40 MPa 左右，其功能为：当启动时优先建立润滑油所需的循环压力，确保机体的润滑。当压力超过 0.40 MPa 时阀开启，可降低流过油气分离器的空气流速，除确保油气分离效果之外，可保护油气分离器滤芯免因压差太大而受损。

(7) 油过滤器的主要功能是过滤润滑油中的劣化物、金属微粒等杂质。油过滤器上装有一个压差开关，当油过滤器前、后压差达到压差开关设定值时，压差开关动作，表示油过滤器严重堵塞，控制面板提示报警，此时必须更换油过滤器。

(8) 油温控制阀的功能是使排气温度维持在压力露点温度以上。当润滑油温度较低时，在油温控制阀的作用下，润滑油不经冷却器直接经油过滤器进入空压机。当润滑油温度达到设定温度时，在油温控制阀的作用下，润滑油经过冷却器冷却后再经油过滤器进入空压机。

(9) 电磁阀的功能是控制空压机的加载与卸载。当工作压力达到压力传感器设置值时，电磁阀动作，伺服汽缸动作，继而控制进气阀关闭或开启。

(10) 冷却器的功能是使压缩后的压缩空气和润滑油在冷却器内做热交换，达到冷却效果，使空压机在最佳状态下运行。

(二) 螺杆式空压机的工作原理

微课资源

螺杆式空压机的工作原理如图 3-3-2 所示。空气通过空气过滤器将大气中的灰尘或杂质滤除后，由进气控制阀进入空压机主机，在压缩过程中与喷入的冷却润滑油混合；经压缩后的混合气体经排气阀排入油气粗分离器，通过碰撞、拦截、重力作用，将绝大部分的油介质分离出来，然后进入油气精分离器进行二次分离，得到含油量很少的压缩空气；当空气被压缩到规定的压力值时，最小压力阀开启，排出压缩空气到冷却器进行冷却，最后送入使用系统。而油气经粗分离器、精分离器分离出来的润滑油经过油温控制阀、冷却器、油过滤器再进入主机进行润滑。

螺杆式空压机的核心部件是空压机主机，它是容积式空压机中的一种。双螺杆式单级压缩空压机是由一对相互平行啮合的阴阳转子(或称螺杆)组成，如图 3-3-3 所示。主电机驱动阳转子的齿与阴转子的槽在机壳内转动，使阴、阳转子齿槽之间不断地产生周期性的容积变化，空气则沿着转子轴线由吸入侧输送至输出侧，实现螺杆式空压机的吸气、压缩和排气的全过程，如图 3-3-4 所示。

单螺杆空压机由装在机壳内的一个圆柱螺杆和两个对称布置的平面星轮组成啮合副，螺杆螺槽、机壳内壁和星轮齿面构成封闭的齿间容积。运转时，动力传到螺杆轴上，由螺杆带动星轮齿在螺槽内相对移动，这种相对移动相当于往复式空压机的活塞(星轮)在汽缸(螺杆槽与机壳内壁形成的齿间容积)中移动。随着星轮齿的移动，封闭的齿槽间

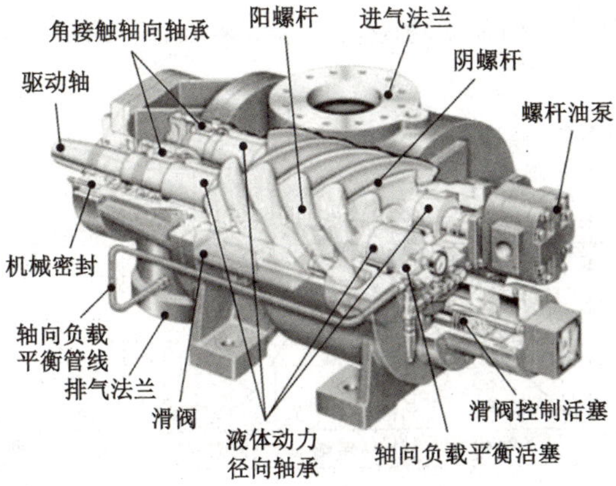

图 3-3-3　双螺杆式空压机的结构图

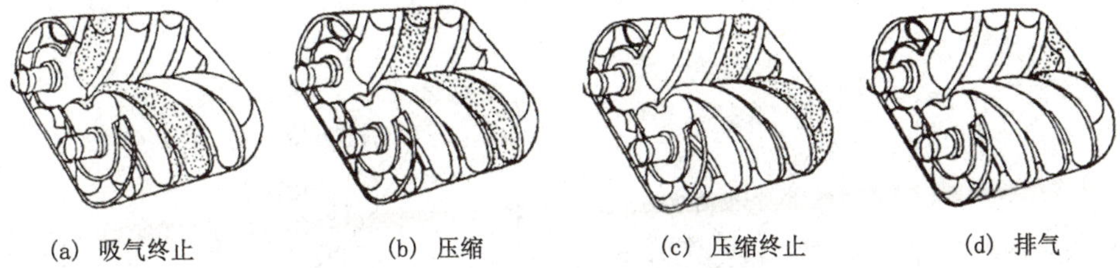

图 3-3-4　双螺杆式空压机工作原理

容积发生变化，相应的气体由吸气阀进入螺杆齿槽空间，经压缩后达到设计压力值，由开在壳体上的排气三角口排至油气分离器内。螺杆通常有 6 个螺槽，由两个星轮将它分隔成上、下两个空间，各自实现吸气、压缩和排气过程，如图 3-3-5 所示。因此，单螺杆式空压机相当于一台六缸作用的活塞机。单螺杆式空压机的油气系统流程与双螺杆式空压机基本相同。

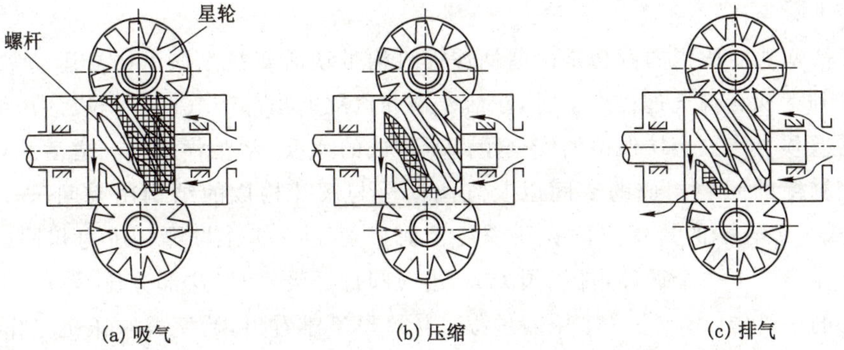

图 3-3-5　单螺杆式空压机工作过程

螺杆式空压机一个工作周期(即空气由吸入到排出)内每个密封工作容积与螺杆转角的关系如图 3-3-6 所示。其理论循环示功图和实际循环示功图如图 3-3-7 所示。

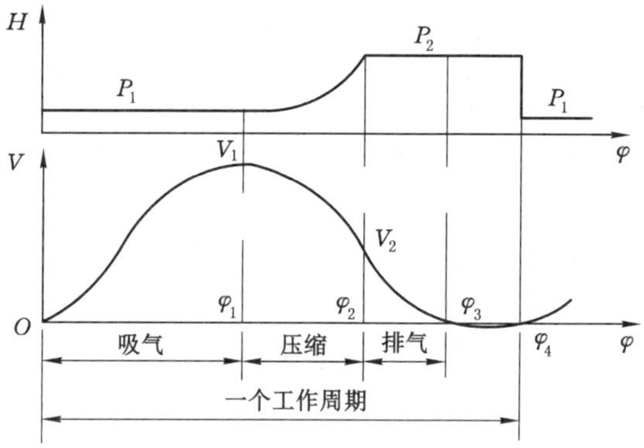

图 3-3-6 工作容积、气体压力与螺杆转角的关系

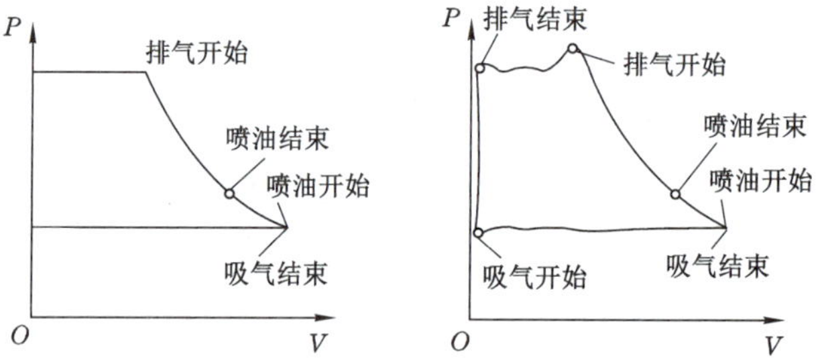

(a) 理论循环示功图 (b) 实际循环示功图

图 3-3-7 螺杆式空压机的循环示功图

（三）螺杆式空压机的主要优点

与传统活塞式空压机比较,螺杆式空压机具有以下优点。

1. 容积效率高

由于活塞式空压机的做功是由曲柄连杆机构带动活塞在汽缸里往复运动实现的,而活塞在进到上死点扫气过程终了时,在活塞顶和汽缸的顶部与气阀所构成的压缩气室存在着为活塞顶与汽缸上端保留的安全距离所构成的死区,存在着从第一道活塞环槽到汽缸顶与汽缸壁的间隙构成的空间以及气阀阀座与阀片构成的结构用空间——“余隙容积”。构成余隙容积的这些空间在压缩终了时残留了一部分与排气压力相同的压缩空气。当工作进入下一个循环,排气阀关闭、进气阀打开吸气时,这部分压缩空气又膨胀并混入吸入的空气中,参与下一个压缩过程。从这里不难看出,活塞式空压机工作时,除了在压缩过程受压的空气存在着沿着活塞环与环槽和汽缸壁之间的间隙泄漏问题,还存在着由于设计结构造成的无法避免不能完全排净的压缩空气。这就形成了活塞式空压机所固有的容积效率不高的问题。

螺杆式空压机的工作方式是连续的。这种空压机在工作时不存在死区对容积效率的影响。主、从螺杆的沟槽在进入啮合时,螺杆的齿占据了沟槽的空间,对充盈在沟槽里的空气实施压缩,这个压缩过程就与排气口打开后的排气过程是连续的,压缩的完成一直延续到排气终了。设计完美的螺杆齿型以及螺杆副与螺杆式空压机壳体加工的精密度保证了它压缩过程的有效性。另外,喷油型螺杆式空压机除了靠精密加工将压缩腔气体包容件的间隙减小以控制泄漏损失外,在工作过程中喷入螺杆腔的机油在螺杆之间和螺杆与机壳之间形成密封用的油膜,也有效地提高了它的容积效率。

2. 功率消耗小

空压机消耗功率主要由压缩空气消耗、机械摩擦和流动损失构成。活塞式空压机的机械摩擦损失在于活塞及活塞环与汽缸体在往复运动中的摩擦损耗、曲轴及连杆用的滑动轴承在运动中的摩擦损耗等。而喷油螺杆在工作时,主、从螺杆和螺杆与壳体之间不形成机械接触摩擦。另外,螺杆式空压机的螺杆与壳体安装使用滚动轴承,它的机械摩擦损失也小。故螺杆式空压机的功率消耗在相同排气压力和排气量的情况下较活塞式空压机要小。

3. 工作噪声低

空压机的工作噪声主要产生于压缩空气通过阀口的啸叫声、空压机工作时的摩擦声、冷却风机的工作噪声和驱动电机的工作噪声等。

活塞式空压机工作时,最大的噪声源是汽缸的气阀在压缩空气和复原弹簧的作用下交替开闭,将压缩空气和外界空气压入汽缸或送出汽缸时产生的爆发声和啸叫声。其次,由于活塞与汽缸间的间隙是靠活塞环的压力空气作用下紧贴汽缸壁来实现的,活塞环往复运动时与缸壁间在机油润滑下的剧烈摩擦依然存在,曲柄连杆机构在吸气过程中由曲柄带动连杆、活塞下行,而压缩过程则压缩空气阻止活塞、连杆和曲柄的上行,两个过程活塞连杆机构的受力完全相反。在工况转换时,由于连续间隙的存在,在惯性力和气体压力的作用下就会产生冲击和噪声。另外,活塞式空压机的齿轮润滑油泵工作时也会产生噪声。

螺杆式空压机工作时,压缩空气通过气口时的啸叫声是无法避免的,但螺杆式空压机的排气噪声是连续的气动高频噪声。高频噪声较易处理,设计时将主机套装在金属制造的油气筒里,就能大大衰减噪声的辐射强度。另外,冷却系统采用的是低噪风机,风机产生的噪声也不大。因此,螺杆式空压机比活塞式空压机的噪声要低。

4. 振动小

活塞式空压机工作时,曲柄连杆机构不平衡的往复惯性力和汽缸布置产生的不均衡负载形成轴系扭振,并造成空压机工作时剧烈振动。另外,它的安装也是通过共用底座将驱动电机和空压机找正后直接刚性安装在地板面上的,因而它工作时对驱动系统和安装基础产生的影响是很大的。

螺杆式空压机的情况则截然不同。这种空压机工作时螺杆及相关零部件没有质心移动,也就没有振动干扰力产生。加之用于驱动空压机的电机有切实的动平衡保证,所以振动要小于活塞式空压机。

5. 排气温度低

活塞式空压机在工作时，气体在缸内是不可能进行等温压缩的。随着压缩的进行，气体的体积缩小压力升高，排气温度也随之升高。加之活塞在汽缸内高速往复运动，压缩气体所产生的热量不能及时通过汽缸壁向外散发。空压机在工作几个循环后，各个汽缸壁的温度都高达 100 ℃以上，吸进来的外界空气进入汽缸就被加热。而螺杆式空压机由于采取了喷油润滑，较低温度的润滑油与压缩空气混合降低了压缩空气的终了温度。油气混合物在经过油气分离器处理后，除净了油的空气和流回油池的机油再分别进入各自的冷却器，与冷空气进行热交换。冷却后的机油进入空压机参与再循环。故此，在同样吸气条件和排气压力下，螺杆式空压机的排气温度较活塞式空压机要低。

由于螺杆式空压机与活塞式空压机相比有上述优点，因此被广泛应用于矿山、化工、动力、冶金、建筑、机械、制冷等工业部门。在煤矿企业也正逐步替代其他种类的空压机，今后还会获得更快的发展。

二、螺杆式空压机的类型与性能参数

（一）螺杆式空压机的类型

螺杆式空压机的类型也很多，根据螺杆数量分为单螺杆、双螺杆、三螺杆；根据冷却方式分为风冷、水冷；根据润滑方式分为喷油润滑、无油润滑；根据压缩次数分为单级、两级等。矿用的螺杆式空压机多为双螺杆、风冷、喷油润滑、单级压缩。

（二）空压机的性能参数

空压机的性能参数主要有：排气量、排气压力、排气温度、功率效率和容积比能，见表 3-3-1。

（1）排气量：是指单位时间内，空压机排出的气体容积换算成吸气条件下的气体容积量，单位为 m^3/min。

（2）排气压力：是指最终排出空压机的气体压力，单位为 MPa。排气压力一般在空压机气体最终排出处（即储气罐处）测量。多级空压机末级以前各级的排气压力称为级间压力，或称该级的排气压力。前一级的排气压力就是下一级的进气压力。

（3）排气温度：是指每一级排出气体的温度，通常在各级排气管或阀室内测量。排气温度不同于压缩终了温度，因为在排气过程中有节流和热传导，排气温度要比压缩终了温度低。

（4）功率：是指空压机在单位时间内所消耗的功，单位为 kW。它又有理论功率和实际功率之分。理论功率为空压机理想工作循环周期所消耗的功，实际功率是理论功率与各种阻力损失功率之和。轴功率指空压机驱动轴所消耗的实际功率，驱动功率即原动机输出的功率，考虑空压机实际工作中其他原因引起负荷增加，驱动功率应留有 10%～20%的储备量，称为储备功率。

（5）效率：是指空压机理想功率和实际功率之比，是衡量空压机经济性的指标之一。

（6）容积比能：是指排气压力一定时，单位排气量所消耗的功率，其值等于空压机的轴功率与排气量之比，也是反映空压机效率的指标。容积比能又称为比功率。

表 3-3-1 螺杆式空压机的技术参数

型号		LGFD75/011Q	LGD110/517J	LGD185/347E	LGD250/347J	MLGF6.3/7	MLGF22/8	LGYⅡ20-8/8	LGYⅡ20-16/8	LG20-10/7	KLGFⅡ20-6/8	HLGD-90
进气压力/MPa		常压	常压	常压	常压	常压	常压	常压	常压	常压	常压	常压
进气温度/℃		<40	<40	<40	<40	<40	<40	<40	<40	<40	<40	<40
排气量/(m^3/min)		10	20	32	43	6.3	22	8	16	10	6	16
排气压力/MPa		1.2	0.8	0.8	0.8	0.7	0.8	0.8	0.8	0.7	0.8	0.7
供气温度/℃		≤40	≤40	≤40	≤40	≤40	≤40	≤40	≤40	≤120		环境温度+15
冷却水量/(m^3/h)		风冷	10.5	18	20	风冷	风冷	水冷	风冷	水冷	风冷	风冷
噪声(声压级)/dB(A)		76±3	76±2	76±2	76±2	(75～82)±3	(75～82)±3					≤75～80
外形尺寸/mm		2 050×1 320×1 875	3 100×1 750×2 050	3 460×2 280×2 550	3 460×2 280×2 550	2 543×1 000×1 318	3 278×1 350×1 818	3 200×1 500×1 850	3 800×1 800×2 300	2 550×1 300×1 400	2 300×1 120×1 400	2 180×1 400×1 750
主机质量/kg		2 050		7 200	7 200	1 380	3 200	1 950	4 500		2 000	2 360
驱动电动机	型号									Y280s-4	Y225s-4	
	功率/kW	75	110	185	250	37	132	37	100	75	37	90
	转速/(r/min)					2 980	2 980					1 490
	电压/V					380/660/1 140	380/660/1 140			380		

表 3-3-1(续)

型号		SA-110W/A	SA-185W/A	SA-375W	SM-490	UD110-10	UD200-10	LGF-6/7	LGF-19.5/7
进气压力/MPa		常压	常压	常压	常压	常压	常压	常压	常压
进气温度/℃		<40	<40	<40	<40	<40	<40	<40	<40
排气量/(m^3/min)		21.0/19.8/17.0/15.3	32.0/30.4/27.4/24.8	64.0/62.0/57.5/49.0	16.0	17.0	31.0	6.0	19.5
排气压力/MPa		0.75/0.85/1.05/1.25	0.75/0.85/1.05/1.25	0.75/0.85/1.05/1.25	0.7	1.0	1.0	0.7	0.7
供气温度/℃		≤40(水冷型)/≤环境温度+10(水冷型)			≤80				
冷却水量/(m^3/h)		W—风冷/A—水冷			水冷				
噪声(声压级)/dB(A)		75±3		82	(75～82)±3				
外形尺寸/mm		2 800×1 800×2 400	3 000×1 750×1 880	4 200×2 250×2 550	3 020×1 200×1 420	2 840×1 640×2 020	3 600×2 050×2 120		
主机质量/kg		4 000	4 560	7 900	2 400	2 650	5 400		
驱动电动机	型号								YB280M-4
	功率/kW	110	185	375	108			34.6	90
	转速/(r/min)	1 480		1 480	1 480				
	电压/V	380		6 000	660				

三、螺杆式空压机的操作

螺杆式空压机的启动、停止操作具体如下：

微课资源

1. 启动前准备工作

(1) 定期打开油桶及水油分离器的手动泄水阀，将停机时的冷凝水排除。若忽略此工作，则润滑油使用寿命会缩短，容易造成轴承烧损。当有油泄出时立即关闭泄水阀。

(2) 检查机器运转时油位是否在高油位和低油位之间，润滑油不足时应补充。禁止混用不同牌号的润滑油，补充润滑油时应确定空压机已经停机且系统内已经没有压力时方可打开加油口盖。

(3) 观察油位应在运转中进行，油位可能较停机时的油位会有所变化。

(4) 检查电器接线是否牢固可靠。

(5) 检查各系统工作是否正常，是否有漏油、漏气和漏水的现象，是否有不正常的声音等。

2. 螺杆式空压机的启动

(1) 接通电源。

(2) 打开供气阀门。

(3) 按下“启动”按钮，主机运行、风扇运行指示灯亮，空压机呈星形启动，约 8 s 后自动切换成三角形运行。

(4) 机组启动过程完成，空载运行 5 s 后空压机自动进入加载运行状态，加载灯亮。

(5) 检查各处有无漏油、漏气现象。

3. 机组工作运行阶段

(1) 运行中定期检查观看指示面板上的信息，如排气压力、排气温度及各项指示灯状况，油位等是否正常。

(2) 检查机组冷凝液是否能自动排出。

(3) 做好工作运行记录，经常检查排气压力、排气温度是否正常，如有反常现象应及时分析查找原因。

4. 停机

(1) 按下“停止”按钮后，空压机自动卸载约 20 s 后停机。若按下“停止”按钮前空压机已空载运行达 20 s，接受停止命令后立即停机。

(2) 当出现各种紧急情况时，按“紧急停机”按钮，机组立即停机，非紧急情况严禁使用。

以上操作步骤是对风冷的螺杆式空压机而言的，如果是水冷的，则应在开机前先开启冷却水，停机后再断开冷却水。

任务二　压气设备的运行与调节

作为动力装置的空压机是为井下的气动机械提供高压气体、驱动气动机械运转的设备，所以，空压机的正常运行与否就直接影响气动机械的运转，继而影响井下的生产作业正常进行。另外，由于井下作业点的位置和气动机械的使用数量随时在发生变化，这就要求空压机能根据上述的变化随时调节其供气量，保证气动机械的正常使用。本任务就是针对螺杆式空压机的运行与调节进行学习。

一、螺杆式空压机的运行与调节

（一）螺杆式空压机的运行

（1）运行中定期检查指示面板上的信息，如排气压力、排气温度及各项指示灯状况，油位等是否正常。

微课资源

（2）检查机组冷凝液是否能自动排出。

（3）做好工作运行记录，经常检查排气压力、排气温度是否正常，如有反常现象应及时分析查找原因。

（4）当空气滤清器的压差达到压差开关设定值时，压差开关动作，控制面板提示报警，此时应清洗空气过滤器。

（5）当油气分离器前后压差达到压差开关设定值时，压差开关动作，表示油气分离器堵塞，控制面板提示报警，此时必须更换油气分离器。确保分离后的空气质量和空压机正常运作。

（6）当油过滤器前后压差达到压差开关设定值时，压差开关动作，表示油过滤器严重堵塞，控制面板提示报警，此时必须更换油过滤器。

（二）螺杆式空压机排气量的调节

由于螺杆式空压机没有进气阀和排气阀，也没有余隙容积，所以其排气量调节就只有改变转速调节、控制进气量调节和改变内容积比调节三种方法。

1. 改变转速调节法

由于螺杆式空压机的排气量与阳转子的转速成正比，故可通过改变驱动装置的转速来实现排气量的调节。目前，大多数螺杆式空压机都采用变频调速装置来改变转速，从而实现排气量的调节。

2. 控制进气量调节法

（1）通断（ON/OFF）调节

这种调节通常是靠装在螺杆式空压机的进气管道上的蝶阀来实现。蝶阀靠随阀杆转动的圆形阀板打开或关闭进气管道，从而达到调节的目的。圆形阀板从全开到全关旋转的角度通常小于90°。调节过程如图3-3-8所示。机组运行中，空压机排气压力达到压差计设定的上限值时，电磁阀失电动作，其阀芯上移，使蝶阀驱动汽缸放气，活塞杆缩回，带动蝶阀关闭进气管道；同时使放空阀活塞右移打开放气，机组在卸载工况下工作。反之，当压力降至压差计设定的下限值时，电磁阀得电动作，其阀芯下移，使蝶阀驱动汽缸进气，活塞杆伸出推动蝶阀打开，并使放空阀活塞左移关闭，机组在负载工况下工作。

微课资源

（2）无级（容调）调节

无级（容调）调节是由容调阀根据空压机排气口压力的高低，去控制进气阀的开启度来实现的。当压力升高时，气体通过容调阀的进气口将其膜片顶开，从容调阀出口流出的气体

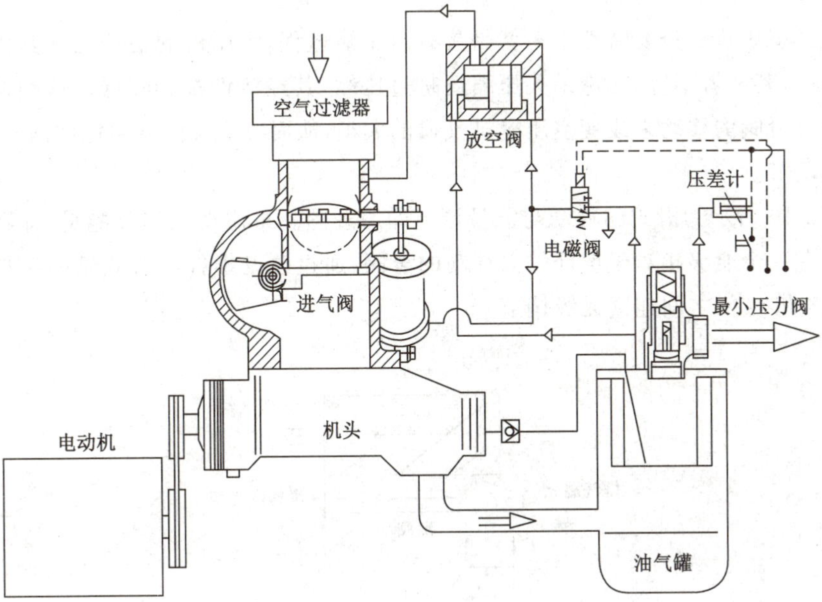

图 3-3-8　螺杆式空压机通断调节原理图

经节流孔流向驱动汽缸，推动驱动汽缸活塞杆伸出，去推动进气阀逐渐关闭，使空压机排气量逐渐减少。当压力下降时，容调阀在弹簧力的作用下将膜片关闭，切断驱动汽缸的进气，驱动汽缸的活塞杆在弹簧力作用下缩回，并带动进气阀逐渐打开，使空压机排气量又逐渐增加，如图 3-3-9 所示。

微课资源

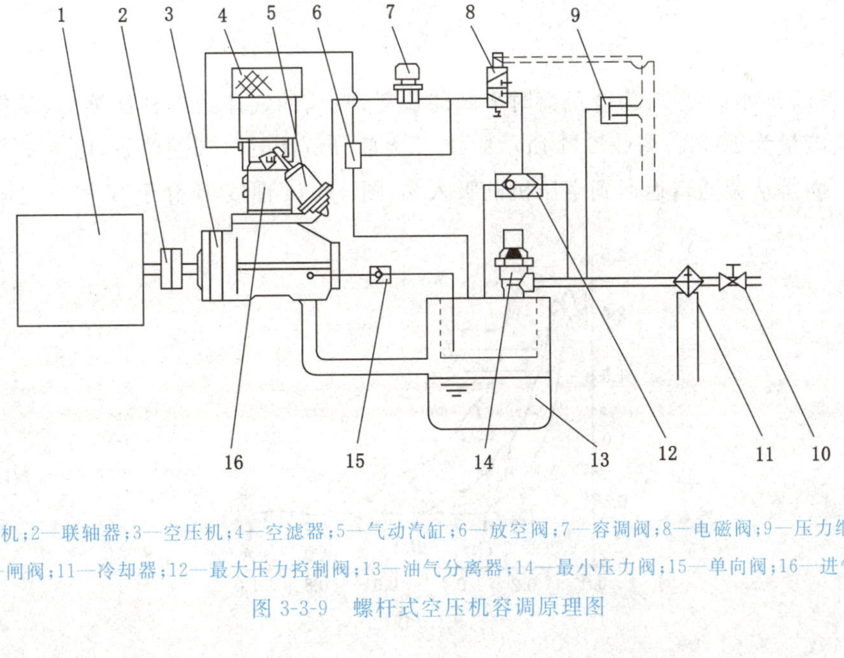

1—电机；2—联轴器；3—空压机；4—空滤器；5—气动汽缸；6—放空阀；7—容调阀；8—电磁阀；9—压力继电器；10—闸阀；11—冷却器；12—最大压力控制阀；13—油气分离器；14—最小压力阀；15—单向阀；16—进气阀。

图 3-3-9　螺杆式空压机容调原理图

3. 改变内容积比调节法

螺杆式空压机的重要特点之一就是具有内压缩过程，空压机的最佳工况是内压缩比等于外压缩比，若两者不等，无论是欠压缩还是过压缩，其经济性都会降低。这种调节方法的原理是通过滑阀的移动来改变空压机排气口的大小，从而改变其内压缩比和内容积比，实现排气量的调节。

图 3-3-10 所示为滑阀的移动与能量调节的原理图。采用滑阀调节能量，即在两个转子高压侧装有一个能够相对于螺杆轴向移动的滑阀，通过改变螺杆的有效轴向工作长度使能量在 100%和 10%之间连续无级调节。

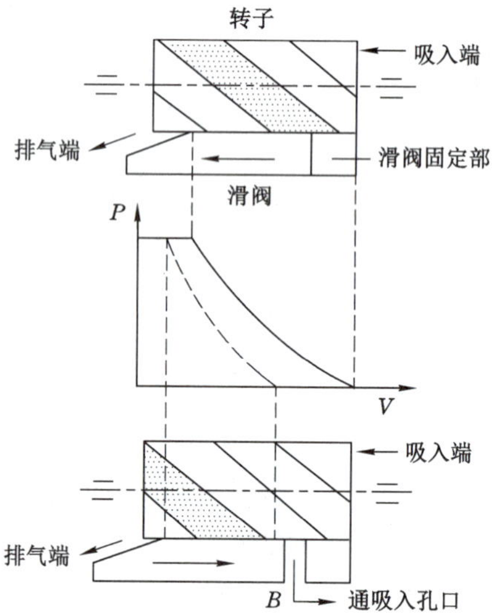

图 3-3-10　滑阀位置与负荷关系

图 3-3-11 所示曲线 A 为全负荷时滑阀的位置，吸入的气体经螺杆压缩后，从排气口全部排出，其能量为 100%；图 3-3-11 所示曲线 C 为部分负荷时滑阀的位置，吸入的气体部分未被压缩，而是从旁通口返回到空压机的吸入端；图 3-3-11 曲线 B 介于 A 和 C 之间。

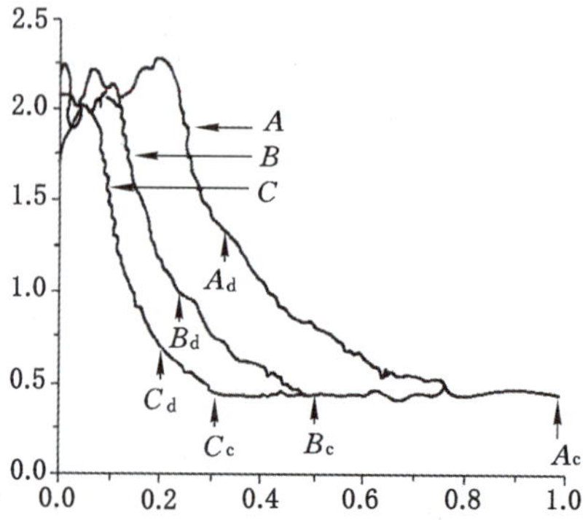

A—100%负荷；B—75%负荷；C—50%负荷。

图 3-3-11　能量调节循环图

目前使用的有两种调节系统，即图 3-3-12(a)所示的手动四通阀调节系统和图 3-3-12(b)所示的三位四通电磁阀调节系统。这两种调节系统都是由操作人员根据生产实际需要，手动操作四通阀或开关三位四通电磁阀，通过调节活塞的移动来实现螺杆式空压机能量滑阀的“加载、减载、停止”三种状态，以达到控制排气量及排气压力的目的。

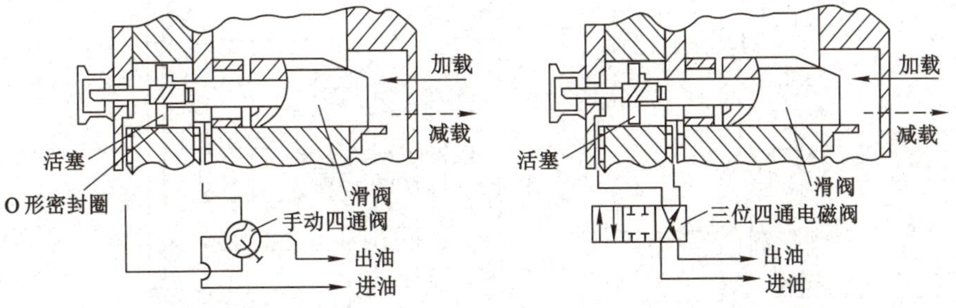

(a) 手动四通阀调节系统　　(b) 三位四通电磁阀调节系统

图 3-3-12　两种调节系统

二、空压机的润滑

空压机采用的润滑方法有下列几种：

1. 压力润滑法

压力润滑法又称为强制润滑法。即用油泵或注油器将润滑油压入润滑部位进行润滑。在大中型带十字头的空压机中均采用此种方式。

2. 飞溅润滑法

此润滑方法是靠做旋转运动的齿轮或其他零件(如甩油环)将油甩起飞溅到各润滑部位进行润滑，因而其润滑效果较差。同时存在只能采用一种润滑油，油位必须严格控制的缺点。此种方法多用于无十字头的小型空压机中。

3. 喷入润滑法

喷入润滑法是将润滑油以雾状喷入气体进入汽缸等润滑地点，如超高压空压机、滑片空压机及螺杆式空压机均采用喷油润滑。

任务三　压气设备的维护与故障处理

为了使压气设备能够稳定、高效、正常地工作，就要学习掌握空压机的结构，按规定对其进行日常的维护保养，以减少故障的发生。当设备出现故障时，能够正确地分析故障的原因，找到解决处理的方法，迅速进行修复，尽量减少对生产造成的影响和损失。本任务就是要通过空压机结构的学习，弄清楚空压机各组成部分的结构，为维护保养、故障分析处理打好基础。

一、螺杆式空压机的结构

(一) 主机结构

1. 喷油螺杆式空压机的主机结构

图 3-3-13 所示为 LGY-12/7 和 LGY-17/7 型喷油螺杆式空压机的主机结构。这两种空压机均采用内置的增速齿轮驱动阳转子。通过采用不同的增速齿轮，可方便地得到具有不同流

量的空压机。在转子的排气端,采用面对面配对安装的单列圆锥滚子轴承,可同时承受轴向力和径向力,并使转子双向定位。机体由吸气端盖、缸体、排气端盖三部分组成,在吸气端盖上设有吸气环槽,在缸体两端设有径向的吸、排气孔口。另外,在外伸轴处设有可靠的机械密封。

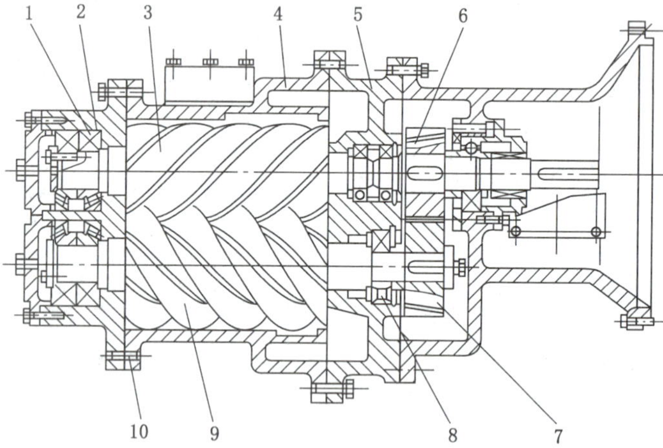

1—圆锥滚子轴承;2—排气端盖;3—阴转子;4—汽缸盖;5—吸气端盖;
6,7—增速齿轮;8—圆柱滚子轴承;9—阳转子;10—定位销。

图 3-3-13 LGY-12/7 和 LGY-17/7 型喷油螺杆式空压机的主机结构

2. 无油螺杆式空压机的主机结构

图 3-3-14 所示为 LGW-40/7 型无油螺杆式空压机的主机结构。该空压机的转子之间不能直接接触,所以阳转子是通过高精度的同步齿轮驱动阴转子的,而且阴转子上的同步齿轮是可调的,以确保转子间的啮合间隙处于理想范围。为了减小转子由于热膨胀而产生的不均匀变形,转子中心开有冷却油孔。

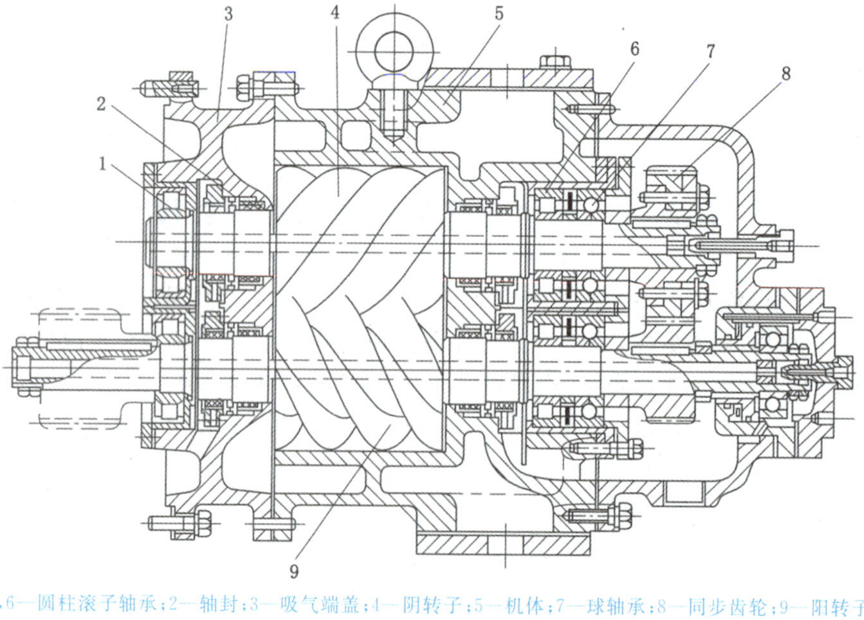

1,6—圆柱滚子轴承;2—轴封;3—吸气端盖;4—阴转子;5—机体;7—球轴承;8—同步齿轮;9—阳转子。

图 3-3-14 LGW-40/7 型无油螺杆式空压机的结构

（二）机体结构

机体由缸体和两端的端盖组成。在转子直径较小的情况下，常将一侧端盖与缸体铸成一体，制成带端盖的结构，转子从一端沿轴向装入。在转子直径较大的情况下，三者是分开的。大型的螺杆式空压机为了便于机器的拆装和间隙的调整，常将机体设计成水平剖分式。

1. 缸体结构

缸体有单层壁和双层壁两种结构。喷油螺杆式空压机多采用单层壁结构的缸体，如图3-3-15(a)所示。无油螺杆式空压机多采用双层壁结构的缸体，如图3-3-15(b)所示。夹层内通有冷却水或其他冷却液，以保证汽缸形状不发生热形变。

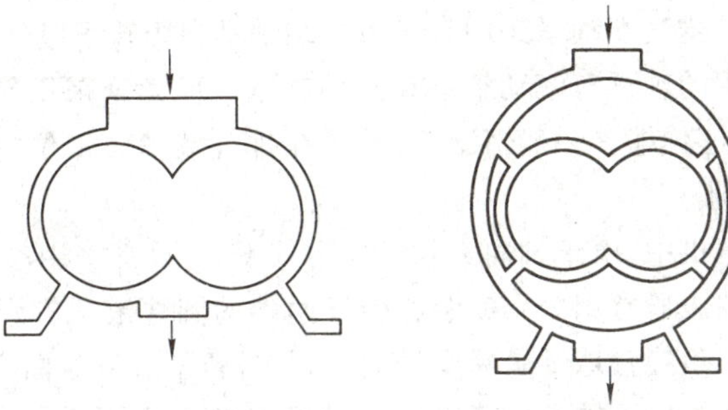

(a) 单层壁汽缸　(b) 双层壁汽缸

图 3-3-15　螺杆式空压机汽缸结构

2. 转子

转子结构有整体式和组合式两种。当转子直径较小时，通常采用整体式结构；当转子直径大于350 mm时，常采用组合式结构，如图3-3-16所示。

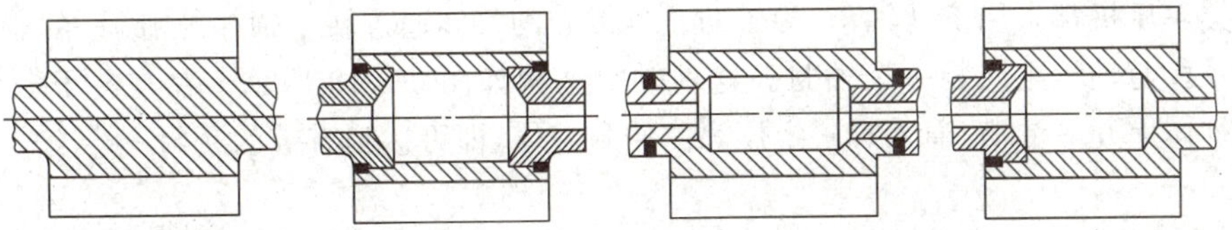

(a) 整体式　(b)、(c)、(d) 组合式

图 3-3-16　转子结构

转子的齿数一般有4∶6和5∶6两种，如图3-3-17所示。4∶6的两转子直径一样大，一般多用于喷油螺杆式空压机；5∶6的两转子直径不一样大，故需设同步齿轮，一般多用于无油螺杆式空压机。

3. 轴承

在螺杆式空压机的转子上，作用有轴向力和径向力。轴向力是由于转子一端是吸气压力，另一端是排气压力；再加上压缩过程以及驱动啮合的受力等因素产生的。阳转子所受轴向力大约是阴转子的4倍。

径向力是由于转子两侧所受压力不同而产生的。由于转子的形状及用力作用面积不同，两转子所受的径向力大小也不同。因此，承受径向力的轴承负载由大到小依次是：阴转

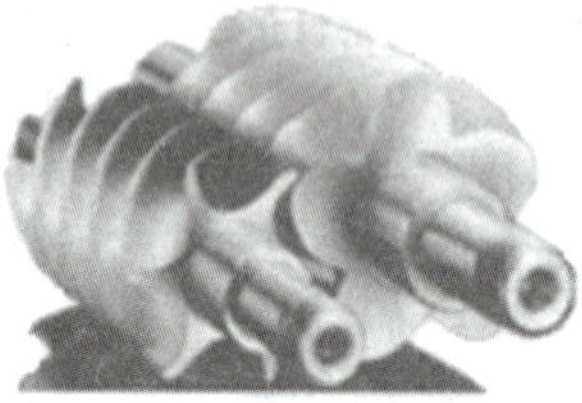

(a) 5∶6

(b) 4∶6

图 3-3-17 转子齿数

子排气端轴承＞阳转子排气端轴承＞阴转子吸气端轴承＞阳转子吸气端轴承。

螺杆式空压机常用的轴承有滚动轴承和滑动轴承。但无论采用何种轴承，都应确保转子一端固定，另一端能够伸缩。一般情况下，转子在排气端轴向定位，在吸气端留有较大的轴向间隙，让其自由膨胀。

在喷油螺杆式空压机中，由于轴向力和径向力都不大，故都采用滚动轴承。承受轴向力的轴承总是放在排气端。通常用分别安装在转子两端的圆柱滚子轴承承受转子的径向力；用安装在排气端的一个角接触球轴承承受轴向力，并对转子进行双向定位。在一些机器中，用一对背靠背安装的圆锥滚子轴承或角接触球轴承同时承受轴向力和径向力，如图 3-3-18 所示。

在无油螺杆式空压机中，通常采用高精度的滚动轴承，以确保安装精度，使空压机获得良好的性能。但由于无油螺杆式空压机的转速很高，当其工作在中压或高压工况时，滚动轴承的计算寿命往往较低，因此无油螺杆式空压机的轴向或径向轴承有时也采用滑动轴承。

4. 轴封

(1) 喷油螺杆式空压机的轴封

这类空压机都采用滚动轴承，为了防止压缩腔的气体通过转子轴往外泄漏，在排气端的转子轴颈段与轴承之间装一个轴封。这种轴封结构如图 3-3-19 所示。在与转子轴颈段相对应的机体上开一油槽，通入有一定压力的密封液体，即可达到有效的密封。

图 3-3-18 圆锥滚子轴承

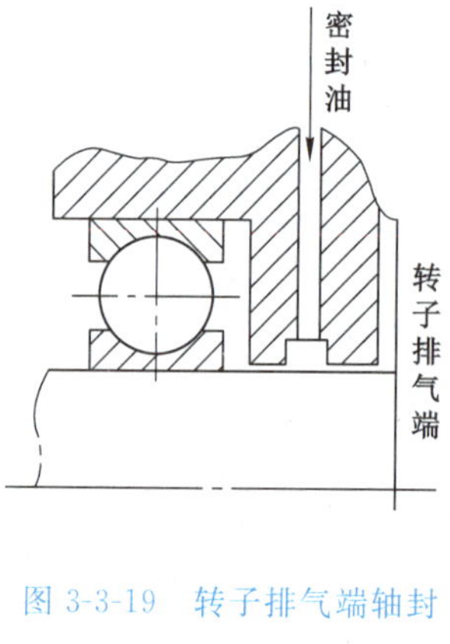

图 3-3-19 转子排气端轴封

在吸气侧由于转子轴伸出机体，且内外存在一定压差，常采用如图 3-3-20 所示的机械密封。

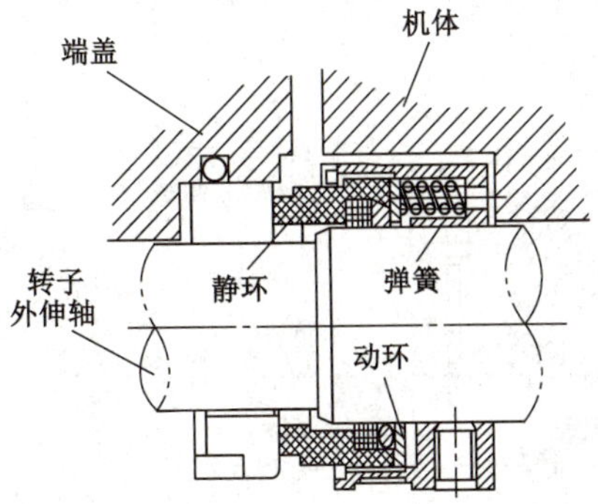

图 3-3-20 螺杆式空压机转子外伸轴处的轴封

(2) 无油螺杆式空压机的轴封

在无油螺杆式空压机中，压缩过程是在一个完全无油的环境中进行的，这就要求在空压机的润滑区和气体区之间设置可靠的轴封。目前，无油螺杆式空压机的轴封主要有石墨环式、迷宫式和机械式三种。

图 3-3-21 所示为最常用的石墨环式轴封。这种轴封包括一组密封盒，密封盒的数量随工作压力而不同，一般为 4～5 个，且排气侧的密封盒数量多于吸气侧的密封盒数量。

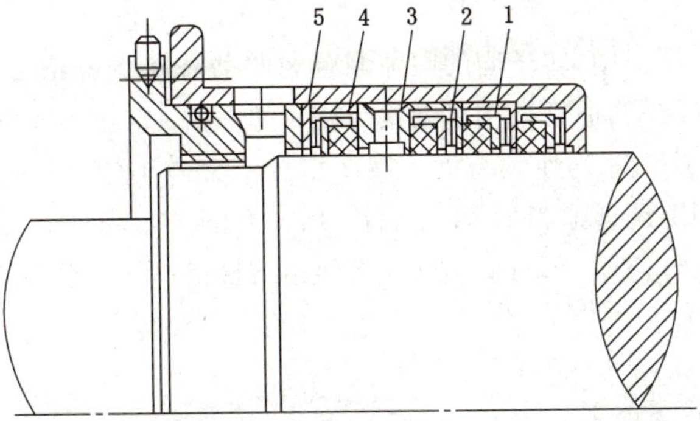

1—保护圈；2—波纹弹簧；3—引气环；4—整圈石墨环；5—密封盒。

图 3-3-21 石墨环式轴封

石墨环式轴封的密封环由摩擦系数较低的石墨制成，具有良好的自润滑性。为了保证强度和使环的热膨胀率与轴材料的热膨胀率相同，在密封环上装有钢制的保护圈。

石墨环 4 在轴向上靠波纹弹簧 2 压紧在密封盒 5 和保护圈 1 的侧面上，以防止气体经石墨环的两侧面泄漏。当轴的旋转中心发生变化时，借助于弹簧的作用，石墨环也移动到新的位置并保持在这一位置，从而防止了磨损现象的产生。

图 3-3-22 所示为无油螺杆式空压机中采用的迷宫式轴封。在这种轴封中，密封齿和密封面之间有很小的间隙，并形成曲折的流道，使气体从高压侧流向低压侧时产生很大的阻力，以阻止气体的泄漏。密封齿是加工在一个轴套上的，当密封齿损坏时可以更换。

在无油螺杆式空压机中，无论是采用石墨环式轴封，还是迷宫式轴封，都可用压力稍高于空压机内压力的惰性气体充入轴封内，以阻止高压气体向外泄漏。

当无油螺杆式空压机的转速较低时，还可以采用如图 3-3-23 所示的有油润滑的机械式轴封。

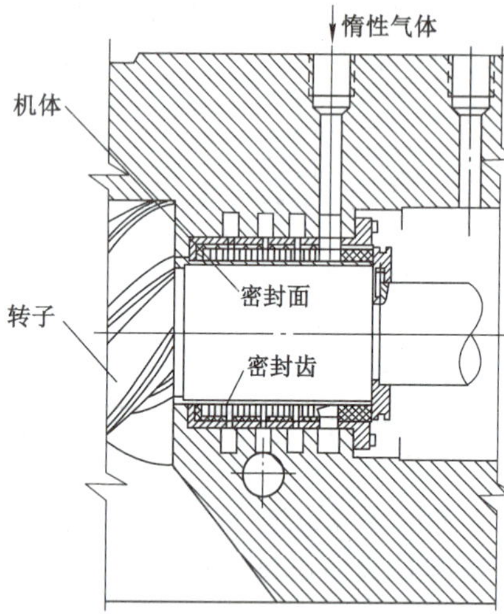

图 3-3-22　迷宫式轴封

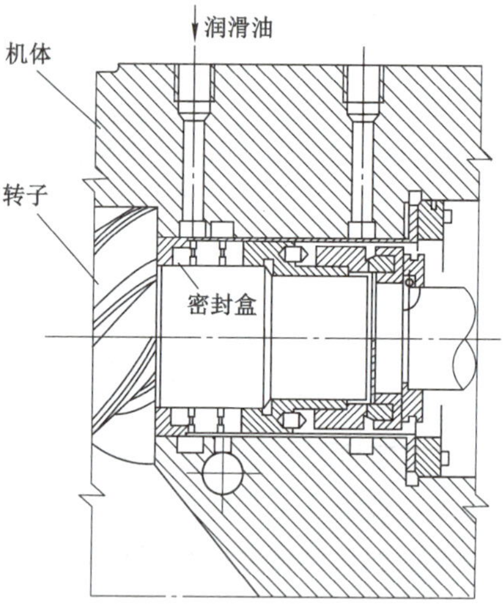

图 3-3-23　机械式轴封

5. 同步齿轮

在无油螺杆式空压机中，转子间的间隙调整和驱动靠同步齿轮来实现。同步齿轮有可调式和不可调式两种结构，通常采用可调式结构。如图 3-3-24 所示，小齿圈 1 及大齿圈 2 都套在轮毂 3 上，调整小齿圈 1，使它与大齿圈 2 错开一个微小的角度，就可减少与主动齿轮之间的啮合间隙。间隙调整适当后，将小齿圈 1、大齿圈 2 与轮毂 3 用圆锥销 4 定位，再用螺栓固定。为防止螺母松动，每两个螺母 5 之间用防松垫片 6 连接。

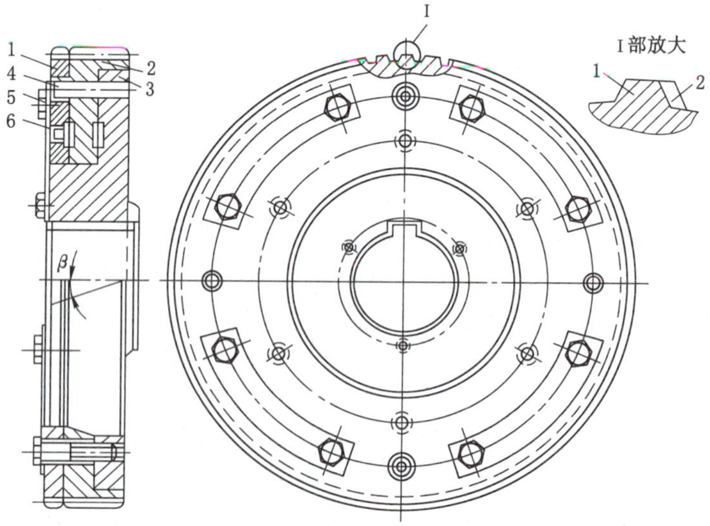

1—小齿圈；2—大齿圈；3—轮毂；4—圆锥销；5—螺母；6—防松垫片。

图 3-3-24　可调式同步齿轮

（三）调节装置

1. 进气阀

进气阀结构如图 3-3-25 所示，由阀体 1、蝶阀 2、止回阀 3 和控制汽缸 5 组成。回转式止回阀自带配重 4 和氟橡胶密封圈，开机时空压机主机吸气，由于压差的原因，止回阀迅速打开；当停机时，压差失去后，受配重控制，止回阀能及时迅速关闭，确保没有停机吐油的现象。蝶阀的开启和关闭受控制汽缸控制，根据控制汽缸的活塞杆伸出长短，蝶阀打开或者关闭，从而调节空压机进气量。

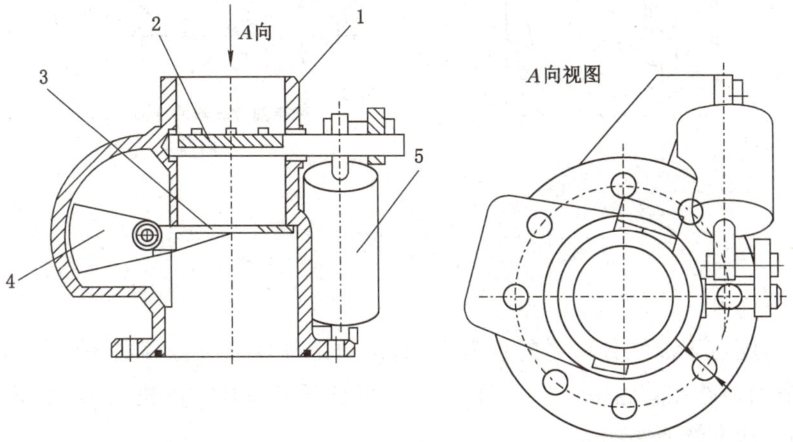

1—阀体；2—蝶阀；3—止回阀；4—配重；5—控制汽缸。

图 3-3-25　进气阀结构

2. 温控阀

温控阀主要用于调节控制从油气分离器出来油的流向，从而控制进入螺杆机主机的润滑油温度，防止过高温度的油进入主机润滑系统，其结构如图 3-3-26 所示。当油温低于设定最低温度时，温控阀控制杆不膨胀，阀芯处于图示位置，从油气分离器来的油经阀口直接流向螺杆机主机；当油温在高于设定最低温度、低于设定最高温度时，温控阀控制杆膨胀，推动阀芯向右移动，使油气分离器来的热油一部分流向冷却器，剩下部分和冷却器返回的冷油混合后流向螺杆机主机；当油温高于设定最高温度时，温控阀控制杆使阀芯右移到底，油气分离器来的热油全部流向冷却器。温控阀设定最低温度 60 ℃，最高温度 75 ℃，油温到达设定最低温度时，阀芯开始向右移动，到达设定最高温度时，阀芯向右运动到底。

（四）保护装置

1. 安全阀

安全阀安装在油气分离器上，对空压机进行限压保护，其结构如图 3-3-27 所示，为弹簧微启式。当油气分离器罐内压力低于安全阀调定值时，阀芯在弹簧作用下处于关闭状态。当油气分离器罐内压力高于安全阀调定值时，阀芯在气体压力作用下处于开启状态。罐内气体经安全阀口排入大气。

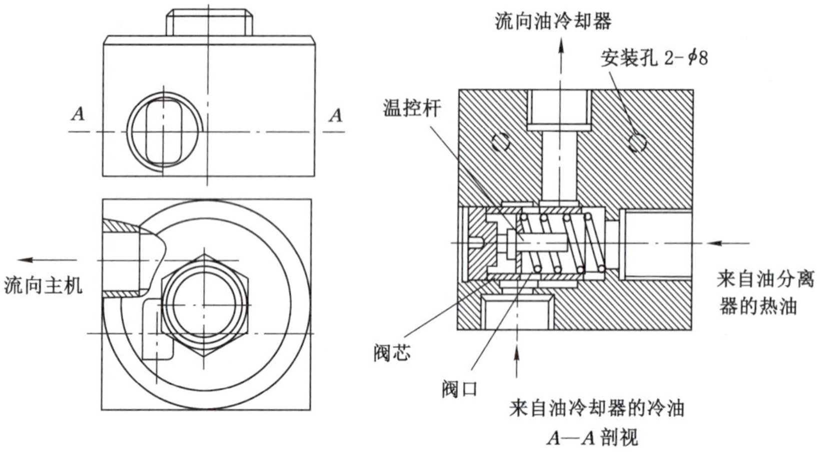

图 3-3-26 温控阀结构

2. 最小压力阀

最小压力阀位于油气分离器的顶盖上,其作用是确保油气分离器中的压力不低于 0.4 MPa,使润滑油能够在管路中正常流动。此外,当空压机卸载或停机时,最小压力阀还可阻止管网中的气体倒流。

最小压力阀的结构如图 3-3-28 所示。由阀体 1、止回阀芯 2、主阀芯 3、止回阀弹簧 4、主阀弹簧 5、调压螺母 6 等组成。

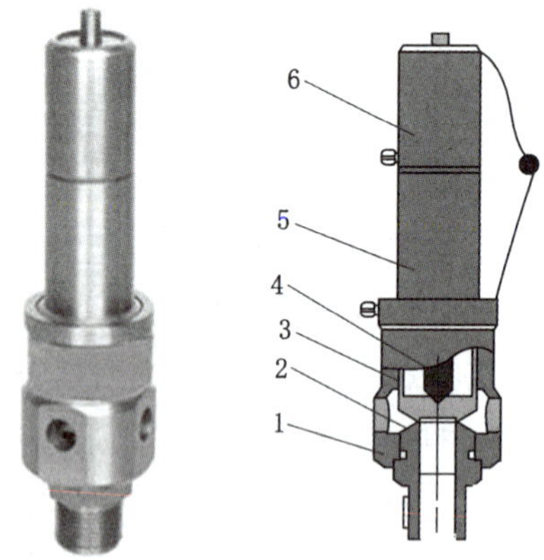

1—阀体;2—阀座;3—阀瓣;

4—阀杆;5—阀盖;6—阀帽。

图 3-3-27 安全阀结构

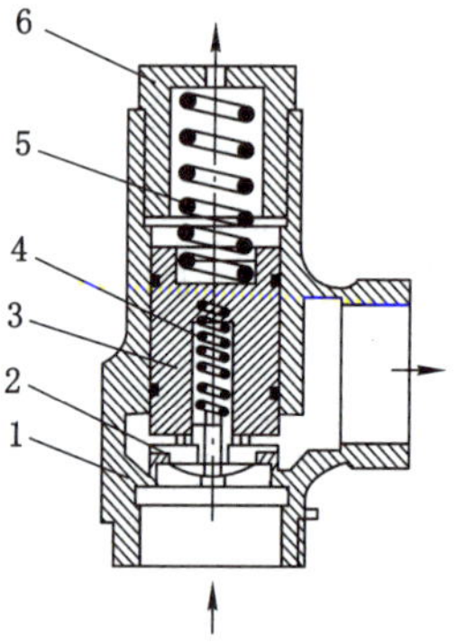

1—阀体;2—止回阀芯;3—主阀芯;

4—止回阀弹簧;5—主阀弹簧;6—调压螺母。

图 3-3-28 最小压力阀结构

经油气分离器分离后的压缩空气从最小压力阀下部进入,作用在阀芯上。当压力大于主阀弹簧调定值时,止回阀芯 2 及主阀芯 3 上移,打开排气口,压缩空气流出。当压力小于主阀弹簧调定值时,止回阀芯 2 及主阀芯 3 下移,关闭排气口。

（五）辅助装置

1. 空气过滤器

空气过滤器的主要功能是过滤空气中的尘埃和杂质，其结构如图 3-3-29 所示。由消声帽 1、出气管 2、过滤网 4、滤网架 5、旋流板 7、内筒 8、进气管 9、外筒 10 等组成。

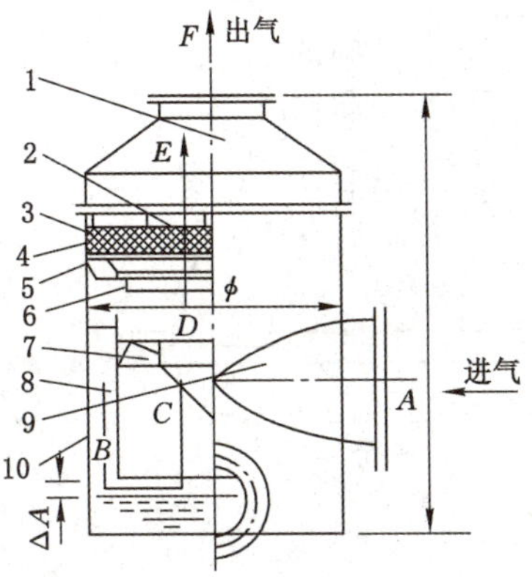

1—消声帽；2—出气管；3—压圈；4—过滤网；5—滤网架；

6—挡圈；7—旋流板；8—内筒；9—进气管；10—外筒。

图 3-3-29　组合式空气过滤器

空气沿切线方向进入外筒，并在外筒内高速旋转，气流中的尘粒在离心力作用下被分离出来，撞击外筒壁而坠入油池。气流掠过油面时产生波动，夹带部分油液随气流旋转，在内筒壁上形成油膜。气流中的尘粒粘在油膜上，再次被分离，得到二次净化。油膜沿内筒壁向下流动，形成油幕，空气在穿过时受到油浴，使部分尘粒被分离。气流在内筒旋转上升，穿过旋流板后加速旋转，将气流中夹带的油滴一部分甩入油槽中通过回油管流入筒底，一部分沿内筒壁回流，冲洗筒壁上的油膜，将捕集的粉尘冲入筒底并产生新油膜，气流最后通过过滤网滤去较小尘粒和油滴，从而达到净化的目的。气流如图 3-3-29 中 $A \to B \to C \to D \to E \to F$ 路线流动。

2. 油气分离器

油气分离器用于喷油螺杆式空压机中，其作用是把压缩空气中所含雾状的油分离出来，将压缩空气的含油量控制在 3～5 ppm 以下。其结构如图 3-3-30 所示，由壳体 1、初级滤芯 2、次级滤芯 3、最小压力阀 4 等组成。从螺杆式空压机排出的压缩空气由进气管进入油气分离器，先用旋风分离的方法粗分离出大部分油，剩余的油经初级滤芯 2、次级滤芯 3 做进一步精分离而沉降在滤芯底部，滤芯底部的油利用压差经回油管引入空压机进行润滑。在油气分离器上装有油位视镜 5、最小压力阀 4 和安全阀。油气分离器也兼作油箱和储气罐。

3. 油过滤器

油过滤器的作用是对进入螺杆式空压机的润滑油进行过滤。其结构如图 3-3-31 所示，由上盖、滤芯、壳体、排水阀等组成。从油冷却器（或温控阀）来的润滑油进入油过滤器，经滤芯过滤后流出。滤下的水和杂质落入壳体下部的金属杯内，定期清洗时由排水阀排出。

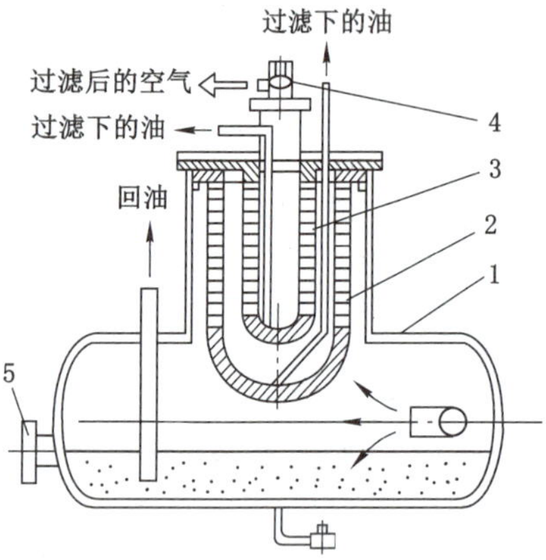

1—壳体；2—初级滤芯；3—次级滤芯；
4—最小压力阀；5—油位视镜。
图 3-3-30 油气分离器结构

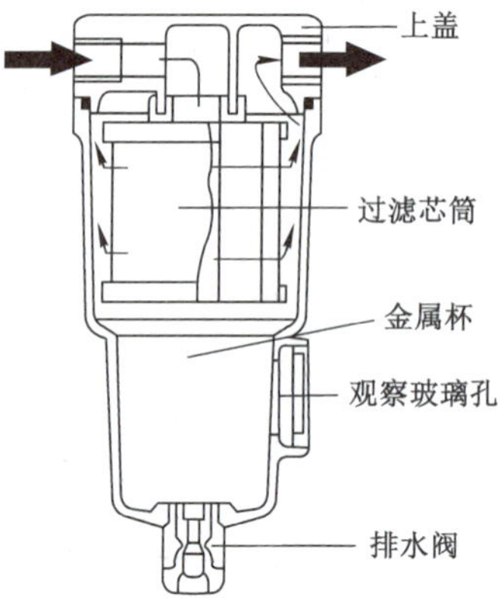

图 3-3-31 油过滤器结构

二、螺杆式空压机的维护与故障处理

（一）螺杆式空压机的日常维护保养

1. 准备工作

为确保机组正常运行和延长使用寿命，良好的维护保养是关键。因此，必须认真地执行螺杆式空压机组的维护保养规程。在着手进行维护之前，应做好以下准备工作：

（1）切断主机电源并在电源开关处挂上标志。

（2）关闭通向供气系统的截止阀，以防压缩空气倒流回被检修的部分。不能依靠单向阀来隔离供气系统。

（3）打开手动放空阀，排空系统内的压力，保持放空阀处于开启状态。

（4）对于水冷机器，必须关闭供水系统，释放水管压力。

（5）确保空压机组已冷却，防止烫伤、灼伤。

（6）擦净地面油痕、水迹，以防滑倒。

2. 日常维护的主要内容

（1）每天保养内容：

① 检查空滤芯和冷却剂液位。

② 检查软管和所有管接头是否有泄漏情况。

③ 检查易耗件情况，已经到了更换周期的必须停机予以更换。

④ 检查主机排气温度，达到或接近 98 ℃时必须清洗油冷却器。

⑤ 检查分离器压差，达到 0.06 MPa 以上（极限 0.1 MPa）时应停机更换分离芯。

⑥ 检查冷凝水排放情况，若发现排水量太小或没有冷凝水排放，必须停机清洗水分离器。

⑦ 检查空压机是否有不正常响声。

(2) 每月保养内容:

① 检查冷却器,必要时予以清洗。

② 检查所有电线连接情况并予以紧固。

③ 检查交流接触器触头。

④ 清洁电机风扇吸风口表面和壳体表面的灰尘。

⑤ 清洗回油过滤器。

(3) 每季度保养内容:

① 清洁主电机和风扇电机。

② 更换油过滤芯。

③ 清洁冷却器。

④ 检查最小压力阀、安全阀。

⑤ 检查传感器。

(4) 每年保养内容:

① 更换润滑油及油气分离器滤芯。

② 更换空气过滤器滤芯、油过滤器滤芯。

③ 安全阀校准。

④ 检查弹性联轴器连接情况。

⑤ 检查冷却风扇。

⑥ 清洗自动排污阀。

⑦ 补充或更换电机润滑油脂。

⑧ 检查、更换润滑油。

润滑油对喷油螺杆式空压机的性能具有决定性的影响,若使用不当则会导致空压机体的严重损坏。润滑油的更换必须及时,否则油品的品质下降,润滑性能不佳,容易造成高温跳闸现象;同时,因为油品的燃点下降,也易形成油品自燃而使空压机烧毁的事故。

当润滑油发生下述变化时,应换油:含水量大于 0.1%;酸值大于 2 mgKOH/g;运动黏度变化超过允许值的 10%;颜色变化至棕黑。

换油时应在机组尚热、油气分离器卸压后进行。先放完油气分离器中的油,再将新油注入油气分离器内,待液位计的油位高于“70”处后,旋紧加油塞。注意不要注油太多,否则多余的油会被气带走。换油时应同时更换油过滤器。更换油过滤器时,在新油过滤器的橡胶密封圈上涂上一层油,旋紧即可。

通常矿物型润滑油在累计运行 2 500 h 后换油,但是在一年中如果运行时间不足 2 500 h,一年后也必须换油。排放润滑油应在空压机停车之后立即进行,这样可使悬浮在油中的微小颗粒随着润滑油一起排到机外。

微课资源

(二) 螺杆式空压机的常见故障分析及处理

螺杆式空压机常见故障有空压机不加载、超温停车等现象,其故障原因及排除方法详见表 3-3-2。

表 3-3-2 螺杆式空压机常见故障、故障原因及排除方法

故障现象	可能引起的原因分析	排除方法
1. 无法启动(电气故障灯亮)	保险丝开路或烧毁	请电气人员检修更换
	保护继电器动作	请电气人员检修更换
	启动继电器故障	请电气人员检修更换
	启动按钮接触不良	请电气人员检修更换
	电压过低	请电气人员检修更换
	电机故障	请电气人员检修更换
	空压机体故障	用手转动机体,若无法转动时,联络服务单位
	缺相保护继电器动作	检查电源线及各接点
2. 运行电流高,空压机自动停机(故障灯亮)	电网电压过低	请电气人员检修更换
	排气压力过高	查看实际压力值,如超过设定压力,检查设定值及压力传感器
	润滑油规格不正确	确认油品规格型号,更换专用润滑油
	胶带传动松	检查张力并调整
	油细分离器堵塞(系统内部压力过高)	更换油细分离器
	空压机本体故障	用手转动机体,若无法转动或转动不顺畅时,请联络服务单位
3. 运转电流低于正常值	空气消耗量太大(实际压力小于设定值运转)	检查排气消耗量,必要时增加空压机
	空气过滤器堵塞	清洁或更换
	进气阀动作不良(蝶阀卡住不动作)	拆卸清洗并加注润滑油脂或更换
	气量调节阀(比例阀)调整不当	重新调整
4. 排气温度低于正常值(低于 75 ℃)	冷却水量太大	调整冷却水出口阀,如风冷式冷却器可减少冷却器的散热面积
	环境温度过低	调整冷却水出口阀,如风冷式冷却器可减少冷却器的散热面积
	无负荷太久	重新设定压力超高的停车时间
	温度传感器显示有偏差	更换温度传感器
	温控阀故障	更换温控阀或阀芯

表 3-3-2(续)

故障现象	可能引起的原因分析	排除方法
5. 排气温度高,空压机自动停机,故障显示排气高温(运行实际超过设定值 110 ℃)	润滑油量不足	检查油面,若低于“L”时请停车加油至“H”
	冷却水量不足	检查进、出水管温差
	冷却水温变高	检查进水温度
	环境温度高	增加排风,降低室温
	油冷却器堵塞	检查进、出水管温差,正常温差约为 20 ℃,如低于 20 ℃,可能是油冷却器阻塞,拆下用药剂清洗
	润滑油规格不正确	检查油号,更换油品
	温控阀故障	检查油是否经过油冷却器冷却,若无则更换温控阀
	空气滤清器不清洁	以低压空气清洁空气滤清器
	油过滤器阻塞	更换油过滤器
	冷却风扇故障	更换冷却风扇
6. 空气中含油分高,冷却液添加周期减短	油面太高	检查油面并排放至“H”与“L”之间
	回油管限流孔阻塞	拆卸清洁
	排气压力低	检查排气压力,必要时调整
	进气阀止回功能失效	检查进气阀,必要时更换
	油细分离器破损	更换新品
	压力维持阀弹簧疲劳	更换弹簧
	回油止回阀故障	更换新品
	润滑油规格不正确	检查油品规格、油号,更换专用润滑油
7. 无法全载运转	压力传感器故障	更换新品
	三向电磁阀故障	更换新品
	控制器故障	更换新品
	延时继电器故障	请电气人员检修更换
	进气阀动作不良	拆卸清洗后加注润滑油脂
	压力维持阀动作不良	拆卸后检查阀座及止回阀片是否磨损,如磨损应更换
	比例阀故障	检查喷嘴及比例阀是否堵塞
	进气阀伺服汽缸堵塞	检查并拆卸清洗
	控制管路泄漏	检查泄漏位置并锁紧

表 3-3-2(续)

故障现象	可能引起的原因分析	排除方法
8. 无法空车,空车时表压力仍保持工作压力或继续上升,安全阀动作	压力传感器失效	检查,必要时更换
	进气阀动作不良	拆卸清洗后加注润滑油脂
	泄放电磁阀失效(线圈烧损)	检修,必要时更换
	气量调节膜片破损	检修更换
	泄放限流孔太小	适度加大孔径
9. 空压机风量低于正常值	空气过滤器堵塞	清洁或更换
	进气阀动作不良	拆卸清洗后加注润滑油脂
	压力维持阀动作不良	拆卸后检查阀座及止回阀片是否磨损,如磨损应更换
	油细分离器滤芯堵塞	检修,必要时更换
	泄放阀泄漏	检修,必要时更换
	进气比例阀设置有误	检查,必要时更换
10. 空、重车频繁	管路泄漏	检查泄漏位置并锁紧
	压差设置太小	重新设定(一般压差为 0.1 MPa)
	空气消耗量不稳定	增加储气罐容量
11. 停机时油雾从空气过滤器冒出	进气阀泄漏	检修,必要时更换
	重车停机	检查进气阀是否卡住,如卡住应拆卸清洁后加润滑油脂
	三向电磁阀动作不良	检查,必要时更换
	电气线路错误	请电气人员检修更换
	压力维持阀泄漏	检修,必要时更换
	泄放阀未泄放	检查泄放阀,必要时更换

1. 机组排气温度高

(1) 机组润滑油液位太低,造成排气温度过高。解决办法是加注适量润滑油到规定的刻度,通过润滑油的冷却作用降低通过气体的温度。

(2) 由于油冷却器脏造成油冷却效果差。解决办法是采用专门清洗剂进行除垢处理,保证油冷却器的冷却效果。

(3) 油过滤器芯堵塞。解决办法就是更换油过滤芯。

(4) 温控阀故障,导致高温润滑油不经过冷却器直接进入油过滤器,进而进入空压机导致排气温度高。解决办法就是维修或更换温控阀。

(5) 温度传感器故障,不能准确检测温度。解决办法就是维修或更换传感器。

2. 机组油耗大或压缩空气含油量大

(1) 由于加注润滑油量太多,导致机组油耗大、压缩后的空气含油量大。解决方法是在润滑油加注过程中严格按照规定要求,油位不高于总量的一半。

(2) 回油管堵塞,导致油不能回到螺杆主机。解决办法就是畅通回油管。

(3) 油分离芯破裂。解决办法是维修或更换油分离芯。

(4) 润滑油变质或超期使用。解决办法是按照规定更换合适的润滑油。

模块四　智能煤矿矿用机器人

本模块主要介绍了煤矿作业类机器人的类型，煤矿主系统巡检机器人的功能、特点、实施方案以及搬运机器人的实施方案等内容，介绍了半煤岩巷道智能掘进机器人的主要内容、主要控制功能、主要技术指标，并简单介绍了综采工作面巡检机器人。

思政案例

项目一 煤矿机器人的种类

“机器人巡检，无人化开采”是煤矿未来要实现的目标。2019 年 1 月，为贯彻落实党中央、国务院关于推动工业机器人、智能装备在危险工序和环节广泛应用的重大决策部署，国家煤矿安全监察局发布了经 2018 年第 41 次局长办公会议审议通过的《煤矿机器人重点研发目录》，聚焦关键岗位、危险岗位，重点研发应用掘进、采煤、运输、安控和救援等 5 类、38 种煤矿机器人，对每种机器人的功能提出了具体要求，引导企业大力发展和使用煤矿机器人并给予政策激励。以下摘录了《煤矿机器人重点研发目录》的部分内容仅供参考。

一、掘进类

1. 掘进工作面机器人群

基本要求：研发基于信息化、网络化和智能化技术的矿井掘进工作面机器人群，具备井巷掘进作业设备机群自主决策控制功能，实现工作面掘进、临时支护、钻锚、运输等多机器人高效协同，一键启动、自动掘进。

2. 掘进机器人

基本要求：研发能够自主决策、智能控制的掘进机器人，具备定位导航、纠偏、多参数感知、状态监测与故障预判、远程干预等功能，实现掘进机高精度定向、位姿调整、自适应截割及掘进环境可视化。

3. 全断面立井盾构机器人

基本要求：研发面向煤矿建井工程的全断面立井盾构机器人，具备自主掘砌与迈步、矿井围岩与环境感知、模板与撑靴等设备状态监测及自动调控等功能，实现立井全断面机器人化掘进。

4. 临时支护机器人

基本要求：研发掘进巷道围岩状态智能感知、自主移动定位临时支护机器人，具备支撑力自适应控制、支护姿态自适应调控、多架协同及远程干预等功能，确保掘进巷道临时支护及时可靠，提高掘进效率及安全性。

5. 钻锚机器人

基本要求：研发由锚杆机、锚杆仓及智能控制系统组成的钻锚机器人，实现锚杆间排距自动定位、机单元自动或遥控行走、钻孔、填装锚固剂、锚杆装卸、锁紧锚杆等功能，满足井下巷道的快速支护要求。

6. 喷浆机器人

基本要求：研发集成行走、扫描、泵送、配料、搅拌及喷射等工序的喷浆机器人，具备巷道复杂作业区域的快速扫描、空间建模、网架识别、喷射区域智能划分、臂架运动智能控制及喷射路径智能规划等功能，实现井下巷道喷浆支护自动作业。

7. 探水钻孔机器人

基本要求：研发自主或遥控移机、精确定位及自动装卸钻杆的探水钻孔机器人，具备自动调整钻姿、智能钻孔规划、钻孔定位、自动纠偏钻进、孔口防喷、钻屑参数与钻孔水情实时监测及遥控作业功能，提高探水钻孔施工的精度。

8. 防突钻孔机器人

基本要求：研发自主或遥控移机、精确定位及自动装卸钻杆的防突钻孔机器人，具备自动调整钻姿、智能钻孔规划、钻孔定位、钻进速度与瓦斯压力自适应、钻孔轨迹与孔口环境瓦斯浓度实时监测、自动防喷孔及遥控作业功能，提高防突钻孔施工安全性。

9. 防冲钻孔机器人

基本要求：研发自动上下钻杆、遥控操作的防冲钻孔机器人，具备自主或遥控移机、精确定位、自动调整钻姿、智能钻孔规划、钻孔定位、自适应钻进、钻屑参数与地压实时监测及遥控作业功能，实现高地应力环境下大孔径防冲钻孔施工自动化。

二、采煤类

10. 采煤工作面机器人群

基本要求：研发适合煤矿复杂地质与环境条件的采煤工作面机器人群，具备回采工作面设备机群自主决策控制、煤岩界面的自主识别等功能，实现工作面采煤机、刮板输送机、液压支架、转载机及超前支架等设备自主运行、多机协同联动作业。

11. 采煤机机器人

基本要求：研发能够自主决策、智能控制的采煤机机器人，具备精准定位、采高检测、姿态监测、远程通信控制、煤岩识别、状态监测与故障预判、可视化远程干预等功能，实现采煤机自主行走、自适应截割及高效连续运行。

12. 超前支护机器人

基本要求：研发巷道围岩智能感知、自主移动超前支护机器人，具备支撑力自适应调整、支护姿态控制、多机协同及远程干预等功能，确保采煤工作面推采过程中巷道稳定，提高开采效率及安全性。

13. 充填支护机器人

基本要求：研发用于工作面充填区支护与充填一体化的机器人，具备输料和充填过程实时监控、充填率自动判别及充填体形态自动识别等功能，实现可靠支护条件下的自主充填作业，确保充填率和质量符合要求。

14. 露天矿穿孔爆破机器人

基本要求：研发适用于露天开采的穿孔爆破机器人，具备爆破系统三维模拟、孔位自动定位、孔深自动检测、穿孔过程远程控制与监测等功能，实现露天矿爆破作业无人化。

三、运输类

15. 搬运机器人

基本要求：研发矿用物料自动识别、抓取、搬运和码放机器人，具备物料识别定位、路径规划、自主移动、安全避障及远程干预等功能，实现生产物料的按时、按需搬运，提高搬运效率。

16. 破碎机器人

基本要求：研发工作面大块煤岩体破碎或人工构筑物破除机器人，具备机动能力、破碎目标自动辨识、定位、闭锁、破碎及效果评判等功能，实现精准、高效破碎作业。

17. 车场推车机器人

基本要求：研发车场推车作业机器人，具备矿车位置及数量识别、运行方向判断、自主规划摘挂钩及推车动作、安全闭锁确认等功能，实现车辆的摘挂钩分离及推车作业机器人化。

18. 巷道清理机器人

基本要求：研发具有刷帮、起底、破碎、铲装功能的巷道清理机器人，实现自主或遥控移机、巷道变形快速检测、精确定位作业位置、变形巷道修复及评测等功能，提升巷道清理工作效率。

19. 煤仓清理机器人

基本要求：研发储煤筒仓自动化清理、疏通机器人，具备蓬煤、粘壁、冻煤趋势预判、目标识别、清理等功能，安全有效地替代人工解决落煤不畅和煤仓阻塞难题。

20. 水仓清理机器人

基本要求：研发水仓煤泥自动挖掘、脱水、运输机器人，具备煤泥自动清挖、自动输送、固液分离、煤泥块装运等功能，实现水仓煤泥及时、高效清理。

21. 选矸机器人

基本要求：研发运输过程中矸石及其他非煤杂物智能分拣机器人，具备目标破碎、自动识别、精确定位、快速选拣、分类投放等功能，实现煤矸高效分离。

22. 巷道冲尘机器人

基本要求：研发巷道冲洗降尘机器人，具备自主行进、巷道煤尘量自动检测、自主规划冲洗作业流程、自适应设定冲尘参数及环境监测等功能，替代人工对巷道进行自动冲洗。

23. 井下无人驾驶运输车

基本要求：研发煤矿井下无人驾驶运输车，具备精确定位、安全探测、自主感知、主动避障、自动错车、风门联动等功能，实现井下运输车无人化驾驶。

24. 露天矿电铲智能远程控制自动装载系统

基本要求：研发露天矿电铲智能远程控制自动装载系统，具备矿区环境感知与三维重现、无线通信与远程监控、自动装车对位、移动铲位、故障智能识别与报警等功能，实现露天电铲作业智能化与无人化。

25. 露天矿卡车无人驾驶系统

基本要求：研发适用于露天煤矿的运输卡车无人驾驶系统，具备远程无线通信、GPS定位、自主行走、导航避障、装载自动识别等功能，实现矿用卡车的无人驾驶和卡车车队的智能调度。

四、安控类

26. 工作面巡检机器人

基本要求：研发适用于井下回采工作面作业环境巡检机器人，具备自主移动、定位、图像采集、智能感知、预警、人机交互等功能，实现煤壁、片帮、大块煤、有害气体、温度、粉尘、设备状态等监测。

27. 管道巡检机器人

基本要求：研发瓦斯、风、水等管道巡检机器人，具备气体测定、管壁检测、缺陷定位、清淤、除垢及封堵等功能，为管道维护、检修及更换提供依据。

28. 通风监测机器人

基本要求：研发基于巷道断面变化观测的回风巷通风状况监测机器人，具备围岩断面变形判识、积水探测、通风参数采集、智能分析及危险预警等功能，对巷道维护和通风系统调整提供依据。

29. 危险气体巡检机器人

基本要求：研发井下环境中危险气体巡检机器人，具备复杂巷道自主行走，定位、危险气体浓度与浓度分布、环境温度感知、数据处理与预警及人机交互等功能，替代人工巡回检测。

30. 自动排水机器人

基本要求：研发井下巷道排水机器人，具备复杂地形泵体自主或遥控行走、精准对接、快速接管、自动排水与追水、远程干预等功能，实现巷道涌水的快速排水。

31. 密闭砌筑机器人

基本要求：研发井下巷道密闭砌筑机器人，具备自动或遥控行走、精确定位、快速掏槽、自动砌筑、填充与抹面、作业环境监测等功能，替代人工实现井下掏槽及砌筑施工。

32. 管道安装机器人

基本要求：研发井下风、水管路安装机器人，具备管路抓取、精确调位、快速连接、遥控操作等功能，替代人工实现井下风、水管路的自动安装。

33. 皮带机巡检机器人

基本要求：研发皮带自动巡检机器人，具备自动行走、自主定位、皮带运行参数检测、温度与烟雾感知、煤流监测、环境参数监测及预警等功能，替代人工实现皮带运输的智能化监测。

34. 井筒安全智能巡检机器人

基本要求：研发井筒安全智能巡检机器人，具备自主井壁爬行、环境参数检测、支护缺陷与危险源识别、井壁裂纹等状态评估和预警，提升建设期及服役期井筒的安全保障能力。

35. 巷道巡检机器人

基本要求：研发具有设备设施巡检、环境探测等功能的巷道巡检机器人，实现自主移动、精确定位、设备运行工况检测、设施状况诊断、巷道变形检测、有害气体检测等功能，替代人工对巷道进行巡检。

五、救援类

36. 井下抢险作业机器人

基本要求：研发巷道塌方、堵塞等狭小空间快速抢险救援作业机器人，具备自主行走、精确定位、井下环境识别、挖掘、钻扩、运送、远程遥控等功能，实现抢险作业无人化。

37. 矿井救援机器人

基本要求：研发适用于煤矿井下水、火及瓦斯灾后救援机器人，具备自主行走、导航定位、被困人员生命探测、音视频交互、紧急救护物资输送等功能，实现害后的恶劣环境被困人员自主搜寻。

38. 灾后搜救水陆两栖机器人

基本要求：研发灾后搜救水陆两栖机器人，具备 GPS 拒止环境下导航定位、陆基自主或遥控巡检、透水事故后水下航行器自动分离、被困人员搜索等功能，实现透水事故后井下快速搜救。

项目二　主系统巡检机器人

主系统巡检机器人包括主运输系统巡检机器人（图 4-2-1）和巡检机器人（图 4-2-2），虽然主系统设备都具备自身的综合保护系统，但是对于沿线的维护和巡检，依然靠人工来实现，工人的工作环境非常恶劣，同时存在安全风险。通过机器人技术代替巡检员完成煤矿相关区域、设施、设备的巡检，巡检过程中对巡检区域的环境数据、设施情况、设备工况等信息进行采集，并具备数据的智能化筛选、分析，以实现环境、设施异常状况和设备故障的诊断、预警等功能。

图 4-2-1　主运输系统巡检机器人

图 4-2-2　巡检机器人

矿用轨道式巡检机器人系统（以下简称巡检机器人）主要由机器人本体、基站、防爆闭锁充电装置、轨道系统、地面工作站等组成。机器人本体吊挂于轨道在巷道内往复运行，模拟巡检员井下巷道行走。巡检机器人搭载多种传感器，实时采集巡检现场的图像、声音、红外热像及温度数据、烟雾、多种气体浓度参数等信息，不仅模拟实现巡检员巡检作业时的“望、闻、问、切”，而且将传统的无法复现记录和不能准确量化对比的人工感官现象以数字化的图像、声音和准确的数据实时归类存储，便于故障问题的查询复现。

一、巡检机器人的功能

1. 本体功能

针对煤矿井下巷道实际环境及复杂工况限制，皮带巡检机器人采用模块化设计，通过搭载各种设备实现以下功能：

（1）机器人本体搭载有本安型固定摄像仪和本安型双视云台摄像仪。本安型固定摄像仪采用 30 倍光学调焦可见光摄像机，安装于机器人本体前端，能够实时采集沿轨道方向的整体巷道现场工况，实现煤矿巷道现场的整体全方位可视化监控。本安型双视云台摄像仪集成了云台、红外热像仪、可见光摄像机及补光灯，整体采用本安设计，实现了巷道内各个角度不同重点设备的图像采集，如皮带机托辊、皮带面、电机、滚筒、巷道电缆和管路、仪表、阀杆等。

（2）巡检机器人采用非接触式红外热像测温仪，通过捕捉设备辐射的热红外线，能够准确检测设备表面各个温度数据，并形成热视图像，直观展示设备温度分布情况，快速定位高温故障点。

（3）搭载防爆红外热视仪，检测皮带设备温度，通过温度值判断异常故障。

（4）搭载拾音器，用于托辊及滚筒等设备音频采集及分析，判断设备是否正常。

（5）搭载组合式气体检测传感器，用于检测环境中一氧化碳、甲烷、氧气等气体浓度，实现超限声光预警。

（6）搭载高分贝扬声器，实现双向对讲功能及故障后语音自动提示功能。

（7）搭载烟雾探测传感器，检测环境中烟雾浓度，超限预警，防止火灾事故的发生。

（8）搭载避障传感器，实现自主避障安全运行。

（9）通过传感器实现自动换向、限位停止、定点校正功能。

2. 防爆闭锁充电功能

巡检机器人防爆充电技术采用多重安全闭锁防爆设计，防爆腔内触点在机器人无充电时不带电，保证煤矿现场安全。

3. 机器人状态反馈功能

巡检机器人自身状态实时检测，如准确的位置定位、姿态信息、加速度、驱动夹紧力数据等，这些信息既辅助巡检机器人巡检识别功能，又用于巡检机器人运行安全控制和自检。

二、巡检机器人的特点

（1）严格按照国家防爆标准设计，符合煤矿防爆要求。

（2）采用全新模块化设计驱动结构，体积小、重量轻、爬坡角度大、过弯能力强，适用于各种复杂煤矿井下环境。

（3）吊挂于轨道，占用空间小，不影响行人，对地面环境无要求。

（4）机器人设计时充分考虑各种安全问题，采取多重技术措施，保证机器人可靠、安全运行。

(5) 搭载轻量化本安型云台摄像机，实现巡检现场全方位图像采集和重点巡检设备不同角度的局部细节图像采集。

(6) 搭载在线式本安型红外热像仪，实时采集巡检设备的红外热像图及各点温度。

(7) 采用多重安全闭锁防爆充电设计，安全等级高、稳定可靠。

(8) 产品可靠性高，安装、操作、使用方便，维护简单，对减员增效、减轻巡检人员的劳动强度具有重要意义。

(9) 可快速集成各种标准通信接口的检测仪器，实现对特殊场所的特定检测。

三、实施方案

1. 行人侧轨道安装方案

(1) 安装时需在巷道顶部安装吊装轨道用的锚杆，采用打锚杆固定轨道方式安装，对行人侧上下带面、托辊、环境温度、气体等进行巡检。

(2) 两根轨道通过吊耳首尾连接，两根相同长度的吊链通过螺栓穿过轨道上的吊耳孔，通过平垫、弹垫及螺母固定牢固，如图 4-2-3 所示。

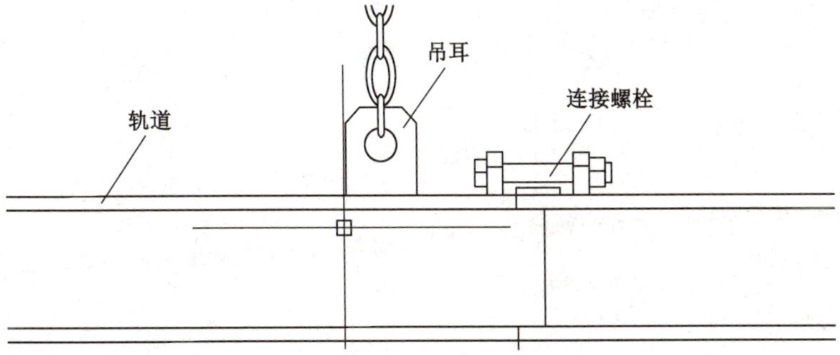

图 4-2-3　吊装连接图

(3) 轨道分为直线轨道、弯形轨道，轨道为工字钢。

(4) 轨道最小水平曲率半径 1.5 m，每节弧长大于 2 m 时需在其中点增设一个吊耳，防止轨道机器人在运转过程中发生倾斜，以提高轨道的稳定性。

(5) 轨道垂直转弯用直轨完成，最小垂直曲率半径 3 m。

(6) 轨道接头间隙不得大于 5 mm，高低和左右允许偏差不得大于 2 mm 和 1 mm。

(7) 轨道安装后应达到平、直、顺的标准。

2. 机头落地式支架安装方案

工字钢轨道从皮带巷道伸出，使用槽钢或工字钢焊接的支架使用膨胀栓进行固定，机器人按机头轨道走向进行环形巡检，对机头驱动电机、液力偶合器等设备温度、环境进行监测。

3. 无线基站安装方案

无线基站按照 200 m 一台进行配置，巷道壁打孔固定。

4. 充电装置安装方案

充电装置安装在皮带机机头井口处轨道上，确保与机器人无缝对接。

5. 技术要求

巡检机器人系统可以与万兆环网无缝对接，并预留接口，将来能够满足5G网络接入。

6. 效益分析

(1) 井下皮带运输系统粉尘大、噪声大、体力劳动强度大，在皮带巡检维护岗位使用煤矿巡检机器人可以大大避免人员伤亡，减少井下作业人员，减少职业病的发生。

(2) 对于年产600万t的矿，9人左右的皮带巡检，如果把工资、补贴、福利、餐费、工装、劳保、入洗成本及设备损耗等加在一起，平均按照每人12万元/年计算，可节约费用108万元/年。

(3) 通过引入煤矿巡检机器人系统可通过机器代替人工的简单枯燥劳动，能及早发现皮带系统运行中存在的安全隐患问题，将故障消灭在萌芽状态，避免事故扩大。

(4) 工人可能在晚上等时间段会有懒散行为，不能全神贯注地执行井下巡检工作，但机器人会根据管理人员设定的巡查路线规范进行工作，既减少了井下工人，又提高了设备巡检效率。

项目三　搬运机器人

搬运机器人是利用机器人取代人工搬运单体+铰接梁支护，能实时显示现场机器人运行画面并进行智能控制，实现“110工法”尾巷支护自动化。采用单元支架替代单体支柱+铰接梁支护尾巷、单轨吊机器人替代人工搬运支架和远程视频监控与智能作业可以解决许多问题。下面以黄陵矿业一号煤矿为例进行说明。

一、自然条件

(1) 尾巷巷道断面尺寸：5.0 m(宽)×(2.8～3.0) m(高)。

(2) 巷道顶板比较平整，近水平，最大角度±5°。

(3) 巷道底板不硬化，且有不同程度的底鼓。

(4) 一般巷道的支护强度1 250 kN/m。

(5) 尾巷需加强支护段长度约200 m。

(6) 采煤工作面日推进度约10 m。

二、现有尾巷加强支护方案

图4-3-1所示为1006运顺切缝留巷平面示意图。图4-3-2所示为顶板切缝爆破试验断面布置图。

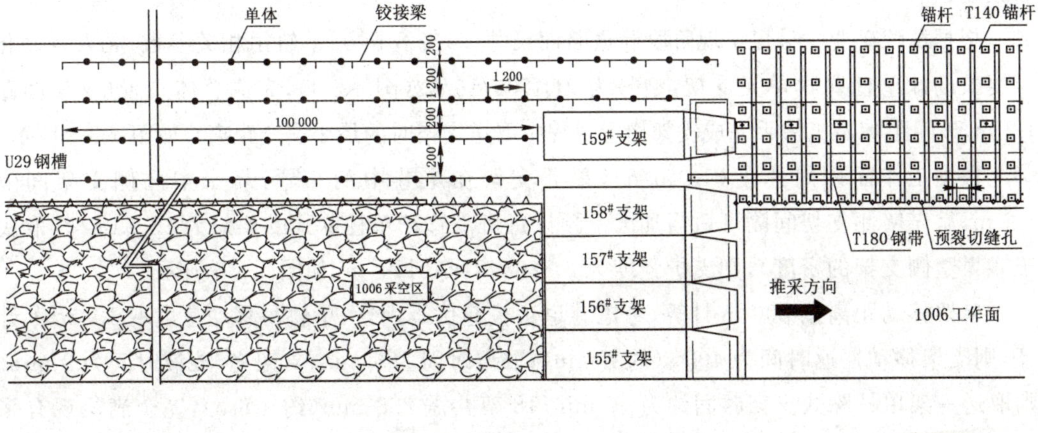

图4-3-1　1006运顺切缝留巷平面示意图

三、具体实施

根据黄陵矿业一号煤矿工作巷自然条件以及顶板比较平整、坡度较小、底板没有硬化且容易底鼓等特点，确定沿空留巷尾巷加强支护设备的运输形式采用单轨吊配机械手，采用天安公司研制并已应用的跺式单元支架替代单体+铰接梁支护，采用循环搬架

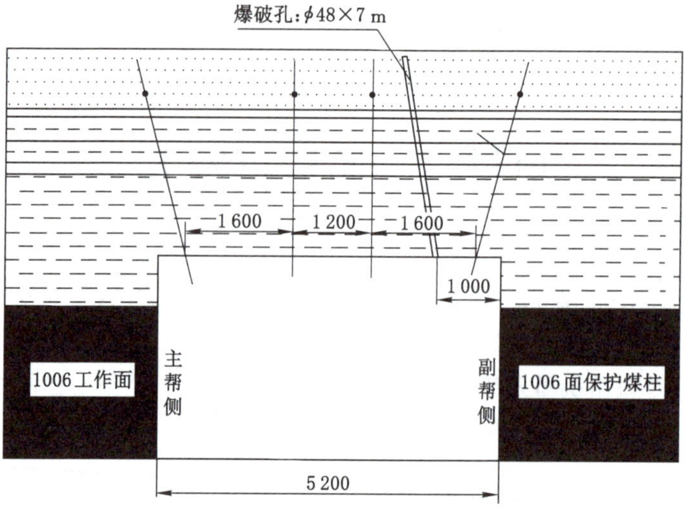

图 4-3-2 顶板切缝爆破试验断面布置图

支护作业。

根据《煤矿安全规程》的相关规定，采煤工作面所有安全出口与巷道连接处超前压力影响范围内必须加强支护，且加强支护的巷道长度不得小于 20 m。留巷段工作面超前支护采用巷道超前支护液压支架，支护强度 1 250 kN/m。

沿空留巷工作面设备布置情况如图 4-3-3 所示。在工作面推进方向两侧采用巷道超前支护液压支架，在沿空留巷尾巷采用跺式单元支架加强支护，靠近采空区侧较煤壁侧支架排布紧密。

根据黄陵矿业一号煤矿现阶段巷道断面尺寸（5×2.8 m^2）、单轨吊相关参数、无人自动化等要求设计单柱跺式单元支架，型号为 ZQ1700/16/32（图 4-3-4），完成总体布置（支架间距 1.2 m，该间距满足机械手完成支架搬运过程中取送支架时的最小安全距离），如图 4-3-5 所示。

根据工作面采煤速度（10 m/d），单元支架在尾巷中的布置：靠采空区侧支架间隔 1.2 m，靠煤壁侧支架间隔可适当加大。预计每班需移动单柱跺式支架约为 13～18 架（取决于靠煤壁侧支架的密度），则支护强度为 2 320～2 833 kN/m，如图 4-3-6 所示。

单架移动距离按 200 m 计算，考虑巷道顶板起伏等因素，单轨吊移动速度取 1.0 m/s 计算，则支架移动往返时间为 400 s（约 7 min）；取架时间为 6 min；支架充/放液时间为 3 min。则取送一架单柱跺式支架时间约为 16 min，18 架共需 288 min（约 4.8 h），完全满足现有采煤工作面采煤进度的需要。尾巷设备配置如图 4-3-7 所示。

支架进、回液管插接接头改进设计采用带自锁功能的快插接头（图 4-3-8）替代 U 形卡快插接头，便于实现自动化插拔作业。

为实现无人自动搬运支护设备，针对跺式单元支架设计机械手（图 4-3-9），并配置操纵阀、乳化液泵站、液箱以及电控箱等设备，在机械手上集成多种类型传感器，包括激光测距传感器、视觉相机、接近开关、位移传感器、监控摄像机等。

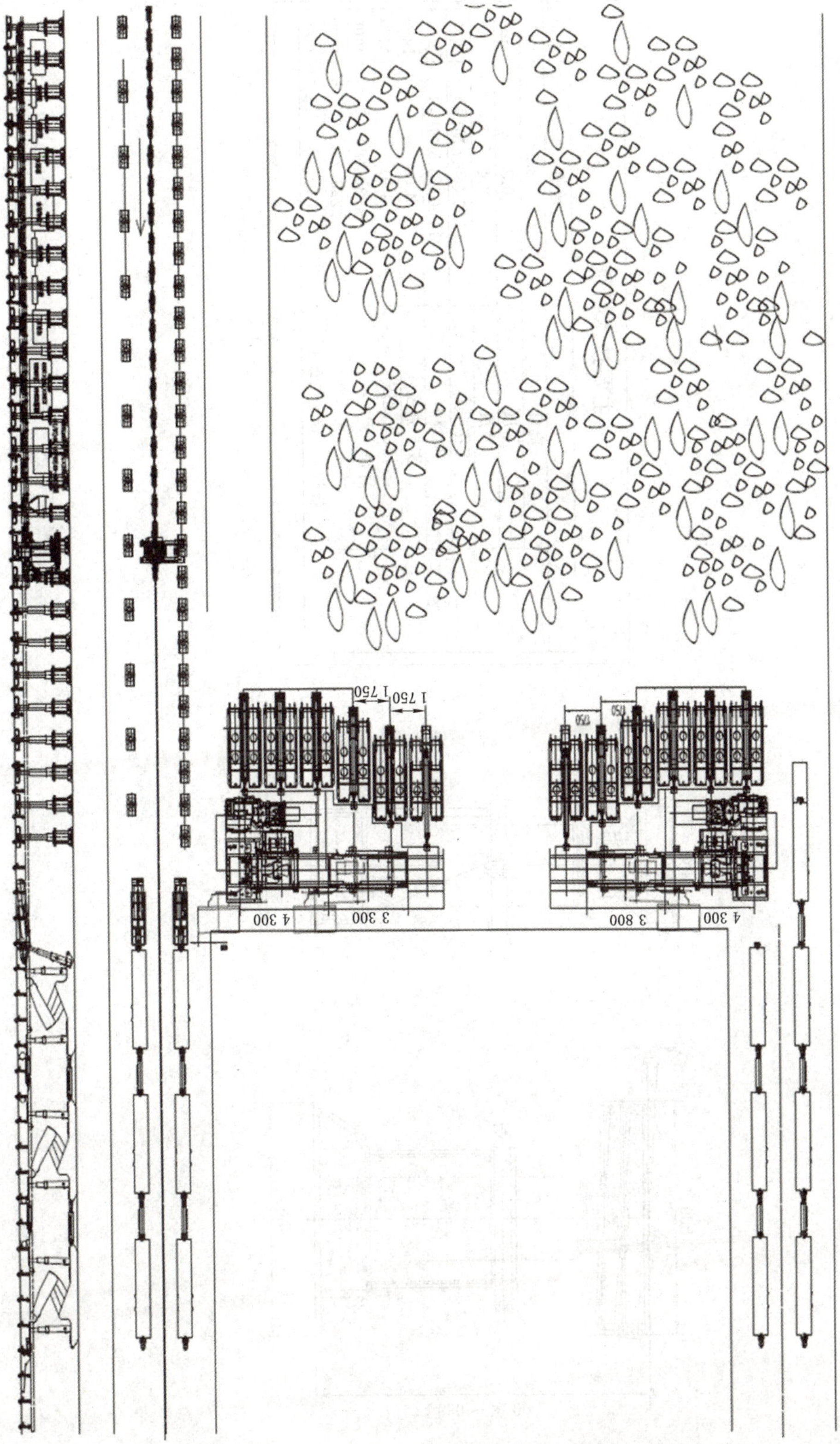

图 4-3-3　沿空留巷工作面设备布置

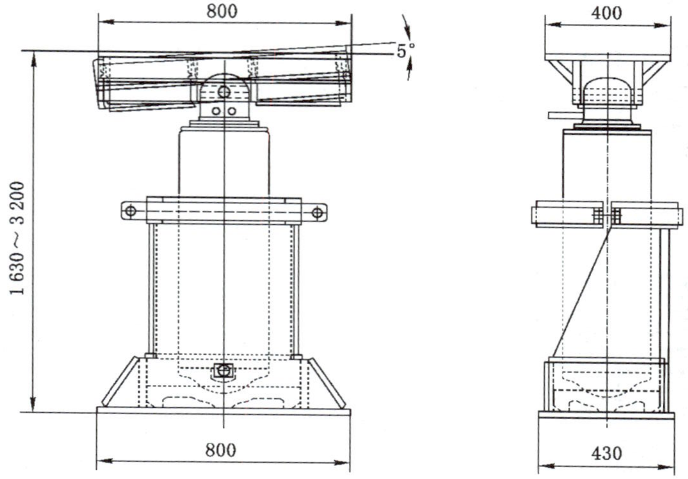

主要技术特征

项目		数值	单位
支架	高度	1.6～3.2	m
	长度	0.8	m
	宽度	0.4	m
	工作阻力	1 700（40.7 MPa）	kN
	初撑力	1 300（31.5 MPa）	kN
	支护强度	4.09	MPa
	对底板比压	4.91	MPa
	缸径（大/小）	ϕ230/180	mm
	柱径（大/小）	ϕ220/160	mm
	行程（一级/二级）	820/775	mm

图 4-3-4　ZQ1700/16/32型单柱跺式单元支架

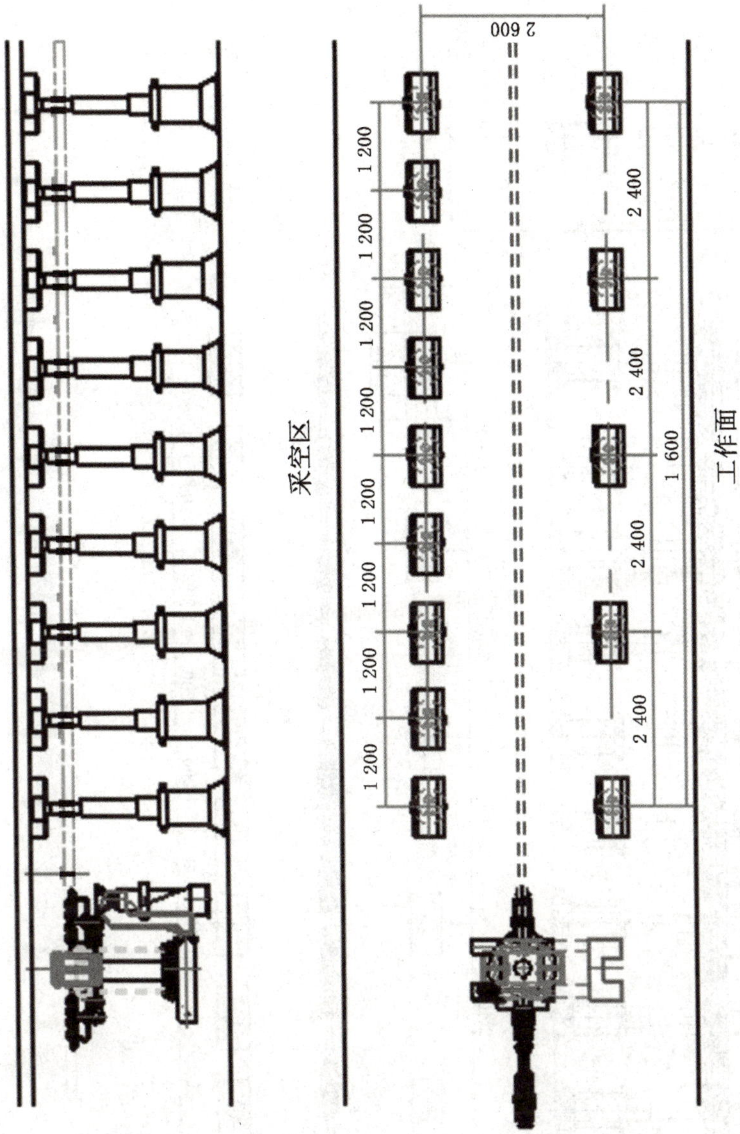

图 4-3-5　沿空留巷尾支护及劫掠搬运机器人

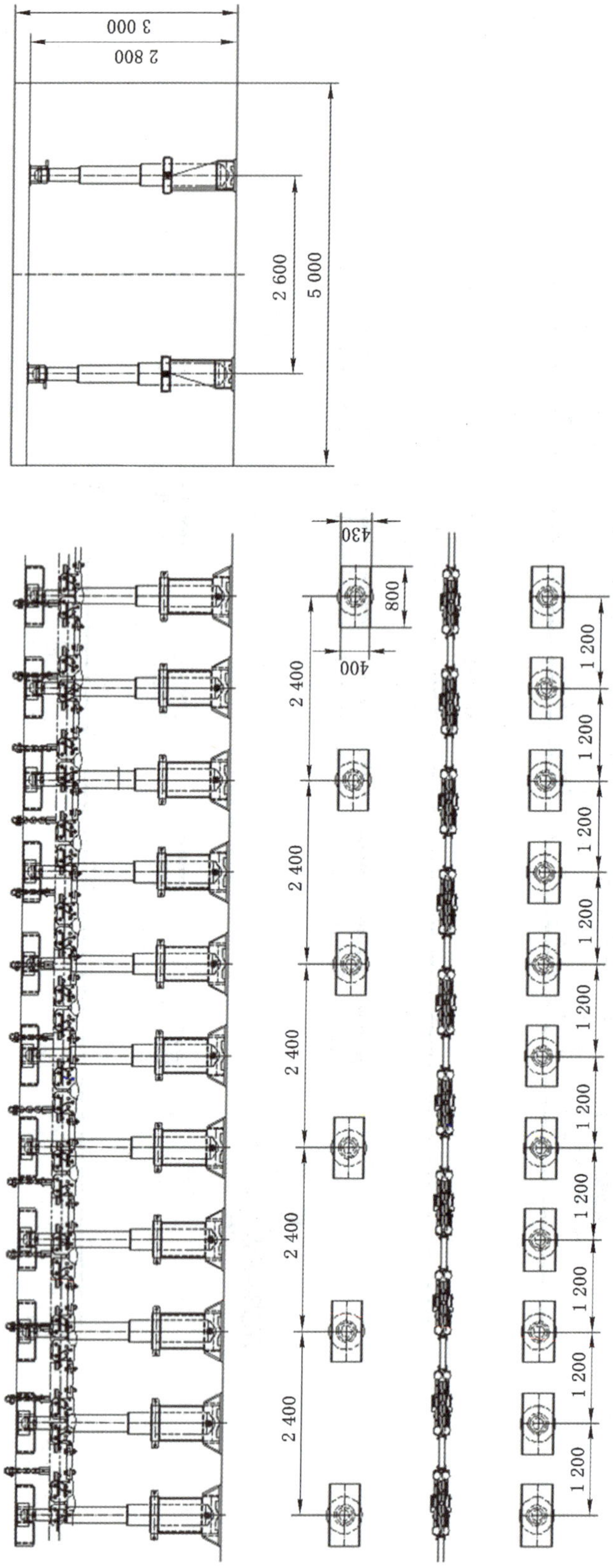

图 4-3-6　尾巷内支架布置图

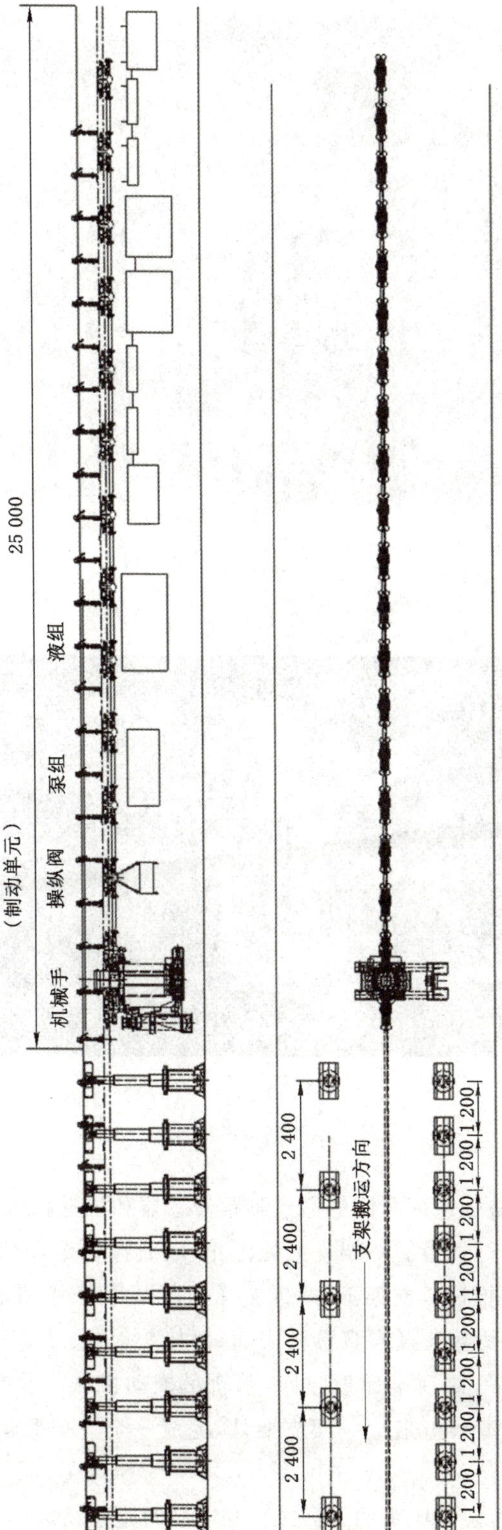

图 4-3-7　尾巷设备配置图

图 4-3-8 快插接头

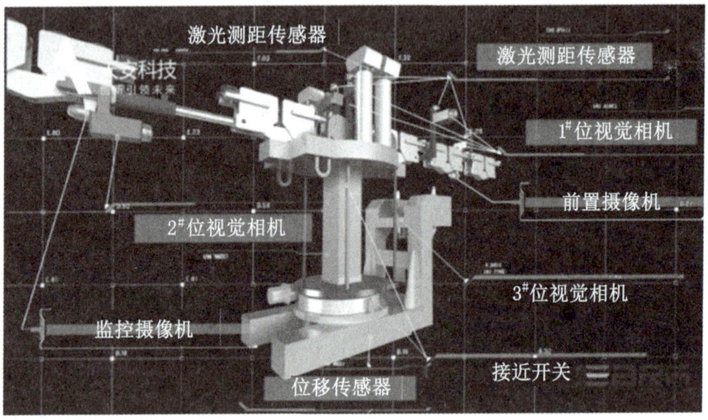

图 4-3-9 支架搬运机械手

工作时，通过设置在机械手顶部两侧的激光测距传感器和视觉相机的信号反馈，控制系统指挥单轨吊推动机械手运行到最后一架支架处停止，随后撑顶千斤顶推出接顶使机械手固定，机械臂旋转 90°后水平推进至支架下方，机械臂垂直提升，安装在机械臂的进、回液管喷射高压水射流清洁支架顶梁接头及自身接头表面，两接头对接，支架放液同时提腿，机械臂下降后水平收回再回转 90°，撑顶千斤顶收回，单轨吊推动机械手将支架运至最前端，放架、安装，单轨吊拉动机械手退回至最后一架支架处，完成一个支架搬运循环。如图 4-3-10 所示。

考虑到井下条件恶劣，而快插接头的无人“插”和“拔”对定位精度的要求很高，仅靠电控传感技术实现比较困难且成本偏高，试制机械结构辅助完成接头对接，经过试验取得了初步

图 4-3-10 机械手搬运支架示意图

的成功。目前,在快插接头(图 4-3-11)两部分中心偏差在半径 35 mm 范围内可顺利完成插接动作。

图 4-3-11 快插接头对位试验装置

四、经济效益

(1) 节约了大量单体液压支柱、铰接梁、柱鞋、钢丝绳的投入。

(2) 以往单体+铰接梁支护方式,每班需安排人员拆卸、搬运单体,采用该方式支护后,可节约大量的人员投入,减轻了职工的劳动强度。

项目四　智能掘进机器人

智能掘进机器人系统主要包括：掘锚护一体机、交错式掘进超前支护装置、煤矿用液压锚杆钻车、快速掘进后配套输送系统、带式输送机用自动机尾，主要适用于半煤岩巷道的全断面一次成型快速掘进，安全性高，如图 4-4-1 所示。掘锚护一体化可提高巷道掘进机械化程度，提高掘进机开机率，减轻工人劳动强度，提高效率。

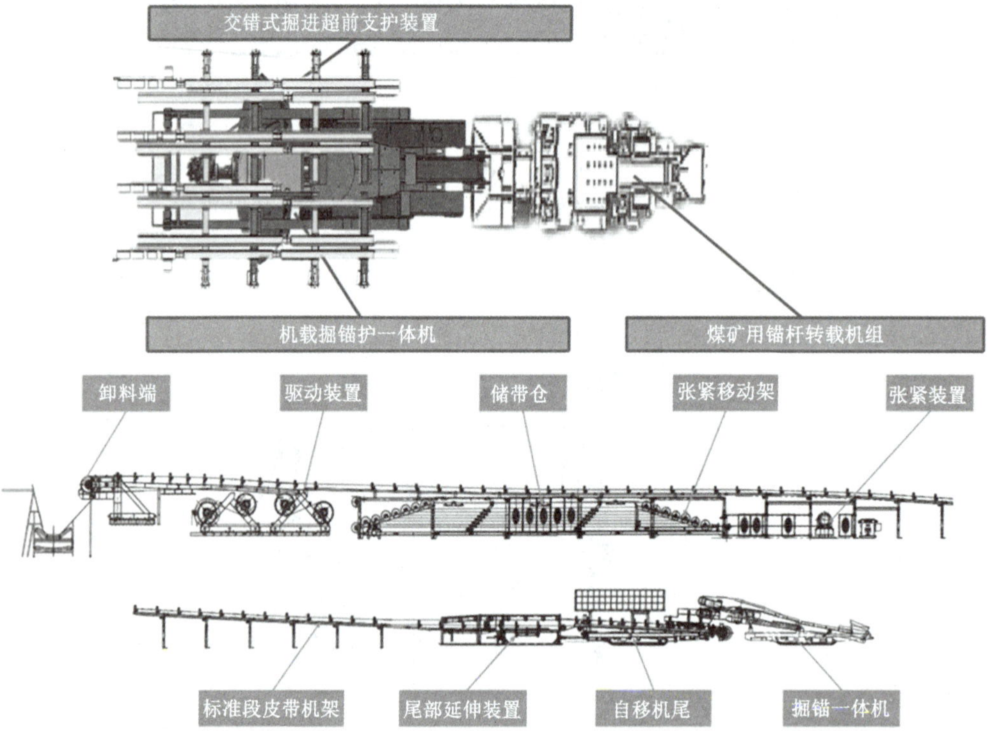

图 4-4-1　煤矿智能掘进机器人系统

(1) 在传统悬臂式掘进机的基础上增加锚护机构，形成可一次成巷的掘锚一体机。主要集成了锚杆钻机、临时支护及高效输送机。结构设计紧凑，可提高空间利用率，实现在迎头处对巷道顶板、侧帮锚杆及锚索支护的快速机械化作业的要求。

(2) 煤矿用液压锚杆钻车 4 个钻臂的推进机构独立并同时作业，实现帮锚杆和顶锚杆、锚索的施工作业。输送机配有可升降结构收料斗，方便调整收料位置。平台设有可收放的翻板装置，满足不同宽度巷道作业。料斗设有破碎装置，通过旋转冲击实现对大块煤的破碎。

(3) 快速掘进后配套输送系统机头与锚钻台车铰接，能够适应锚杆台车前进后退、左右转弯、工作面起伏等工况，分段设计，便于井下运输装配。

(4) 带式输送机用自动机尾主要由机头、储带仓、胶带架安设机器人等组成，减少了二运等运输设备，大大降低了采掘辅助工时，提高生产效率，减少安全隐患。

一、主要控制功能

智能化控制功能包括以下内容：

(1) 掘锚机、钻机、台车视距遥控

由矿用本安型遥控发送器、矿用隔爆兼本安型车载无线接收器组成，遥控距离不小于40 m，遥控器操作按钮布局方便司机操作，遥控器有手柄、按键故障自诊断功能，配件损坏时对操作者有提示。

(2) 摆臂自适应

以牵引液压缸回路尽量不溢流、截割电机接近满载、机器不产生强烈振动及落煤效率最高为原则，控制截割臂摆速。通过检测液压缸回路压力、截割电机电流等多种参数，对截割臂摆动速度进行自适应PID控制。

(3) 截割头辅助定位

该功能可以使操作司机从液晶屏清楚地看到目前截割头的工作位置及范围，避免因前方环境而导致的视线不清。

(4) 姿态测量

升降及回转液压缸安装位移传感器，用于测量液压缸行程，联合倾角传感器，综合建立二维坐标。利用惯性导航系统测定机身的位置坐标、方位角、横滚角、俯仰角、行驶速度和行驶里程等信息。其余液压缸传感器用于姿态判断、辅助校准。

(5) “惯导＋数字式全站仪”定位导航系统

智能掘进机器人系统精确定位定向采用多传感器信息融合技术，能够保证巷道掘进的精度和质量；采用掘进机器人系统的并行智能协同控制和数字孪生驱动的虚实精准控制方法。

(6) 音频、视频采集传输监控

音频、视频采集传输监控系统采用摄像仪、红外热成像摄像仪、扩音联络装置等，主要实现整个掘进支护设备语音打点联络、就地急停控制、截割部等关键部位的视频监测，保证人员在设备使用过程中可以及时进行沟通，以及为远程控制及视频监控提供保证。

(7) 人员定位与环境监测

① 人员安全监测系统

采用“千兆环网＋WiFi＋UWB”精确定位三合一基站，实现掘进系统的通信和定位网络覆盖，配合精确定位矿灯可实现人员的精确定位，确保人员安全。

② 环境信息监测

在掘进头布置规程要求的环境监测传感器，实时检测掘进工作面关键位置的风速、风量、CO、CH_4、粉尘、烟雾等环境参数，确保工作环境安全可靠。

(8) 井下远程控制

通过CAN总线、光纤、无线基站等通信模式，操作人员位于井下硐室内，通过观察显示器图像和掘进机状态信息，井下远程控制设备。该工作台可实现远程控制(包含一键启停功能、系统启停闭锁顺序联动控制)、状态监控、信息采集、声音传输、画面切换、图像显示、监视、回放、录像及数据的记录与查询等功能。

(9) 地面掘进机远程控制

通过井下环网将工作数据上传至地面调度室，实现远程地面遥控功能(包含一键启停功能、系统启停闭锁顺序联动控制)；通过可视化系统实现远程监控功能、故障诊断功能。

(10) 视觉引导智能截割

机身安装截割头视觉测量系统、机身视觉测量系统和雷达测距等传感器，实现截割头、机身位姿测量、截割路径规划、截割路径跟踪、远程通信、数据存储以及可视化显示等功能。

(11) 数字孪生、互联控制系统

利用传感技术、虚拟现实技术、多媒体技术、信号处理技术和计算机控制技术等，建立高质量的掘进工作面及设备虚拟模型，实时将掘进工作面各个系统的数据反馈给虚拟掘进工作面，实现各个设备的互联，如掘锚机、锚杆转载机、自移机尾的同进同退及闭锁等。

(12) 地质模型技术

预留接口，实现对地质数据的三维建模，与实际地质信息进行关联，指导智能掘进。

二、主要技术指标

(1) 满足 5 m×3 m 半煤岩巷道全断面一次成型。

(2) 惯导+数字全站仪系统定向检测精度 0.01°，定位检测精度±30 mm。

(3) 截割岩石硬度 $f \leqslant 7$。

(4) 月进尺不小于 600 m。

(5) 智能掘进机器人系统操作人员不多于 8 人。

项目五　综采工作面巡检机器人

工作面自动找直技术是国内外综采生产研究的热点之一，煤机制造商、科研机构以及煤矿取得了一定的研究成果。例如，澳大利亚科学院在采煤机上安装惯性导航装置，利用LASC(Longwall Automation Steering Committee)技术相配合实现了工作面的自动找直。由于这种方法在工作面300 m长度上允许出现300 mm的找直误差，因此如果采煤机的运行速度为6～10 m/min，则需要惯性导航具有0.01 (°)/h的航向精度才能保证这一直线度误差要求。这就需要在采煤机上安装高精度的惯导装置才能实现直线度的误差控制要求，导航装置设备自身价格高达百万人民币，从而提高了整套综采设备成本。

国内北京天地玛珂电液控制系统有限公司在"十二五"期间进行了采用激光矩阵方法的自动找直技术研究，在研究过程中分别探索采用惯性导航和视觉测量等不同方法，近几年在此领域的研究进展如下：

(1) 高精度惯性导航系统(图4-5-1)。采煤机机身安装陀螺仪，当采煤机在工作面上行走时，通过陀螺仪描绘工作面的形状。高精度的陀螺仪虽然能够精确地描绘出工作面刮板机三维形状，但当移架或推溜时，陀螺仪并不能实时地反映支架和刮板机的位移变化情况，不能用于实时控制直线度。

图4-5-1　安装于采煤机身上的高精度惯性导航系统

(2) 光纤应变。光纤应变测量设施简单，实施容易，但光纤应变测量仪价格较贵，一个综采工作面需要4～8台。图4-5-2所示为在光纤出现弯曲后产生的信号脉冲，弯曲量越大，脉冲的幅值越高，据此可判断工作面的直线度变化。

(3) 激光光敏矩阵传感器。激光照射光敏二极管定位技术简单、成熟，测量精度和成本可控，实施容易，软件算法易于实现。但只是测量出了相邻两个支架的相对位移，有累积误差，由于体积大、安装位置要求较高，还不能反映出整个工作面的直线度。图4-5-3所示为激光照射光敏二极管定位装置。

(4) 视觉测量。通过视觉测量实现工作面找直，需要沿工作面布置多个图像采集装置，

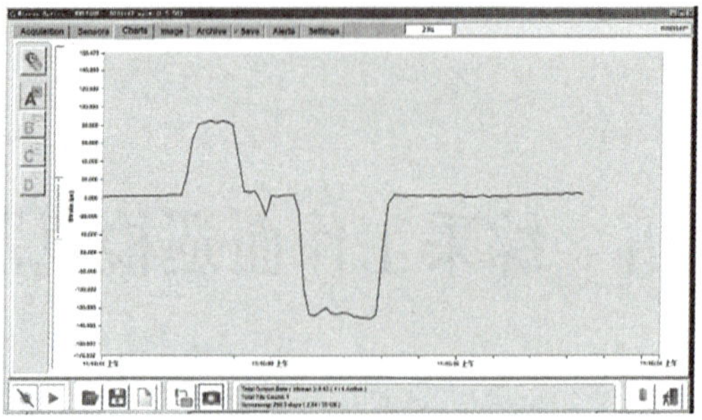

图 4-5-2 测量工作面弯曲引起的光纤应变度

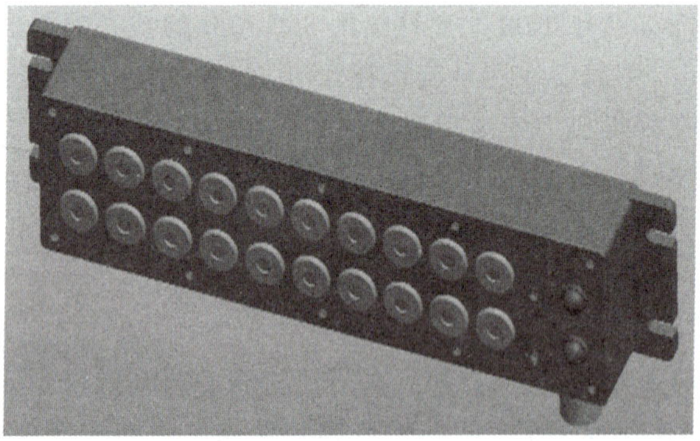

图 4-5-3 激光照射光敏二极管定位装置

通过在刮板机侧安装超声波传感器用于与支架侧的超声波传感器形成对射来测量支架行程，通过安装 LED 灯指示本节溜槽位置(图 4-5-4)，然后通过视觉摄像方式对刮板机进行标记，利用布置于巷道监控中心(或地面监控中心)监控主机上的工作面视觉测量软件计算每节溜槽的横向位置，用于工作面直线度计算。

下面对几种不同的工作面直线度矫直技术方法进行比较，见表 4-5-1。

表 4-5-1 几种不同的矫直技术比较

方案	优点	缺点	成本
惯性导航	安装使用简单，受环境影响小，能够同时测量出直线度(偏航角)、起伏度(俯仰角)和俯仰度(横滚角)	成本高，有累积误差，不能实时控制直线度	很高
光纤应变	安装使用简单，受环境影响小，可测量工作面直线度	成本高，有累积误差	较高
激光矩阵	技术简单，易实现	安装使用维护复杂，只能测支架之间的相对位移，有累积误差	高
视觉测量	技术简单，易实现，可测量工作面直线度，无累积误差	受工作面弯曲、起伏影响较大，设备自身定位要求高	中
人工	拉绳或激光，简单，成本低	拉绳影响工人行走，有的支架凸出会影响整个直线度，激光在工作面煤尘少时可能看不到	低

图 4-5-4 视觉测量沿刮板输送机电缆槽帮布置标志灯

经过对上述几种找直方法的研究和对比，还没有一种技术能够完全解决综采工作面的自动找直问题，需要同时融合上述的几种技术方法。因此，有必要探索开发一种快速的巡检装置，以较快的速度沿工作面巡回，测量其运行轨迹代表的工作面直线度。这种快速巡检装置降低了对惯性导航技术性能的要求，在移动运行速度提高了近 10 倍后，所需要的惯性导航的航向精度就可以降低一个数量级，从而国产的普通导航装置也可以达到直线度检测的精度要求。通过选择国产导航装置，降低综采工作面的整体设备成本，研究提高惯性导航的测量及控制精度，实现综采工作面的自动找直。

深入研究液压支架、刮板输送机的位置姿态特点以及实际工作面弯曲变化的情况，研制开发一种快速的工作面巡检平台，选择国产惯性导航设备并辅以视频技术，检测刮板输送机和相邻液压支架的位置进行研究。在工作面连续推进过程中，应用电液控制系统精确推溜和拉架控制技术，自动缩小相对位置偏差，使得工作面在推进过程中保持要求的直线度，实现综采工作面的自动找直。

一、工作面快速巡检平台研制

采用惯性导航技术实现综采工作面自动找直，关键是工作面直线度的测量精度。将惯性导航装置安装在一种快速巡检平台上，惯性导航测量装置以 60 m/min 的速度沿工作面巡回，测量轨迹代表了工作面的直线度。相对于慢速的采煤机，这种快速且安装惯性导航装置的巡检平台可以降低对惯性导航技术性能的要求。因为巡检平台运行速度提高了近 10 倍，所需要的惯性导航航向精度可以降低一个数量级，达到 0.1 (°)/h 即可。在此基础上选择普通国产导航即可满足其技术性能要求，从而降低设备装置的整体成本。

研究沿刮板输送机电缆槽帮布置，为惯性导航提供快速移动的巡检平台，研制巡检行走机构、巡检行走机构控制系统和基于无线或有线的供电和通信系统，开发快速巡检平台的控制软件，并与工作面自动化系统集成，实现巡检机构的自动运行和远程控制。考虑到惯性导航直线度检测的验证，也可以在巡检机构上增加高清视频摄像机等设备辅助工作面自动找直。

二、基于国产惯性导航的检测装置关键技术

1. 国产惯性导航装置选型及防爆技术研究

研究在快速巡检方式下惯性导航的航向精度指标要求，采用国产惯性导航技术和设备，大幅度降低惯性导航设备成本。根据精度要求和成本预算，对国产惯性导航设备进行调研和试验，优化选型。由于惯性导航装置主要用于国防、航空、航天和船舶等领域，因此用于煤矿综采工作面就需要研究攻克其防爆技术，使其符合煤矿安全防爆要求。

2. 惯导动态初始对准技术研究

针对传统的惯性导航系统在进行初始对准过程中，需要载体保持静止状态5～15 min，从而影响生产效率的问题，研究在短时间内实现高精度初始对准的技术。

3. 结合里程测量的惯导传感数据滤波处理与补偿

针对惯性导航系统在实际运行过程中受噪声干扰，从而降低其定位精准度的问题，研究采用在煤矿井下无 GPS 定位信息的情况下，通过量程计精确测量惯性导航行走距离，结合惯性元件测量数据滤波补偿方法，提高惯性导航系统的抗干扰能力和直线测量精度。

三、基于电液控制系统的精确推溜和拉架控制技术

1. 液压支架行程精确测量

现有的支架行程传感器存在 10 cm 左右的误差，采用测量支架与刮板机距离的方式，将支架相对于刮板机的位置测量精度提高到 1 cm，为电液控制系统精确推溜和拉架提供精准数据。

2. 液压精确控制推移阀应用

通过应用液压支架逻辑控制实现推移千斤顶慢速/快速动作的切换，消除液压支架推移千斤顶与刮板输送机连接销耳间隙，提升液压支架移架效果，满足工作面直线度要求。

3. 视频辅助找直技术应用

通过比较分析综采工作面的使用环境、装置安装等因素，应用视觉测量刮板机的弯曲变化形态，辅助、验证惯性导航测量直线度。

四、设计工作面直线度检测控制软件

1. 开发惯性导航直线度检测软件

根据刮板输送机的定位流程，结合刮板输送机和液压支架的定位参数，以及刮板输送机直线度调直控制过程，设计开发惯性导航找直软件。

2. 开发工作面自动找直系统软件

整合惯性导航直线度检测算法、视频找直软件，开发工作面自动找直软件系统。

五、巡检原理性试验

(1) 在完成快速巡检平台样机测试后，进行地面调试及模拟试运行，然后井下安装、调试和试验，验证巡检平台的可靠性。

(2) 安装惯性导航设备，测量一个循环进尺的运行轨迹，存储三维坐标数据，进行数据整理，与实际刮板机形状对比，计算偏离误差。

(3) 在液压支架行程精准测量及工作面直线度检测的基础上，进行基于电液控制系统的精确推溜和拉架控制试验。通过工作面的摄像机对找直结果进行视觉测量验证，辅助实

现工作面自动找直。

六、技术方案及路线

实现综采工作面自动找直，需要对多种技术进行比较和融合。从测量精度看，利用惯性导航技术安装使用简单，受周围环境影响小，能够同时测量出直线度、起伏度和俯仰度，但是惯性导航设备需要快速移动才能达到工作面的直线度检测要求，而且国外的高精度惯性导航设备价格昂贵。从经济性来看，研制安装有国产惯性导航设备进行直线度检测技术为主、辅以视频测量的工作面找直技术路线的快速巡检平台的前景广阔。

总研究路线如图 4-5-5 所示，首先研制巡检机构平台，研究基于国产惯性导航的直线度检测技术；将惯性导航测量数据与巷道坐标信息融合，传递至上位机，根据工作面直线度控制推溜、拉架和视频辅助找直；经过井下原理性试验，实现基于直线度检测的工作面自动找直。

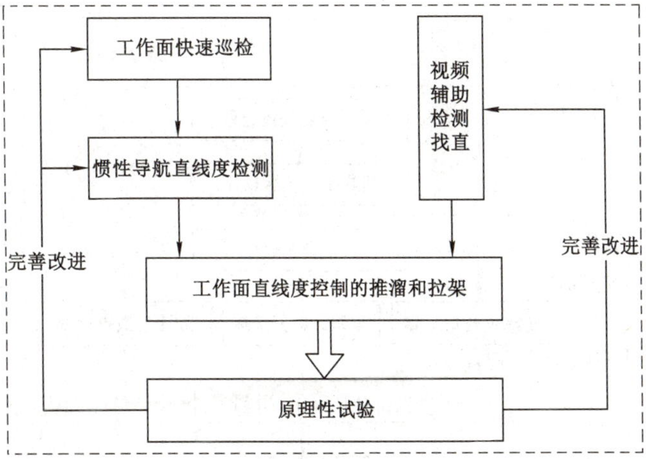

图 4-5-5　总研究路线图

1. 快速巡检机构平台研制

针对工作面现场条件，设计成套装置，采用技术先进、性能可靠、具备有线/无线通信的控制电路，具备跟机和巡检两种工作模式。研制快速巡检平台机构的技术路线如图 4-5-6 所示。

2. 国产惯性导航检测装置研制

基于快速巡检方式下惯性导航的航向精度要求，针对国产惯性导航的选型及防爆措施研究，研究惯性导航装置巡检平台的布置方案，通过陀螺仪和加速度计采集角加速度、加速度等数据，计算出刮板输送机的直线度。通过研究改进和提高陀螺仪的测量精度，增强其惯性变化灵敏度，从而降低对惯性导航装置技术指标的要求，降低检测成本。

研制国产导航的检测装置技术路线如图 4-5-7 所示。

3. 电液控制系统精确推溜和拉架控制的技术应用

完成液压支架行程的精准测量，为电液控制系统精确推溜和拉架提供精准数据保障；应用基于电液控制系统的推移阀，消除液压支架推移千斤顶与刮板输送机连接销耳间隙，提升

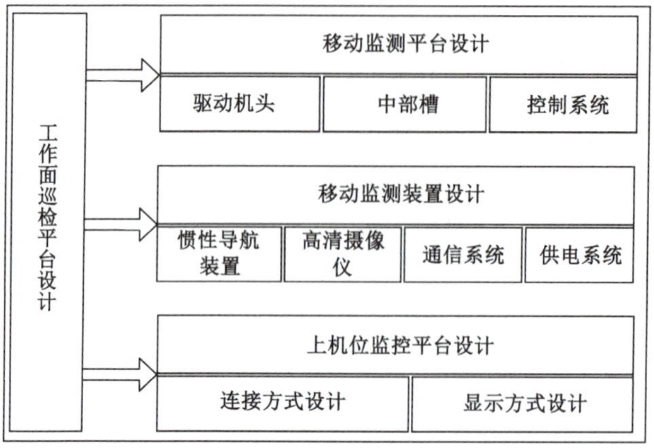

图 4-5-6 研制巡检平台的技术路线图

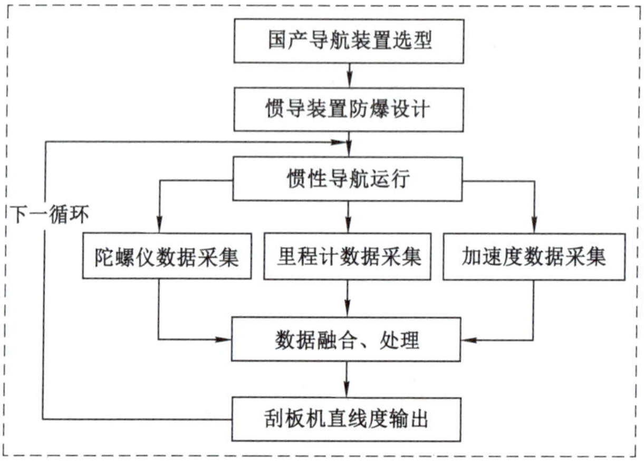

图 4-5-7 研制基于国产导航的检测装置技术路线图

液压支架移架效果，满足工作面直线度要求；探索基于视觉测量辅助的液压支架直线度检测，计算工作面的直线度。基于电液控制系统的精确推溜和拉架控制的技术路线如图 4-5-8 所示。

4. 工作面检测控制系统软件开发

在研制检测装置和检测技术后，设计开发相应的工作面检测控制系统和软件（图 4-5-9），主要包括以下几个方面：

（1）开发惯性导航直线度检测软件。

（2）开发视频辅助找直软件。

（3）开发工作面直线度检测、控制系统。

七、取得的主要成果

1. 综采工作面快速巡检关键技术

首先提出并实现了综采工作面快速巡检模式，在巡检模式下通过惯性导航技术、视觉技